AF346868

INSTRUMENTS

D'AGRICULTURE ET DE JARDINAGE

LES PLUS MODERNES.

NOUVEAU MANUEL COMPLET

DES

INSTRUMENTS

D'AGRICULTURE ET DE JARDINAGE

LES PLUS MODERNES,

CONTENANT

LA GRAVURE ET LA DESCRIPTION DÉTAILLÉE DES INSTRUMENTS NOUVELLEMENT INVENTÉS OU PERFECTIONNÉS, LA PLUPART DESSINÉS DANS LES MEILLEURS ATELIERS DE LA CAPITALE.

Ouvrage orné de 121 Planches et de Gravures sur bois intercalées dans le texte.

Par M. BOITARD,

MEMBRE DE PLUSIEURS SOCIÉTÉS SAVANTES.

———••○○○◇○○○••———

PARIS,

LIBRAIRIE ENCYCLOPÉDIQUE DE RORET,

RUE HAUTEFEUILLE, 10 BIS.

1844.

AVIS DE L'ÉDITEUR.

Depuis la première publication des *Instruments aratoires* de
M. Boitard, des agriculteurs, des mécaniciens, des savants, se
sont empressés à l'envi d'appliquer leurs talents à perfectionner
les instruments anciens, à en inventer de nouveaux, afin de pouvoir
continuellement satisfaire aux progrès toujours croissants de l'agriculture. Il en est résulté une foule de machines et d'outils qui,
nous devons le dire, ne sont pas d'une utilité aussi grande, surtout
aussi générale que leurs inventeurs ont bien voulu le dire et le
croire. D'autre part, les anciens instruments n'ont pas toujours été
modifiés par les mécaniciens-fabricants, dans l'unique but d'être
utiles à l'agriculture, et parfois ces modifications ne sont rien moins
que des perfectionnements, mais de simples changements faits dans
des intentions tout-à-fait commerciales.

L'auteur ne pouvant tout décrire et tout faire graver, a dû se
borner à faire un choix judicieux des instruments nouveaux que
l'expérience a démontré être d'une véritable utilité, et leur nombre
n'est pas moindre de cent-vingt, qu'il a fait graver avec le plus
grand soin, qu'il a décrits avec toute l'exactitude et la clarté dont
il est capable, et qu'il a donnés sous forme d'Appendice pour conserver le numérotage des anciennes planches.

Il arrive quelquefois qu'un instrument, d'un usage très-avantageux lorsqu'il est bien confectionné, offre de graves inconvénients

s'il sort des mains d'un fabricant inhabile ; car le plus petit défaut dans les proportions, ou un mauvais choix dans la matière, entraîne souvent des vices plus ou moins graves. L'auteur ne peut donc répondre des divers avantages qu'il attribue aux nombreux instruments qu'il a décrits, que lorsqu'ils auront été faits sur les modèles qu'il a dessinés à Paris :

Pour les instruments d'agriculture, dans les ateliers de M. CAMBRAY ;

Pour ceux d'horticulture, dans les ateliers de M. ARNHEITER, rue Childebert, 13 ;

Pour les machines d'économie rurale, dans les ateliers de M. QUENTIN-DURAND, rue du Faubourg-St.-Denis, 189.

D'ailleurs, nous croyons rendre un service véritable aux propriétaires-cultivateurs qui voudraient se procurer ces instruments tout confectionnés, en leur donnant l'adresse de ces habiles mécaniciens-fabricants.

INTRODUCTION.

Il serait tout-à-fait inutile de parler ici des avantages de l'agriculture,
de l'influence qu'elle a sur la civilisation et les mœurs ; cette question a
été tellement discutée dans tous les temps, elle est encore agitée aujour-
d'hui par un si grand nombre d'écrivains, qu'elle est pour ainsi dire de-
venue banale, et les conséquences qu'on en tire sont heureusement tout-à-
fait vulgaires. Mais il n'en est pas de même si l'on considère l'agriculture
sous le rapport historique, et, nous devons le dire, nous ne possédons
pas un écrit satisfaisant sur cette matière dont l'antiquité se perd dans la
nuit des temps.

D'anciens auteurs nous ont transmis quelques détails intéressants sur
plusieurs pratiques de culture, mais ils se placent à une époque où l'art
agricole avait déjà fait quelques progrès. S'ils veulent remonter à son
origine, ils entrent dans le domaine de la mythologie grecque, nous par-
lent de Cérès, de Triptolème, et par conséquent ne nous apprennent rien
de certain.

Nous en sommes, sur ce point, réduits aux conjectures les plus hasar-
dées. Cependant, je crois qu'il serait un moyen de saisir un fil conducteur
pour se diriger à travers les épaisses ténèbres qui embrassent les premiers
siècles : il consisterait à étudier les antiques monuments sur lesquels sont
figurés des instruments aratoires, et, par la forme plus ou moins parfaite
de ces instruments, nous jugerions, presque avec certitude, de l'état
de l'agriculture dans l'antiquité. Le célèbre Monge a publié, sur les instruments aratoires des anciens, deux Mémoires insérés dans les recueils de
l'Institut, et ces Mémoires pourraient déjà mettre sur la bonne voie.

On ne peut révoquer en doute que les hommes, avant le premier degré
de civilisation, ne vécussent de fruits, de chasse et de pêche, comme font
encore aujourd'hui beaucoup de peuplades sauvages. Mais la prévoyance,
fille du besoin, enseigna ensuite l'art de conserver vivantes, pour les
trouver sous la main dans des moments de disette, les bêtes sauvages
que l'on poursuivait quelquefois vainement dans les forêts, et dès-lors,
avec les moins farouches et les plus faciles à dompter, on forma des trou-
peaux. On réunit aussi, dans un petit espace, les végétaux dont les fruits
formaient la base la plus assurée de la nourriture, et l'agriculture fut
inventée. Mais quel moyen, ou plutôt quel instrument employa-t-on pour

préparer la terre à recevoir des semences et des plantations? Le seul qu'on put alors se procurer, fut le bâton pointu. Encore aujourd'hui, les nègres de quelques parties de l'Afrique et les sauvages Américains du Chiloé, étant au premier degré de la civilisation, ne se servent pas d'autres instruments d'agriculture.

Ce bâton, employé de diverses manières, selon que les circonstances l'exigeaient, fut modifié avec le temps en raison des fonctions auxquelles on le destinait. Pour retourner aisément la terre, on l'aplatit dans le bout et on lui donna de la largeur, à peu près comme une spatule; on y ajouta une cheville en travers pour appuyer le pied et l'enfoncer plus aisément dans la terre, et cette pelle grossière, figurée sur un tombeau romain et publiée par Fabretti, fut le modèle des premières bêches. On s'aperçut que, pour tracer de petites rigoles, soit pour l'écoulement des eaux, soit pour y déposer des semences, un bâton terminé en crochet était plus commode, et dès cet instant la houe fut inventée. On voit une figure de cet instrument dans une médaille de Syracuse.

Ce qu'il y a de singulier, c'est que le bâton crochu, d'une invention si simple qu'on le trouve chez tous les peuples plus ou moins civilisés ou barbares, est resté, depuis des milliers d'années jusqu'à ce jour, le type uniforme de nos charrues les plus vantées, les plus perfectionnées. Est-ce que le génie des hommes, aidé par tous les progrès que nous avons faits en physique et en mécanique, ne saurait aller au-delà? est-ce qu'il n'existe pas, dans les conceptions humaines, pour soulever et renverser la terre, d'autre type d'instrument que le bâton crochu? il serait bien à désirer que des savants mécaniciens fussent frappés de cette réflexion.

Pour travailler les terres rocailleuses, on allongea le crochet que l'on rendit très-pointu, on raccourcit le manche, et l'on eut ainsi le premier modèle des pics, dont nous retrouvons la figure sur les anciens monuments égyptiens. Dans les terres plus légères, on chercha au contraire à élargir le crochet, qui devint alors une lame de bois, puis de pierre tranchante, et enfin de fer: telles sont nos pioches et nos houes. Muratori en a dessiné plusieurs modèles qu'il a recueillis sur d'antiques tombeaux. Les formes se perfectionnèrent par la suite; une pierre antique publiée par Vinkelman (*Monumenti antichi*, t. 1, n° 34) représente une houe dont la lame fourchue, ou au moins très-échancrée au taillant, est encore en usage dans quelques parties méridionales de l'Europe.

Il paraît que dès qu'on eut trouvé la houe, la charrue ne tarda pas à être inventée. Un instrument gravé sur des tombeaux étrusques indique parfaitement bien le passage de l'une à l'autre; il consiste en un bâton un peu arqué, beaucoup plus gros du côté du crochet; devant celui-ci est un coude assez prononcé pour placer la partie supérieure qui représente la lame ou le soc dans une position parallèle au manche. Ce dernier peut très-bien figurer la flèche, le coude devient le sep, et le crochet le soc. Il ne s'agit plus que de faire tirer l'instrument par des animaux, et voilà une charrue toute trouvée. Probablement que cet instrument n'était pas plus perfectionné chez les Hébreux au temps où Samgar, juge d'Israël, s'en servit à la place de massue pour combattre les ennemis du peuple de Dieu.

Longtemps après, on ajusta un manche au-dessus du crochet, pour diriger l'instrument pendant que les bœufs le tiraient, et la charrue resta pendant plusieurs siècles en cet état, comme on peut l'établir par des médailles et des monuments antiques datant de plusieurs époques. Il paraît que ce ne fut que longtemps après son invention qu'on lui donna un soc de fer, invention que les Grecs attribuent à Cérès.

Parmi les monuments qui représentent ces premières et grossières charrues, nous citerons un camée, publié par Ménétrier (*symbolica Dianæ Ephesiæ*), où elle est figurée absolument comme nous venons de la décrire : deux abeilles sont attelées à la flèche, tandis qu'une troisième la dirige au moyen du manche. Une autre charrue, dessinée par Spon sur un tombeau antique, et une médaille de la ville d'Enna, publiée par Combe, la représente d'une façon encore plus simple ; elle consiste en une fourche dont les deux branches forment un angle droit : l'une, fort courte, sert de soc, l'autre, allongée, sert de manche. Une pièce de bois, droite dans une des figures, arquée dans la médaille, est ajustée au milieu de l'angle formé par le soc et le manche, et sert de timon pour atteler les animaux. Enfin une onyx du muséum de Florence représente une charrue d'une invention encore plus grossière : le manche, le soc et le timon sont d'une seule pièce et ont la forme d'une ancre de vaisseau.

Toutes ces charrues n'atteignaient qu'imparfaitement le but pour lequel on les avait inventées ; elles déchiraient, elles soulevaient la terre, mais elles ne la retournaient pas. Les versoirs y furent ajoutés, mais à une époque postérieure, car on ne les trouve figurés sur aucun monument antique, et je crois que Virgile est le premier auteur qui en parle. Ces versoirs ne consistèrent, pendant fort longtemps, qu'en deux chevilles fixées dans le sep : et encore aujourd'hui, dans beaucoup de pays, même en Europe, on n'en emploie pas d'autres. Les Romains, cependant, en formèrent avec des planches, comme Varron nous l'apprend : « *cum tabellis additis ad vomerum simul et satum frumentum aperiunt in porcis, et sulcant fossas, quo pluvia aqua delabatur.* » Il ne manquait plus que des roues et un coutre pour que le bâton crochu devint une charrue, telle que nous l'employons encore aujourd'hui.

Les roues furent inventées peu de temps avant Pline, et, si l'on s'en

rapporte à cet auteur, ce fut dans la Gaule Cisalpine que l'on s'en servit
pour la première fois. On les trouve dans quelques monuments Grecs, et
Caylus (*Recueil d'antiquité*, t. V, pl. 83, n° 6) a publié une charrue à
roues, qu'il croit romaine; elle est fort remarquable en ce qu'elle
porte un coutre, et c'est la première fois que l'on voit figurer cette
partie essentielle de la charrue. Comme on ne voit pas de coutre dans les
autres monuments romains, plusieurs savants en ont conclu qu'il n'était
pas connu par ce peuple célèbre. Quant à moi, je ne partage pas leur
opinion, et voici sur quoi je me fonde : Pline, en parlant de la charrue
des chrétiens, dit que son coutre, *culter*, avait la forme d'une bêche.
Il ne peut pas y avoir là d'ambiguité, car on sait que les Romains appe-
laient le soc *vomer* ou *vomis*, et quelquefois *rostrum* quand il était allongé.
Dans un autre passage, cet auteur s'explique plus clairement encore :
« Il y a plusieurs sortes de socs, dit-il; l'un, appelé coutre, porte un tranchant qui, ouvrant la terre avant qu'elle soit déchirée, trace la limite que
les sillons doivent suivre, tandis que le soc coupe la terre horizontalement.
« *Vomera plura genera : culter vocantur, prædensam, priusquam pros-
cindatur, terram secans, futuris sulcis vestigia præscribens, incisuris
quas resupinus in arando moderat vomer.* » Il me semble que ce passage, appuyé de la figure d'une charrue romaine, publiée par Caylus,
dans laquelle figure un coutre courbe fort long, placé fort en avant du
soc, doit fournir des preuves suffisantes pour établir que cette partie de
la charrue était connue par les conquérants du monde. Du reste, nous en
avons dit assez sur cette matière peu importante.

Dans cette esquisse rapide, nous avons montré comment les instruments
aratoires sont parvenus à un certain degré de perfection que nos ayeux
n'ont guère dépassée, du moins jusqu'au règne de Henri IV, car ce n'est
guère que du règne de ce monarque que l'on peut dater les progrès,
depuis si rapides, de l'agriculture française. Quelques parties de l'Europe
sont absolument restées stationnaires, et en Espagne même, malgré la con-
quête des Maures, qui a, sous quelques rapports, tant influé sur la civilisation des vaincus, on retrouve encore la charrue chantée par Virgile, absolument comme le poëte nous l'a décrite : depuis plus de deux mille ans
on n'y a pas changé une cheville. Il y a plus, on trouve encore dans quelques parties de l'Europe, comme dans l'Inde, des charrues qui sont encore bien loin d'avoir atteint le degré de perfection qu'avaient les instruments aratoires des Grecs et des Romains, sous les premiers Césars.
Comme je l'ai dit, ce n'est guère que sous le ministère de Sully que l'on
commença à protéger l'agriculture d'une manière efficace, et ce n'est qu'à
dater de là que les hommes puissants n'ont pas dédaigné de s'en occuper
sérieusement.

Depuis un siècle environ elle a pris un essor qui semble s'élever chaque jour. Tous les hommes qui se piquent d'une véritable philanthropie tournent leurs vues de ce côté; des savants du premier ordre ont consacré leurs veilles et leurs talents à perfectionner l'agriculture, à éclairer sa pratique, par une heureuse application des sciences naturelles et mathématiques.

Les hommes les plus éclairés et les plus influents, dans presque tous les départements, se sont réunis en Sociétés agronomiques, afin de se communiquer les lumières qu'ils recevaient d'autres provinces, ou celles qui étaient le fruit de leurs propres travaux, et de les répandre sur tout le sol de la France. Les gouvernements qui se sont succédé ont aussi protégé plus ou moins l'agriculture, et cependant ses progrès, quoique très-remarquables, sont loin d'être aussi rapides et aussi satisfaisants qu'on avait lieu de s'y attendre. Nous allons en expliquer une des principales causes.

Le premier objet à considérer, toutes les fois que l'on tente une amélioration en agriculture, c'est l'économie de temps et de bras, unie à la perfection du travail. Or, ces conditions ne peuvent se trouver que dans le perfectionnement des instruments et des machines aratoires.

C'est aussi là ce qui a le plus occupé le génie de nos grands cultivateurs et de nos mécaniciens les plus habiles. Nous devons dire, pour leur rendre toute la justice qu'ils méritent, qu'ils ont atteint la perfection dans quelques-uns de leurs instruments (vu l'état actuel des sciences physiques et mécaniques), et qu'ils semblent bien près de l'atteindre dans beaucoup d'autres. Il n'est pas une personne instruite qui puisse mettre en doute l'énorme économie de bras, l'immense bénéfice qui en résulterait, si leurs inventions, aussi utiles qu'ingénieuses, étaient répandues dans toutes les provinces de la France, si leurs machines nouvelles ou perfectionnées étaient généralement connues et répandues partout.

Mais il s'en faut de beaucoup que nous en soyons là. Les découvertes les plus utiles restent souvent inconnues aux provinces éloignées ayant peu de communications avec la capitale, surtout à celles qui ne possèdent pas de Société d'agriculture, ou qui ont peu de grands propriétaires s'occupant eux-mêmes de l'exploitation de leurs domaines. Une découverte de la plus haute utilité, un perfectionnement précieux d'instruments, ne peuvent acquérir quelque publicité que par la voie des journaux d'agriculture, ou par les Mémoires de nos savants agronomes. Mais les descriptions qu'on y trouve sont toujours insuffisantes et inutiles, quelque bien faites qu'elles soient, quand elles ne sont pas accompagnées de bonnes gravures, et c'est ce qui arrive presque toujours. En effet, en ne parlant qu'à l'esprit on ne parviendra jamais à donner une idée assez précise d'une machine pour que le lecteur puisse en comprendre toute l'utilité. Sur ce point important il sera obligé de s'en rapporter aveuglément au jugement d'un journaliste, ou d'un autre écrivain qui est ordinairement l'inventeur lui-même, et l'on ne sait que trop, par expérience, que ces jugements sont toujours exagérés, et quelquefois entièrement faux.

Il existait un moyen unique de rendre ces découvertes éminemment utiles aux progrès de l'agriculture, c'était de les réunir en un faisceau, de les publier en masse, de joindre de bonnes gravures à des descriptions concises, bien rédigées, et surtout d'en faire un ouvrage spécial et complet, dont le prix fût à la portée de tous les propriétaires-cultivateurs, et permit à l'ouvrage de se répandre jusque dans les bibliothèques les plus modestes. Cette tâche difficile, j'ai essayé de la remplir, et le public jugera la manière dont j'ai atteint mon but. Dans mon traité des instruments aratoires, j'avais déjà publié plus de six cents instruments, tous en usage, et dont beaucoup étaient nouveaux ou perfectionnés. Mais, dans le peu d'années qui se sont écoulées depuis cette publication, le nombre de ces instruments ayant beaucoup augmenté, je me suis vu obligé d'ajouter seize planches nouvelles et quelques figures gravées sur bois, pour donner, sous forme d'appendice, tout ceux qui m'ont paru d'une véritable utilité.

Quelques personnes, ne me tenant pas compte du cadre dans lequel je m'étais d'abord renfermé, m'ont demandé pourquoi je n'avais pas joint à mes instruments aratoires les machines économiques aujourd'hui si vantées par les journaux, et mis en usage dans les grandes exploitations et surtout dans les fermes-modèles.

A cela j'ai à répondre : 1º que la plus grande partie de ces machines ne me paraissent ni aussi économiques qu'on veut bien le dire, 2º ni, sous le rapport de leur prix, à la portée du public cultivateur pour lequel j'écris spécialement ; 3º en outre, ces machines seraient d'autant plus difficiles à décrire, qu'elles changent aussi souvent de formes que de fabriques, chaque mécanicien se croyant obligé d'y faire des changements, le plus souvent arbitraires et sans nécessité, et seulement pour s'en faciliter la vente.

Cependant, malgré cela, j'ai donné quelques-unes de ces machines, choisies parmi celles qui tiennent de plus près à l'agriculture, comme semoirs, hache-paille, etc.; et j'ai eu le soin de les choisir parmi les modèles que l'expérience a fait reconnaître les meilleurs.

LIVRE PREMIER.

—

INSTRUMENS DE LABOUR.

Nous avons classé dans cette section tous les instrumens avec lesquels on travaille directement la terre, non-seulement pour la labourer et la préparer à recevoir les semences, mais encore pour biner, herser, entretenir la propreté, transplanter, etc.

Nous avons dû commencer par les plus simples, les plus utiles et les plus répandus : les bêches, les houes, les pics, et autres instrumens du même genre, se sont naturellement présentés ; puis les charrues, les cultivateurs ; les herses, rouleaux, râteaux et fourches.

Viennent ensuite les traçoirs et les transplantoirs, et enfin les ratissoires et arrachoirs.

Au premier coup d'œil cet ordre analytique paraît fort aisé à suivre rigoureusement, et cependant, à moins de multiplier les divisions d'une manière fatigante et inutile, on se trouve fort embarrasssé de classer certains instrumens qui par leur usage général tiennent à une classe, et en sortent par des spécialités. Nous avons passé sur cette difficulté, en plaçant avec les bêches et les charrues, les pelles de bois, les creuse-rigoles telles que la charrue-taupe, etc. ; en plaçant avec les ratissoires, et autres instrumens de propreté, les émoussoirs et les arrachoirs, etc., etc. Ce que le livre perdra, sous le rapport de l'exactitude de la classification, sera compensé et au-delà par la facilité que cela donne aux recherches du lecteur.

Dans toutes les sections nous avons agi à peu près de la même manière, aussi ne reviendrons-nous plus sur cet objet.

CHAPITRE PREMIER.

—

Ces instrumens doivent être les plus anciens, car ils sont les plus simples, les plus commodes, et ceux avec lesquels on peut exécuter tous les ouvrages de labour indistinctement. La nature en a fourni les premiers modèles dans un bâton pointu, ou crochu, ou fourchu; les arts, enfans des besoins, sont venus les perfectionner.

On a considérablement varié leurs formes en raison des nombreux travaux auxquels on les emploie, des localités, des terrains plus ou moins rocailleux, plus ou moins tenaces, et même en raison du sexe et de la force des personnes qui s'en servent.

Nous en avons complété la collection autant qu'il nous a été possible. Néanmoins, quand les modèles des pays étrangers, ou même de nos départemens, ne différaient des instrumens généralement connus et employés aux environs de la capitale que par de légères nuances de forme, ne changeant rien à la manière de faire usage de l'outil ni au résultat qu'on en obtient, nous n'avons pas cru devoir en surcharger nos planches.

Les conditions essentielles qu'exige une bonne fabrication de ces instrumens consistent en deux choses, légèreté et solidité. Ceux que l'on emploie dans la grande culture se trouvent à peu près chez tous les taillandiers et quincailliers, mais ceux plus perfectionnés, destinés à la culture des jardins, exigent dans leur fabrication des soins que l'on ne donne guère aux instrumens de pacotille.

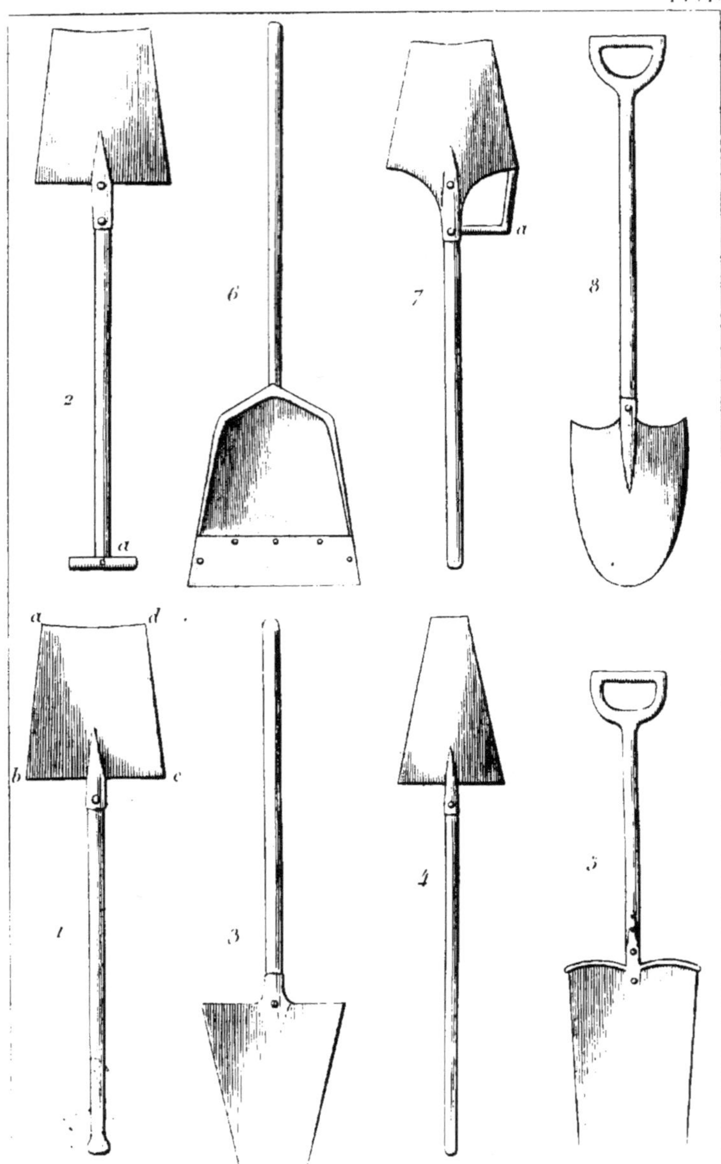

PLANCHE 1ʳᵉ.

Instrumens de labour.

1. *Bêche ordinaire.* Sa lame varie dans ses proportions. Néanmoins, les bêches les mieux faites, selon l'estimation des meilleurs jardiniers de Paris, doivent avoir 10 pouces de hauteur depuis le taillant *a* jusqu'en *b*, 7 pouces 6 lignes de largeur dans le haut de *b* en *c*, et 6 pouces de largeur au taillant d'*a* en *d*. La lame doit être un peu concave en devant, mais la courbe de cette concavité ne doit être que d'une ligne de *b* en *c*, de trois d'*a* en *d*, et dans le sens de la longueur de *b* en *a*, d'une ligne et demie. Le manche a de 2 pieds 4 pouces à 2 pieds 6 pouces, non compris la douille.

Les plus fortes bêches, à Paris, n'ont guère que 11 pouces de longueur d'*a* en *b*; 8 pouces de largeur au sommet, de *b* en *c*; et 6 pouces 6 lignes de largeur en bas d'*a* en *d*. La bêche, le plus utile des instrumens d'horticulture, est d'un usage trop connu pour que nous en parlions ici.

2. *Bêche à béquille.* Elle ne diffère de la précédente que par la béquille qui termine son manche en *a*, et qui rend son usage beaucoup plus facile. Elle est très-employée dans les départemens de Saône-et-Loire et de l'Ain.

3. *Bêche des terres fortes.* Elle diffère des précédentes par sa lame, beaucoup plus rétrécie vers le taillant. Elle pénètre plus aisément dans les terres compactes, fortes, argileuses, ou même pierreuses.

4. *Bêche hollandaise.* Son manche a 2 pieds 6 pouces de longueur. Sa lame est longue de 15 pouces. Elle a de 7 à 8 pouces de largeur dans le haut, et seulement 3 vers le taillant. On s'en sert pour creuser des fossés profonds et étroits, ou des rigoles dans les prairies.

5. *Pelle anglaise.* Dans les sables légers on s'en sert pour labourer, comme d'une bêche. Elle est en bois mince, garni de tôle en dessus, dans toute sa longueur et sa largeur. L'avantage qu'elle présente est d'être fort légère, quoique beaucoup plus grande. Ses proportions varient en raison de l'usage auquel on l'emploie et de la force de celui qui doit s'en servir, mais le plus ordinairement on lui donne 12 pouces de longueur sur 9 de largeur dans le haut.

6. *Pelle ferrée, ou louchet.* Sa lame, en bois de hêtre, a ordinaire-

ment 13 pouces de longueur sur 10 de largeur dans le haut, et 11 vers le taillant. Celui-ci est quelquefois recouvert d'une plaque de tôle, comme dans celle que nous avons figurée. Cette pelle est un peu concave, et présente vers son milieu un enfoncement de 2 pouces. On s'en sert pour remuer les terres, les décombres, les pierrailles, etc.

7. *Bêche à hochepied coudé*. Elle a les mêmes proportions que les autres bêches, mais elle en diffère par sa forme dans sa partie supérieure, et par un support coudé *a*, fixé à la lame et à la douille ou au manche, sur lequel l'ouvrier appuie le pied pour l'enfoncer plus profondément dans la terre. Elle convient aux sols légers, et elle est très-employée dans le midi de la France.

8. *Bêche allemande*. Elle ne diffère de nos bêches ordinaires que par la forme ovoïde de sa lame, lui donnant plus de facilité pour pénétrer dans les terres compactes. Elle est d'un grand usage en Allemagne.

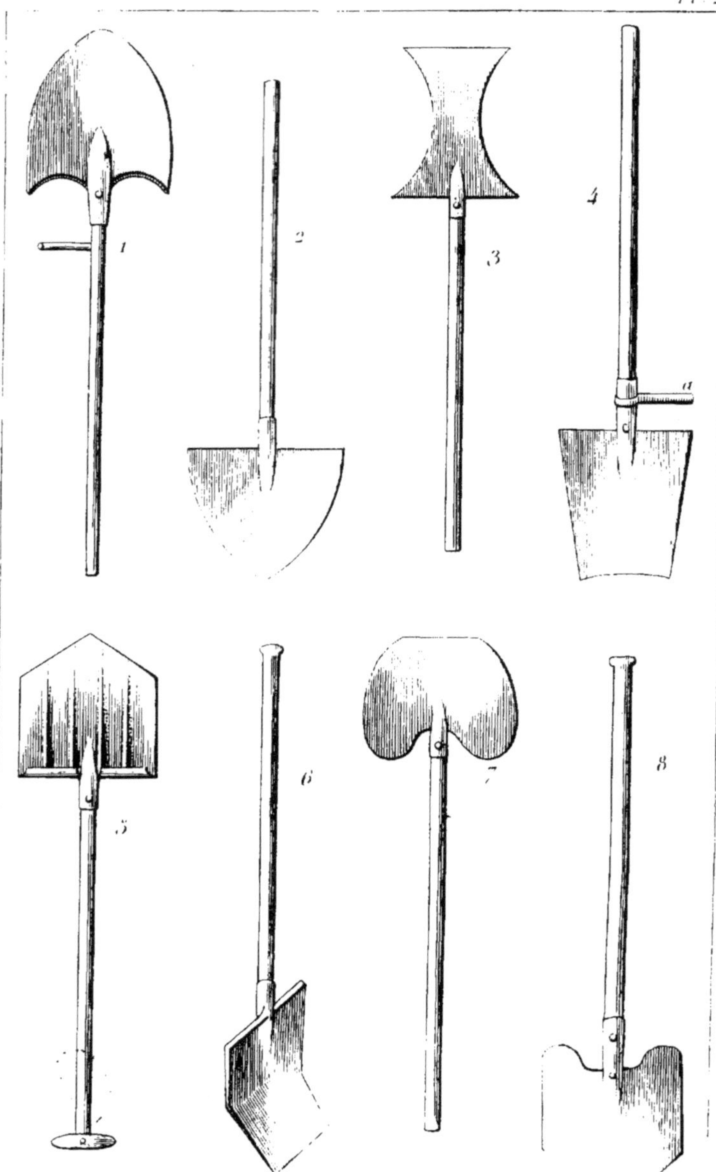

PLANCHE 2.

Instrumens de labour.

1. *Bêche triangulaire hollandaise.* La lame est en fer; elle a 16 pouces de longueur, 8 pouces de largeur dans sa partie supérieure, et 7 vers le milieu de sa longueur; elle se termine presque en pointe, et elle est un peu coudée. Au-dessus de la douille est une cheville en fer, longue de 4 pouces et demi, solidement implantée dans le manche, servant de point d'appui pour le pied de l'ouvrier. On emploie cet instrument aux mêmes usages que la bêche ordinaire, mais il lui est préférable quand il s'agit de défoncer profondément un terrain pierreux ou très-compacte.

2. *Bêche triangulaire romaine.* Sa lame a 10 pouces de longueur, non compris la douille, sur une largeur à peu près égale. Le manche est long de 3 pieds. On se sert beaucoup de cette bêche dans les environs de Rome, pour labourer dans les sables, les graviers, et autres terrains très-légers.

3. *Bêche de Gascogne; furèye.* Le manche a 2 pieds et demi de longueur; la lame, très échancrée sur les côtés, a 13 pouces de longueur au sommet et vers le tranchant, et seulement 2 pouces 6 lignes vers le milieu, c'est-à-dire dans sa partie la plus étroite. Cet instrument est fort léger, d'un travail facile. Sur les bords de la Garonne on l'emploie beaucoup pour labourer les terres très-humides ou très-fortes, pour creuser des fossés, etc.

4. *Bêche à hoche-pied mobile.* Cet instrument a les mêmes proportions que la bêche ordinaire, dont il ne diffère que par le hoche-pied *a*, qu'on y adapte à volonté. Il consiste en une tringle de fer, longue de 3 pouces et demi, large de 15 lignes, et épaisse de 4 lignes. A une de ses extrémités est un anneau assez grand pour que le manche puisse y passer aisément, et qui descend sur la douille. Au moyen de ce hoche-pied mobile on peut faire des labours beaucoup plus profonds, ou se servir encore utilement des vieilles bêches dont le fer est usé.

5. *Bêche belge.* La lame, mesurée dans sa plus grande longueur, a 11 pouces non compris la douille, et 9 pouces seulement sur les côtés. Elle a un pied de largeur. Elle porte quatre nervures élevées, qui permettent de la forger très-mince, et par conséquent de la faire légère sans nuire à sa solidité. Son bord supérieur est muni d'un petit rebord, et enfin elle a une légère courbure. On donne au manche de 30 à 36 pouces de

longueur. Cette bêche est employée, en Belgique, à la culture des champs, et plus particulièrement à celle des jardins.

6. *Bêche à lame brisée.* Elle est en usage en Italie, particulièrement dans les environs de Parme et de Florence, pour creuser dans les prés les rigoles d'irrigation. La courbure de sa lame la rend très-propre à cela , et à enlever les terres boueuses et les vases. Le manche a de 4 pieds et demi à 5 pieds de longueur. La lame a 13 pouces de longueur sur 9 de largeur.

7. *Bêche à oreilles.* Elle sert, en Belgique, à donner une seconde façon dans les jardins bien cultivés. Le manche a 3 pieds et demi de longueur. La lame est un peu concave ; elle a 9 pouces dans sa plus grande longueur, et seulement 7 et demi dans la plus petite. Sa largeur varie : quelquefois elle égale la longueur, d'autres fois elle la dépasse un peu ; généralement elle est de 9 pouces.

8. *Bêche carrée à oreilles.* Elle est employée, en Belgique, aux mêmes usages que la précédente, mais son fer, un peu plus concave et un peu recourbé, la rend beaucoup plus propre à remuer et à jeter les terres. Le manche a 4 pieds de longueur, et, du reste, elle est faite dans les mêmes proportions que la bêche à oreilles.

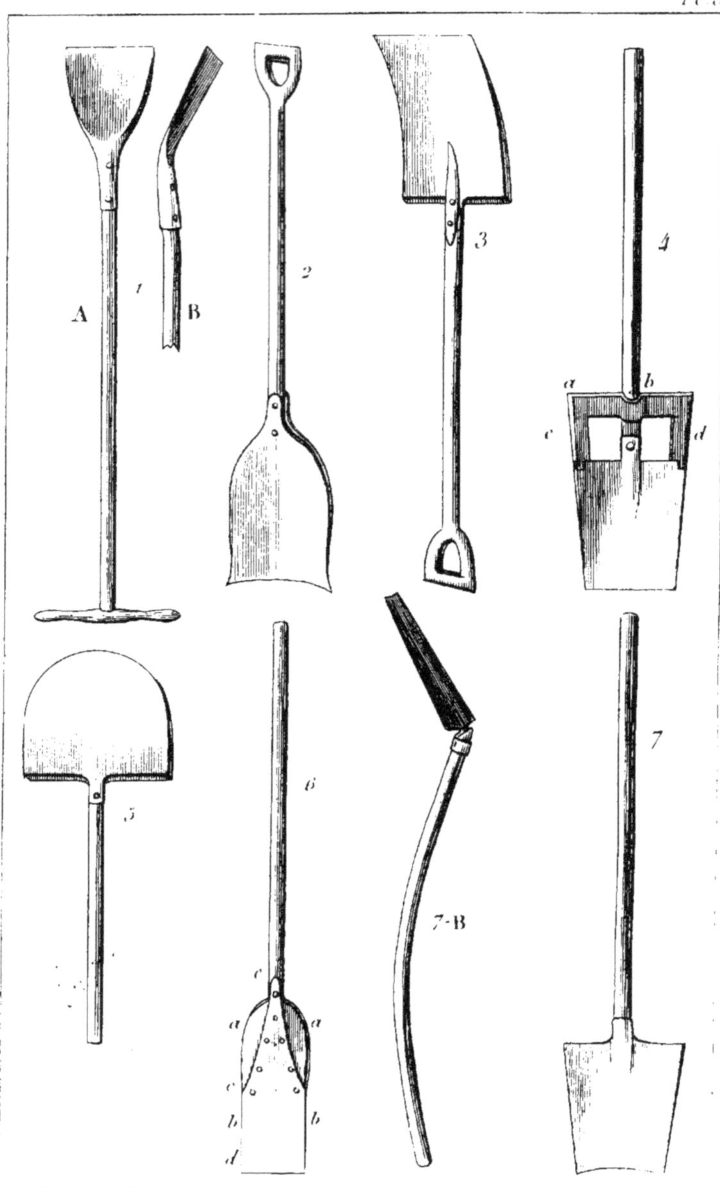
A
1
B
2
3
4
a   b
c   d
5
6
c
a   a
c
b   b
d
7-B
7

(7)

PLANCHE 5.

Instrumens de labour.

1. *Bêche à gazon* ou *bêche-houlette.* Cet instrument est employé en Suisse, particulièrement dans le canton de Glaris, à enlever les gazons par plaques minces, pour les faire écobuer. La lame est courbée ainsi que nous le montrons dans la figure B; elle a 7 pouces 6 lignes de largeur sur 8 de longueur, non compris la douille qui a souvent jusqu'à 10 pouces de longueur. Le manche a 4 pieds, et la manette qui le termine 18 pouces.

2. *Bêche languedocienne.* La lame est longue de 11 pouces et large de 7; elle est en fer, et, dans sa partie supérieure, se compose de deux plaques minces entre lesquelles s'introduit une lame de bois qui termine le manche. Ces plaques se prolongent en une languette qui se cloue sur le manche en dessus et en dessous. Dans le midi on emploie cet instrument aux mêmes usages que la bêche ordinaire.

3. *Bêche en louchet.* Le manche a 3 pieds et demi de longueur, et porte une poignée à son extrémité. La lame a 13 pouces de longueur sur 8 de largeur; elle est un peu coudée et concave. Elle est en fer, terminée au sommet par deux plaques, et elle s'emmanche absolument comme la précédente. On s'en sert pour labourer, et aux mêmes usages que la pelle de bois.

4. *Bêche à hausse.* Dans la Belgique, lorsque la terre est usée dans un jardin, on défonce à 15 ou 16 pouces, et l'on rapporte en dessus la terre neuve, enrichie par l'infiltration des engrais. Cette opération, qui se renouvelle tous les trois ou quatre ans, se fait avec une bêche ordinaire, à laquelle on adapte la *hausse* que nous avons figurée en *a*. Elle consiste en un montant en fer, dont la partie supérieure est percée d'un trou *b*, dans lequel on fait passer le manche. Les deux côtés *c, d*, ont à leur extrémité une rainure dans laquelle s'introduit la partie supérieure de la bêche. Par ce moyen on peut aisément, en labourant, enfoncer la lame avec le pied jusqu'à 16 pouces de profondeur.

5. *Bêchon.* Il est très-commode pour retirer la terre des trous qui ont peu de largeur, comme par exemple ceux que l'on a creusés pour planter des arbres. Pour l'approprier à cet usage, on ne donne au manche que 18 pouces à 2 pieds de longueur. La lame a 9 pouces de longueur, et 8 dans sa plus grande largeur.

6. *Béchette.* Le manche, long de 2 pieds et demi, se termine par une pelle en bois *a, a,* un peu concave, dont l'extrémité s'enfonce entre les deux plaques de fer terminant, à sa partie supérieure, la lame en fer *b, b.* Ces plaques se prolongent en une longue languette qui se cloue sur la pelle et sur le manche. La lame, prise en totalité, a 14 pouces de longueur, et 6 dans sa plus grande largeur. La partie en fer, de *d* en *c,* a 6 pouces 6 lignes, et la partie en bois, de *c* en *e,* a 7 pouces 6 lignes. On se sert de cet instrument quand il faut bêcher assez profondément dans les terres très-légères, entre plusieurs rangs de végétaux dont il faut ménager les racines.

7. *Rochet; rocha; féchou.* Cet instrument, inconnu à Paris, mais très en usage dans quelques provinces de la France, et particulièrement dans le département de Saône-et-Loire, est fort commode pour nettoyer les marres, les ruisseaux d'irrigation dans les prés, amonceler les terres, terreaux, etc. Sa lame a 8 pouces de largeur dans le haut, 6 et demi vers le taillant, et 9 de longueur non compris la douille. Elle est coudée, comme nous le montrons dans la figure 7 B, où nous avons aussi indiqué la courbure du manche, qui doit avoir 5 pieds de longueur.

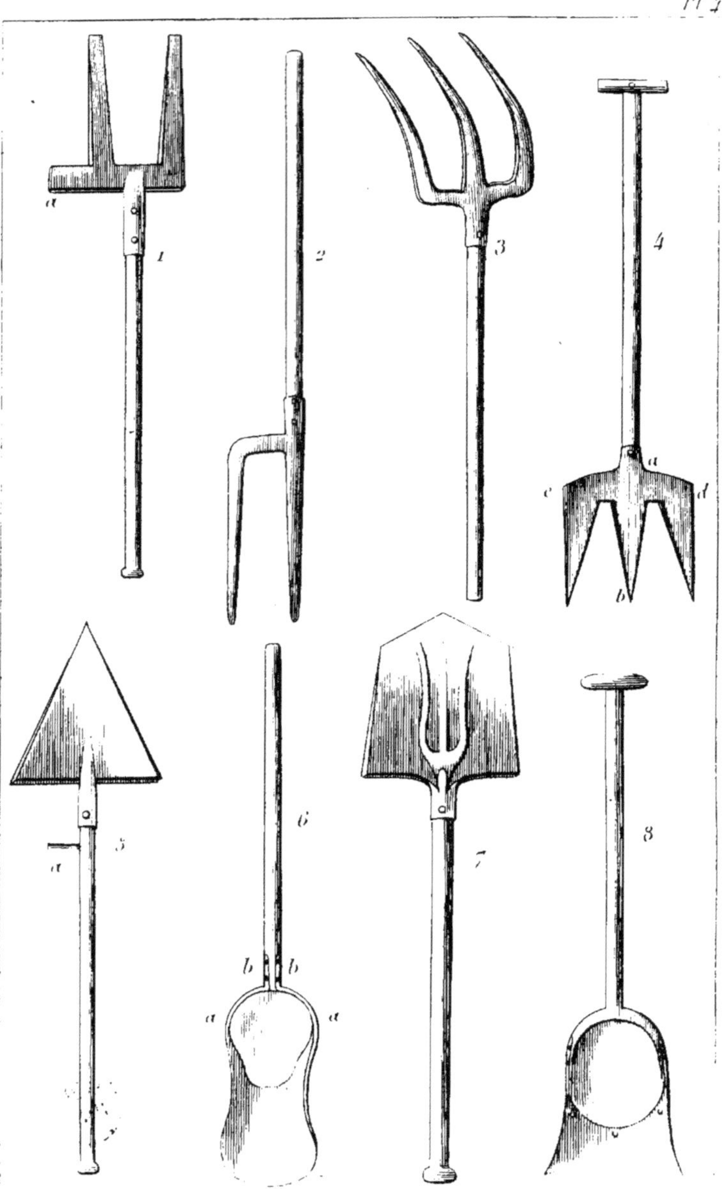

PLANCHE 4ᵉ.

Instrumens de labour.

1. *Fourche à dents plates.* Cet instrument est employé au labour dans plusieurs provinces du Midi, et surtout aux environs de Toulouse. Les dents ont 18 lignes de largeur, 8 pouces de longueur, et 4 pouces d'écartement entre elles. En *a* est un prolongement de fer, servant de hoche-pied. On s'en sert avantageusement dans les terres très-fortes, et dans celles qui sont rocailleuses.

2. *Fourche biscayenne.* Le manche a 5 pieds de longueur, et la fourche 15 pouces la douille comprise. Les dents ont 5 ou 6 pouces d'écartement entre elles ; l'une est sur la même ligne que la manche ; l'autre s'en écarte par une sorte d'équerre pour servir d'appui au pied de l'ouvrier. En Espagne, un ouvrier se sert toujours de deux de ces instrumens à la fois. Il les pose verticalement, l'un à sa droite, l'autre à sa gauche ; puis, il pose un pied sur l'un, un pied sur l'autre, et se balançant alternativement à droite et à gauche il les enfonce dans le sol, après quoi il saisit les manches et retourne la terre.

3. *Trident.* On l'emploie beaucoup pour remuer les fumiers, pour labourer dans les terres fortes ou pierreuses, et pour arracher les récoltes qui consistent en racines. Ses proportions varient en raison de l'usage auquel on le destine. Pour les labours, les dents ont ordinairement 11 pouces de longueur, et leur écartement est de 3 pouces à 3 pouces et demi.

4. *Bêche à trois dents.* Celle-ci est fort en usage en Catalogne, pour labourer les terres fortes et argileuses. Sa lame doit avoir 10 pouces de hauteur d'*a* en *b*, c'est-à-dire non compris la douille, et 8 pouces de largeur dans le haut, de *c* en *d*. Les dents ont à leur naissance 2 pouces de largeur, ce qui laisse un pouce de séparation entre elles à leur base. Cette bêche est d'un usage d'autant plus précieux qu'elle peut remplacer à la fois, et avec beaucoup d'avantage dans les terrains forts, la bêche et le trident ; je le sais par expérience.

5. *Bêche triangulaire.* Sa lame a 1 pied de longueur et 9 pouces dans son plus grand diamètre. Le manche a 4 pieds et et demi de longueur, et porte un hoche-pied *a*, long de 5 pouces 6 lignes, ce qui la rend très-commode pour creuser des rigoles profondes. En Italie on s'en sert beaucoup pour labourer les terres argileuses très-compactes.

6. *Bêche ferrée*. Elle est en usage dans plusieurs de nos départemens, où on la préfère pour labourer les terres légères et sablonneuses, à cause de sa légèreté. La lame a 11 pouces de longueur sur 7 pouces dans sa plus grande largeur. Le manche a 4 pieds de longueur; il se termine par une pelle de bois qui s'ajuste dans une gouge pratiquée dans la lame de fer. Celle-ci se prolonge sur les côtés en *a, a, b, b*, en une bande de fer qui vient s'ajuster le long des côtés de la pelle et vient se clouer sur le manche. L'épaisseur de la pelle de bois doit être d'un pouce près du manche.

7. *Bêche belge à nervures pédalées*. Le manche a 4 pieds de longueur. La lame a 1 pied dans sa plus grande longueur, non compris la douille; sa largeur est de 9 pouces. Elle s'ajuste solidement au manche par le moyen d'une petite languette à crochet, ou simplement par la méthode ordinaire. Elle est munie de trois nervures élevées, qui se réunissent vers le manche, ce qui permet de la forger beaucoup plus légère en fer, sans nuire à sa solidité. Elle est un peu courbée, et, près du manche, on lui ménage de petits rebords. Elle est très-employée en Belgique, pour labourer les jardins.

8. *Bêche en pelle*. Le manche a 2 pieds 2 pouces de longueur, et se termine par une manette en béquille. La lame a 13 pouces de longueur, 9 de largeur à sa partie supérieure, et 11 vers le taillant. Celui-ci est garni d'une plaque de forte tôle qui embrasse les côtés et se prolonge en deux languettes qui y sont solidement clouées. Dans la Belgique on fait usage de cet instrument pour remuer les grains, le sable, le terreau, etc. La lame est concave.

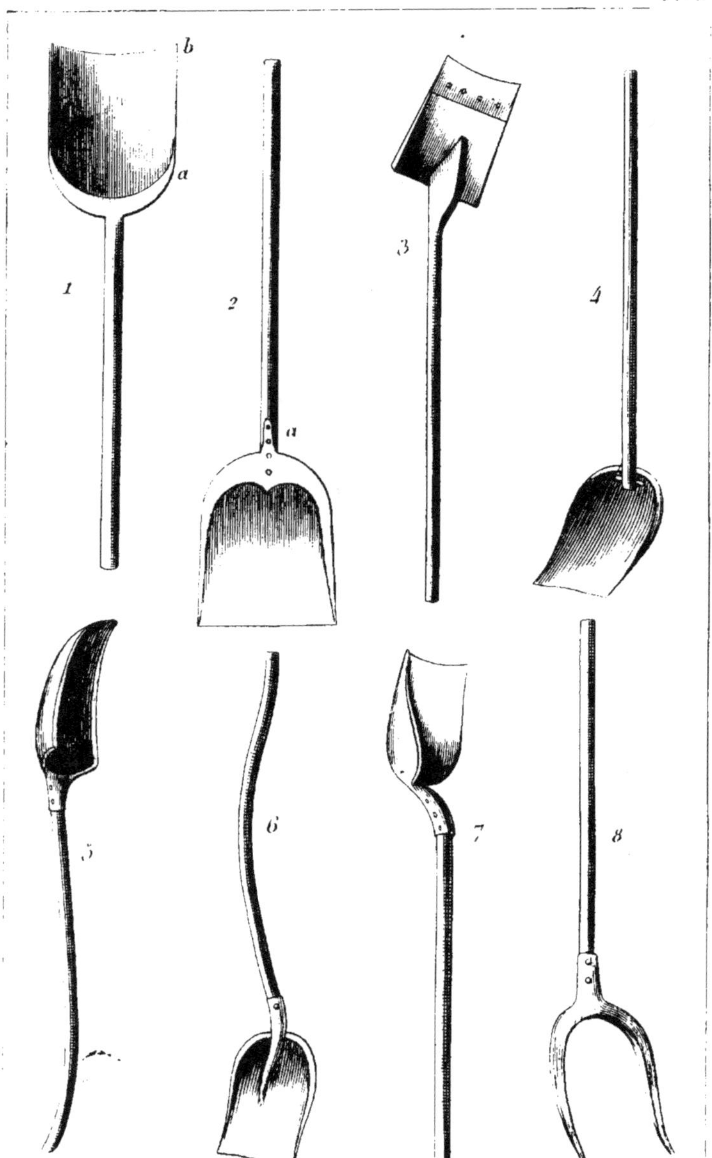

PLANCHE 5ᵉ.

Instrumens de labour.

1. *Pelle ordinaire en bois.* Elle est ordinairement en bois léger mais cependant solide, tel que le hêtre, et l'on s'en sert beaucoup, surtout aux environs de Paris, pour remuer le sable, les terres légères, les décombres de démolition, etc.; elle sert aussi à remuer les grains dans les greniers. Le manche a ordinairement 2 pieds 6 pouces de longueur. La lame a 13 pouces de longueur, 10 de largeur à sa partie supérieure *a*, et 11 vers le taillant *b*; elle est concave, et son renfoncement vers le milieu est de 2 pouces.

2. *Pelle en tôle.* Le manche a 4 pieds et demi de longueur, et vient s'attacher à la lame au moyen de deux languettes *a*. Son extrémité est reçue dans une douille ménagée dans l'épaisseur de la lame. Cette dernière a un pied de longueur sur 9 pouces de largeur. Son épaisseur est d'une ligne. Cette pelle sert à remuer les grains.

3. *Pelle coudée.* On l'emploie aux mêmes usages que les deux précédentes, et elle a l'inconvénient d'être beaucoup moins solide. Aussi n'en fait-on guère usage que dans les contrées où l'on manque de bois pour faire des pelles d'une seule pièce, par exemple dans les Basses-Pyrénées. Le manche a 4 pieds 6 pouces de longueur; la lame est longue de 14 pouces, et large de 10. Elle consiste en une planchette ayant 18 lignes d'épaisseur vers la partie qui est clouée sur le manche. Son extrémité est armée d'une plaque de fer ou de tôle.

4. *Pelle chevillée.* Celle-ci est encore moins solide que la précédente, mais elle est d'une construction tellement facile qu'on s'en sert dans une grande partie de nos départemens. Ses proportions sont les mêmes. La planchette, que l'on choisit un peu courbée si l'on veut, a 2 pouces d'épaisseur au sommet. On y fait un trou plus ou moins oblique, selon qu'on veut avoir l'instrument plus ou moins coudé; on y enfonce le manche, et on le maintient au moyen de deux chevilles, une dessus et l'autre dessous. On l'emploie aux mêmes usages que les autres pelles de bois.

5. *Bêche napolitaine.* Cet instrument, dans le royaume de Naples, sert à différens travaux, et particulièrement à labourer les terres légères. Sa lame a 15 pouces de longueur sur 7 ou 8 pouces de largeur; elle est

très-concave, et sa courbure présente à peu près la même figure qu'une ligne formée par le tiers d'un cercle.

6. *Pelle à manche recourbé*. Le manche recourbé a 4 pieds 6 pouces de longueur. La lame a de 7 à 8 pouces de largeur sur 9 à 11 de longueur; elle est en fer, concave, et s'attache au manche par le moyen d'une douille. On s'en sert, dans le département de la Gironde, à labourer et à différens autres usages.

7. *Pelle d'Auvergne*. Elle a les mêmes proportions que la précédente. La lame est en fer, très-concave dans la partie supérieure, un peu moins vers le tranchant; elle s'attache au manche par le moyen d'une douille. Dans le département du Puy-de-Dôme, on en fait usage pour remuer le blé, pour prendre le sable, la vase et autres objets demi-liquides.

8. *Fourchet*. On l'emploie à un grand nombre d'usages, et les proportions de la lame et du manche varient en conséquence, aussi nous abstiendrons-nous de les mentionner ici, si ce n'est sous la considération du labour. On se sert du fourchet pour biner de certaines cultures, et pour arracher les récoltes consistant en racine. Dans ce cas, les dents doivent avoir 8 pouces au moins de longueur, et 6 pouces d'écartement. Le manche a la même longueur que celui d'une bêche ordinaire.

PLANCHE 6ᵉ.

Instrumens de labour.

1. *Hoyau ordinaire ; pioche ; houe à long fer.* Le manche a 2 pieds 6 pouces de largeur ; la lame a 15 pouces de longueur sur 4 de largeur ; elle forme presque un angle droit avec le manche. Cet instrument est connu dans tous nos départemens comme à Paris ; il est très-propre au défonçage des terres.

2. *Houe à lame de bêche.* Son manche est recourbé ; il a 4 pieds de longueur, et forme avec la lame un angle de 14 degrés, mesuré au milieu de la lame. Celle-ci a 13 pouces de longueur sur 9 dans sa plus grande largeur. On l'emploie pour cultiver les vignes sur les bords de la Gironde.

3. *Hoyau ordinaire, à lame large.* Il ne diffère du hoyau nᵒ 1 que par sa lame, qui s'élargit beaucoup vers le taillant où elle a 6 pouces de largeur. Partout on s'en sert aux mêmes usages.

4. *Houe à deux branches, et à manche très-courbé.* Le manche a 26 pouces de longueur ; il est très-courbé à son origine, puis se relève verticalement à la lame. Celle-ci est divisée en deux branches longues de 11 pouces, et larges de 2 pouces 6 lignes à leur extrémité. Cet instrument est d'un usage fort commode dans les terres fortes, argileuses et pierreuses.

5. *Grande serfouette.* Son manche a 3 pieds 6 pouces de longueur ; sa lame a 4 pouces de longueur à partir du manche au taillant *a*, et 5 du manche au bout des dents *b, c*. On se sert de cette serfouette pour biner les récoltes de gros légumes, dans les champs.

6. *Croc à deux dents.* Rarement on se sert de cet instrument pour travailler la terre, mais seulement pour remuer les fumiers. Ses dents ont 6 pouces 6 lignes de longueur, et 5 d'écartement vers la pointe. Le manche a 4 pieds de longueur.

7. *Croc à trois dents.* Il sert aux mêmes usages que le précédent, et principalement à décharger les chars de fumier. Son manche a de 4 à 6 pieds de longueur.

8. *Pic à taillant et à longue pointe.* Le manche a un pied de longueur. Le bec a 19 pouces de longueur ; il a un pouce de largeur vers le manche, et va en diminuant jusqu'à la pointe, où il n'a plus que 4 lignes.

La pioche est longue de 4 pouces, et large de 2 vers le taillant. On se sert de cet instrument pour cultier la vigne, dans les environs de Vevey, en Suisse.

9. *Petite pioche mâconnaise.* Dans le département de Saône-et-Loire, les femmes se servent de cet instrument pour travailler la vigne et les jardins. Le manche a 30 pouces de longueur; il est très-légèrement courbé, et décrit un angle très-obtus avec la lame. Celle-ci est un peu arquée; elle a 7 pouces de longueur, 6 pouces 6 lignes de largeur au sommet, et 4 pouces 6 lignes vers le taillant.

10. *Pioche mâconnaise.* Elle sert aux hommes, pour cultiver la vigne, dans le même département. Son manche a 26 pouces de longueur; il est droit, ou quelquefois légèrement recourbé à son extrémité, et dans ce cas il a 32 pouces de longueur. Il forme un angle plus aigu avec la lame, comme nous le montrons dans son profil, planche 11, figure 1. La lame est arquée. Elle a 13 pouces de longueur, 8 pouces 6 lignes de largeur au sommet, et 6 pouces vers le taillant.

11. *Hoyau mâconnais.* Le manche a 18 pouces de longueur; il est légèrement courbé, et forme avec la lame un angle que nous avons donné, planche 11, figure 2. La lame est arquée; elle a 13 ou 14 pouces de longueur, 6 pouces 6 lignes de largeur au sommet, où elle est fort épaisse, et 3 pouces 6 lignes vers le taillant. Cet instrument sert aux vignerons mâconnais et beaujolais pour cultiver la vigne sur les collines pierreuses.

12. *Grande houe à trois dents.* Son manche, légèrement recourbé vers son extrémité, a 2 pieds de longueur. Ses dents ont 8 pouces de longueur, et portent sur une traverse de 2 pouces, ce qui donne à la lame, non compris la douille, 10 pouces de longueur. Elles ont un pouce de largeur à leur naissance, et 6 lignes près de leur pointe; elles sont espacées de 14 lignes vers le milieu de leur longueur, ce qui donne 7 pouces 6 lignes de largeur d'*a* en *b*. Elle est employée dans plusieurs départemens pour travailler les terres fortes et celles où croissent les chiendens.

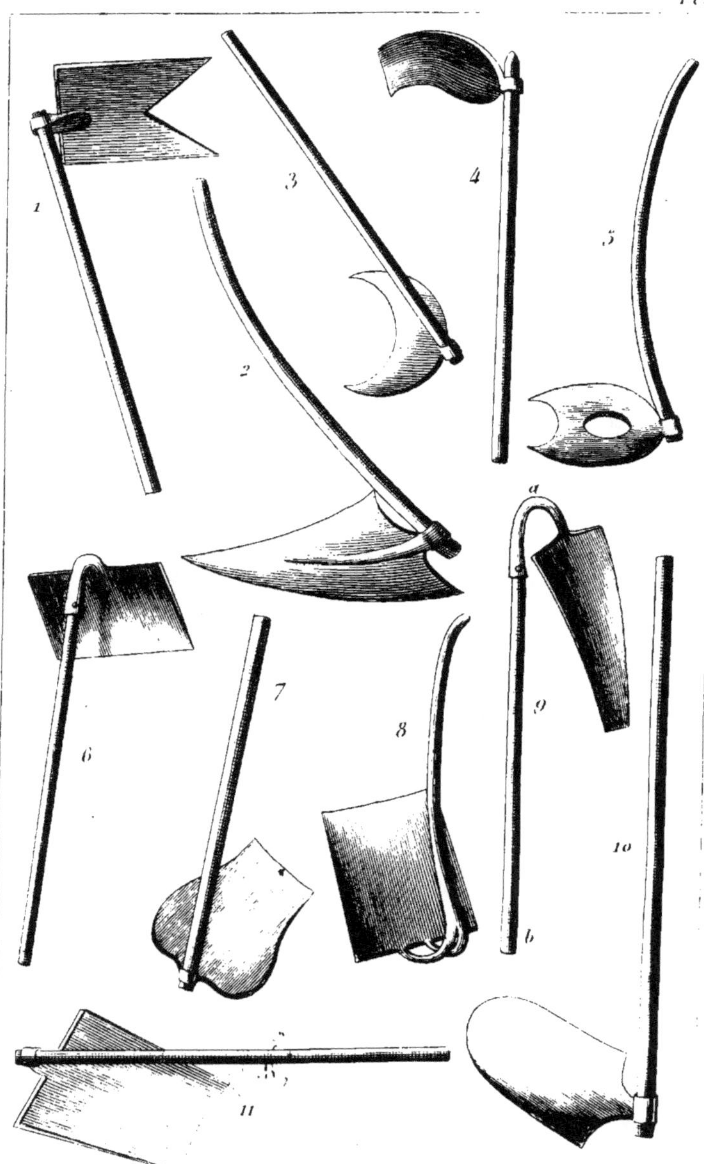

1
2
3
4
5
a
6
7
8
9
b
10
11

(15)

PLANCHE 7e.

Instrumens de labour.

1. *Houe échancrée.* Sa lame a 10 pouces de longueur sur 7 pouces 6 lignes de largeur. On s'en sert en Portugal pour labourer dans les terres pierreuses.

2. *Grande houe triangulaire.* On s'en sert en Espagne, et dans quelques provinces méridionales de la France, pour labourer les vignes dans les sols rocailleux. La lame a un pied de longueur, et 7 pouces dans sa plus grande largeur ; elle forme, avec le manche, un angle de 70 degrés.

3. *Houe Westphalienne.* En Allemagne, on l'emploie à lever les gazons et les bruyères, que l'on met en tas pour les faire pourrir et en préparer des engrais. Sa lame, en croissant, a 9 pouces de largeur mesurée d'une pointe à l'autre, et 5 pouces dans sa plus grande largeur.

4. *Houe à lame arquée.* On l'emploie dans les montagnes de Saône-et-Loire pour creuser dans les prés les rigoles d'irrigation. Sa lame a 8 pouces de longueur sur 6 de largeur. Le manche a 4 pieds.

5. *Houe à lame percée.* Le manche a 3 pieds de longueur. La lame a 9 pouces de longueur, et 8 dans sa plus grande largeur. Elle approche de la forme ovale ; elle est échancrée en croissant au taillant, et percée d'un trou ovale dans le milieu, ce qui la rend plus légère. Le trou a 4 pouces de largeur sur 4 pouces 6 lignes de longueur. On s'en sert dans les environs de Dourlach.

6. *Houe à large lame.* Dans les montagnes de la Suisse on fait usage de cette houe pour ramener les terres de bas en haut, sur les pentes rapides. Son manche a 4 pieds de longueur, sa lame a 16 pouces de largeur sur un pied de longueur. Il y en a qui dépassent même ces dimensions.

7. *Houe à lame orbiculaire.* Elle est généralement employée en Espagne, dans le royaume de Grenade. Sa lame a 10 pouces de longueur, 9 dans sa plus grande largeur, et 8 près du taillant. Le manche, long de 3 pieds 6 pouces, forme avec la lame un angle de 45 degrés.

8. *Houe carrée de Valence.* C'est avec cet instrument que les jardiniers espagnols exécutent la plus grande partie de leurs travaux. La lame a 8 pouces de longueur sur 8 pouces de largeur au sommet, et 7 pouces 6 lignes vers le taillant. Le manche, courbe, a 2 pieds de lon-

gueur; il forme un angle tellement aigu avec la lame, que le taillant de celle-ci n'en est éloigné que de 8 pouces.

9. *Houe à lame allongée.* Le manche, y compris une partie de la douille, c'est-à-dire d'*a* en *b*, a 3 pieds de longueur. La lame a 15 pouces de longueur sur 5 pouces de largeur au sommet, et 3 vers le taillant. Elle forme un angle très-aigu avec le manche. On s'en sert en Catalogne pour piocher la vigne et d'autres cultures.

10. *Grande houe à tranchant arrondi.* On s'en sert pour cultiver les terres argileuses et très-fortes dans beaucoup de nos départemens. Sa lame a 13 pouces de longueur sur 9 pouces 6 lignes dans sa plus grande largeur.

11. *Grande houe de Catalogne.* Sa lame a 13 pouces de longueur sur 11 pouces de largeur au sommet, et 8 vers le taillant. Son manche a 2 pieds 6 pouces de longueur. On s'en sert dans les terres sablonneuses ou légères.

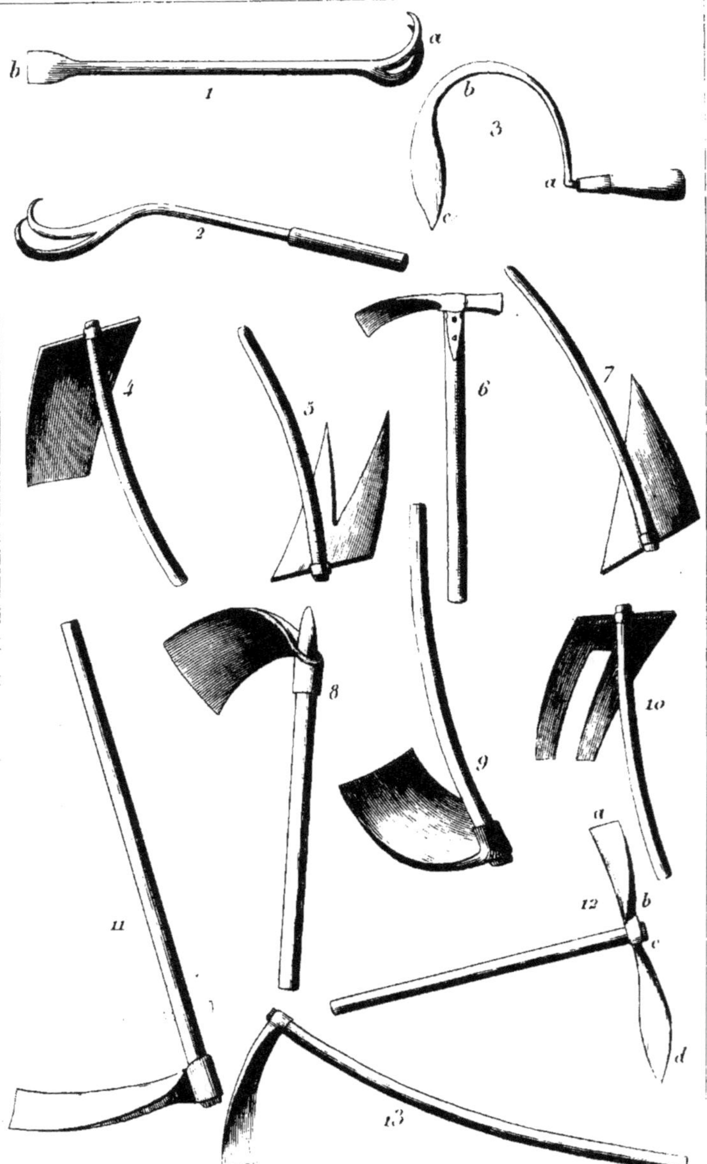

PLANCHE 8.

Instrumens de labour.

1. *Crochet à palette*. Sa longueur totale est de 30 pouces. Une de ses extrémités est munie de deux crochets ou griffes, *a* ; l'autre d'une petite houlette. On l'emploie en Suisse, particulièrement dans le canton de Zurich, pour biner les plantes délicates avec la griffe, et pour les enlever et les transplanter avec la houlette *b*.

2. *Crochet à manche de bois*. Dans le midi de la France on s'en sert pour donner de légers binages, et pour arracher les herbes parasites. Sa longueur totale est de 14 à 15 pouces.

3. *Pic almocafre*. Cet instrument, servant à extirper les mauvaises herbes dans les jardins et dans les champs, a été apporté par les Maures en Espagne, où il est d'un usage très-répandu. Tandis qu'on s'en sert de la main droite, avec la main gauche on extirpe les herbes que sa pointe a déracinées. Son manche a 4 pouces de longueur. Sa lame, en forme de fer de lance, a 7 pouces 6 lignes de longueur, mesurée de *b* en *c*, et 2 pouces 3 lignes dans sa plus grande largeur. L'espace entre sa pointe et le manche, de *c* en *a*, est de 6 pouces.

4. *Houe parisienne*. Son manche, un peu courbé, a 19 pouces de longueur. Sa lame a 11 pouces de longueur, 7 pouces 6 lignes de largeur au sommet, et 6 vers le taillant. Elle est propre à faire tous les labours ordinaires.

5. *Houe fourchue triangulaire*. Le manche, un peu courbé, a 2 pieds de longueur. La lame a 10 pouces de longueur, et 7 pouces de largeur au sommet ; les pointes des deux bifurcations sont à 6 pouces de distance l'une de l'autre. Cette houe, en usage dans les environs de Paris, est excellente pour cultiver les terrains pierreux.

6. *Pioche à marteau*. Son manche a 30 pouces de longueur. Le marteau a 4 pouces de longueur, et la lame 6. Le taillant a 2 pouces 6 lignes de largeur. Cet instrument sert non-seulement à cultiver la terre, mois encore à différens usages domestiques.

7. *Houe triangulaire parisienne*. Le manche a 30 pouces de longueur ; il est un peu courbé ; la lame a 11 pouces de longueur et 7 pouces 6 lignes dans sa plus grande largeur. On s'en sert dans les environs de Paris pour travailler les terres fortes et rocailleuses.

8. *Binette rustique.* On s'en sert dans les champs, aux environs de Paris, particulièrement dans la plaine Saint-Denis, pour biner les pommes de terre et autres gros légumes. La lame a 8 pouces de longueur et 5 pouces 6 lignes de largeur vers le taillant. Le manche a 3 pieds de longueur.

9. *Binette des jardiniers.* Elle diffère de la précédente par sa courbure beaucoup plus grande, telle qu'est figurée celle de la pioche, pl. 11, fig. 1. Sa lame a 7 pouces de longueur sur 4 pouces 9 lignes de largeur vers le taillant. Les jardiniers de Paris l'emploient beaucoup.

10. *Houe fourchue parisienne.* Son manche a 30 pouces de longueur, et il est très-légèrement courbé. Sa lame a 11 pouces de longueur sur 7 pouces 6 lignes de largeur au sommet, et 6 vers le taillant. Elle est entaillée par un vide de 2 pouces de largeur tant dans le bas que dans le haut, ce qui lui forme 2 dents longues de 8 pouces 6 lignes. On l'emploie dans les sols compactes ou pierreux des environs de Paris.

11. *Pioche parisienne.* Le manche a 30 pouces de longueur; il forme, avec la lame, un angle presque droit. Cette dernière a 15 pouces de longueur sur 4 de largeur vers le taillant. Cet instrument sert au défonçage des terres, aux environs de Paris.

12. *Pioche à deux taillans.* Le manche a 30 pouces de longueur. La lame varie dans ses proportions. Celle que nous avons sous les yeux a 8 pouces de longueur, d'*a* en *b*, et le taillant a 4 pouces de largeur; la seconde lame *c, d,* forme un losange dont les angles obtus seraient un peu arrondis; elle a 9 pouces de longueur, et 4 dans sa plus grande largeur. On s'en sert dans les environs de Paris.

13. *Hoyau de défrichement.* Son manche, un peu courbé, a 3 pieds 3 pouces de longueur, et forme un angle presque droit avec la lame. Celle-ci a 14 pouces de longueur sur 3 pouces 6 lignes de largeur vers le taillant. On s'en sert aux environs de Paris pour défricher les terres qui n'ont pas été mises en culture depuis long-temps.

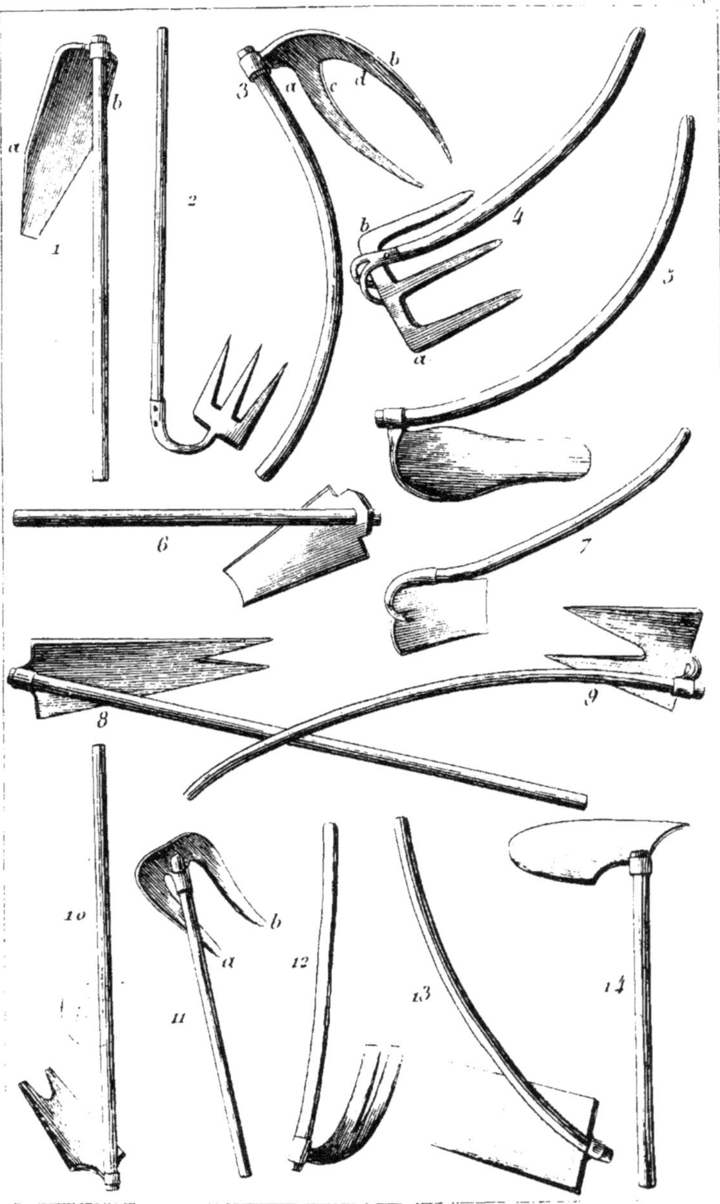

PLANCHE 9.

Instrumens de labour.

1. *Houe bocalia.* Sa lame a 15 pouces de longueur sur 4 pouces 6 lignes de largeur au sommet, 5 dans sa plus grande largeur, d'*a* en *b*, et 18 lignes vers le taillant. Son manche a 2 pieds 9 pouces de longueur. On l'emploie en Catalogne, pour creuser ou nettoyer les rigoles dans les prés.

2. *Houe à trois dents.* Sa lame a 7 pouces de longueur sur 6 de largeur en la considérant comme pleine. Les dents ont 18 lignes de largeur à leur base, ce qui leur donne 9 lignes d'écartement vers leur naissance. Le manche a 4 pieds de longueur. Cet instrument est très-commode pour biner à travers les récoltes.

3. *Houe fourchue champenoise; croc.* Dans la Champagne on fait usage de cet instrument pour piocher les vignes dans les terrains rocailleux. Sa lame a 13 pouces de longueur et ses dents, mesurées vers le milieu de leur longueur, ont 1 pouce de largeur; leur épaisseur, en *a b*, est de 4 lignes, et seulement de 2 du côté intérieur; en *c d* le manche a 2 pieds 6 pouces de longueur.

4. *Houe espagnole à trois dents.* On l'emploie, dans le royaume de Valence, à travailler les terres compactes, argileuses et tenaces. Les dents ont 7 pouces 6 lignes de longueur, et la traverse qui les porte 18 lignes de largeur, sur 10 pouces de longueur d'*a* en *b*. Le manche a 1 pied 6 pouces.

5. *Houe champenoise à longue lame.* Son manche est très-courbé; il a 3 pieds de longueur. Sa lame est légèrement concave, repliée en gouttière, et ses bords sont un peu relevés; elle a 13 pouces de longueur sur 6 dans sa plus grande largeur. On se sert de cet instrument en Champagne pour piocher les vignes, et on les sarcle avec une houe absolument semblable, mais de moitié plus petite.

6. *Houe tarragonaise.* Sa lame a 11 pouces de longueur, 6 de largeur au sommet, et 4 vers le taillant; ses bords sont relevés sur les côtés. Le manche a 28 pouces de longueur. A Tarragone on se sert de cet instrument pour nettoyer les rigoles d'irrigation.

7. *Houette carrée; binette espagnole.* Le manche est recourbé, il a 30 pouces de longueur, la douille comprise. La lame a 5 pouces de largeur au sommet, et 3 pouces 6 lignes vers le taillant. On s'en sert dans le royaume de Valence, pour biner les récoltes.

8. *Hoyau à lame bifurquée.* Sa lame a 15 pouces de longueur, en comprenant les deux pointes, qui ont 5 pouces; elle a 8 pouces de largeur au sommet, et se prolonge en se rétrécissant de manière à ce que les 2 pointes sont espacées de 3 pouces 6 lignes. Le manche a 3 pieds de longueur et forme avec la lame un angle très-aigu. On s'en sert en Espagne pour cultiver les terres fortes et rocailleuses.

9. *Hoyau plat.* Le manche est courbe, long de 4 pieds 6 pouces. Sa lame a un pied de longueur sur 10 pouces de largeur au sommet; elle forme un angle très-aigu avec le manche. Les dents, ou bifurcations, ont 10 pouces de longueur; leurs pointes sont à 6 pouces 6 lignes l'une de l'autre. Dans les environs de Bordeaux on se sert de cet instrument pour cultiver la vigne.

10. *Hoyau bifurqué de Tarragone.* Le manche est droit; il a 4 pieds de longueur. La lame a 10 pouces 6 lignes de longueur, en y comprenant les bifurcations, qui ont 3 pouces 6 lignes; elle a 6 pouces 6 lignes de largeur au sommet, et 4 pouces 9 lignes vers le taillant. On s'en sert en Espagne pour travailler les terrains rocailleux.

11. *Houe en fer à cheval.* Son manche a 26 pouces de longueur et s'adapte à une douille recourbée. Les branches *a b* ont 7 pouces 6 lignes de longueur; elles ont 1 pouce de largeur mesurées vers le milieu de leur longueur; elles sont espacées de 2 pouces à leur base, et de 4 pouces 6 lignes vers la pointe, en comprenant la largeur de cette pointe. On s'en sert dans la campagne de Rome pour cultiver les terres fortes et tenaces.

12. *Houe à deux branches.* Son manche a 28 pouces de longueur; sa lame est arquée, elle a 11 pouces de longueur. Ses branches ont 2 pouces 6 lignes de largeur et sont écartées de 18 lignes à leur extrémité. Dans la plupart de nos départemens on se sert de cet instrument dans les terrains très-forts et rocailleux.

13. *Houe à lame oblongue.* Son manche est recourbé; il a 2 pieds 6 p. de longueur; il forme avec la lame un angle tellement aigu qu'il n'est éloigné que de 7 pouces de son taillant. Celle-ci a 11 pouces de longueur sur 8 de largeur au sommet, et 7 vers le taillant. On s'en sert en Espagne, aux environs de Valence.

14. *Houe à taillant arrondi.* Sa lame est fort épaisse, elle a 15 pouces de longueur sur 11 dans sa plus grande largeur. On s'en sert dans les environs de Rome pour travailler dans les terres compactes.

PLANCHE 10.

Instrumens de labour.

1. *Serfouette à lame en losange; béchelon; sarcloir; sarclette.* Le manche a de 4 pieds à 4 pieds 6 pouces. Les dimensions de sa lame varient beaucoup; le plus ordinairement elle a 1 pied d'*a* en *b*; la lame *b* a 3 pouces dans sa plus grande largeur, et les dents de la fourche *a* ont 3 pouces d'écartement vers leurs pointes. Cet instrument sert, dans toute la France, à sarcler à travers les plantes délicates et rapprochées. Il est très-employé dans la culture des jardins. Quelquefois sa lame *b* est ovale, comme celle de la fig. 10.

2. *Serfouette à fourche; fourchette.* Elle ne diffère en rien de la précédente ni pour la forme ni pour les dimensions, seulement la lame en losange manque. On s'en sert pour le même usage.

3. *Houette à lame triangulaire.* Son manche a 17 pouces de longueur. Sa lame a 5 pouces de longueur et 3 de largeur vers le taillant. En Allemagne on se sert de cet instrument pour quelques binages, mais plus particulièrement pour planter les choux. L'ouvrier fait les creux de la main droite, avec laquelle il le tient, et plante de la main gauche.

4. *Serfouette à lame triangulaire.* Elle ne diffère de celle n° 1 que par sa lame, dont le taillant a 3 pouces de largeur. On l'emploie aux mêmes usages.

5. *Serfouette parisienne.* Elle a les mêmes formes que la précédente; seulement sa lame est plus mince, ainsi que les branches de sa fourche, ce qui la rend plus légère. Elle sert aux mêmes usages. La longueur de sa lame dépasse rarement 9 pouces, d'*a* en *b*, et 2 pouces 6 lignes de largeur.

6. *Houette à lame ovale et courbée.* Le manche a 4 pieds 6 pouces de longueur. La lame est courbée, arrondie au taillant. Elle a 6 pouces 6 lignes de longueur, et 4 pouces dans sa plus grande largeur. On s'en sert dans l'intérieur de la France, et particulièrement dans les montagnes de Saône-et-Loire, pour sarcler les blés.

7. *Houette à deux dents.* Son manche est courbé; il forme un angle très-aigu avec la lame. Celle-ci a 7 pouces de longueur, plus ou moins,

4 pouces de largeur, et se termine par 2 dents. On l'emploie au binage dans plusieurs petites cultures.

8. *Houette à lame en cœur*. Sa lame a 5 pouces de longueur sur 3 pouces 6 lignes dans sa plus grande largeur. Sa douille, recourbée, a 8 pouces de longueur, et se termine par un manche de 4 pouces de longueur. Cet instrument est employé, dans les Pyrénées-Orientales, pour sarcler et arracher les herbes parasites parmi les légumes.

9. *Houette à lame concave*. Le manche a 3 pieds 6 pouces de longueur; il est un peu courbé, et forme avec la lame un angle de 40 degrés. Celle-ci forme un ovale un peu obtus vers le taillant; elle est concave, et a 8 pouces de longueur d'*a* en *b*, sur 4 pouces 6 lignes dans sa plus grande largeur. On s'en sert pour butter les plantes et biner les récoltes.

10. *Pioche ovale*. Son manche a 3 pieds 8 pouces de longueur, et forme un angle presque droit avec la lame. Celle-ci a de 7 à 9 pouces de longueur, sur 3 à 4 pouces dans sa plus grande largeur. Elle est en usage dans presque toute l'Europe, pour piocher auprès des arbres.

11. *Sarcloir espagnol*. Son manche a 18 pouces de longueur. Sa lame, attachée au moyen d'une douille recourbée, est longue de 6 pouces, large de 18 lignes au sommet, et de 13 vers le taillant. En Espagne, particulièrement dans le royaume de Valence, on l'emploie pour sarcler les plantes délicates, et pendant qu'on s'en sert de la main droite, avec la gauche on enlève les herbes arrachées.

12. *Houette en pic*. Son manche a 15 pouces de longueur. Sa lame, que nous faisons voir de face en 12 A, est longue de 7 pouces d'*a* en *b*, et a 3 pouces 6 lignes de largeur; la partie *c*, *d*, a 2 pouces de longueur sur 18 lignes de largeur. On s'en sert dans le Valais pour nettoyer les cultures de plantes délicates dans les jardins.

13. *Houette à pic et à dents*. Le manche a 30 pouces de longueur. La lame a 14 pouces de longueur dans sa totalité, sur 3 pouces dans sa plus grande largeur. Le côté *b* consiste en un pic de 6 pouces de longueur, et la lame fourchue, *c*, *d*, est longue de 7 pouces. On s'en sert pour biner les vignes en terrains rocailleux, dans quelques parties de la France.

14. *Petite serfouette Adanson*. Le manche a 18 pouces de longueur. La lame a 2 pouces 6 lignes de largeur sur 4 de longueur. Elle sert à sarcler les plantes délicates cultivées en vases ou en terre de bruyère.

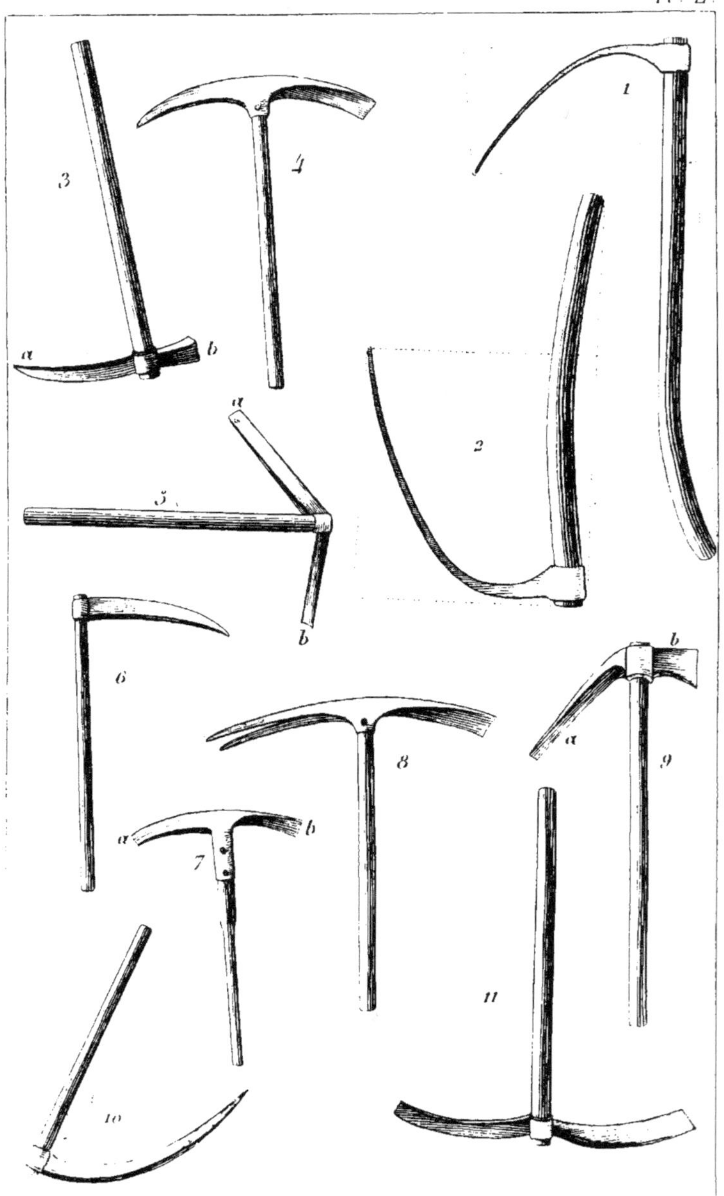

(23)

PLANCHE 11.

Instrumens de labour.

1. ***Profil de la pioche máconnaise.*** Voyez pl. 6, fig. 9 et 10.

2. ***Profil de la houe máconnaise.*** Voyez pl. 6, fig. 11.

3. ***Pic à marteau.*** Le bec *a* est long de 11 pouces; le marteau *b* a 3 pouces de longueur. Le manche a 30 pouces de longueur. Du reste les proportions sont très-variables. Cet instrument est fort utile pour les défrichemens des terrains très-pierreux, où le roc existe à peu de profondeur.

4. ***Pic à pointe et à taillant.*** Le bec a 8 pouces de longueur; le côté du taillant a 7 pouces 6 lignes, sur 2 pouces 6 lignes de largeur au tranchant. Le manche, long de 30 pouces, est quelquefois affermi au moyen de languettes latérales clouées sur le manche.

5. ***Pic à lame recourbée.*** La lame *a* est placé de champ; elle a 15 pouces de longueur et 2 de largeur; son taillant est coupant comme celui d'une hache. La lame *b* est placée horizontalement, comme celle d'une houe; elle a 13 pouces de longueur sur 2 de largeur, et sert à travailler la terre. Le manche a 30 pouces de longueur. En Catalogne cet instrument sert à cultiver les noisetiers ; on les pioche avec la lame *b*, et l'on coupe les drageons, chicots et mauvaises racines avec la lame *a*.

6. ***Pic ordinaire.*** Le manche a 30 pouces de longueur. Le bec a 11 pouces de longueur, 2 pouces de largeur près du manche, 1 pouce vers le milieu de la longueur, et se termine en pointe mousse. Tout le monde en connaît l'usage.

7. ***Pic à deux taillans.*** La lame *a* est placée sur champ, comme le fer d'une hache, dont elle a le tranchant. Elle a 13 pouces de longueur, et son tranchant a 2 pouces 6 lignes de largeur; la pioche *b* a 8 pouces de longueur et 3 pouces de largeur au taillant. Le manche a 30 pouces. Il est propre au défonçage des terres, et très-commode pour couper les grosses racines.

8. ***Pic à pioche et à fourche.*** Le manche a 3 pieds de longueur. La pioche a 8 pouces de longueur et 4 pouces de largeur vers le taillant.

Son bec est fourchu, long de 9 pouces; les dents ont 6 pouces de longueur et 1 pouce de largeur à leur origine; leurs pointes ont 1 pouce d'écartement. Cet instrument est extrêmement utile pour le défrichement des bois.

9. *Pic à hachette.* Son manche a 31 pouces de longueur. La pioche *a* est longue de 11 pouces et large de 2 pouces 6 lignes vers le taillant. La hache *b* a 4 pouces de longueur sur 3 pouces de largeur vers le tranchant. On s'en sert en Espagne pour cultiver la vigne. La hache sert à couper les branches mal placées et les mauvaises racines.

10. *Grand pic mâconnais.* Le manche a 2 pieds de longueur. Le bec a 20 pouces de longueur, et a une assez forte arqûre. Il est large de 2 pouces vers le manche, et s'allonge en diminuant insensiblement de grosseur jusque près de la pointe, où il n'a plus que 5 lignes. Il est utile pour défricher les terres parmi les rochers.

11. *Grand pic à deux taillans.* Il ne diffère du pic n° 7 que par ses plus grandes proportions, et il sert aux mêmes usages. Les deux lames ont chacune de 13 à 14 pouces de longueur, et quelquefois davantage.

CHAPITRE II.

DES CHARRUES.

L'histoire des charrues serait fort intéressante pour la littérature agricole, si je puis me servir de cette expression, mais elle serait hors-d'œuvre dans un ouvrage pratique tel que celui-ci. Depuis un assez grand nombre d'années les sociétés savantes ou d'encouragement ont mis beaucoup de zèle à perfectionner cet instrument, le plus utile de tous ; les plus habiles mécaniciens, les cultivateurs les plus intelligens s'en sont occupés, et néanmoins, à en juger froidement, la charrue, depuis un siècle et davantage, n'a éprouvé que peu de changemens d'un avantage incontestable. Cela vient sans doute de ce que l'on est toujours parti du même point, ou, si l'on aime mieux, du même modèle, du crochet, que l'on n'a pas essayé de changer, mais seulement de perfectionner.

Un simple garçon de ferme, Grangé, est le dernier qui vient de modifier la charrue, d'une manière ingénieuse, il est vrai, mais qui est bien loin d'avoir l'importance qu'on lui a donnée dans les journaux politiques et littéraires, qui sont sortis de leur sphère ordinaire pour répéter ce que l'on a dit de cet instrument.

Nous avons décrit un grand nombre de charrues, et cependant si nous avions voulu en faire une monographie complète, ou seulement publier tous les dessins et descriptions qui nous sont parvenus, le nombre en eût été beaucoup plus considérable. Nous avons dû choisir, pour les figurer, toutes celles qui forment type, et dont l'utilité a été généralement reconnue. Celles qui leur ressemblent, et dont toute la différence gît dans quelques détails, soit en plus, soit en moins, n'ont pas dû prendre place ici, lorsque ces légères modifications n'apportaient aucun changement dans les résultats, ou, à plus forte raison, quand ces résultats étaient désavantageux. C'est ainsi que l'on ne doit pas chercher dans notre ouvrage la description des charrues misérables et imparfaites dont on s'obstine encore à se servir dans plusieurs de nos départemens, où manque l'exemple des grandes exploitations.

Parmi les charrues étrangères, j'ai dû faire un choix, et je crois y avoir mis autant d'attention et de bonne foi qu'il est possible.

Je prévois qu'on me demandera pourquoi je n'ai pas indiqué quelle est la meilleure charrue? Voici ma réponse : Toutes sont bonnes, mais chacune dans sa localité, et il n'y a que l'expérience du terrain, des hommes et de l'espèce d'animal d'attelage, qui doive déterminer le cultivateur à donner la préférence à tel ou tel instrument. Nous nous bornerons donc ici à nommer celles qui sont généralement préférées par les propriétaires des environs de Paris, des départemens voisins, et par les grands cultivateurs du reste de la France. Nous établirons cette citation sur un fait positif, sur les demandes qui sont le plus ordinairement faites à M. Cambray, et autres mécaniciens de la capitale.

1° Charrue de Dombasle, perfectionnée par M. Cambray, pl. 22, fig. 2. — 2° Charrue de Dombasle, pl. 25, fig. 1. — 3° Charrue de M. Cambray. pl. 24, fig. 1. — 4° Charrue molard, pl. 23, fig. 1. — 5° Araire de Guillaume, pl. 26, fig. 1. — 6° Charrue américaine, pl. 18, fig. 1. — 7° Petite charrue anglaise, pl. 19, fig. 1. — 8° Charrue écossaise, pl. 17, fig. 1. — 9° Charrue de Small, pl. 16, fig. 1. — 10° Charrue tourne-oreille, pl. 24, fig. 2, etc. Nous ne citons pas ici la charrue-Grangé, planche 27, fig. 1, parce qu'une expérience assez longue n'a pas encore déterminé sa place d'une manière définitive.

Nous répétons ici ce que nous avons déjà dit ailleurs. Il est d'un si haut intérêt pour l'agriculture de donner la plus grande publicité à tous les perfectionnemens apportés dans les instrumens aratoires, quels qu'ils soient, que nous engageons de tout notre pouvoir les personnes qui auraient fait quelque découverte de ce genre, de nous en adresser la notice avec un dessin détaillé, à l'adresse de Mme Leneveux, éditeur, rue du Cimetière-Saint-André-des-Arts, n. 18. Nous nous empresserons de les publier dans nos supplémens, qui paraîtront régulièrement de six mois en six mois.

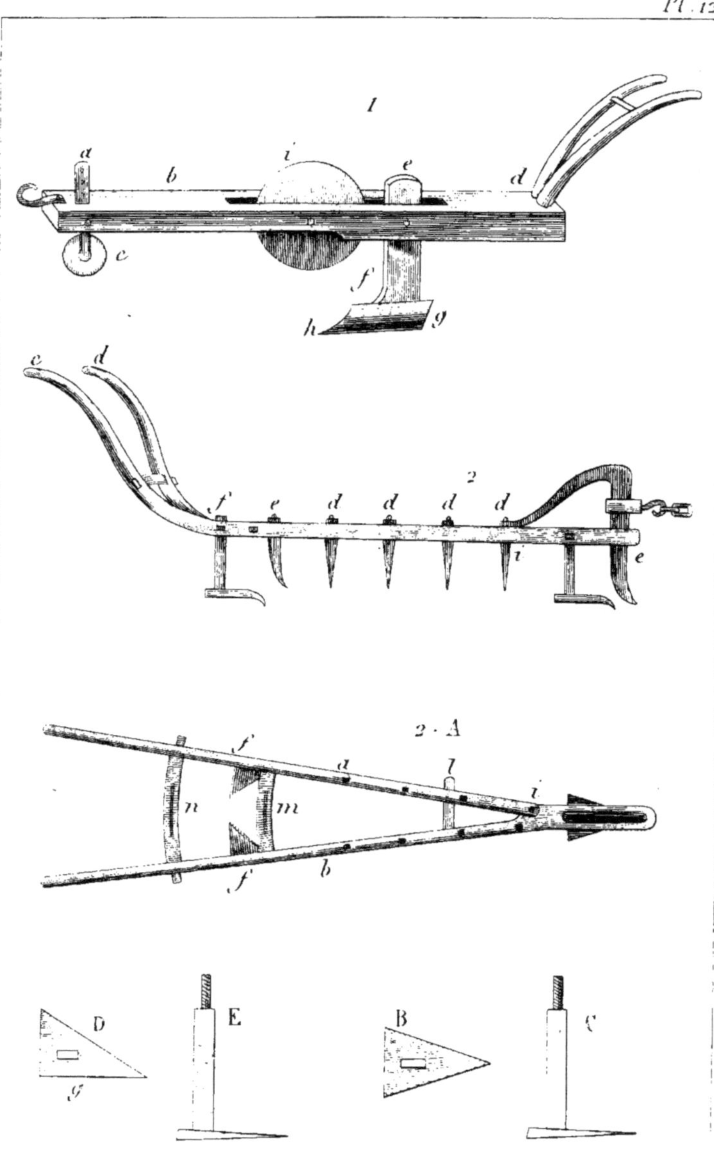
1
a
b
i
e
d
c
f
h
g
c
d
f
e
d
d
d
d
2
i
e
2. A
f
a
l
i
n
m
f
b
D
g
E
B
c

PLANCHE 12.

Charrues.

1. *Charrue-taupe.* Voici un des instrumens les plus singuliers qui soient résultés du génie inventif des Anglais. Un âge *b* porte en avant un régulateur *a*, composé d'une petite roue *c*, que l'on hausse et baisse à volonté, et que l'on fixe au point déterminé par le moyen d'une cheville en fer qui traverse l'âge et passe dans un des trous du régulateur. L'autre extrémité se termine en *d*, par deux manches établis dans les mêmes principes que ceux d'une charrue ordinaire.

Un montant *e* traverse l'âge, et peut se hausser ou baisser à volonté, de la même manière que le régulateur. Il sert de coutre, et sa partie antérieure *f* doit être tranchante. Il porte à son extrémité inférieure une pièce de bois cylindrique *g*, ayant un peu moins de diamètre vers le devant, qui est taillé en biseau et armé en *h* d'une lame de fer tranchante et pointue.

Devant le coutre est une roulette ou molette en fer *i*, acérée et tranchante sur ses bords. Elle est destinée à faciliter le passage du coutre *f*, en coupant les racines qui pourraient lui offrir de la résistance.

On se sert de cet instrument pour assainir les terrains trop humides, mais cependant argileux et compactes, capables par leur solidité de conserver quelque temps les rigoles souterraines, par exemple des prairies, des luzernes, et même d'autres champs.

La pièce de bois *g* trace sous terre, à la profondeur que l'on a fixée au moyen du coutre et du régulateur, un boyau à la manière de celui des taupes, dans lequel les eaux se rendent et s'écoulent selon la direction inclinée du terrain. Nous n'avons pas besoin de dire que l'ouvrier doit se diriger dans le sens de cette inclinaison en traçant les rigoles.

Un crochet placé en avant de l'âge sert à fixer l'attelage, et quelquefois on ajoute un avant-train.

2. *Cultivateur à socs et à coutres.* La figure 2 le représente de profil, et la figure 2-A en plan. Il se compose de deux pièces de bois *a*, *b*, dont l'extrémité se recourbe et forme les manches *c*, *d*.

A la pointe de l'angle formé par l'instrument est un fort coutre *e*, à la

partie supérieure duquel est attaché le crochet servant à placer le palonnier. Derrière le coutre se trouve un soc présentant un angle droit,
comme nous le montrons dans les figures B, C.

Le bras *b* porte en outre, ainsi que le bras mobile *a*, quatre coutres
droits *d*, *d*, *d*, *d*, un cinquième courbé *e*, puis un soc *f*. Celui-ci présente un angle plus aigu, fig. D, E, et se place de manière à ce que le côté
extérieur du triangle *g* soit parallèle à la ligne du tirage.

Le bras *a*, fig. 2-A, est mobile en manière de charnière au moyen
d'une cheville *i*, dont l'extrémité se prolonge en coutre. Les tenons mobiles *l*, *m*, *n*, qui servent à fixer les deux bras, passent à travers le bras *a*
au moyen d'une mortaise, et fixent l'écartement des bras au point désiré
au moyen de chevilles.

En Angleterre on emploie cet instrument pour cultiver entre les rangées de plantes. La terre est soulevée par les socs, puis divisée par les
coutres, qui, en même temps, arrachent le chiendent et autres racines parasites.

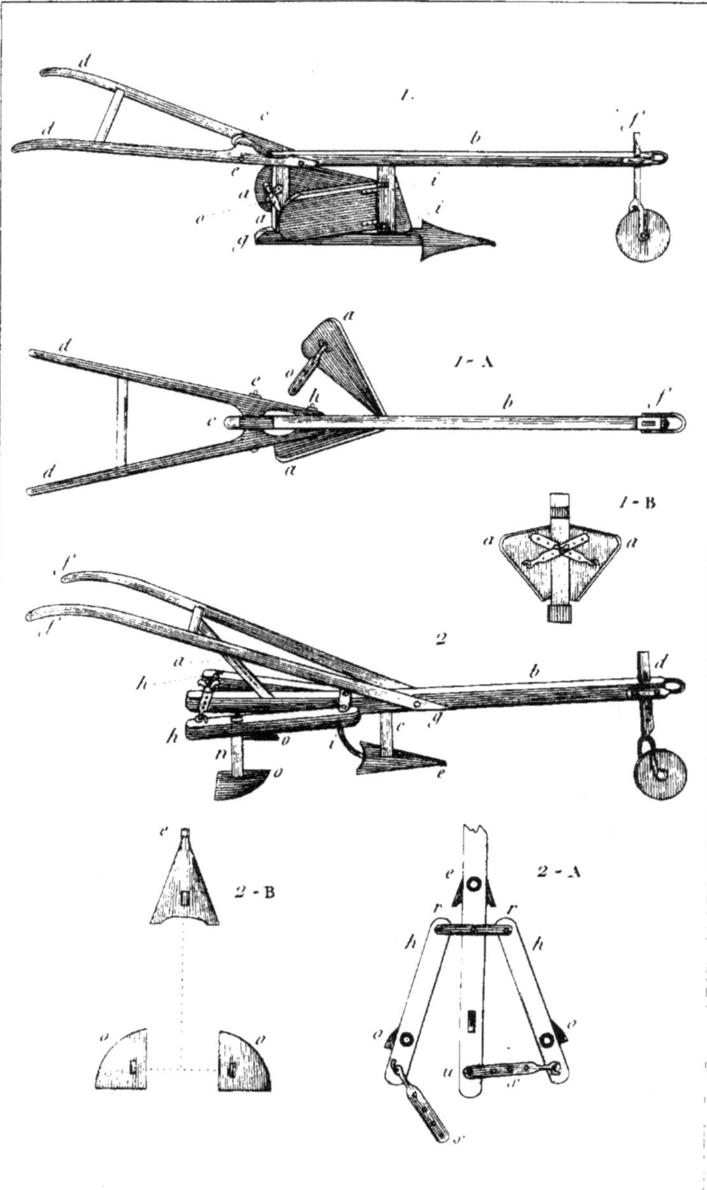
1.
1 - A
1 - B
2
2 - A
2 - B

PLANCHE 15.

Charrues.

1. *Buttoir à versoirs mobiles.* On se sert de cet instrument pour butter les plantes cultivées en ligne, tels que le maïs, les pommes de terre, etc. Ce qui le distingue des autres instrumens destinés au même usage, c'est la faculté que l'on a d'écarter plus ou moins ses versoirs, à volonté, de manière à jeter la terre de chaque côté à une distance plus ou moins grande, calculée sur celle qui existe entre les rangs des plantes.

La flèche *b*, a 5 pieds 7 pouces, non compris le plot *c* qui sert à fixer solidement les manches *d, d*, au moyen du boulon *e*. Un autre boulon *h* les assujétit à la flèche. En avant, en *f* est un régulateur à roue, qui se hausse et baisse à volonté pour donner le degré d'entrure convenable.

La semelle *g*, de deux pieds de longueur, est ordinairement en bois, ainsi que le corps consistant en deux montans. Le soc, d'un pied de longueur, triangulaire et allongé, est en fonte ou en fer battu.

Les deux versoirs *a, a*, sont en bois, mobiles, au moyen de deux charnières *i, i*, qui les attachent au montant antérieur. Chacun d'eux porte une bande de fer *o*, de 10 pouces de longueur, percée de trous, qui vient s'ajuster, au moyen d'une cheville à tête boulonnée, dans un trou pratiqué pour la recevoir derrière le montant postérieur, comme on le voit dans la fig. 1-B. La même cheville assujétit les deux bandes qui se placent l'une sur l'autre, et de manière à tenir les versoirs dans un écartement déterminé. Chaque bande est attachée à son versoir par un anneau et un crochet qui lui laissent tout le jeu désirable. Les versoirs ont 1 pied 5 pouces de longueur.

2. *Cultivateur à houes mobiles.* Il a sur les autres cultivateurs l'avantage d'embrasser une plus ou moins grande largeur de terrain, selon le besoin de celui qui s'en sert.

La flèche *b* est longue de 6 pieds. Elle se termine en avant par une bride et un régulateur *d*, que l'on hausse ou baisse pour déterminer le degré d'entrure.

La queue se compose de deux manches *f, f*, longs de 5 pieds, attachés à la flèche à 2 pieds du régulateur, en *g*, et solidement maintenus par une traverse et un fort tenon *a*.

Le soc *e* a 15 pouces de longueur; il est voûté et a la forme d'un triangle allongé, comme on le voit en 2-B. Il est fixé au montant *c*, et maintenu par la tringle *i*, qui va s'implanter sous la flèche.

Les deux houes *o*, *o*, sont triangulaires, mais à côtés arrondis, comme on le voit dans la figure 2-C, où nous les avons représentées placées tel qu'elles doivent l'être entre elles et relativement au soc. Elles sont fixées par de solides montans *n*.

Les bras ou traverses *h*, *h*, sont mobiles, fig. 2-A. L'extrémité attachée à la flèche en *r*, *r*, est placée entre deux fortes bandes de fer, une en-dessus de la flèche, l'autre en dessous. Une cheville de fer, qui la traverse ainsi que les deux bandes, lui forme un axe autour duquel le bras peut facilement tourner : cette mobilité sert à rapprocher ou à écarter de la flèche, à volonté, les houes *o*, *o*. On les maintient dans l'écartement déterminé au moyen des bandes de fer *s*, *s*, que l'on fixe sur la flèche en *u*, au moyen d'une cheville en fer.

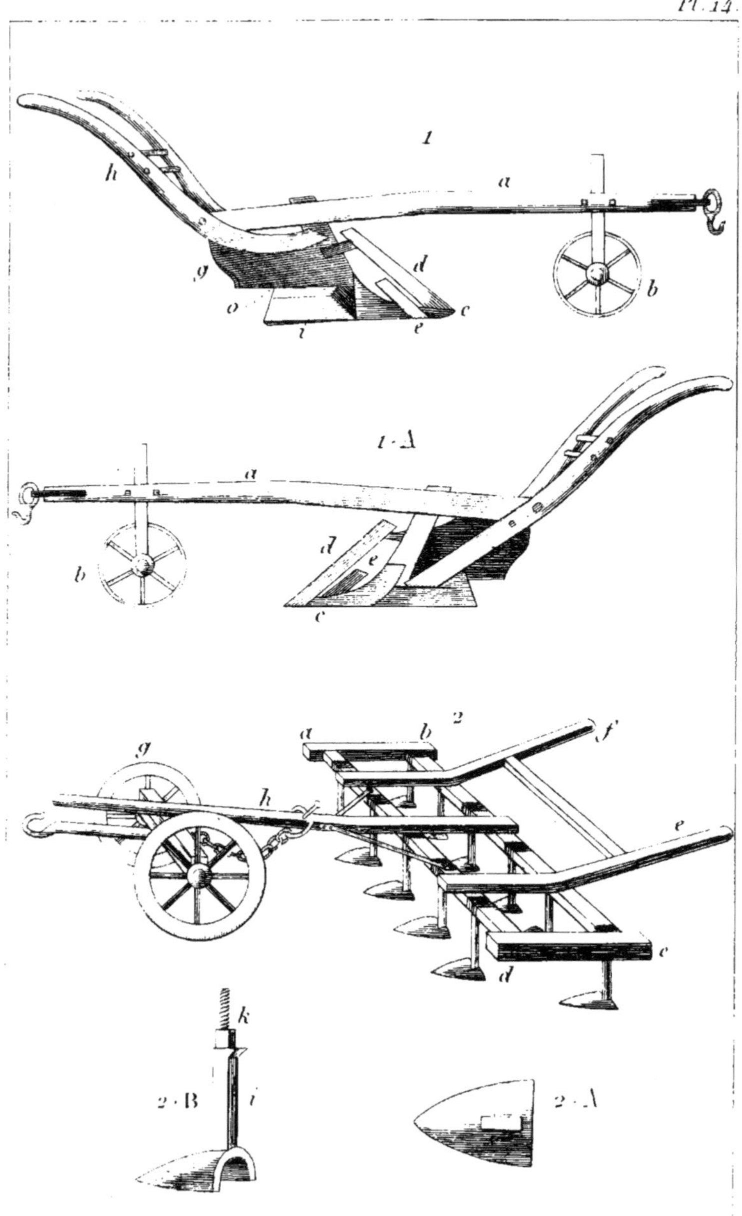
1
1·A
2
2·B
2·A

PLANCHE 14.

Charrues.

1. *Charrue à creuser des rigoles.* On doit la connaissance de cet in
strument à **M. Thaer**, dont l'excellent ouvrage a été traduit par **M. Mathieu de Dombasle**. Malgré son utilité, je ne l'ai pas encore vue dans nos
provinces les plus riches en prairies naturelles, ce qu'il faut sans doute
attribuer à une cause unique : c'est qu'on n'a pas eu occasion de la connaître.

Avec cette charrue, un homme peut creuser des rigoles dans une
prairie, en quatre heures de temps, plus que dix autres ne feraient en
quatre jours.

La flèche *a* porte une roue *b*, s'élevant et s'abaissant à volonté, servant
à déterminer le degré d'entrure.

Le soc *c*, le grand coutre *d*, et le petit coutre *e*, sont d'une seule
pièce, en fer, et fort tranchans. Le grand coutre *d* touche presque à la
flèche, et s'appuie sur le versoir ; le petit *e* n'a que la moitié de sa grandeur, et ne tient qu'au soc. Tous deux s'élèvent dans une position inclinée, mais parallèle ; c'est-à-dire que leur écartement l'un de l'autre est,
en haut comme en bas, égal à la largeur du soc aux côtés duquel ils sont
soudés.

Le soc doit avoir la même largeur que celle destinée à la rigole à
creuser ; ordinairement 7 pouces.

Le cep *i* forme le dos d'âne sur son côté extérieur, de manière à offrir
un plan incliné *o*, le long du versoir *g*. Celui-ci est ajusté sur le manche *h*.

Lorsqu'on se sert de cet instrument, la terre est coupée horizontalement
par le soc, de manière à former le fond de la rigole ; elle est fendue verticalement par les coutres, ce qui forme les côtés de la rigole. La langue
de terre coupée s'élève entre les deux coutres sur le plan du cep *o*, puis
elle est rejetée sur le côté par le versoir.

La figure 1-A montre cette charrue du côté opposé au versoir. Peut-
être serait-il avantageux de recouvrir entièrement ce côté d'une plaque de
tôle.

2. *Extirpateur*. Cet instrument a été inventé en Angleterre, par M. Gegg, d'Hertfordshire. Sa grande utilité l'a fait se répandre rapidement dans toutes les cultures d'Angleterre; puis il a pénétré en France, où il a reçu différentes modifications avantageuses, comme on le voit dans cet ouvrage. Sa principale utilité consiste à détruire les herbes parasites, en coupant et déterrant leurs racines. Il ameublit la terre à deux ou trois pouces de profondeur, et sous ce rapport, peut être très-avantageusement employé toutes les fois qu'il faut donner de légers labours.

Il consiste en un cadre en bois, *a*, *b*, *c*, *d*, plus ou moins grand, selon le nombre de socs qu'on veut y attacher, en remarquant que le côté *b*, *c*, doit être plus large que le côté *a*, *d*, de tout l'intervalle qui se trouve entre deux socs. Cette différence résulte de ce que la barre de derrière porte toujours un soc de plus que celle de devant, et que les uns sont placés en face du point qui correspond au milieu de l'intervalle qui sépare les autres. Nous avons figuré le plus grand de ces instrumens; il porte onze socs dont six derrière et cinq devant. On en fait d'autres qui n'en ont que sept ou cinq; d'autres qui n'en ont aussi que cinq, mais placés sur une seule ligne.

Le cadre ou châssis porte deux manches *e*, *f*, qui servent à diriger l'instrument, et se prolongent en forme de traverses pour augmenter sa solidité. Il a une flèche *h*, et un avant-train *g*.

Les socs 2-A et 2-B sont bombés. Ils se fixent au cadre par une tige *i*, et une vis *k*, qui traverse la barre et s'arrête au moyen d'un écrou.

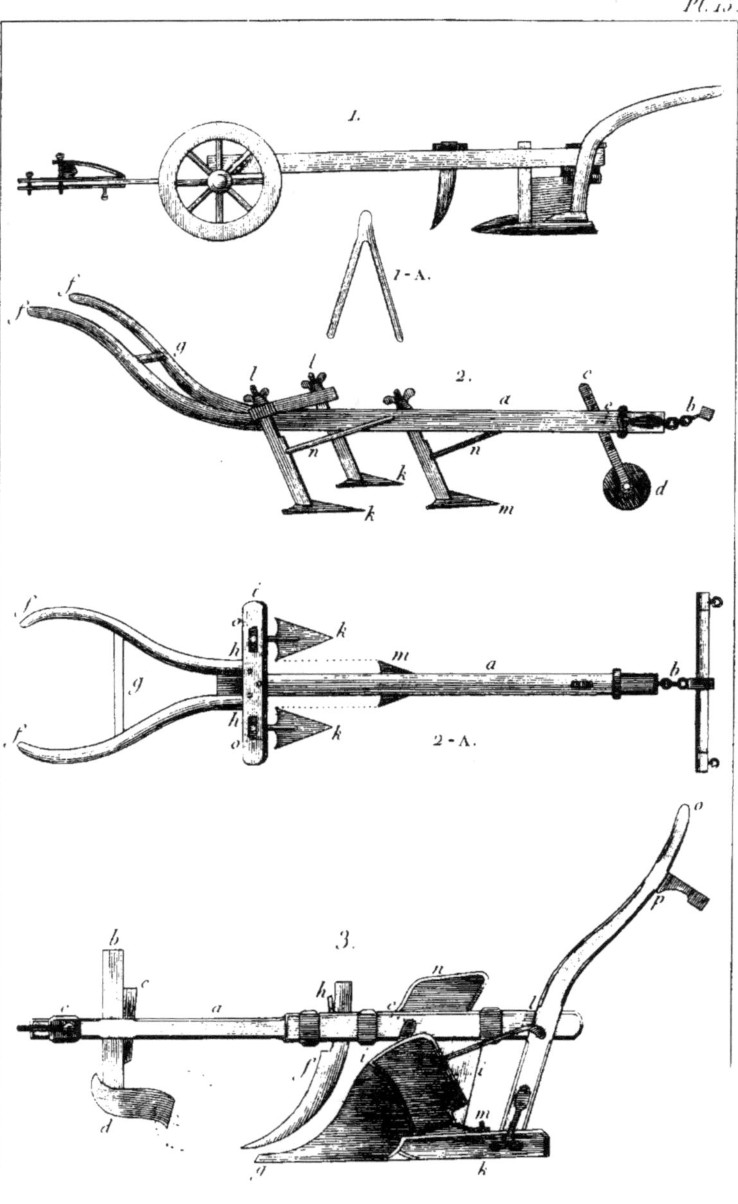
1.
1-A.
2.
2-A.
3.

PLANCHE 15ᵉ.

Charrues et Houe à cheval.

1. *Charrue danoise.* Elle est d'une construction extrêmement simple, et pour cette raison ne serait pas sans quelque avantage, si son versoir, formé d'une planche, avait une courbure plus heureuse. Le soc est à peu près triangulaire, évidé dans le milieu; la flèche est longue, elle se fixe au cep par le moyen du manche et d'un tenon.

La fig. 1-A représente la fourchette sur laquelle on pose la charrue, ou plutôt les charrues, pour empêcher leur soc de traîner sur les chemins.

2. *Charrue à trois houes; houe à cheval et à trois socs.* Cette machine est très-commode pour sarcler et biner les plantes cultivées en rangs, tels les pommes de terre, le maïs, etc., etc. La fig. 2-A la représente en plan, et les mêmes lettres indiquent les mêmes parties.

Une flèche a se termine en avant par une chaîne b, servant à attacher le palonnier auquel on attelle un cheval. Près de l'extrémité est le régulateur c, servant à donner aux houes le degré d'entrure que l'on désire; pour cela il ne s'agit que de le hausser ou baisser au point convenable, ce qui fait élever ou descendre la roue d; on le maintient en position au moyen d'une cheville qui traverse la flèche en e. La roue est en fer et tourne autour d'un boulon qui la maintient.

L'autre extrémité de la flèche se termine par une queue dont les deux manches ff sont consolidés par une traverse g, et s'attachent aux côtés de la flèche et contre la traverse ou porte-houe en $h\ h$. Le porte-houe est creusé par deux mortaises alongées $o\ o$, qui le percent de part en part, et dans lesquelles viennent se placer les tiges des deux houes $k\ k$. Par ce moyen, on peut écarter ou rapprocher les houes l'une de l'autre à volonté, et les fixer solidement au point désiré avec les écrous $l\ l$. On peut, si on le veut, leur donner un écartement égal à la largeur de la houe du milieu m, comme nous le montrons par des points, dans la fig. 2-A. La houe antérieure m est fixée à la flèche par le même moyen que les deux autres le sont à la traverse : toutes trois sont soutenues par une baguette de fer, en crochet $n\ n$, qui vient s'attacher à la flèche.

3

3. *Charrue brabançonne.* La flèche *a* porte en avant un régulateur *b*, composé d'une tige qui la traverse et s'y fixe à la hauteur désirée par le moyen d'un coin *c* ; pour donner plus ou moins d'entrure, on hausse ou baisse plus ou moins le sabot en bois *d*. A l'extrémité est une bride de fer *e*, portant une bande percée de 8 à 10 trous servant à fixer le palonnier, selon que l'on veut diriger le soc à droite ou à gauche.

Le coutre *f* est de forme courbe ; on l'attache à la flèche au moyen d'un coin *h*, comme le régulateur.

Le soc *g* est en fer forgé ; il s'ajuste au versoir *i*, et se fixe au cep *k*, par le moyen d'un crampon.

Le cep *k*, pour ne pas s'user trop promptement, est recouvert de plaques de fer.

Le versoir est solidement fixé par des étançons boulonnés sur la flèche *e*, sur le manche en *l* et sur le cep en *m*.

Du côté opposé au versoir est un plateau en bois *n* maintenu contre la flèche et sur le cep, servant à réunir et à donner une grande solidité à toutes les pièces de la machine.

La queue se compose d'un seul manche *o*, muni en *p* d'une manette que le laboureur saisit d'une main pour diriger la charrue avec plus de facilité.

La charrue du Brabant est fort en usage dans le nord, où on la trouve très-avantageuse pour la culture des terres fortes et argileuses, quoiqu'on l'emploie dans tous les terrains. Elle creuse des sillons profonds et retourne très-bien la terre.

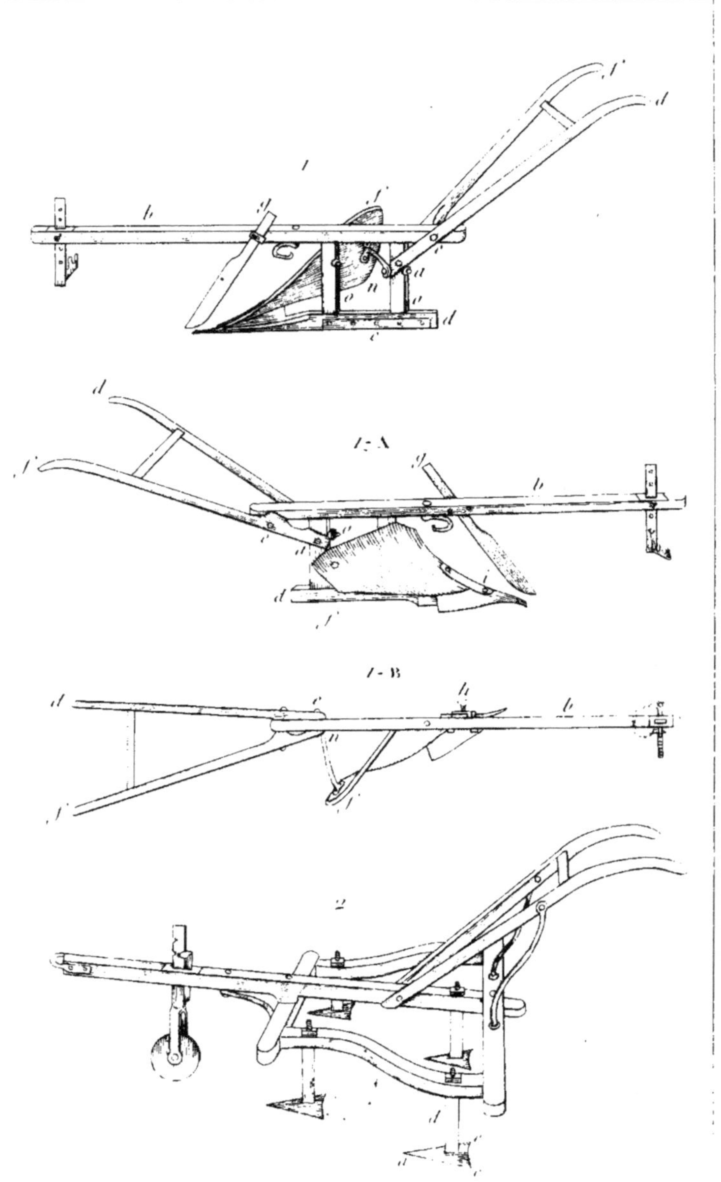

PLANCHE 16ᵉ.

Charrues.

1. *Charrue de Small.* Elle est fort en usage en Angleterre, et sa légèreté l'a fait importer en France, où on l'emploie avec avantage dans les terres peu consistantes.

La flèche *b* a 5 pieds de longueur ; elle se termine en avant par un régulateur en équerre, et son système de tirage est le même que celui de la *charrue écossaise*, planche 17, fig 1, ou de la *charrue américaine*, planche 18, fig. 1. Voyez ces articles.

La queue se compose de deux manches *d*, *f*, dont le principal, *d*, est presque parallèle à la ligne de la flèche. Tous deux sont boulonnés, d'abord sur la flèche en *c*, puis sur le montant postérieur du corps *a*.

La semelle *d* est en bois, garnie d'une plaque en fer *c*, pour empêcher qu'elle ne s'use par le frottement. Elle a 2 pieds 10 pouces de longueur avec le soc ; celui-ci est attaché au versoir par une bande de fer *f*, *i*.

Le corps consiste en deux montans *o o* en bois.

Le versoir *f*, en fonte, est très-grand et très-courbé, comme on le voit dans la fig. 1-B ; il a 13 pouces de longueur et s'éloigne de 11 pouces de la flèche de *f* en *n*, fig. 1-B. Il est maintenu sur le soc par la bande de fer *i*, contre le montant antérieur du corps par un boulon, et contre le montant postérieur par une tringle de fer en arc-boutant *n*.

Le coutre *g* est droit, très-incliné, fixé contre la flèche par une fausse mortaise en fer. On le maintient solidement en place au moyen d'une vis de pression *h*, fig. 1-B.

2. *Extirpateur à 5 socs.* Cet instrument, inventé en Angleterre et naturalisé en France, si on peut se servir de cette expression, est fort utile pour ameublir la surface de la terre, et pour détruire les herbes et les racines parasites. On en fait de différentes formes et grandeurs, voyez planche 23, fig. 2 ; mais celui que nous donnons ici est le plus généralement employé par les bons cultivateurs.

Sa charpente est absolument la même, tant pour la forme que pour les dimensions, que celle du scarificateur de la planche 17 ; aussi se sert-on assez ordinairement du même instrument, auquel on ne fait que changer les coutres en houes, selon le besoin, comme nous l'avons décrit à la planche citée. Nous nous bornerons ici à parler de ses houes.

Elles ont 10 pouces 6 lignes de longueur d'*a* en *c*, et 9 pouces de largeur de *c* en *e*; leur tige *d* ayant 13 pouces de longueur, est solidement fixée aux traverses par une vis et un écrou. Elles sont placées à la même distance entre elles que nous l'avons dit pour les coutres. Or, comme elles ont 9 pouces, largeur égale à la distance qui les sépare, si on les suppose sur la même ligne il en résulte que toute la surface du terrain se trouve attaquée et labourée sur 3 pieds de largeur.

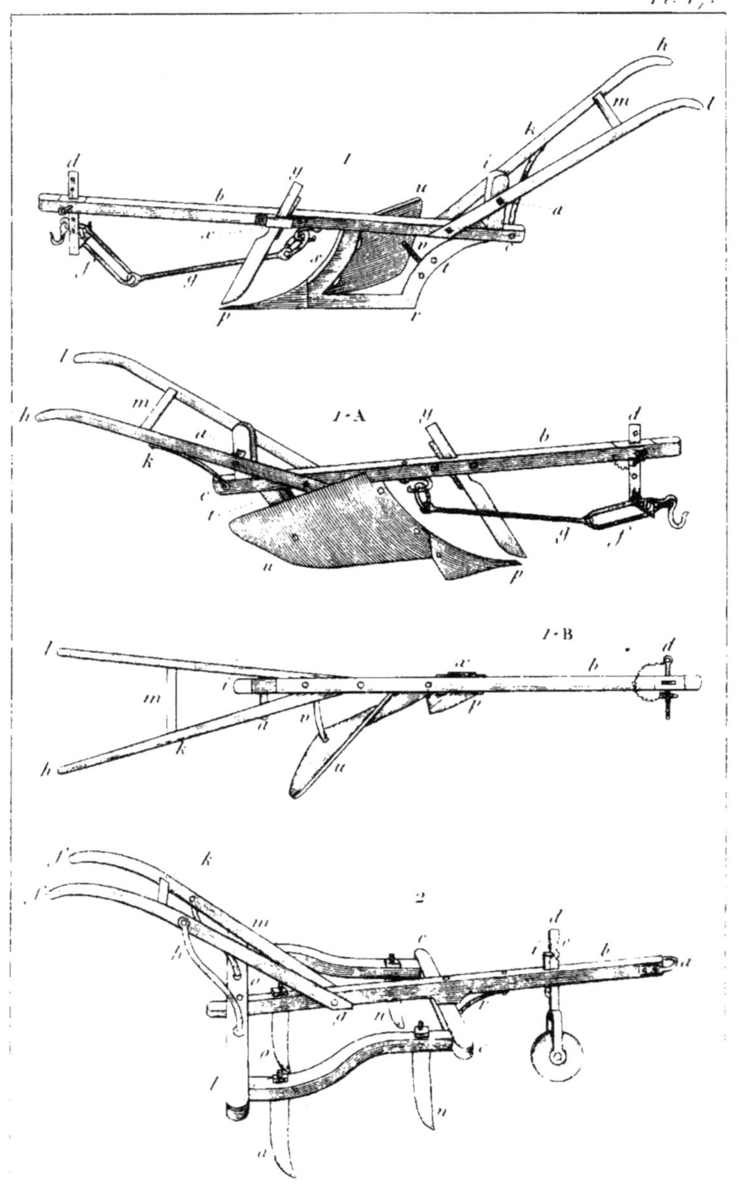

Pl. 17.
1
1-A
1-B
2

PLANCHE 17ᵉ.

Charrues.

1. *Charrue écossaise.* Nous l'avons figurée, planche 21, fig. 1, perfectionnée par Small; nous la reproduisons ici telle qu'elle a été perfectionnée par nos mécaniciens français, et l'on s'apercevra aisément qu'elle y a beaucoup gagné.

La flèche *b*, a 5 pieds 9 pouces de longueur. En avant elle porte un régulateur à équerre, *d*, dont la branche verticale sert à régler l'entrure, et la branche horizontale la ligne de tirage. Cette dernière branche est munie de dents, entre lesquelles se place, plus ou moins à droite ou à gauche, l'anneau *f*, long d'un pied et portant à son extrémité le crochet où l'on a attaché le palonnier. A son autre extrémité se trouve attachée la tringle *g*, qui vient se fixer par le moyen d'un anneau, au crochet de tirage placé entre le coutre et le corps.

La queue se compose de deux manches, *h*, *l*, dont le principal, *h*, s'éloigne beaucoup plus que l'autre de la ligne de la flèche. Il est fixé solidement au moyen 1° d'un boulon contre la flèche, 2° d'un tenon, *a*, contre le billot ou plot, *i*, 3° d'une tringle de fer boulonnée en *k*, contre son côté interne, et en *e*, contre l'extrémité de la flèche. Le second manche *l*, est boulonné contre la flèche et contre le billot. Tous deux sont réunis par une traverse *m*.

Le soc *p*, a un pied de longueur; il est triangulaire, et le dessus forme avec le corps et le versoir une courbe régulière. La semelle, *r*, ainsi que les montans, *s*, *t*, sont en fonte. Elle a 16 pouces de longueur, à partir du soc.

Le versoir, *u*, est également en fonte. Sa courbure est très-prononcée, comme on le voit dans la fig. 1-B. Il a 21 pouces de longueur. En avant il est attaché au montant antérieur du corps dans toute sa hauteur, en arrière il est fixé par un arc-boutant, *v*, en fer, boulonné sur le montant postérieur du corps.

Le coutre *y*, est fixé à la flèche au moyen d'une fausse mortaise faite avec une bande de fer *x*. Il est droit, et maintenu par un coin.

2 *Scarificateur.* Cet instrument est excellent pour défricher les an

ciennes jachères encombrées de fortes racines , et surtout pour remettre en culture les vieilles luzernières ; les coutres dont il est armé coupent ou arrachent les racines et fraient un passage aisé à la charrue.

Il se compose des pièces que nous allons décrire.

La flèche, b, a 5 pieds 10 pouces de longueur. Elle porte en avant une simple bride , a, pour attacher l'attelage. A 18 pouces de son extrémité est un régulateur, d, ayant 2 pieds de longueur, y compris la roue dont le diamètre est de 6 pouces. Ce régulateur se hausse et se baisse à volonté, au moyen des crans e, dans l'un desquels entre une lame de fer formant le bord antérieur de la mortaise, lorsque l'on enfonce le coin i.

La queue se compose de deux manches , f, f, de 4 pieds 6 pouces de longueur, boulonnés contre la flèche, en g, soutenus par deux tringles de fer h, et réunis par une traverse k.

L'instrument consiste en un châssis, c, c, l, m, ayant trois pieds de longueur, de c en l, et une longueur plus ou moins grande , selon la largeur de terrain que l'on veut embrasser , mais ordinairement dans les dimensions que nous allons indiquer. La traverse antérieure, c, c, a 26 pouces de longueur, ce qui donne 18 pouces de distance entre les deux coutres. La traverse postérieure , l, m, a 3 pieds 6 pouces de longueur, ce qui permet de mettre entre les trois coutres o, o, o, 18 pouces d'intervalle. Celui qui est attaché à la flèche trace au milieu des deux de devant, et les autres tracent à 18 pouces de celui-là , ce qui met un intervalle régulier de 9 pouces entre les cinq traces.

Les coutres ont 13 pouces de longueur, sous les traverses, et 2 pouces 16 lignes de largeur. Ils sont légèrement courbés et présentent leur tranchant en avant. On les fixe solidement au moyen d'écrous.

La traverse c, c, est boulonnée sous la flèche, et maintenue solidement en position par la tringle r. La traverse l, m, est au contraire posée sur la flèche.

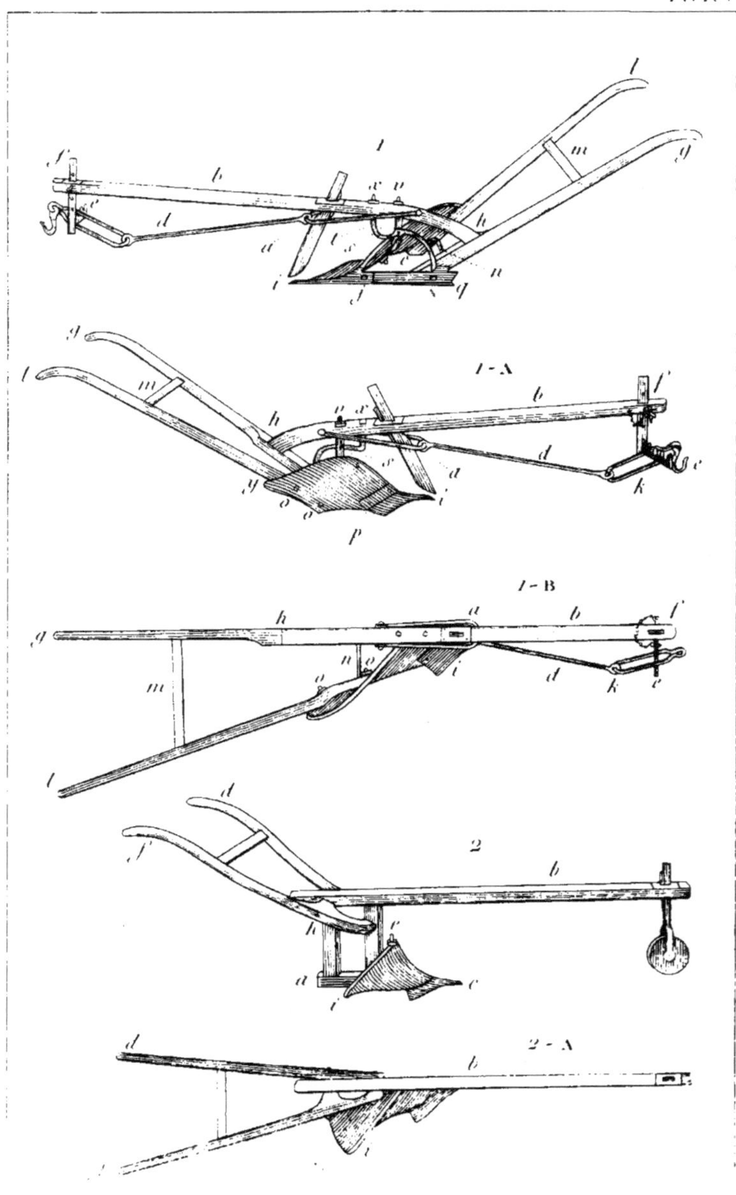
1-A
1-B
2
2-A

PLANCHE 18e.

Charrues.

1. *Charrue américaine.* Le mérite de cette charrue est principalement dans sa légèreté. Elle est précieuse dans les sols sablonneux et offre de même quelques avantages dans ceux qui sont forts, argileux, mais sans roches ni grosses pierres.

La flèche b est arquée à sa partie postérieure. Elle a 6 pieds de longueur. Elle porte, en avant, un régulateur, f, consistant en une équerre à crémaillère, qui fixe les degrés d'entrure au moyen de la bande verticale qui se hausse et baisse à volonté, et la ligne de tirage au moyen de la bande horizontale e, portant des dents entre lesquelles on place, plus ou moins à droite ou à gauche, l'anneau allongé k, long d'un pied, auquel tient le crochet du palonnier. Une tringle, d, longue de 2 pieds 6 pouces, tient par un anneau à la bride a, longue d'un pied 6 pouces et attachée des deux côtés de la flèche un peu derrière le corps de la charrue, ce qui lui donne une grande aisance de tirage.

La queue se compose d'un manche principal, g, qui se prolonge parallèlement à la flèche, et dans lequel celle-ci est assemblée à tenon et mortaise, en h. L'extrémité de ce manche principal va s'appuyer sur la semelle, en c, où elle est solidement boulonnée, comme on le voit dans la fig. 1. Le second manche, l, tient à l'autre par une traverse, m; et par une forte tringle, n, boulonnée sur le côté interne de chaque manche; par son côté externe il est appliqué contre le versoir, et il y est solidement fixé par deux boulons, en o, o.

Le soc, i, a 13 pouces de longueur. Il est réuni au cep par un boulon, j, fig. 1, et au versoir par une bande de fer, p, fig. 1-A.

La semelle q, est en fonte, elle a 1 pied de longueur. Le corps consiste en deux fortes bandes de fer s, t, qui se croisent et sont fixées l'une à l'autre par un fort boulon à leur point de section. L'une s, boulonnée sur la flèche, en v, la traverse, descend verticalement jusqu'au versoir, puis se courbe pour s'appuyer dessous, où elle est boulonnée. L'autre t, traverse également la flèche, en x, puis elle décrit une première courbe jusqu'à son point d'attache avec l'autre, ensuite une seconde courbe en sens inverse pour aller s'attacher sur la semelle au point z.

Le versoir est en fonte ; il a 19 pouces de longueur à partir du point *p*, jusqu'à l'extrémité *y*. La partie *o*, *o*, appliquée contre le manche, a 11 pouces de longueur.

Le coutre est droit. Il traverse la flèche dans une mortaise, et se fixe au moyen d'un coin. Il passe dans la bride *a*.

2. *Charrue à bras*. Cet instrument n'est guère employé que dans la petite culture ou l'horticulture, pour tracer, sur un sol préalablement défoncé, des sillons ou raies dans lesquelles on sème des légumes. Un homme seul la pousse en avant en traçant le sillon. Cependant, si on voulait s'en servir pour biner les mêmes récoltes cultivées en rangs, on pourrait se faire aider par un homme qui tirerait à l'aide d'une corde. On pourrait même y atteler un animal, par exemple un âne.

La flèche *b*, a quatre pieds de longueur. Elle porte en avant un régulateur dont la roue n'a que cinq pouces de diamètre.

La queue se compose de deux manches *d*, *f*, dont l'un, *f*, s'éloigne beaucoup plus de la ligne de la flèche que l'autre. Ils sont attachés à la flèche et au montant antérieur du corps.

Le corps se compose de deux montans *h*, *e*, en bois, à 6 pouces l'un de l'autre.

Le cep et le soc ont 16 pouces de longueur ; le premier *a*, est en bois, le second *c*, est en fer battu.

Le versoir, *i*, est en bois si on peut trouver une planchette susceptible de recevoir une courbure comme on le voit dans la fig. 2-A. On peut aussi le faire couler en fonte. Il a 8 pouces de longueur d'*i* en *e*.

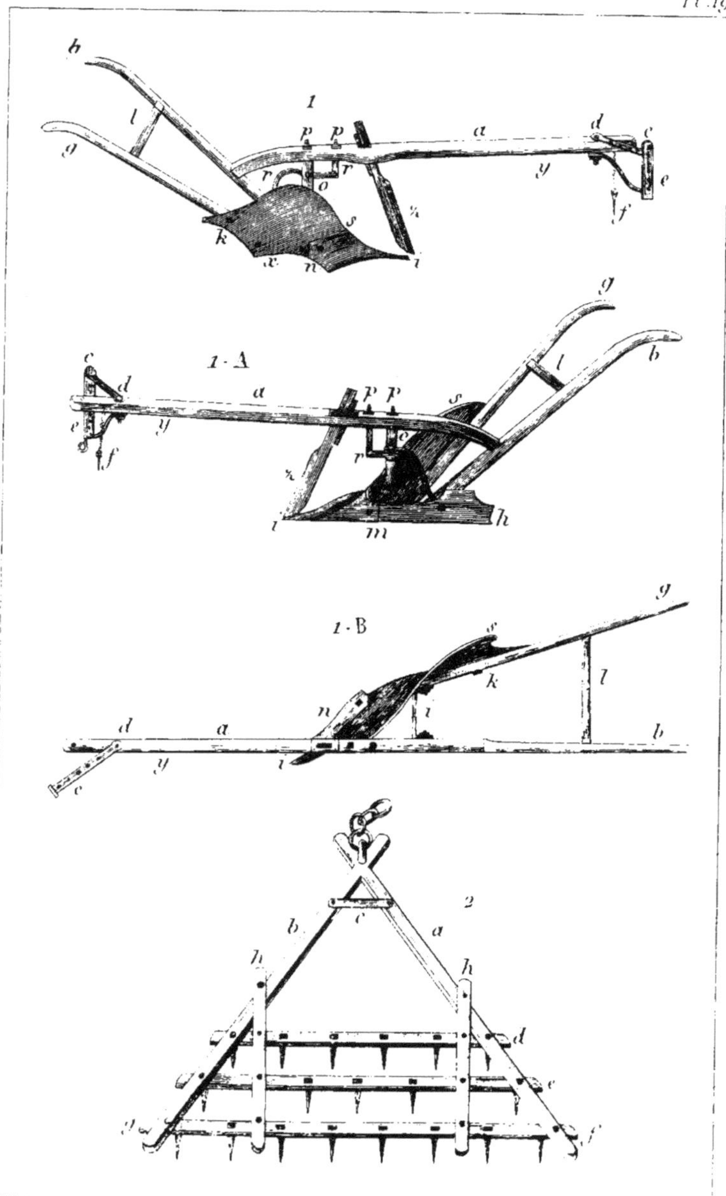
1
1·A
1·B
2

PLANCHE 19ᵉ.

Charrue et herse.

1. *Petite charrue anglaise.* Son nom indique de quel pays elle est originaire ; ses formes, assez singulières, s'éloignent de celles des autres charrues, dont elle ne diffère cependant, quant à l'usage, que dans la grande facilité que l'on a pour la diriger dans les terres légères.

La flèche a est courbée à sa partie postérieure, qui est ajustée à tenon et mortaise dans le manche b. En avant elle porte un régulateur des plus simples. Il consiste en une bride c, tournant sur la flèche au moyen d'une cheville de fer d, qui lui sert d'axe. Une clavette de fer f, que l'on place dans un des trous de sa partie supérieure, suffit pour le maintenir et fixer la ligne de tirage. Le degré d'entrure se détermine en accrochant la chaine du palonnier à un des trous plus ou moins élevé du devant de la bride e.

La queue se compose de deux manches g, b, dont l'un, b, est parallèle à la flèche, et l'autre, g, est écarté du premier, à l'extrémité, de 22 pouces. Ils se rapprochent beaucoup à leur extrémité inférieure, où ils sont maintenus par une forte traverse en fer i, fig 1-B. Le manche b va de plus en plus s'appuyer sur la semelle h, 1-A, contre laquelle il est boulonné. L'autre, g, est attaché contre le versoir, comme on le voit en k, fig 1 et 1-B. En l est une traverse pour les consolider au sommet.

Le soc i est en fonte, ainsi que le cep. Sa pointe se dirige un peu à gauche, comme on le voit dans la fig. 1-B. Il est fort large sur ses côtés qui se prolongent et viennent s'attacher à la semelle, en m, fig. 1-A, et au versoir en n, fig. 1 et 1-B.

Le corps est en fer battu. Il est formé de deux fortes bandes, boulonnées à la flèche en p, p. La principale et la plus forte, o, descend verticalement jusqu'à la hauteur du versoir, puis elle se courbe pour aller s'y attacher, ainsi qu'au soc. La seconde, r, se fixe solidement sur la première, et vient s'attacher au cep à la même place que le manche.

Le versoir s a une courbure que l'on peut voir dans la fig. 1-B ; il est en fonte a, appliqué inférieurement par sa partie x, fig. 1, à la semelle, et par sa partie k au manche.

Le coutre z est droit ; il se fixe dans la flèche par le moyen d'une mortaise et d'un coin.

Quelquefois on ajoute à la flèche de cette charrue, au point *y*, une roue et un régulateur, comme dans la charrue à creuser des rigoles et les scarificateurs.

2. *Herse triangulaire de Guillaume.* Elle se compose de deux bras *a*, *b*, longs de 6 pieds, maintenus solidairement dans le haut en *c* par une bande de fer. Elle a trois traverses, *d*, *e*, *f*, à 8 ou 9 pouces d'intervalle, et dont la plus longue a 5 pieds, d'*f* en *g*; elle porte 8 dents, la seconde 7, et la troisième 6. Ces dents sont en fer, très-peu courbées, et ont 9 pouces de longueur. Elles sont disposées de manière à ne pas passer dans le traces les unes des autres.

La herse acquiert encore un degré de solidité par les deux pièces de bois *h*, *h*, superposées sur les autres. Nous ne pensons pas que cet instrument présente des avantages qui puissent le faire préférer à beaucoup d'autres herses.

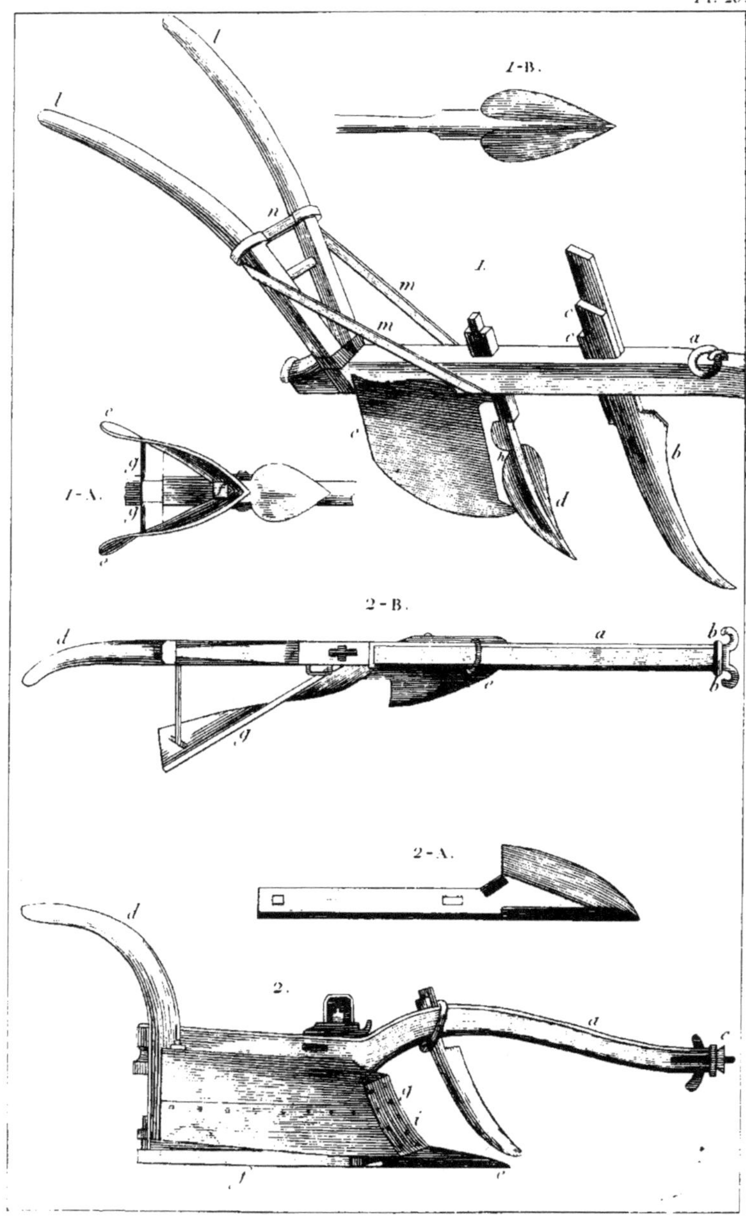
1-B.
1.
1-A.
2-B.
2-A.
2.

PLANCHE 20ᵉ.

Charrues étrangères.

1. *Charrue à butter les pommes-de-terre.* En Allemagne, dans les environs de Freyberg, cette charrue sert à butter les pommes-de-terre plantées par lignes. Elle peut également servir au même usage pour le maïs, etc. Pendant qu'un homme tient les manches et la dirige, un âne, plus ordinairement deux femmes, la tirent en avant. La flèche *a* est munie d'un anneau où s'attachent une corde et une sangle qui servent aux femmes à tirer, pendant qu'elles tiennent le bout de la flèche terminée en béquille.

Le contre *b* est courbe, fixé dans la flèche au moyen d'un ou plusieurs coins *c, c.*

Le soc *d*, figuré vu de face et en dessus, en 1-B, est long de 20 pouces, y compris sa lame qui est en fer de lance, courbée en avant, longue de 9 pouces, et en ayant 4 et demi dans sa plus grande largeur. Il est fixé à la flèche de la même manière que le contre.

Les versoirs *e*, fig. 1-A, *e, e*, sont fixés à la flèche par une pièce de bois carrée ou triangulaire *f*, et maintenus dans leur écartement par une traverse *g, g*, clouée sur la flèche et avec eux; leur côté antérieur s'adapte dans une rainure pratiquée à la partie postérieure du soc pour les recevoir, et recouverte par une planchette *h.*

La queue se compose de deux manches *l, l*, fixés à la flèche au moyen d'une entaille, liés par une bande de fer *n*, et retenus, en outre, par deux barres du même métal *m, m.*

2. *Charrue de Norwége, Falkenstener.* Cet instrument est très en usage dans la Norwége. Il est simple, léger, solide, et donne d'assez bons résultats. La flèche *a* porte à son extrémité des crochets *b, b*, ou tout autre appareil *c*, pour attacher le palonnier; elle est fixée au cep, dans sa partie antérieure par un tenon, et postérieurement par la queue *d*, qui ne consiste qu'en un seul manche recourbé.

Le soc *e* reçoit, dans sa partie inférieure, l'extrémité du cep *f*, que nous avons figuré séparément, en 2-A.

Le versoir *g*, se compose de deux planches, garnies d'une plaque de tôle à leur extrémité antérieure, en *i*; la planche inférieure en est entièrement garnie. Il reçoit une inflexion bien combinée, telle que nous la faisons voir en *g*, fig. 2-B.

PLANCHE 21ᵉ.

Charrues.

1. *Charrue écossaise, perfectionnée par Small.* Cet instrument est d'un usage général en Angleterre, en Irlande et en Écosse, d'où il est originaire. Tiré par deux chevaux, il peut, sans les fatiguer, faire en huit ou neuf heures un labour parfait d'un acre anglais, répondant à 40 ares 4 centiares de France.

La flèche *a* est suffisamment épaisse pour n'être pas affaiblie par les mortaises qui la traversent; elle est courbe afin de laisser au coutre une plus grande longueur, et de ne pas retenir les racines qui se portent vers le haut par l'effet du tirage. Sa longueur est de 5 pieds. Dans sa partie antérieure est un étrier, *b* de la fig. 1-A, servant à contenir la chaîne *c*, au bout de laquelle est un crochet *d*, où l'on accroche le palonnier. Plus ordinairement, l'extrémité de la flèche, au lieu d'avoir un étrier, porte une bride de fer, par le moyen de laquelle la ligne de tirage peut à volonté être baissée, levée, portée à droite ou à gauche.

La queue *e* se compose de deux manches inclinés de manière à se trouver élevés de trois pieds au-dessus de la surface du sol; le manche principal est en ligne droite avec la flèche; il est plus fort que l'autre, et a de 3 pieds 8 pouces à 4 pieds de longueur. Tous deux sont maintenus par deux ou quelquefois trois traverses.

Si l'on en excepte la flèche et la queue, toutes les autres parties de cette charrue sont faites en fer battu et en fonte.

Le soc *f* est long de 18 pouces; les deux bords de sa partie postérieure se replient à partir de l'angle formé par le tranchant, et se terminent par une douille qui reçoit l'extrémité du cep *g*. Il se réunit aux pièces *i*, *k*, dont la première, *i*, se recourbe sur le versoir et forme un angle aigu, comme on le voit dans la fig. 1-A.

Le cep *g* a 20 pouces de longueur; il est attaché à la flèche au moyen du tenon *l*, qui la traverse.

Le versoir *m*, fig. 1-A, a 13 pouces de hauteur en avant, et 16 pouces de longueur dans sa partie supérieure. Il se fixe contre le manche et les autres parties au moyen d'un boulon.

Le coutre *n*, est fixé à la flèche au moyen d'une mortaise par laquelle

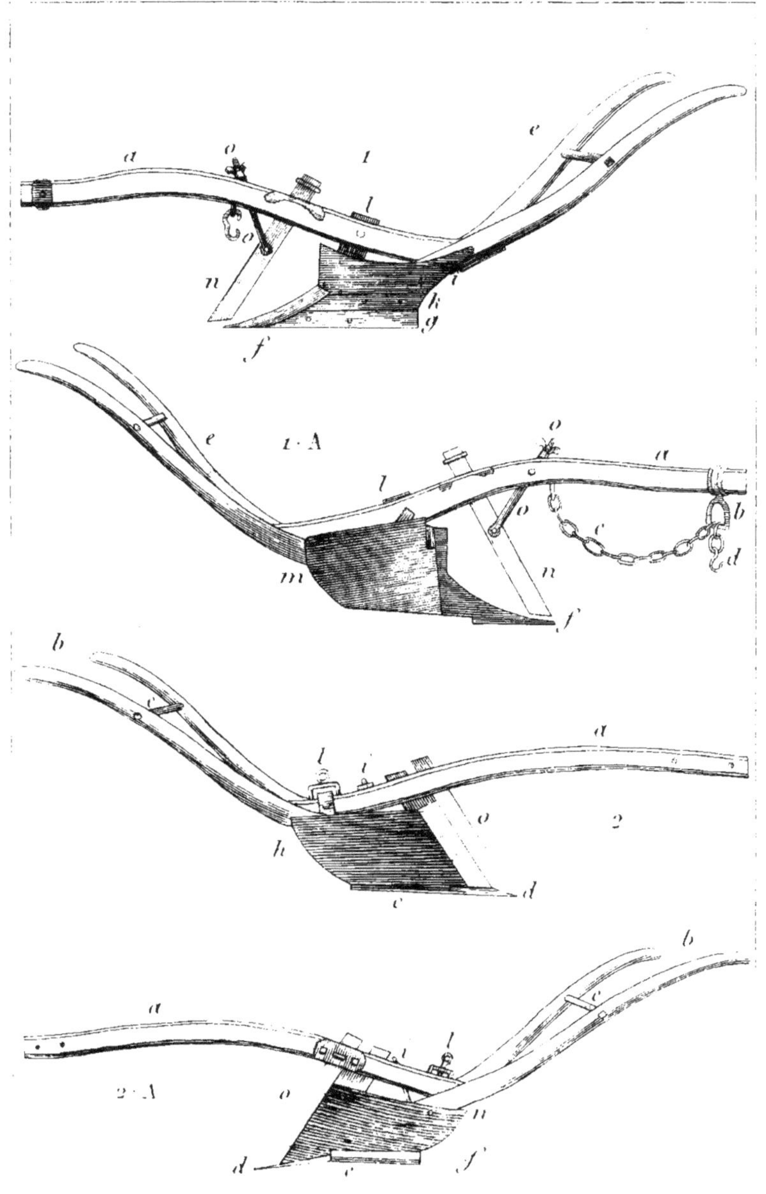
1
1·A
2
2·A

il la traverse ; son inclinaison doit être calculée de manière à former un angle droit avec la ligne de tirage , et un angle de 45 degrés avec le cep. On lui donne l'inclinaison convenable au moyen de la tige de fer à boulon *o, o*.

2. *Charrue à biner*. Cet instrument est très-commode pour labourer entre les rangées de plantes cultivées en ligne. Dans les terres fortes et tenaces il remplace très-avantageusement la houe à cheval. On lui place deux versoirs lorsqu'il s'agit de rejeter sur les côtés la terre du milieu des rangées ; on n'en place qu'un lorsque , au contraire, on veut rejeter au milieu la terre des côtés.

L'âge ou flèche *a* se termine par une queue *b*, composée de deux manches dont l'un se prolonge sur la même ligne que la flèche ; ils sont liés au moyen d'une verge en fer *c*.

Le soc *d*, est ajusté avec la semelle et le cep *e*, qui est en fer ainsi que la petite bande *f*. Cette dernière , étant sujette à s'user par le frottement, peut, au besoin, être enlevée et remplacée par une autre. Le cep est uni à la flèche par le boulon *i* qui traverse la flèche et le manche, et vient se fixer à la semelle.

Le versoir *h*, est en bois, recouvert d'une forte plaque de tôle. On peut lui donner plus ou moins d'écartement au moyen d'un crampon *l*, qui sert à arrêter un arc-boutant à charnière. Le côté opposé au versoir est garni d'une lame de fer *n* , qui repose sur la bande *f*.

Le coutre est appuyé contre la plaque de tôle qui recouvre le versoir.

PLANCHE 22ᵉ.

Charrues.

1. *Charrue à deux versoirs.* Ce qui rend cet instrument remarquable parmi les autres charrues, ce sont les versoirs qui, au moyen de deux quarts de cercle *a, a*, fig. 1-A, percés de trous et se fixant sur l'âge avec une cheville en fer, *b*, s'écartent et se rapprochent à volonté.

La flèche *c* porte, en avant, un régulateur *d*, pour le tirage. Les manches *e, e*, s'éloignent également de la ligne de l'âge, et sont fixés par une première traverse en fer, *f*, et par un boulon qui traverse l'âge de *g* en *g*. Ils se réunissent à leur base, qui s'attache sur la semelle près du soc, en *i*.

Le contre *k* est droit, appuyé sur le soc. Les versoirs *l, l*, sont fixés au corps *m*, par une charnière mobile.

Cet instrument remplace le cultivateur et la houe à cheval. Il est très-propre à donner un fort buttage aux plantes cultivées en lignes, et il élève la terre à une grande hauteur au-dessus du fond du sillon. Quelquefois on s'en sert pour tracer des rigoles dans les champs.

2. *Charrue de Dombasle, perfectionnée par M. Cambrai.* Elle diffère essentiellement de la charrue de Dombasle, 1° par la solidité des manches, qui s'attachent entièrement à la flèche par deux forts boulons *a, a*, fig. 2-B, et non au corps ; 2.° par la traverse *c*, fig. 2, qui lui donne de la solidité et empêche la terre et les racines de s'y engager aussi facilement ; 3.° par d'autres détails moins importans.

La flèche ou âge *b* est droite. Elle a six pieds de longueur ; elle porte en avant un régulateur *d*, consistant en une équerre dont la branche supérieure traverse la flèche et se maintient à la hauteur désirée au moyen d'une cheville en fer tenant à une chaînette *o*, traversant la flèche et la branche par un des trous *e*. La branche inférieure et horizontale *f*, du régulateur, est munie de trois fortes dents, entre lesquelles se place l'anneau de tirage *g*, pour diriger la ligne à droite ou à gauche. A cet anneau tient la verge de fer *h*, attachée sous la flèche, derrière le contre, par le crochet *i*, fig. 2-A.

Le manche *j* a 4 pieds de longueur ; il est incliné de manière à s'éle-

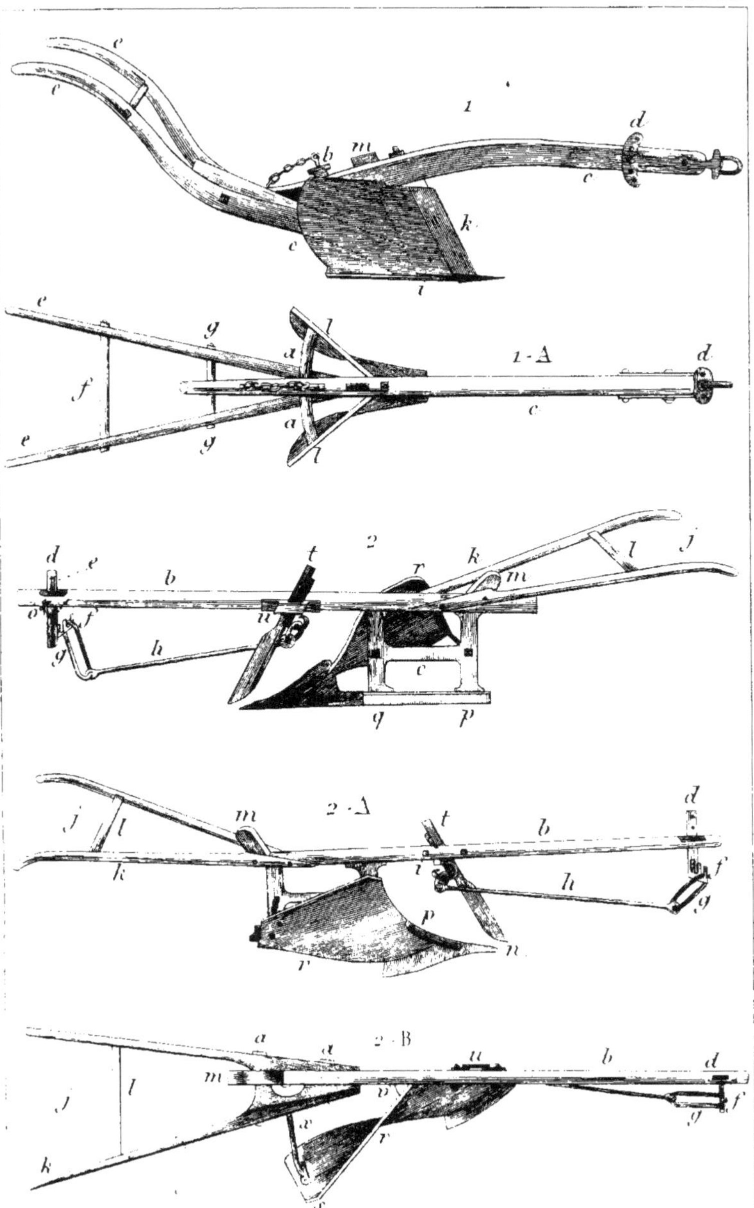

ver de 2 pieds 8 pouces au-dessus du sol. Les mancherons s'écartent tous deux de la ligne du tirage, mais celui *k* s'éloigne deux fois plus que l'autre de cette ligne; leur écartement total est de 2 pieds 10 pouces. Ils sont maintenus par une traverse *l*, et par les deux boulons *a*, *a*, fig. 2-B, dont le premier traverse le billot *m*, et le second la flèche.

Le soc *n*, 2-A, est attaché au versoir en *p* par un fort lien de fer, et tient à la semelle ou cep par son extrémité postérieure; il est large, triangulaire, et en fonte ainsi que le corps, les versoirs et le cep. Ce dernier a 16 pouces de longueur. Le corps se compose de deux montans larges et plats *p*, *q*, et de la traverse *c*, le tout fondu d'une seule pièce. Il a, y compris la semelle, 15 pouces de hauteur.

Le versoir *r* est fort, grand, à courbure très-prononcée, comme on le voit dans la fig. 2-B. Son écartement du point *s* à la flèche n'est pas moindre de 20 pouces. Il est maintenu solidement par les deux verges de fer *v*, *x*, boulonnées sur les deux montans du corps.

Le coutre *t* se place dans une fausse mortaise *u*, fig. 2 et 2-B, pratiquée sur le côté de la flèche au moyen d'une bande de fer, et il se maintient solidement en position avec un coin de fer.

Cette charrue me paraît l'emporter sur celle de M. de Dombasle par sa solidité, et par la manière dont elle renverse la terre.

PLANCHE 23ᵉ.

Charrue.

1. *Charrue Molard.* Nous l'avons représentée du côté opposé au versoir, dans la fig. 1, et vue en dessus dans la fig. I-A.

Elle est très-remarquable par le mécanisme ingénieux de son double régulateur ; mais ce mécanisme même, augmentant le prix de l'instrument hors des proportions de son utilité, est cause qu'on l'emploie peu aujourd'hui.

Un cadre en fer, *i, i, i,* porte tout le mécanisme. Il est mobile et tourne autour de la cheville *o, o,* qui lui sert d'axe. On le fixe au moyen d'une autre cheville *n,* qui se rapproche des points *l, l,* 1-A, sur une plaque de fer transversale *r,* 1-A, selon que l'on tourne le cadre plus ou moins à droite ou à gauche. Au bout du cadre sont placés la bride *b,* et le régulateur *d, e,* tournant avec le cadre à volonté, et servant, la première à régler la ligne de tirage, le second à déterminer le degré d'entrure.

La bride porte un crochet *c,* qui se hausse et baisse à volonté, servant à attacher le palonnier.

Le régulateur *d, e,* se hausse et baisse également à volonté, et se maintient en position au moyen d'une cheville *h,* 1-A, qui le traverse, ainsi que la pièce de fer faisant partie du cadre, en *m.* Par ce moyen, la roue *e* peut non-seulement s'élever et s'abaisser, mais encore se porter à droite ou à gauche, sur la ligne du tirage.

La flèche *a,* a 4 pieds 6 pouces de longueur.

Le coutre *p* est solidement fixé au moyen d'un coin *f* et d'un anneau *g.* Le soc *t,* le corps de la charrue *v,* et le versoir *u,* sont en fonte.

La queue se compose de deux manches en bois, dont l'un, *y,* s'appuie sur la semelle et s'y fixe au moyen de deux boulons à écrous, dont le plus long *x* traverse la flèche, le manche et le cep *k.* Le manche *y* acquiert encore de la solidité au moyen de la barre de fer *z.*

2. *Cultivateur : houe à cheval.* La fig. 2 la représente vue de profil ;

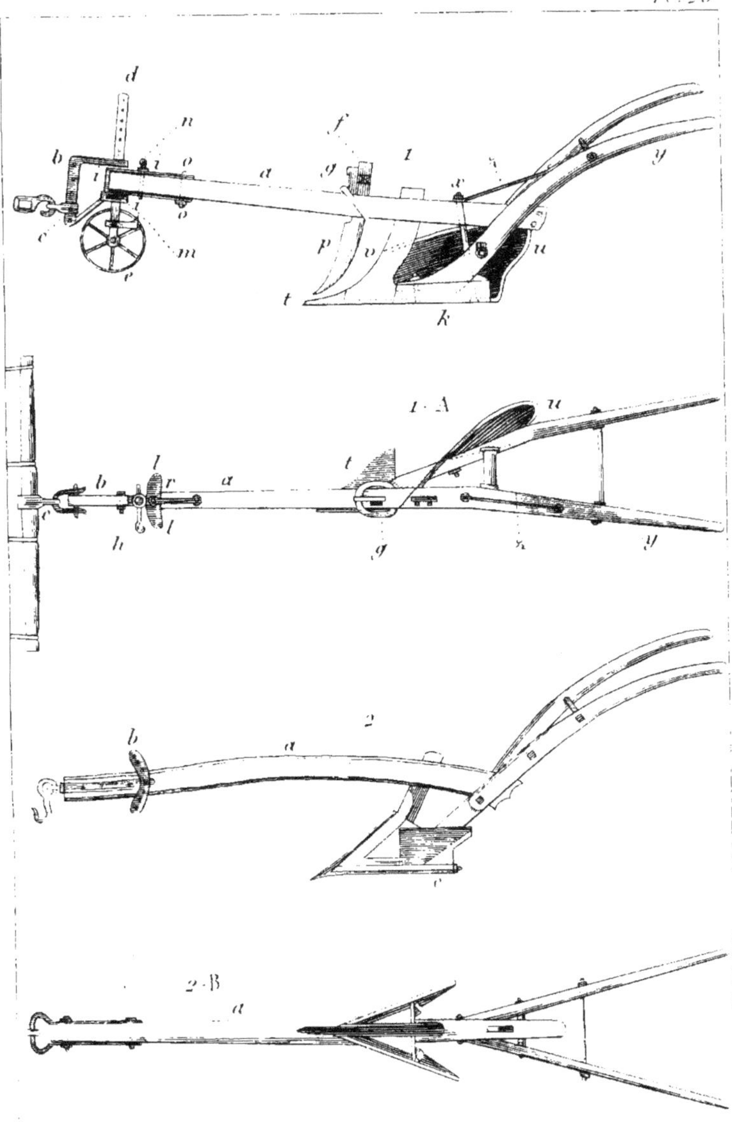

la fig. 2-B, vue en dessus. On l'emploie au buttage des pommes de terre, et autres plantes cultivées en lignes.

La flèche a se termine antérieurement par un régulateur b, qui permet de donner plus ou moins d'entrure au soc. Le corps de la charrue est en bois, ainsi que les versoirs, mais la semelle c est en fer, et sa pointe se courbe en avant pour fortifier la partie antérieure des versoirs.

PLANCHE 24.

Charrues.

1. *Charrue de M. Cambray.* Celle-ci joint aux avantages de la charrue de Dombasle ceux d'être beaucoup plus simple, plus légère, de ne jamais traîner de la terre avec elle, et de la beaucoup mieux renverser, à cause de la courbure plus prononcée de son versoir.

La flèche *b* a 5 pieds 8 pouces de longueur ; elle est un peu recourbée vers le manche, dans lequel elle est fixée à mortaise et tenon. Elle porte en avant le même régulateur que celui que nous avons décrit à l'article de la charrue de Dombasle, planche 25.

La queue se compose de deux manches *d*, *f*, longs de 3 pieds et demi, dont le principal, *f*, se prolonge sur la même ligne que la flèche ; il vient s'appuyer sur la semelle, où il est solidement fixé, et il sert de corps à la charrue. Le second manche *d* vient s'attacher sur le versoir en *e*, figure 1-B, et se lie avec l'autre au moyen des deux verges de fer boulonnées que l'on aperçoit.

Le soc *a* est en fonte, ainsi que la semelle et le versoir ; il est triangulaire et a 14 pouces de longueur. Il s'adapte à la semelle par son extrémité gauche en *c*, et au versoir par une bande de fer *g* en dessus.

La semelle est en fonte : elle porte l'extrémité du manche *f*, et le corps *i* qui est en bois. Elle a 2 pieds de longueur.

Le versoir *h* est remarquable par sa courbure avantageuse, il est long de 22 pouces et en fonte.

Du côté opposé au versoir est une plaque de tôle *m*, qui s'adapte sur le corps, sur la semelle, et au bord postérieur du soc, afin d'empêcher la terre et les racines de s'entasser dans l'intérieur du corps. En *g*, fig. 1, on aperçoit une échancrure servant à dévisser un boulon lorsqu'on veut ôter le soc. Cette plaque de tôle a 1 pied de hauteur.

Le coutre *k* se place dans une fausse mortaise *o*, pratiquée sur le côté de la flèche au moyen d'une bande de fer. Il est solidement fixé par un coin de même métal.

La verge de tirage *p* est attachée à une bride mobile *r r*, qui se hausse

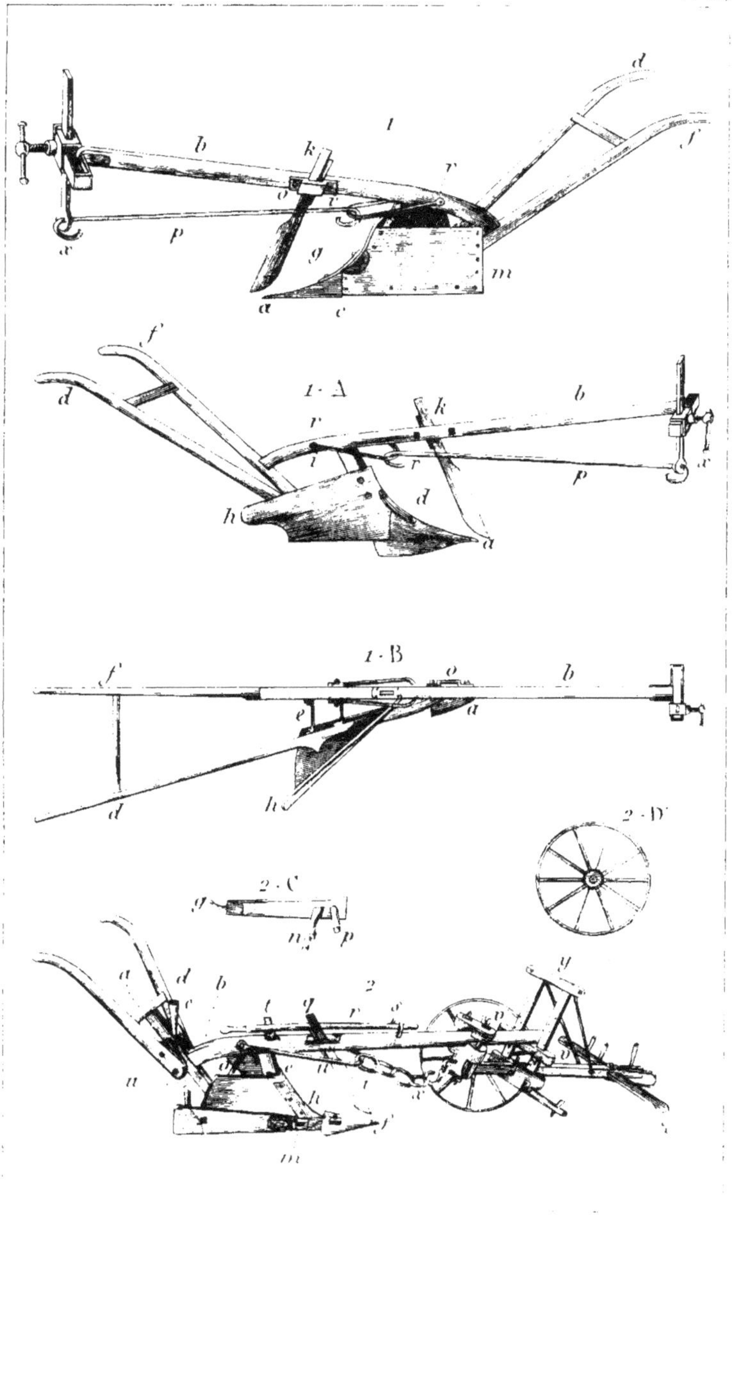

Pl. 24

ou se baisse en raison du point où se trouve le bout de la crémaillère x du régulateur.

2. *Charrue tourne-oreille avec avant-train.* Cette charrue ne peut guère être d'un bon usage que dans les pays où l'on fait les labours en plates-bandes ou billons, c'est-à-dire en retournant la charrue pour recommencer un sillon à côté du sillon déjà fait, en prenant la ligne de tirage dans le sens contraire.

Nous ne décrirons pas l'avant-train, par la raison qu'il n'offre rien de plus particulier à cette charrue qu'à une autre. D'ailleurs nous l'avons représenté avec la roue de devant enlevée, 2-D, afin qu'on pût en voir les détails tous rendus, quoique en petit.

La flèche b a 5 pieds 6 pouces de longueur ; elle est un peu courbée, et va s'implanter, à mortaise et tenon, dans un plot de bois a posé sur la semelle portant les manches, et fixé à son extrémité supérieure à la traverse d. Ce plot est muni en c d'un porte-fouet.

Le soc f est triangulaire, long d'un pied, fixé à la semelle par un boulon qui le traverse en dessus. La semelle est fixée au corps e, ainsi qu'au plot a, et maintenue encore par la verge de fer o.

Le versoir se compose de deux parties : la supérieure h est fixée solidement sur le corps ; elle porte en avant une plaque de tôle pour l'empêcher de s'user ; la partie inférieure, ou l'oreille, s'ôte ou se place à volonté, tantôt d'un côté, tantôt de l'autre. Elle s'attache au moyen d'une petite verge de fer courbée g, fig. 2-C, qui se passe dans un anneau placé sur la semelle en m, et par une cheville n qui s'implante dans un trou creusé dans le corps a ; une seconde cheville p sert à la saisir quand on veut la mettre ou l'ôter. Cette oreille est en bois, comme la partie supérieure du versoir : elle a 20 pouces de longueur et 5 pouces 6 lignes dans sa plus grande largeur. Le devant g est aminci en bizeau, afin de ne point faire de résistence en avançant.

Le coutre i traverse la flèche dans une mortaise ; comme il faut le changer de position chaque fois qu'on change l'oreille de côté, on se sert pour cela du bâton r, dont on passe un bout dans l'arcade s. Le milieu appuie avec force contre le coutre en q, parce qu'il est obligé de se courber pour revenir passer devant le tenon t ; on passe le milieu du bâton à droite ou à gauche du coutre, selon que l'on veut incliner ce dernier à droite ou à gauche.

Le tirage se fait au moyen de la longue bride mobile u, à laquelle tient une chaîne x, qui va s'attacher à l'avant-train.

Quant au degré d'entrure, on le détermine aisément au moyen du châssis y, que porte l'avant-train. La pièce de bois v v, sur laquelle est appuyée la flèche, se hausse et se baisse à volonté, et se maintient en position au moyen de chevilles que l'on place dessous, dans les trous pratiqués le long des montans du châssis y.

La ligne de tirage se fixe au moyen de la traverse z, sur laquelle on plante une cheville au point déterminé. Le crochet de la chaîne d'attelage se fixe à cette cheville.

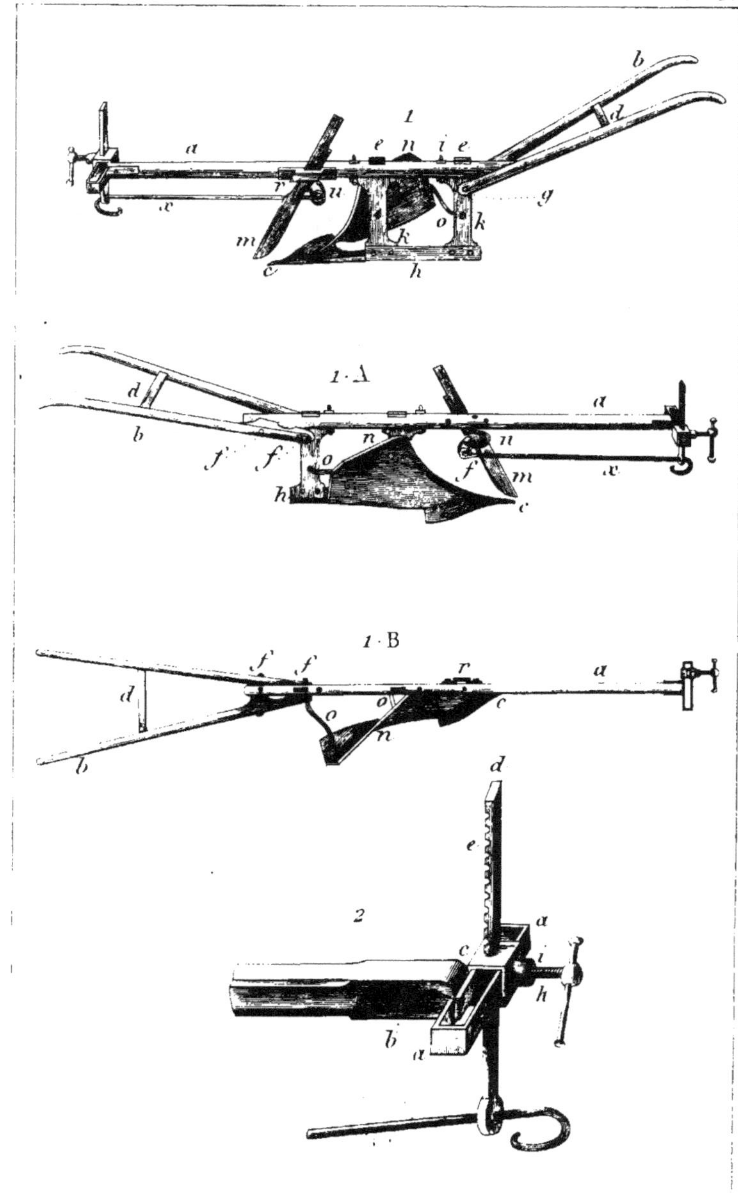

PLANCHE 25ᵉ.

Charrue.

1. *Charrue de Dombasle.* Cet instrument a eu, lorsqu'il fut inventé par le savant cultivateur dont il porte le nom, une réputation justement méritée.

La flèche *a* est droite, longue de 6 pieds ; elle porte en avant un régulateur fort commode, d'une mécanique très-ingénieuse, mais que l'on emploie cependant peu, parce qu'il augmente le prix de l'instrument dans des proportions que ne compense pas son utilité. Nous l'avons figuré assez en grand, fig. 2, pour en faire comprendre les détails, et nous le décrivons plus bas. La flèche se termine par un manche de 4 pieds de longueur, dont les mancherons s'éloignent tous deux de la ligne du tirage, mais celui *b* s'éloigne deux fois plus que l'autre de cette ligne. Leur écartement total est d'un peu plus de 2 pieds et demi ; ils sont maintenus par une traverse en bois *d*, et par deux boulons *f f*, fig. 2-A et 2-B, dont le premier est boulonné sur la flèche, et le second sur le corps, comme on le distingue très-bien en *g* de la fig. 1.

Le soc *c* a 16 pouces de longueur ; il est attaché au versoir en *f*, par un lien de fer très-solide, et tient à la semelle par sa partie postérieure boulonnée ; il est large, triangulaire et en fonte, ainsi que le corps, le versoir et le cep.

La semelle *h* a 19 ou 20 pouces de longueur. Le corps se compose de deux montans *k k*, fig. 1, boulonnés sur la flèche en *e e* ; celui de derrière s'y attache encore par un écrou *i*, au moyen d'un petit prolongement en arcade qu'il forme en dessous. Cette force lui est nécessaire pour résister à l'effort des manches qui sont boulonnés dessus, inconvénient qu'a évité M. Cambray.

Le versoir *n*, dont on voit la courbure, fig. 1-B, est maintenu en position par les deux verges *o o*, boulonnées sur les montans *k k*.

Le coutre *m* se place dans une fausse mortaise *r*, fig. 1 et 1-B, pratiquée sur le côté de la flèche au moyen d'une bande de fer ; il est maintenu solidement en position par un coin de même métal.

A côté du coutre, sous la flèche, est un crochet de fer *u*, servant d'attache à la verge de tirage *v*. Cette verge a 3 pieds de longueur.

2. *Régulateur.* Il se compose d'un châssis *a a*, formé par une épaisse lame de fer, et ajusté au bout de la flèche par deux tenons latéraux solidement cloués ou vissés, *b*. Ces tenons sont formés par les prolongemens de la bande.

En *c* est une boîte qui embrasse le châssis et peut glisser dessus avec facilité, soit qu'on la place d'un côté ou de l'autre. Cette boîte est traversée en dessus et en dessous par la crémaillère *d*, portant des crans *e* dans toute sa longueur. En *i* est un écrou donnant passage à la vis de pression *h*, qui traverse la boîte et va s'appuyer sur la crémaillère *d*, en passant aussi dans un des trois trous pratiqués à cet effet dans la bande du châssis.

En desserrant la vis, on fait glisser la boîte plus ou moins près de la flèche pour fixer la ligne de tirage, puis on hausse ou baisse la crémaillère pour donner le degré d'entrure ; ensuite on sert la vis, qui force la crémaillère à rester en position, en faisant remplir une des échancrures *e* par le bord de la boîte.

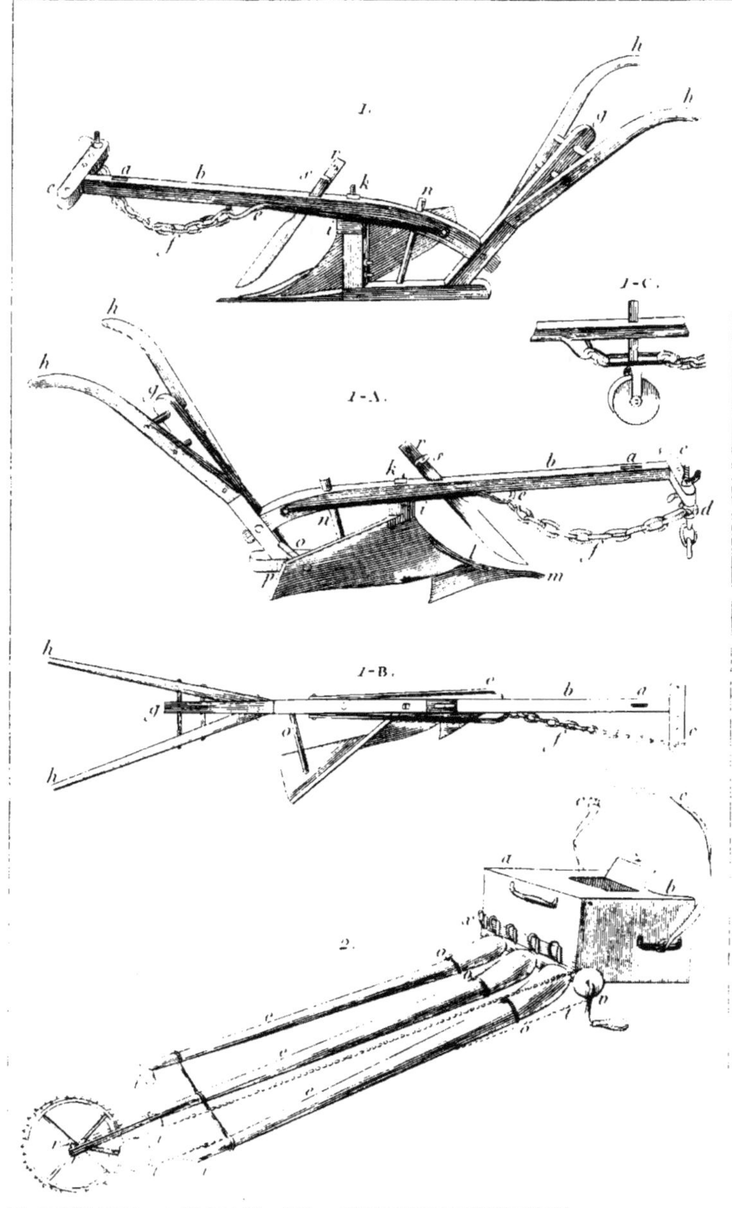
1.
1-C.
1-A.
1-B.
2.

PLANCHE 26e.

Charrue et semoir.

1. *Araire de Guillaume.* Cet instrument porte le nom de celui qui l'a perfectionné.

La flèche *b* a 5 pieds 6 pouces de longueur. Quelquefois, mais assez rarement, elle porte en *a*, le régulateur que nous avons figuré en 1-C. Dans tous les cas, elle se termine, en avant, par un bras en équerre, servant à fixer la ligne du tirage. Un anneau *d*, 1-A, se prolonge en une cheville de fer, qui traverse le bras dans un des trous que l'on choisit, et se fixe en dessus au moyen d'une vis et d'un écrou. La chaîne de tirage, attachée à la bride *e*, passe dans cet anneau avant d'aller s'accrocher au palonnier.

La flèche va s'attacher inférieurement dans le billot *g*, qui porte la queue, et qui est appuyé sur la semelle.

La queue se compose de deux manches, *h*, *h*, solidement assemblés sur le billot, et maintenus en outre par deux traverses en chevilles. Le manche droit est d'un tiers plus écarté que l'autre de la ligne parallèle à la flèche.

Le corps se compose : 1° de la partie inférieure du billot ; 2° d'un montant *i*, que l'on hausse ou baisse au moyen de la vis et de l'écrou *k*, *k*, afin de donner un degré convenable d'entrure ; 3° d'une traverse en cheville, *n*, qui se fixe également à la hauteur désirable au moyen d'un coin que l'on enfonce dans son extrémité supérieure qui est fendue.

Le soc est triangulaire ; il a 8 pouces de longueur mesuré en dessus depuis le versoir jusqu'à la pointe, c'est-à-dire depuis *l* jusqu'en *m*.

Le versoir a 1 pied de hauteur d'*l* en *i* ; et 21 pouces de longueur d' en *p* ; il s'attache au billot par l'arc-boutant *o* qui maintient son écartement, tel qu'on le voit en 2-B.

Le coutre, *r*, est très-incliné. Il traverse la flèche dans une mortaise, et se maintient en position au moyen d'un coin en fer.

L'araire de guillaume est un excellent instrument dans les terrains d'une médiocre ténacité. C'est une très-légère modification de l'ancienne charrue dont se servent encore les cultivateurs du Charrollais et de quelques montagnes du département du Rhône. Il y a pourtant cette différence que dans l'araire le versoir est fixe, tandis que dans la charrue charollaise il est mobile et change de côté à volonté.

2. *Semoir de M. Barreau*, la première idée des semoirs nous est venue des Espagnols ; depuis on en a fait de cent manières différentes, mais nous avons cru ne devoir en figurer qu'un, celui de M. Barreau, parce qu'il est le seul qui remplisse toutes les conditions nécessaires d'utilité, c'est-à-dire économie de semence, de temps et par conséquent de main-d'œuvre, et semis parfaitement égal (1).

Il consiste en une caisse de fer-blanc. *a*, ayant une échancrure postérieurement, *b*, de manière à ce qu'il puisse s'appliquer régulièrement sur le corps de celui qui le porte. Il est maintenu par la courroie *c*, *c*, qui passe sur les épaules. A cette caisse est adapté un, trois ou cinq tubes de fer-blanc, *e*, *e*, *e*, par où passe le grain en sortant de la boîte pour se répandre dans les sillons par les becs *i*, *i*, *i*. Ces becs peuvent se tourner à droite ou à gauche à volonté ; il ne s'agit pour cela que de faire tourner les tubes aux point *o*, *o*, *o*, endroit où ils sont simplement ajustés.

Une petite roue de 8 à 10 pouces de diamètre, en fonte ou en bois, garnie de pointes sur la bande pour l'empêcher de glisser, est fixée au bout du tube du milieu par le moyen de deux lames de fer *r*, *r*, qui lui forment une sorte de petit brancard et qui portent l'essieu. Cet essieu se prolonge du côté droit, en *s*, et porte une petite roue en poulie, qui tourne avec lui. (C'est par une erreur de gravure que j'ai placé à gauche cette roue, la chaîne et la manivelle, qui doivent être à droite.)

Cette poulie en tournant avec la grande roue entraîne dans son mouvement de rotation une chaîne, *t*, *t*, qui va communiquer le même mouvement de rotation à la poulie et à la manivelle *v*. Avant que M. Barreau eût perfectionné son instrument, les deux poulies et la chaîne n'existaint pas, et l'ouvrier seul faisait tourner la manivelle, d'où il résultait que, s'il cessait un instant de la tourner en marchant, le grain ne tombait plus, ou qu'il ne tombait pas d'une manière uniforme s'il ralentissait ou augmentait la vitesse du mouvement, comparativement à la vitesse de sa marche. Aujourd'hui, comme c'est la grande roue qui met en mouvement la manivelle, les deux mouvemens combinés sont toujours uniformes, et le semis

---

(1) Comme cet instrument indispensable à tout bon cultivateur n'appartient pas encore au public, nous croyons devoir avertir qu'ils ne peuvent se le procurer que chez son inventeur, M. Barreau, rue des Petits-Champs, n° 22.

est parfaitement égal, soit que l'ouvrier s'arrête, marche vite, ou lentement.

La manivelle fait tourner dans la boîte des brosses rudes, qui forcent les grains, quelles que soient leur espèce et leur grosseur, à s'écouler uniformément dans les tubes.

En x sont des registres qui, en se tirant ou se poussant, arrêtent ou laissent couler les graines dans le tube que l'on veut, soit dans un seul, dans les trois, ou dans deux, selon les combinaisons que l'on desire.

A gauche de la machine est un autre registre qui, en le tirant plus ou moins, fixe la quantité des graines qui doivent s'échapper dans un temps donné, afin de pouvoir semer plus ou moins épais, selon qu'on le désire.

On voit en z le couvercle à charnière, servant à boucher le trou par où l'on met les grains dans la caisse.

PLANCHE 27.

Charrue.

1. *Charrue-Grangé.* Ce qu'il y a peut-être de plus singulier dans cette charrue, c'est qu'elle a été inventée par un simple garçon de ferme du département des Vosges. Elle fut d'abord présentée à plusieurs propriétaires cultivateurs qui en adoptèrent l'usage ; puis aux sociétés d'agriculture de Nancy, de Lunéville, et enfin, il y a peu de temps, à la ferme-modèle de Grignon. Je conviens que c'est une invention fort heureuse, qui, par la suite, pourra se perfectionner et rendre de grands services à l'agriculture ; mais, quant à présent, je pense qu'on l'a beaucoup trop vantée, que l'enthousiasme a emporté beaucoup trop loin la plupart des rapporteurs des commissions nommées par les sociétés savantes, et que l'expérience ne confirmera pas, je pourrais même déjà dire ne confirme pas, tout ce qu'on a imprimé à ce sujet. Je l'ai bien vue, bien étudiée ; je l'ai jugée froidement, sans prévention ni partialité, et je suis loin de partager l'opinion exagérée des journalistes et des rapporteurs des commissions.

On a dit que cette charrue marchait toute seule, comme une voiture. Ceci est une exagération qui n'a pas besoin d'être réfutée pour ceux qui l'ont vu manœuvrer : elle marche seule moyennant un homme qui tienne le mancheron, si l'on veut que les sillons soient parallèles et uniformément distancés. Elle peut en tracer un premier sans qu'on la dirige, mais le second et les suivans deviendraient de plus en plus irréguliers, si on ne mettait la main au mancheron pour réparer les premières irrégularités, malgré la précaution de tenir toujours une roue et un cheval dans un premier sillon ; car tel est le seul moyen proposé, non pas par Grangé, mais par ses admirateurs, pour suivre exactement la ligne droite.

La charrue de Grangé ne marche pas seule : il faut, comme pour les autres charrues, un homme pour conduire les chevaux et tenir le mancheron ; mais cet homme ayant moins d'efforts à employer pour régulariser son travail se fatiguera beaucoup moins, et cet avantage, le seul qui me paraisse bien prouvé, ne laisse pas que d'être très-grand. Quant à faire l'économie d'un homme, en confiant la direction de cette charrue à un enfant, cela ne se peut pas ; car l'intelligence, qui ne s'acquiert que par l'âge, fait plus l'aptitude au travail que la force.

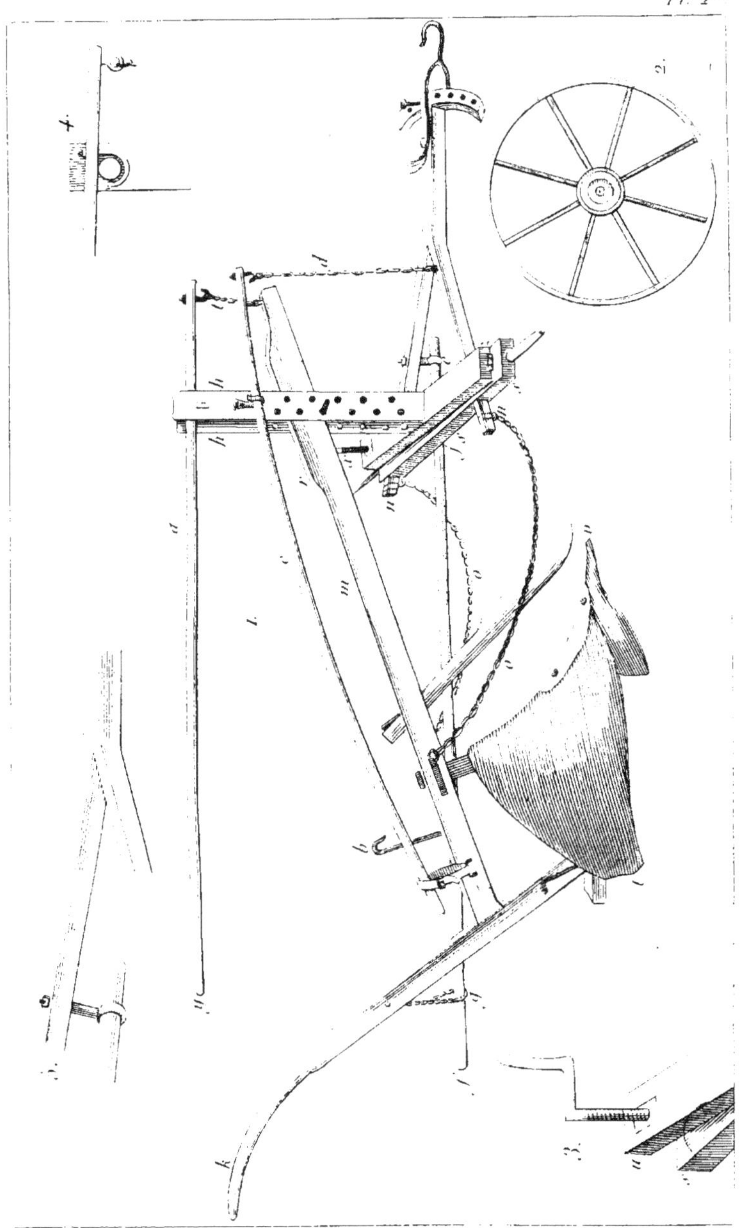

On a dit que la pression uniforme, opérée sur le soc par le levier de pression, donnait au sillon une profondeur uniforme. Ceci ne pourrait être vrai qu'en supposant la résistance du sol rigoureusement égale partout, ce qui n'est pas possible ; d'ailleurs, et ceci est constaté par les commissions elles-mêmes, le soc sort de terre de lui-même toutes les fois qu'il rencontre une pierre ou autre corps qu'il ne peut déplacer : donc il s'élève plus ou moins en raison des résistances.

Aucun procès-verbal ne constate que cette charrue avance le travail plus qu'une autre ; il n'y a donc ni économie de bras, ni économie de temps. Grangé lui-même doute qu'il y ait économie de force pour le tirage, comme il le dit lui-même dans son mémoire. « Tous ceux auxquels j'ai » confectionné de ces charrues rapportent que le tirage est diminué d'un » bon cheval sur six. Je crois ne devoir attribuer cette diminution, *sur-* » *tout si elle est bien réelle*, qu'à la tournure et la position des pièces » dont la charrue est composée, et encore au rapprochement de la charrue » de l'avant-train. »

En résumé, la charrue Grangé n'offre aucune économie de temps et de bras ; peut-être un peu moins lourde au tirage que les autres charrues à avant-train, elle l'est plus que les araires, parce que les roues augmentent son frottement. Elle est d'un mécanisme très-compliqué relativement aux autres, par conséquent, plus sujette à se déranger et d'un entretien plus minutieux et plus coûteux. Le mot minutieux sera compris par les cultivateurs praticiens qui savent ce que c'est que de confier des instrumens à des mains mercenaires.

Ses avantages sont de fatiguer moins l'homme qui l'emploie, et, s'il se donne les mêmes soins qu'en conduisant une autre charrue, de faire plus aisément un travail régulier.

Nous laissons les cultivateurs juger le pour et le contre, et l'expérience en décidera.

La charrue se compose d'un araire et d'un avant-train dont les roues, fig. 2, ont 2 pieds de diamètre. La flèche m a 5 pieds 6 pouces de longueur ; elle s'élargit en r, afin d'être maintenue plus exactement dans une position droite, entre les deux montans h h, et a 6 pouces dans cette partie et 5 seulement dans le reste de sa longueur.

La queue se compose d'un seul mancheron k ; elle a 4 pieds de longueur à partir de la semelle. Le corps est en bois.

Le soc et le versoir ont une longueur totale de 3 pieds, mesurée de t

en *v*. Le versoir est ordinairement en fonte ; la pointe du soc *v* est éloigne
de la flèche ou âge de 2 pieds 8 pouces.

Le coutre traverse la flèche, et s'y fixe au moyen d'un coin. Sa longueu
est de 2 pieds 8 pouces.

L'avant-train se compose de pièces essentielles que nous allons décrir
Nous l'avons représenté avec ses roues enlevées, afin de mieux fai
comprendre son mécanisme assez compliqué.

L'essieu *s s* a 7 pouces de largeur sur 3 d'épaisseur. Il porte une se
lette, tenant à l'essieu du côté de la roue droite en *z* par une charniè
qui lui laisse, à l'autre bout, un mouvement libre d'élévation. A l'aut
côté, correspondant à la charnière en *x*, est un régulateur, figuré
grand sous le n° 3, composé d'un tourniquet faisant tourner une vis d'
lévation au moyen de laquelle la sellette *u* s'écarte de l'essieu *s*. Par
moyen, quand une des roues est dans un sillon, et que l'essieu
incliné, on remet les montans *h h* dans une position verticale, ainsi q
l'araire.

Cette sellette porte au milieu les deux montans *h h*, larges de 4 pouc
hauts de 26, ayant entre eux 3 pouces d'intervalle, dimension à peu p
égale à l'épaisseur de l'âge qu'ils doivent maintenir. Ils sont percés de tro
dans lesquels on passe une cheville de fer destinée à porter l'extrémité
la flèche, que l'on hausse ou baisse à volonté, pour donner plus
moins d'entrure, en plaçant la cheville dans un trou plus ou moi
élevé.

En *a* est le levier supérieur, long de 5 pieds 6 pouces, au moyen
quel on lève l'age et le soc, en appuyant la main en *y* toutes les fois qu'
veut sortir celui-ci de terre, soit pour éviter une roche ou autre arr
soit pour tourner la charrue ou la conduire sans labourer, et dans ce
on tient le soc levé, en plaçant l'extrémité *y* dans le crochet *b*, placé
la flèche à cet effet. L'extrémité opposée tire la flèche au moyen de
chaîne *t*.

Nous avons figuré, au n° 4, la bascule fort simple sur laquelle port
levier supérieur.

Un second levier intermédiaire *c* joue un rôle moins important. Il s
à maintenir les armonts au bras du train, ainsi que sa flèche, dans
position horizontale, nécessaire pour régulariser la pression du levier
et il tient aux armonts par la chaîne *d*, s'appuie sur un crochet du m
tant *h*, et son extrémité va s'attacher à la flèche, dans une position c

venable , au moyen d'une forte courroie de cuir, qu'une boucle permet d'allonger ou de raccourcir à volonté.

Le levier de pression *f e* a 6 pieds 4 pouces de longueur totale. C'est la pièce la plus importante du mécanisme; car c'est elle qui opère sur le mancheron la pression nécessaire pour faire entrer le soc dans la terre. Il est attaché en *e* au bras gauche de l'avant-train , au moyen d'une chaîne ou d'une tringle boulonnée portant un anneau , comme nous l'avons figuré n° 5. Ce levier passe sous l'essieu en *j* , qui remplace l'axe d'une bascule; il longe à gauche le coutre et la flèche , puis vient s'attacher au mancheron par une chaîne *g* , sur laquelle il appuie comme un homme pourrait le faire. Il est aisé de concevoir qu'en levant les armons, au moyen du levier intermédiaire *e* , on élève aussi l'extrémité *e* du levier de pression; celui-ci fait la bascule sur l'essieu, et baisse ou appuie d'autant plus en *f*, qu'on l'élève plus en *e*. C'est ainsi qu'il opère sa pression sur le mancheron , et par conséquent sur le soc. Grangé , s'il eût connu les plus simples élémens de physique et de mécanique, eût peut-être trouvé le moyen de dépenser beaucoup moins de force et d'opérer une pression plus égale, en plaçant l'axe de la bascule beaucoup plus près de l'extrémité *f*, ou au moins d'allonger l'extrémité *e* pour rapprocher cet axe du milieu du levier et balancer ainsi les deux forces.

Pour empêcher le soc de dévier à droite ou à gauche, Grangé fait opérer le tirage par deux chaînes *o o*, qui saisissant la flèche au même point, au-dessus du soc, et s'attachant aux bras de l'avant-train en *n n* , le tirent également à droite et à gauche, et, l'empêchant de dévier de l'un ou l'autre côté, le forcent à tracer un sillon droit.

Déjà beaucoup de personnes se sont emparées de l'idée de Grangé et l'ont modifiée de plusieurs manières , jusqu'à présent très-malheureuses , pour ne pas dire ridicules. J'ai vu de ces charrues avec des roues d'engrenage, des traverses, des vis de pression, de rappel, etc., etc., et même avec une roue entre le versoir et la semelle. Espérons qu'avec le temps on trouvera des perfectionnemens utiles.

CHAPITRE III.

—

Des herses, rouleaux et râteaux.

Ce chapitre renferme quelques instrumens qui ne servent nullement aux labours, par exemple les râteaux à ramasser le foin ; mais comme nous l'avons dit au commencement de cette première section , il eût été moins méthodique de séparer des râteaux d'avec des râteaux, que de laisser des instrumens à ramasser le foin avec les mêmes instrumens destinés à nettoyer ou niveler un sol labouré ; il en est de même pour les fourches.

Quelques instrumens nouveaux fort intéressans , surtout pour la petite culture , se trouvent décrits dans ce chapitre , tels sont par exemple , le sarcloir Barreau , le râteau Camuset , et d'autres , qui, quoique très-commodes, ne sont pas encore en usage en France. Il serait à désirer que quelque cultivateur éclairé , comme il y en a beaucoup aujourd'hui, prît la tâche aisée de les faire apprécier dans nos cultures , en donnant le premier exemple de leur emploi. Parmi les premiers instrumens je ci-terai : 1° La herse hollandaise, à ramasser le foin, pl. 29, fig. 7. —La herse allemande, pl. 31, fig. 5.—Le rateau à avant-train, pl. 33, fig. 1.— La fourche à faire des gerbes , pl. 34 , fig. 1., etc.

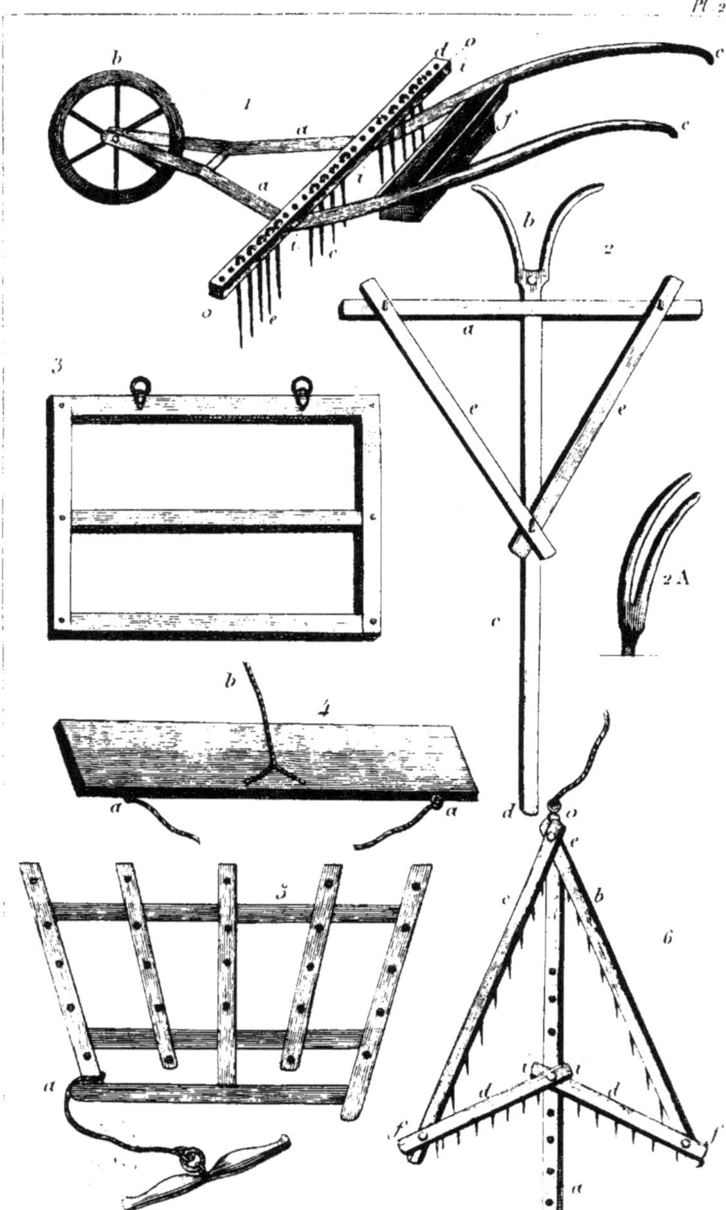

Pl. 28
1
2
2A
3
4
5
6

PLANCHE 28ᵉ.

Sarcloir et herses.

1. *Sarcloir à dents mobiles.* Cet instrument, très-heureusement combiné pour donner aux sarclages toute la facilité et la promptitude possibles, a été inventé par **M.** Barreau de Toulouse. Il consiste en un brancard, *a, a,* porté en avant par une roue légère, *b,* et terminé par deux manches, *c, c,* servant à conduire la machine de la même manière qu'une ratissoire à roue.

Une tête de râteau, *d,* traverse l'instrument. Elle est percée de trous nombreux, recevant des chevilles de fer, *e, e,* qui s'ôtent et se mettent à volonté. Leur longueur est calculée sur la hauteur de la roue. En *f* est une boîte servant de traverse, dans laquelle on dépose les chevilles selon le besoin. Au moyen de cette machine, un homme peut sarcler à la fois deux ou trois sillons de blé, sans endommager les tiges des bonnes plantes, parce qu'elles passent dans les vides que l'on a faits en *i, i, i,* en ôtant les chevilles. M. Barreau vient d'ajouter à cet instrument des vis de pression qui traversent le côté *o, o,* de la tête de râteau, et vont s'appuyer sur les chevilles que, par ce moyen, on tient à une longueur déterminée selon le besoin.

2. *Herse à flèche et sans dents.* En Italie, particulièrement dans la Toscane, on se sert de cet instrument pour aplanir le sol et briser les mottes dans les terres légères. Une forte traverse, *a,* longue de 6 pieds 6 pouces, porte un double manche, *b,* figuré de profil en 2-A, long de deux pieds six pouces.

La flèche, *c,* est longue de 10 pieds, et se fixe au joug des bœufs, par son extrémité *d.* Elle est consolidée par deux traverses obliques, *e, e,* longues de 4 pieds 6 pouces, attachées par des chevilles.

3. *Herse à double châssis et sans dents.* Celle-ci est employée pour chausser les céréales, après l'hiver. Elle resserre la terre autour du collet des plantes, elle brise les mottes, et, en tassant le sol, elle les défend contre les hâles du printemps. Elle se compose d'un double châssis construit avec de fortes pièces de bois, et on lui donne les dimensions convenables à l'emploi auquel on la destine.

4. *Herse en planche.* Elle est fort utile pour égaliser le sol fangeux

des rizières, aussi est-elle très-employée dans les environs de Valence. Dans presque tout le reste de l'Espagne on s'en sert aussi , mais avec beaucoup moins d'avantage , pour unir la terre et briser les mottes. Elle consiste simplement en une planche longue de 8 pieds et large de 11 pouces , portant deux anneaux , *a, a*, pour fixer les cordes de tirage. Vers le milieu de sa longueur est attachée une corde , *b*, qu'un homme, debout sur la planche , tient à la main pour conserver l'équilibre en dirigeant les rênes des animaux attelés.

5. *Herse irrégulière oblique*. On en fait usage dans la plupart des pays de grande culture. La figure que nous en donnons indique suffisamment sa forme. Les huit pièces de bois qui la forment ont 4 pouces 6 lignes de largeur, sur 2 pouces d'épaisseur. Sa largeur est de 4 pieds et sa longeur moyenne de 5 pieds 6 pouces. Les dents de fer dont elle est armée sont un peu courbes, et placées à 4 pouces 6 lignes de distance entre elles. Le tirage se fait par un de ses angles, *a*, au moyen d'une corde et d'un palonnier.

6. *Herse ployante*. Elle a été inventée en Angleterre , où elle s'est rapidement répandue avant de pénétrer en France. Elle se compose d'une flèche , *a*, percée de trous dans une partie de sa longueur. Les deux côtés *b, c*, sont fixés en *e*, au moyen d'un boulon qui leur laisse la mobilité nécessaire pour pouvoir s'écarter ou se rapprocher de la flèche à volonté. Deux traverses , *d, d*, sont boulonnées à l'extrémité des côtés, en *f, f*, et conservent la même mobilité; leurs extrémités, *i, i*, se réunissent sur la flèche , et se fixent plus ou moins haut , à volonté , au moyen d'une cheville en fer qui les traverse et qui passe en même temps dans un des trous de la flèche. Par ce mécanisme fort simple , on peut écarter ou rapprocher les côtés de la herse selon le besoin. La seule précaution à prendre consiste à calculer toujours l'écartement, de manière à ce que sur la ligne du tirage , les dents des traverses *d, d*, correspondent au milieu de l'intervalle qui existe entre les dents des côtés *e, b*. Vers l'extrémité , *o*, se trouve un anneau auquel on attache la corde d'attelage.

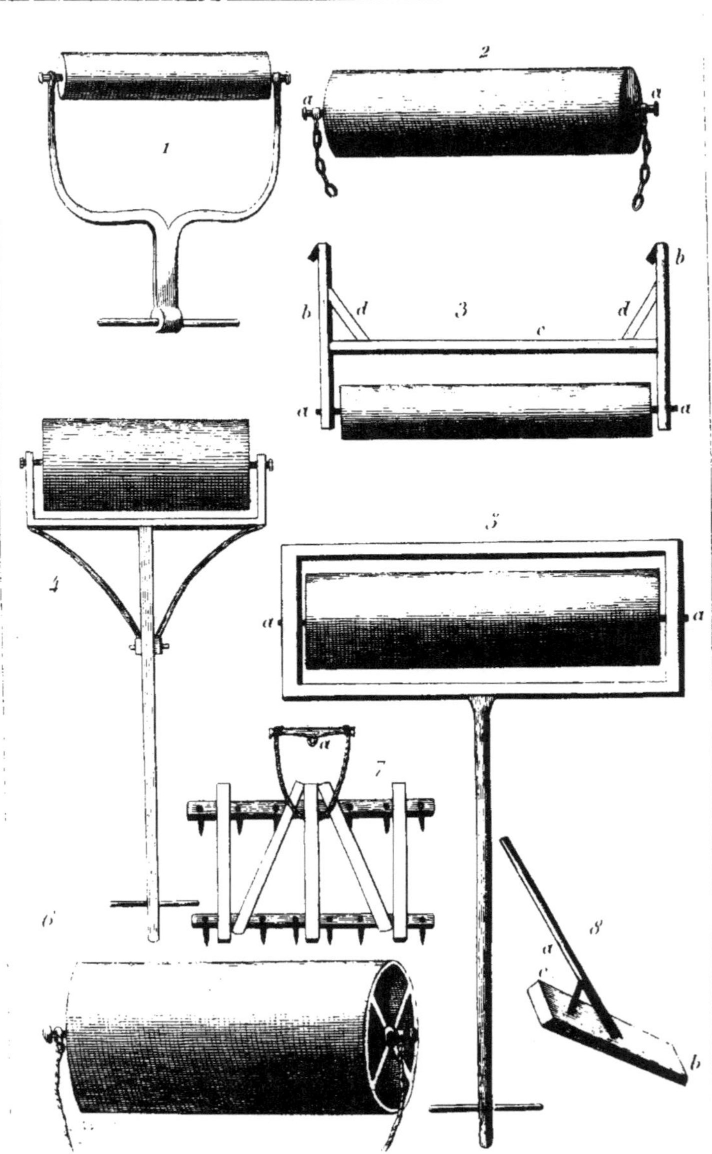

PLANCHE 29.

Rouleaux et herse.

1. *Rouleau à gazons.* On en fait de diverses proportions, selon le besoin, soit qu'on doive le tirer à la main ou le faire tirer par un cheval. Le cylindre est en fonte ou en pierre. On s'en sert pour rouler les gazons dans les jardins et les parcs.

2. *Rouleau nu.* Il est très-employé en France pour briser les mottes, pour raffermir le sol, et pour rouler les blés au commencement du printemps. Il consiste en un cylindre de bois, ayant de 6 à 8 pieds de longueur, sur 15 à 18 pouces de diamètre. De chaque côté il est muni d'un axe en fer, *a*, *a*, portant un anneau tournant, à crochet, auquel est attachée la chaîne du tirage.

3. *Rouleau à demi-châssis.* Il est employé aux mêmes usages que le précédent, et fort usité dans la plus grande partie de nos départemens du nord. Le cylindre est en bois, de 7 pieds 6 pouces de longueur. Il porte, à chaque extrémité, un axe en fer, qui entre dans un trou *a*, *a*, creusé dans deux tréseilles, *b*, *b*, assemblées au moyen de la traverse, *c*, et des deux tenons *d*, *d*.

4. *Rouleau à monture de fer.* Il est employé dans les jardins, pour unir les gazons et les allées. Le cylindre est en pierre ou en fonte. Ses proportions varient, et l'on diminue son diamètre lorsqu'on augmente sa longueur.

5. *Rouleau à châssis de bois.* On en fait de très-grands, à cylindre de bois ou de fonte, pour la grande culture, et de plus petits, en pierre ou en fonte, pour les jardins. Les premiers sont traînés par un cheval; les seconds peuvent l'être par un ou deux hommes.

6. *Rouleau nu, en fonte.* Ses proportions varient en raison de l'usage qu'on en veut faire, pour la grande ou la petite culture. Il porte, de chaque côté, un axe en fer, par lequel on l'attelle comme le rouleau de la figure 2.

7. *Herse à ramasser le foin.* Cet instrument est employé dans quelques parties de la Hollande, pour ramasser le foin qu'on a laissé sécher dans la prairie. On attelle un cheval au palonnier *a* ; la herse entraîne le foin avec elle, et on l'en dégage de distance en distance pour en former de

petits tas que l'on enlève ensuite fort aisément. Les proportions de cet instrument varient. La figure suffit pour faire comprendre sa forme.

8. *Battoir à briser les mottes*. Il se compose d'un manche *a*, de trois pieds 6 pouces de longueur, ajusté dans une position très-inclinée sur un plateau *b*. Un tenon, *c*, lui donne beaucoup de solidité. Le plateau *b*, en bois de chêne, est plus ou moins grand, selon la force de celui qui doit faire usage de l'instrument. Ordinairement on lui donne 1 pied de largeur, sur 15 pouces de longueur. On se sert de ce battoir en frappant et brisant les mottes de terre que la charrue a soulevées.

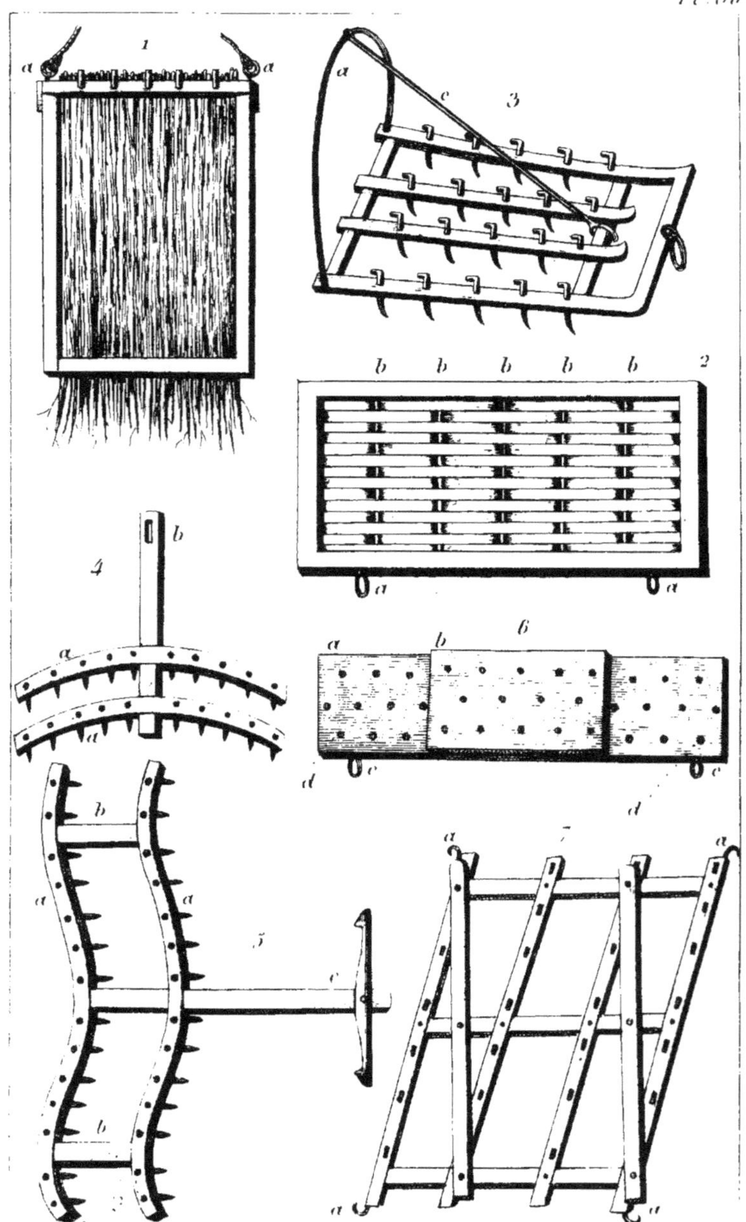
Pl. 30
1
3
a
c
2
b b b b b
a a
6
a b
4
a
a
c
d e e
d
5
b
a a
b
a a
a a

PLANCHE 50ᵉ.

Herses.

1. *Herse en branchage.* Elle se compose d'un châssis de 4 pieds 6 pouces de largeur, sur 5 pieds et demi ou 6 pieds de longueur, quelquefois de 4 pieds 6 pouces sur toute face.

La pièce de bois antérieure porte deux anneaux, *a, a,* qui servent à fixer les cordes du tirage. Sur cette pièce de bois on place les gros bouts des branchages les plus droits et les plus longs que l'on puisse se procurer, puis on les maintient en position au moyen d'une seconde barre de bois posée et chevillée sur la première. L'extrémité des branchages passe sous la traverse postérieure.

Dans les environs de Milan, on se sert avantageusement de cette herse pour unir et égaliser le terrain que l'on veut mettre en prairie.

2. *Herve en clayon.* Elle se compose d'un châssis, plus ou moins grand, muni, en *a, a,* de deux boucles pour servir au tirage. Elle est traversée de cinq bâtons ou tringles de fer, *b, b,* etc., entre lesquels on entrelace de fortes baguettes ou des jeunes tiges de chêne ou de châtaigner, dont les bouts passent en-dessous.

Dans la Moravie, la Bohême et la Hongrie, on s'en sert pour couvrir les blés semés sur les labours, et elle est très bien appropriée à cet ouvrage.

3. *Herse à poignée.* Cette petite herse, très-commode, est fort employée dans le département des Basses-Pyrénées. Elle est longue de 3 pieds; elle a 2 pieds 6 pouces dans sa plus grande largeur et 1 pied 8 pouces dans sa moindre largeur. Elle porte, dans sa partie postérieure, un morceau de bois courbé en demi-cercle, *a,* s'élevant à 2 pieds 6 pouces de la traverse qui le porte. Sa partie supérieure est maintenue par une tringle en bois, *c,* attachée à la seconde traverse. Les chevilles sont en bois, un peu courbées, formant le crochet ou le coude à leur sommet; on les enfonce à mesure qu'elles s'usent. Elles ont ordinairement 8 pouces de longueur.

4. *Herse courbe.* Elle se compose de deux pièces de bois, *a, a,* courbes, parallèles, à 18 pouces l'une de l'autre. Leur courbure est de cinq pouces. Quant à leur longueur, elle doit varier en raison de la largeur des billons de terre qu'elles doivent embrasser; néanmoins elle est ordinaire-

ment de 2 pieds et demi à 3 pieds, dans le département d'Indre-et-Loire, où elle est employée par la raison que la plupart des terres se labourent en billons. Son manche est percé à l'extrémité, *b*, pour recevoir l'attache d'un palonnier.

5. *Herse double à courbure.* On l'emploie dans le même département que la précédente, et elle est calculée de manière à embrasser deux billons au lieu d'un. Elle se compose de deux bras, *a*, *a*, et quelquefois de trois. Dans le premier cas les bras sont à 18 pouces l'un de l'autre, dans le second à 9. Ils sont maintenus solidement par les deux traverses, *b, b,* et par le manche, *c*, dont la longueur extérieure est de 18 pouces.

6. *Herse pleine.* On s'en sert beaucoup en Espagne, dans les environs de Valence. Elle se compose d'une planche *a*, épaisse, longue de 4 pieds et large de 13 à 14 pouces. Le milieu en est renforcé par une seconde planche plus courte, *b*. Elle porte trois rangs de dents en bois. Quelquefois on attache les cordes de tirage à deux anneaux de fer, *c, c;* plus souvent aux deux dents placées aux angles, *d, d,* et dont on laisse saillir de deux ou trois pouces en dessus l'extrémité supérieure.

7. *Herse oblique.* On s'en sert dans quelques-uns de nos départemens des environs de la capitale. Rarement on l'emploie seule; le plus ordinairement on l'accouple à une ou plusieurs autres, au moyen des crochets *a*, etc. placés à ses angles, et on les dispose selon diverses combinaisons. La figure que nous en donnons fera suffisamment connaître sa forme. On la fait de diverses grandeurs, mais celle que nous avons dessinée avait 3 pieds de largeur sur 4 pieds 6 pouces de longueur.

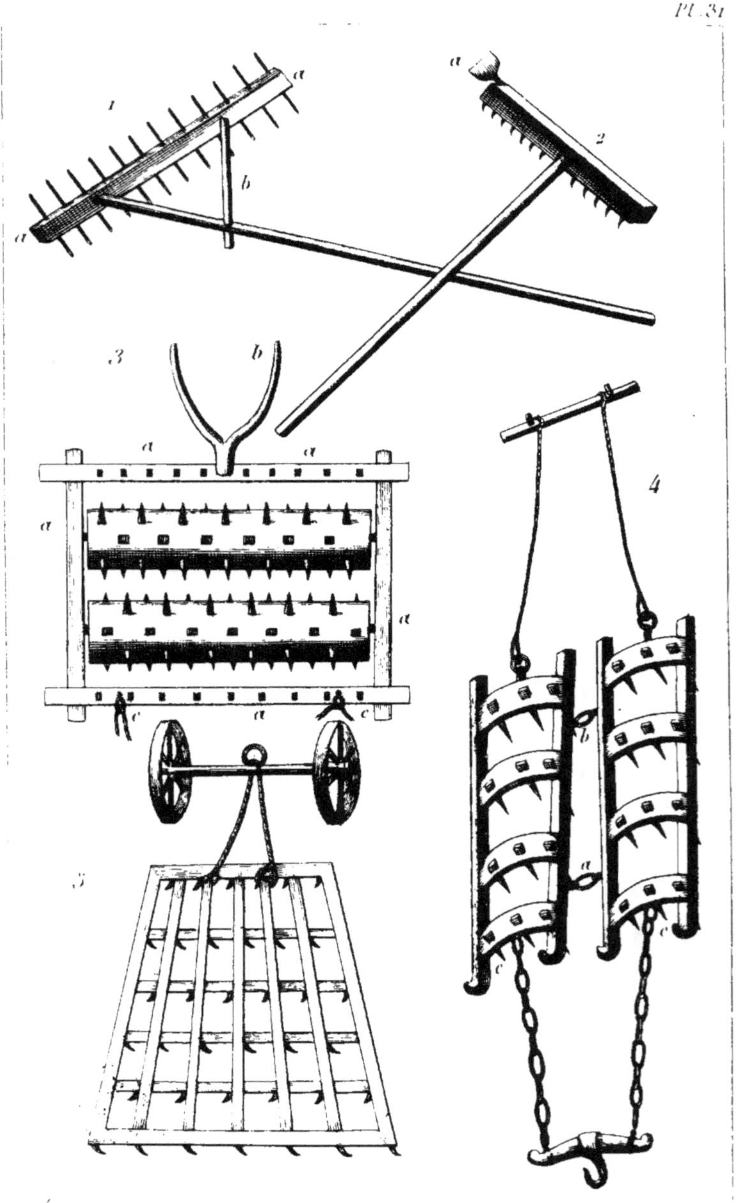

PLANCHE 51°.

Râteaux et herses.

1. *Râteau mâconnais.* Dans les immenses prairies naturelles qui bordent la Saône, on se sert de cet instrument fort commode pour ramasser les foins. Le corps du râteau *a*, *a*, est ordinairement long de 18 pouces. Les dents sont en bois, longues de 6 pouces, tout compris, et a 18 lignes de distance l'une de l'autre. Le manche, en bois léger, long de 4 pieds 6 pouces, est solidement fixé au moyen de la traverse *b*.

2. *Râteau Camuset.* Il consiste en un râteau ordinaire à ratisser les allées de jardin. M. Camuset, chef de carré au Jardin-des-Plantes, à Paris, a fait ajouter au côté gauche de la traverse, en *a*, une petite lame de houlette, large de 2 pouces, longue de 3 y compris sa douille. Cet instrument est extrêmement commode en ce que, lorsque l'on rencontre une herbe non arrachée, par un léger mouvement on tourne le râteau, on la coupe sur ses racines, et l'on continue le travail sans autre dérangement.

3. *Herse à deux cylindres.* Elle consiste en un châssis *a*, large de 6 pieds à 6 pieds et demi, plus ou moins long selon qu'on y place un ou deux rouleaux, muni de dents sous les barres antérieures et postérieures. Les cylindres ont 18 pouces de diamètre, et sont armés de dents ; ils doivent être assez rapprochés l'un de l'autre pour que ces dents, en tournant, puissent réciproquement se débarrasser de la terre qui s'y attache. Le tirage se fait par le moyen des deux anneaux *c*. *c*, et l'instrument se guide au moyen du double manche *b*, que l'on tient comme la queue d'une charrue. Cette herse est d'un très-bon emploi pour briser les mottes dans les terres fortes, argileuses et tenaces.

4. *Herse double, courbe.* Cette machine est d'un très-bon usage dans les pays où les terres se labourent en billons. Les deux herses sont réunies par deux anneaux en fer *a*, *b*, dont le premier, *a*, est un peu plus grand que le second. Elles se composent chacune de deux bras, et de quatre traverses courbes, portant les dents. Quelquefois ces dents sont au nombre de trois sur chaque traverse ; d'autrefois la première n'en porte que deux, celle du milieu trois, et la dernière quatre. Cela dépend du plus ou moins de largeur que l'on donne à la partie postérieure de chaque châssis. Le tirage se fait au moyen des deux anneaux *c*. *c*. Derrière sont

deux cordes et un bâton servant à diriger les herses, et à les soulever pour les débarrasser des herbes qu'elles entraînent.

5. *Herse avec avant-train.* Elle est d'un usage assez répandu en Allemagne. Elle se compose d'un châssis plus ou moins grand, selon le besoin, en bois, ou quelquefois en fer, ainsi que les traverses. Les dents sont toujours en fer, un peu plates, très-courbées, comme de petits coutres. Elles ont cela de particulier, que sur les rangs elles sont alternativement courbées, l'une à droite et l'autre à gauche, comme on le voit très-bien dans notre figure. Un avant-train sert à la diriger d'une manière très-régulière.

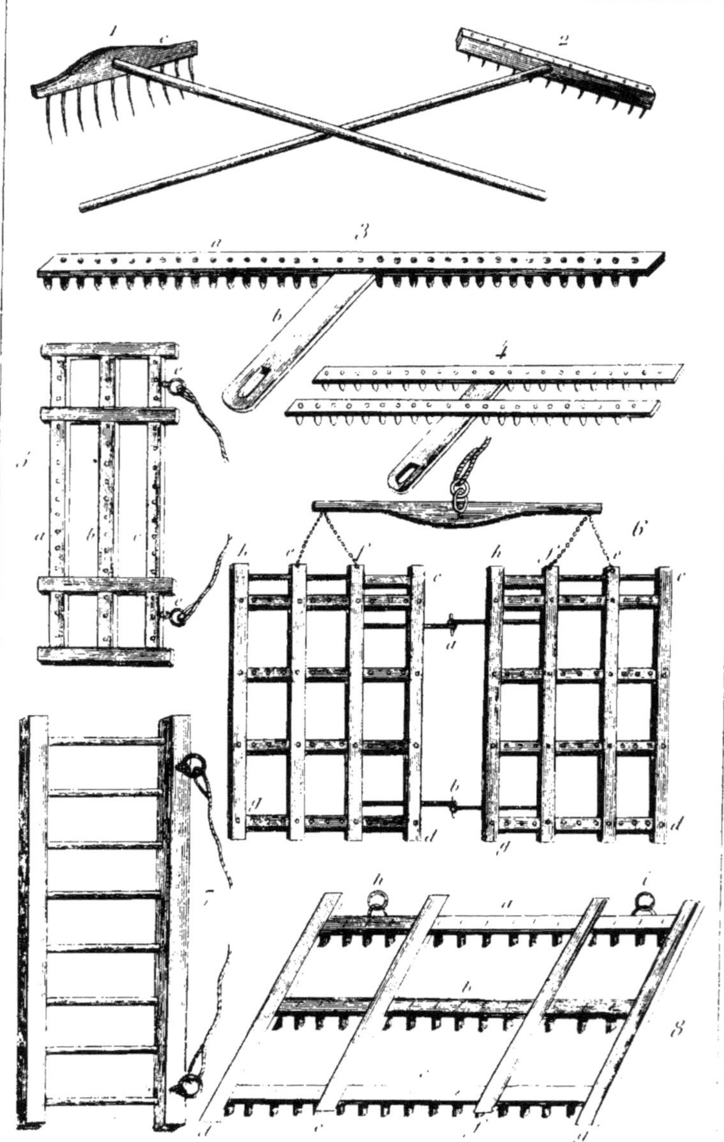

PLANCHE 32e.

Râteaux et herses.

1. *Râteau à grandes dents de fer.* La tête *c* a 15 ou 18 pouces de longueur. Les dents, un peu courbées, ont 5 pouces, et elles sont espacées entre elles de 18 lignes à 2 pouces. Le manche a 4 pieds et demi de longueur. Cet instrument sert aux jardiniers pour passer la terre de bruyère en dépôt, et en ôter les racines. Il est encore utile pour mélanger parfaitement les composts, ou pour amonceler les grandes herbes parasites déracinées dans un premier labour.

2. *Râteau de jardinier.* On s'en sert principalement à nettoyer les plates-bandes et carrés nouvellement labourés, des herbes, pierrailles, et mottes de terre trop dures pour être ameublies; enfin il a, en jardinage, les mêmes fonctions que la herse dans la grande culture, pour unir et ameublir la surface d'un labour, recouvrir des semences, etc. On en fait dans toutes les dimensions, depuis 4 pouces de largeur jusqu'à 18 ou 20; à dents espacées depuis 6 lignes jusqu'à 3 pouces, de 18 lignes à 3 pouces de longueur, mais toujours en fer.

3. *Herse-râteau.* Cet instrument est en usage dans le département d'Indre-et-Loire, pour unir les labours en terre légère. Il se compose d'une pièce de bois *a*, large de 6 pouces et longue de 14 pieds. Son manche *b* a 2 pieds 6 pouces de longueur.

4. *Herse à double râteau.* Elle est construite dans les mêmes principes que la précédente, et se trouve en usage dans le même département. Les deux pièces de bois qui la composent sont longues de 9 pieds 6 pouces, parallèles, à 5 pouces de distance l'une de l'autre. Le manche qui leur sert de traverse a 4 pieds de longueur totale.

5. *Herse parallélogramme.* Cet instrument est employé dans le département des Pyrénées-Orientales. Il se compose de trois branches, *a*, *b*, *c*, longues de 8 pieds, liées par quatre traverses de 3 pieds de longueur, et dont les deux intérieures sont quelquefois en fer. Les dents sont en fer, aplaties, longues de 7 pouces 6 lignes, larges d'un pouce. Elles sont disposées de manière à ce que leurs traces ne passent pas les unes dans les autres, mais bien à des distances égales. En *e, e,* sont deux anneaux de fer servant à attacher les cordes du tirage.

6. *Herse accouplée*. Elle consiste en deux ou plusieurs herses, réunies par deux verges de fer boulonnées *a*, *b*. On l'emploie de diverses manières, que nous allons énumérer. Dans les terres labourées en plate bandes, les dents sont placées sous les traverses, comme dans notre figure, et chaque herse doit avoir une largeur égale à la moitié d'une plate-bande de labour. Le système de tirage est tel que les côtés de la herse, par exemple *c*, *d*, doivent être parallèles à la ligne de tirage. Pour cela, le palonnier est fixé par deux chaînes à chaque herse, aux pointes *e*, *f* et le cheval marche dans les sentiers pratiqués entre chaque plate-bande

En Écosse, où cette herse a été inventée, elle éprouve quelques modifications. Les châssis sont un peu obliques, c'est-à-dire qu'aux points *c*, *g* ils forment un angle ouvert, et un angle aigu aux points *h*, *d*. Les dents au lieu d'être placées sous les traverses, le sont sous les bandes longitudinales. Il en résulte que le système de tirage doit aussi changer. Le palonnier ne tient à chaque herse que par une seule chaîne, attachée à la barre *f* pour la herse gauche, et à la barre *e* pour celle de droite. Il en résulte cette différence que les barres suivent obliquement la ligne du tirage au lieu d'être parallèles avec elle. Du reste l'usage est le même.

Les Anglais, qui inventent souvent, et qui perfectionnent plus souvent encore les inventions des autres peuples, ont imaginé d'accoupler trois ou quatre herses ensemble pour embrasser quinze ou seize pieds de largeur à la fois. Pour cela ils ont ajouté un avant-train composé d'un essieu, de deux pièces de bois qui s'écartent ou se rapprochent à volonté, et se fixent avec un boulon à écrou. Chaque extrémité de cet essieu porte sur un châssis, auquel on adapte une roue et un brancard pour atteler un cheval, et chaque herse est attachée à l'essieu de cet avant-train avec une chaîne. Elles sont fixées les unes aux autres par deux verges de fer boulonnées, comme on le voit en *a*, *b*. L'ouvrier placé derrière les herses tient les rênes des chevaux, et dirige aisément la ligne de tirage au moyen de l'avant-train.

7. *Herse-échelle*. Son nom et sa figure la font assez comprendre pour que nous n'ayons pas besoin de la décrire. Il suffit que les montans soient assez lourds pour comprimer le terrain jusqu'à un certain point. On s'en sert beaucoup en Catalogne pour aplanir et comprimer les terres quand les blés ont quelques pouces de hauteur.

8. *Herse oblongue à dents plates*. On en fait usage dans le département des Pyrénées-Orientales. Ses traverses, *a*, *b*, *c*, longues de 4 pieds

sont maintenues par quatre bras, *d, e, f, g*, longs de 3 pieds. Quelquefois
les bras *e. f*, consistent simplement en deux traverses de fer posées et solidement clouées sur les pièces *a, b, c*. Les dents sont plates, larges d'un
pouce, et longues de 7 pouces 6 lignes. En *h, i*, sont des anneaux de fer
pour attacher les cordes de tirage.

PLANCHE 35ᵉ.

Râteaux.

1. *Râteau à avant-train.* Cet instrument est en usage en Angleterre pour ramasser le chaume dans les champs, ou le foin dans les prairies.

Il se compose d'un râteau, *a*, *a*, de 4 pieds de longueur, armé de 15 à 25 dents en fer, selon qu'elles sont plus ou moins rapprochées, ce qui se détermine par le genre d'ouvrage auquel on destine l'instrument. Elles ont 13 ou 14 pouces de longueur. Ce râteau porte un double manche, *b*, servant à le diriger et à l'empêcher de pénétrer dans la terre. L'avant-train *c* se compose d'un essieu, d'un brancard pour atteler un cheval, et de deux roues ayant 22 pouces de diamètre. Il tient au râteau par les deux traverses *d*, *d*. Notre figure fait suffisamment connaître la manière dont il est monté; l'essentiel est que la charpente en soit très-légère.

2. *Râteau à support.* Il est en usage en Italie, dans les environs de Parme, pour ramasser le foin dans les prairies. Le peigne a 4 pieds de longueur; il est armé de quarante dents en bois, longues de 7 pouces. Le support, *a*, *a*, consiste en un bâton, élevé de 4 pouces au-dessus du peigne, auquel il est fixé par trois petites traverses. Il sert à retenir le foin.

Le manche est courbe, bifurqué, long de 4 pieds 6 pouces.

3. *Râteau à remuer le blé.* Il consiste en une pièce de bois entaillée à la scie, de manière à former des dents grosses et carrées. Dans le Midi on s'en sert pour remuer les blés dans les greniers, et sur les aires où on les fait sécher.

4. *Râteau à doubles dents.* Le manche est long de 4 pieds 6 pouces; il est fendu de manière à former une bifurcation, et la fente, pour lui empêcher de se prolonger, est arrêtée en *a* par deux ou trois tours de fil de fer. Le peigne a 20 pouces de longueur, et les dents 4 pouces. On s'en sert en jardinage pour recouvrir les semences.

5. *Fauchet,* ou *râteau double à dents de bois.* Le peigne a 22 pouces de longueur; les dents sont en bois; elles ont 6 pouces de longueur de chaque côté, et sont placées à 2 pouces les unes des autres. Le manche est fourchu; il a 4 pieds 6 pouces à 5 pieds de longueur. On se sert de cet instrument pour ramasser le foin menu des gazons, et quelquefois celui des prairies.

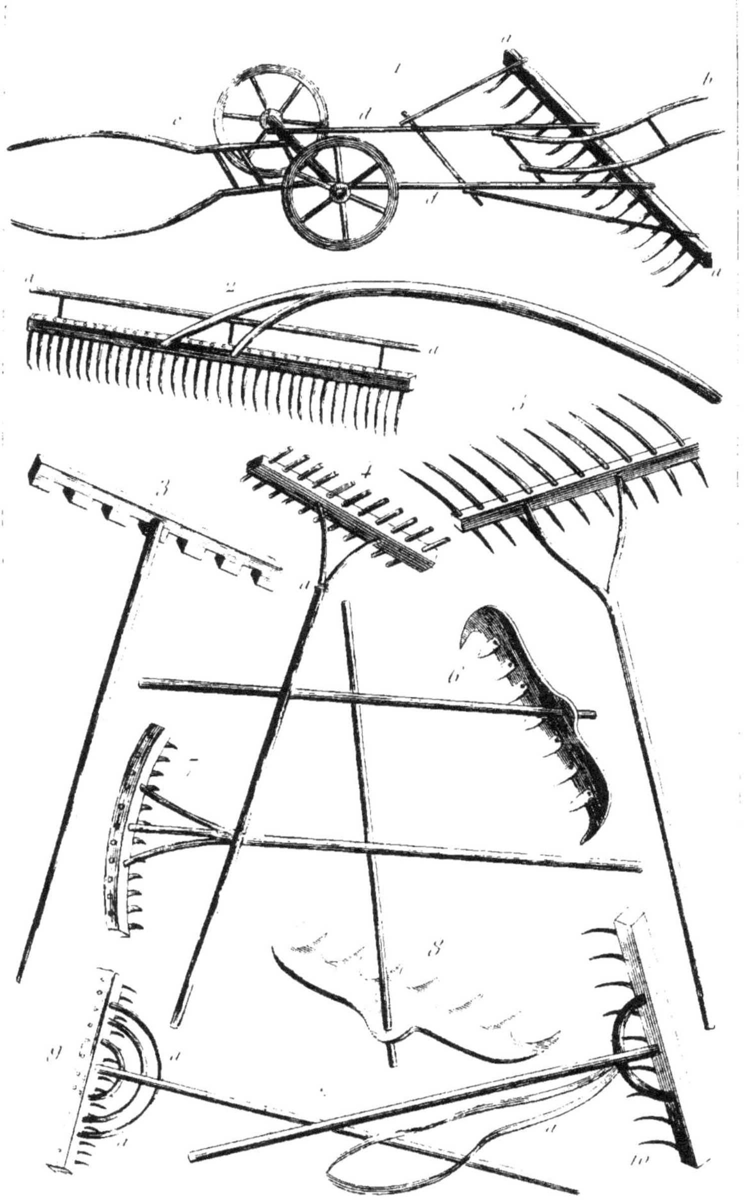

6. *Râteau de fer à dents rapportées.* On s'en sert pour le jardinage dans les environs de Rome. Il consiste en une lame de fer, sur laquelle les dents, également en fer, sont rivées.

7. *Râteau à manche trifurqué.* En Suisse on s'en sert aux mêmes usages que notre râteau de jardinier. Le peigne, un peu arqué, a de 16 à 20 pouces de longueur; il est armé de dents de fer longues de 3 pouces. Le manche a 6 pieds de longueur; il est fendu en trois près du peigne, et l'on empêche qu'il se fende plus avant au moyen d'un anneau de fer que l'on fait glisser près des divisions.

8. *Râteau en fer.* Il est employé à Rome aux mêmes usages que le râteau fig. 6. Il n'en diffère que parce que les dents sont formées par des découpures de la lame de fer.

9. *Râteau à baguettes circulaires.* Il est fort en usage dans le canton de Berne en Suisse; il réunit la solidité à la légèreté. Son manche, long de 6 pieds, est traversé par trois baguettes *a,a*, qui vont se fixer au peigne de chaque côté.

10. *Râteau à bricole.* Dans la Suède on s'en sert pour arracher le chaume et les herbes parasites après le labourage. L'ouvrier le tire derrière lui au moyen de la bricole *a*, et le dirige par le manche. Il varie de grandeur, et ses dents sont en fer. Quelquefois on s'en sert aussi pour arracher le foin.

PLANCHE 34.

Fourches.

1. *Fourche à faire les gerbes.* Cet instrument, fort ingénieux, n'est cependant encore en usage qu'en Angleterre. Il se compose de deux longues branches en fer, presque droites en avant; vers leur pointe *a*, *a* très-recourbées et formant dossier en arrière, *b*, *b*. Elles sont fixées par deux traverses *c*, *c*, dont une, plus forte que l'autre, porte un manche de 4 pieds 6 pouces de longueur, compris la douille. Sur les deux traverses est une troisième branche de fer *i*, *i*, ayant la même courbure que les deux autres.

Pour se servir de cet instrument on place une corde sur les crochets *i*, *i*, qui la retiennent. On glisse sous la paille du blé abattu les deux pointes *a*, *a*, et l'on réunit ainsi assez de javelles pour former une gerbe qui se trouve appuyée et retenue contre les dossiers *b*, *b*. Alors on saisit les deux bouts de la corde sur les crochets *i*, *i*, et il ne reste plus qu'à lier la gerbe qui est très-bien faite.

Cette méthode est très-expéditive et n'occasione aucune secousse capable de faire tomber le grain.

2. *Fourche ordinaire.* Elle sert à remuer la paille, et à retourner le foin qui sèche sur le pré. Elle consiste simplement en un bâton long de 6 ou 7 pieds, fourchu à son extrémité.

3. *Cadre à former les fourches.* Pour faire une fourche il faut se servir de bois vert. On choisit une branche fourchue convenable, on la dépouille de son écorce, et on la met chauffer dans un four, de manière à ce qu'on puisse à peine la tenir sans se brûler. Alors on place les dents *a*, *b*, *c*, dans un cadre de bois, où la traverse *d*, *d*, appuyant dessus, les force à prendre une courbure convenable, qu'elles conservent lorsque le bois s'est refroidi dans cette position. On redresse le manche en le liant fortement, sur toutes ses courbures, et pendant qu'il est chaud, le long d'un morceau de bois très-droit. Pour donner aux dents un écartement convenable, on place entre elles de petits morceaux de bois qui les fixent au degré d'écartement désiré, et on ne les ôte que lorsqu'elles sont refroidies.

Les meilleures fourches se font en bois de cornouiller.

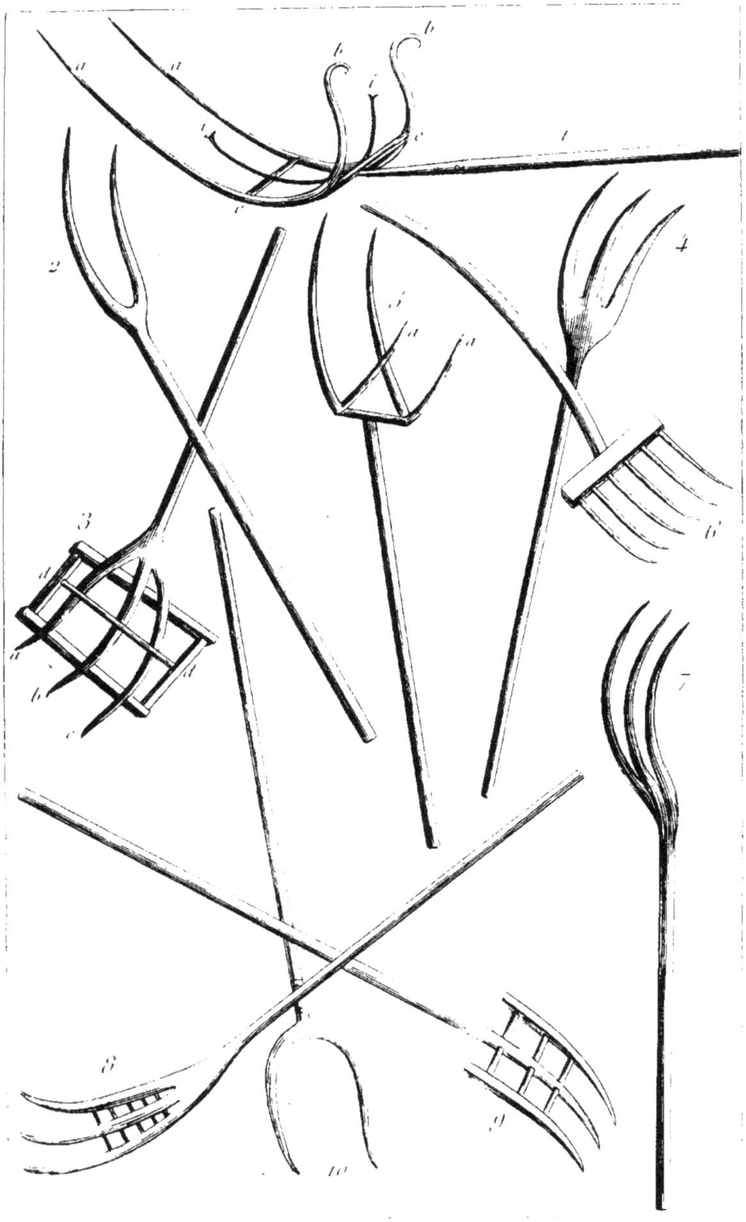

4. *Fourche trident.* Elle sert aux mêmes usages que la fourche fig. 2, et n'en diffère que parce qu'elle a trois dents au lieu de deux.

5. *Fourche à éperons.* Elle sert aux mêmes usages que la fourche, fig. 1, et se rapproche beaucoup de sa forme. Les branches, les éperons ou dossiers *a, a,* la traverse, et la douille qui l'attache au manche, sont en fer et d'une seule pièce. Elle est en usage en Angleterre.

6. *Fourche à six dents.* Elle est employée dans quelques pays pour ramasser la paille après le battage, et pour les autres petits corps légers. Elle consiste en un manche recourbé, portant un peigne armé de 6 dents de bois.

7. *Fourche à trois dents recourbées.* Elle ne diffère de la *fourche trident,* fig. 4, que par la forte courbure que l'on donne à ses dents. Dans le département d'Indre-et-Loire, on en fait usage pour enlever le foin et la paille, et un petit crochet qu'on y ajoute facilite l'opération.

8. *Fourche à trois dents et à traverses.* En Suisse, dans le canton de Berne, on l'emploie à retourner ou amonceler les foins qui sèchent sur le pré. Son manche a 6 pieds de longueur. Ses dents, un peu aplaties, sont longues de 15 pouces ; elles sont traversées et maintenues par quatre chevilles, dont la plus près des pointes est plate, large d'un pouce 6 lignes, et longue de 8 pouces.

9. *Fourche suédoise.* On ne pourrait guère en trouver l'usage, en France, que dans les provinces où le bois fourchu manquerait. En Suède elle est très-usitée pour retourner la paille et le foin. Elle se compose d'un manche de six pieds, aminci par le bout, et de deux dents rapportées et fixées au moyen de trois chevilles.

10. *Fourchet.* Cet instrument sert, dans le département de Saône-et-Loire, à décharger les chars de foin, et à élever les bottes à la hauteur de la fenêtre du grenier à fourrages. Pour cela le manche doit être long de 6 à 8 pieds, et quelquefois davantage. Les dents, en fer, ont de 6 pouces 6 lignes à 7 pouces de longueur ; elles sont écartées à six pouces l'une de l'autre vers leur extrémité.

CHAPITRE QUATRIÈME.

Des traçoirs, plantoirs et transplantoirs.

Les instrumens décrits dans ce chapitre appartiennent presque tous à la culture des jardins, ou à la petite culture, si nous en retranchons les transplantoirs figurés dans la planche 37, sous les numéros 1 et 2.

Si jamais on venait à concevoir en France toute l'importance de la conservation et du repeuplement des forêts, ces deux transplantoirs se trouveraient chez tous les gardes et autres agens forestiers chargés de surveiller au repeuplement du peu de forêts qui nous restent.

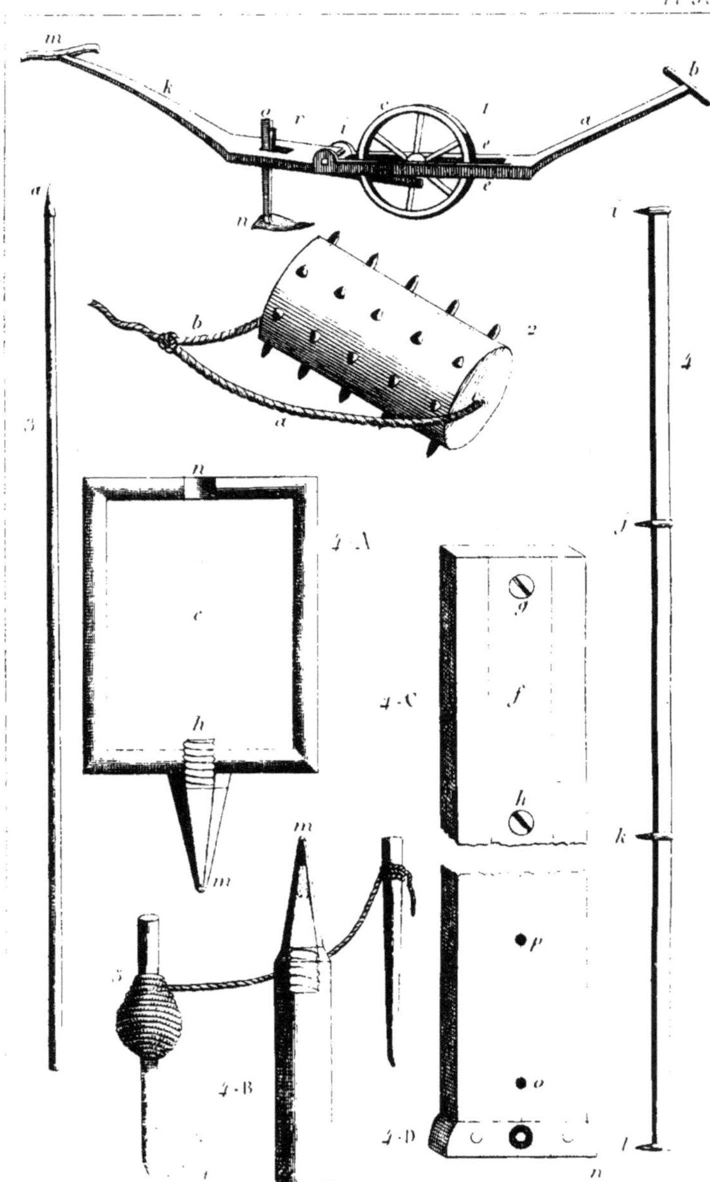

PLANCHE 55ᵉ.

Traçoirs.

1. *Charrue-traçoir, houe à bras.* Cet instrument sert à labourer entre les plantes disposées en lignes, ou à tracer des sillons parallèles, dans lesquels doivent être semés les végétaux que l'on est dans l'habitude de cultiver par rangées. L'avant-train se compose d'un manche *a*, terminé par une manette en béquille *b*, que saisit un ouvrier pour tirer la machine en avant. Une roue, *c*, est placée entre les deux bras *e*, *e*, qui vont s'unir à l'arrière-train, en *i*, au moyen d'une charnière. La roue doit être légère, mais néanmoins avoir 6 pouces de largeur sur bande, au moins. Son diamètre total varie en raison de la grandeur que l'on veut donner à la charrue. L'arrière-train consiste en un manche *k*, également pourvu d'une manette *m*, servant à un second ouvrier à diriger la machine. Une houe triangulaire est fixée solidement à l'avant-train au moyen de son manche carré *o*, maintenu par un ou plusieurs coins de bois *r*, que l'on place ou retire à volonté.

2. *Rouleau-plantoir.* Il consiste en un cylindre de bois plus ou moins gros et plus ou moins long, selon le genre de culture auquel il est destiné. Il est armé de dents de bois, dont la grosseur, la largeur et le rapprochement sont calculés sur la largeur, la profondeur et la distance des trous que l'on veut faire. Selon que les dents seront placées sur le cylindre, elles feront des trous disposés en losange ou en échiquier. Une corde *a*, *b*, attachée à un anneau tournant de chaque côté du rouleau, sert à le traîner ou le faire traîner par un âne ou un cheval, sur le labour où l'on doit planter des ognons où autres plantes qui demandent à être repiquées. Cet instrument sert à la fois de rouleau ordinaire et de plantoir.

3. *Traçon.* Il consiste simplement en une perche de six pieds, qui sert de traçoir, et toise au moyen de clous ou de crans qui marquent les divisions en pieds et pouces. Son extrémité *a* est munie d'une pointe de fer, avec laquelle on trace au cordeau les lignes où l'on doit semer.

4. *Toise-traçoir.* Elle a été présentée à la société d'agronomie de Paris, en 1830, par M. Jacques, jardinier en chef des jardins du roi, à Neuilly. Cet instrument a 6 pieds 6 lignes de longueur, 1 pouce

d'épaisseur et 18 lignes de largeur. Il a une forme de carré long, comme on le voit dans le vide du coulisseau, *e*, 4-A, qu'il doit remplir avec beaucoup de justesse. Les divisions en pieds et en pouces sont marquées sur toute la longueur de la toise, mais on laisse 3 lignes en sus, à chaque extrémité, pour compenser la largeur des coulisseaux. Dessous la toise, fig. 4 C, est incrusté une lame de cuivre *f*, de 5 lignes de largeur et 1 d'épaisseur, fixée par des vis non saillantes, destinée à recevoir la pression des vis des coulisseaux *h*, de la fig. 4-A.

Les coulisseaux *i*, *j*, *k*, *l*, doivent glisser aisément sur toute la longueur de la toise. Leurs côtés seront d'une largeur suffisante pour offrir de la solidité, non pas carrés, mais à angles adoucis ou même arrondis à l'extérieur, comme on le voit en 4-B. Ils se termineront en une pointe octogone *m*, *m*, servant de traçoir, et s'ajustant, à la distance désirée, par la vis de pression *h*, 4-A. Leur sommet sera percé d'un trou *n*, 4-A; *n*, 4-D, servant à voir si on les place juste sur la division de la toise, que nous supposons être faite avec des clous, *o*, *p*, fig. 4-D. Avec cet instrument on peut tracer 3, 4 ou 5 lignes parallèles à la fois, selon le nombre des coulisseaux que l'on y ajustera.

5. *Cordeau à tracer.* Il est fixé à deux plantoirs ordinaires, que l'on fiche en terre pour le tendre.

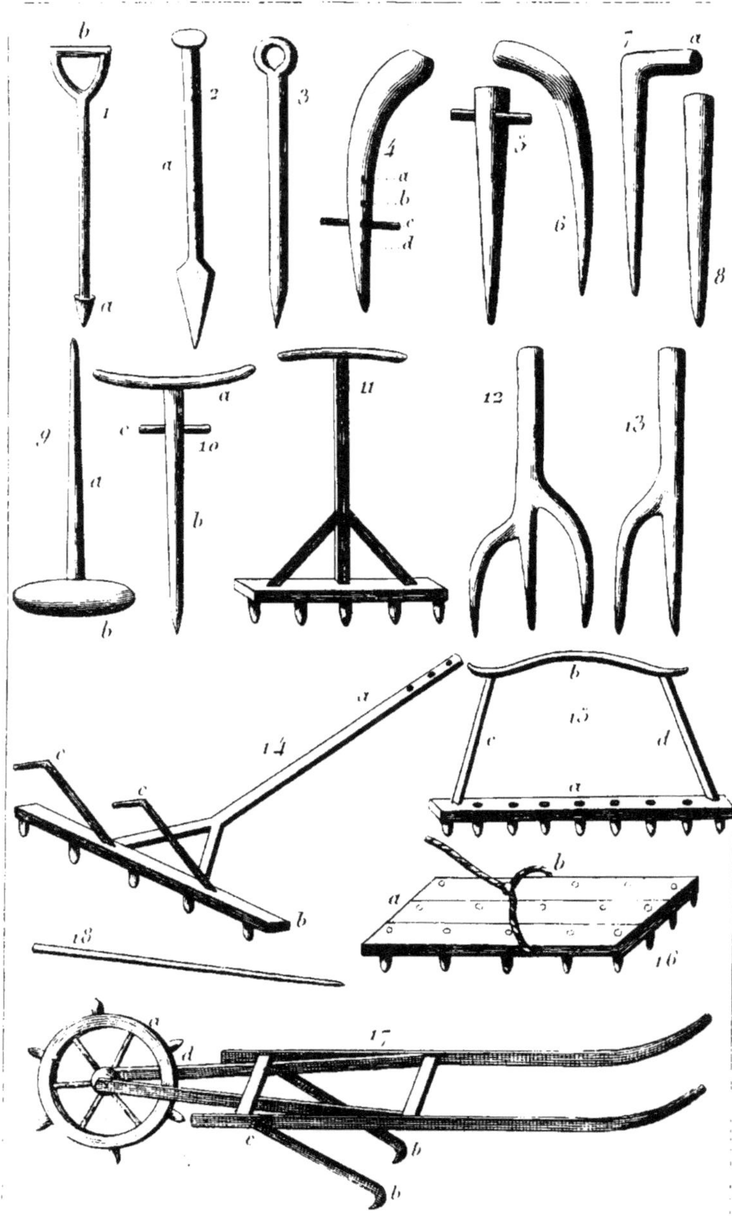
1
2
3
4
5
6
7
8
9
10
11
12
13
14
15
16
18
17

PLANCHE 56ᵉ.

Plantoirs.

1. *Plantoir à poignée.* Il est en bois, garni de fer à son extrémité *a*; il est muni d'une poignée, *b*, et sa longueur ordinaire est de 2 pieds 6 pouces. On en fait usage en Hollande.

2. *Plantoir italien.* Il sert pour planter les peupliers, saules et autres arbres qui reprennent de bouture. Il a 3 ou 4 pieds de longueur, et sa grosseur varie en raison de l'usage auquel on le destine. La verge *a* se termine au sommet par une tête plate sur laquelle on frappe avec un maillet pour enfoncer l'instrument dans la terre, et à sa base par un renflement qui permet de faire les trous plus larges sans le rendre plus lourd. On en fait usage en Italie et dans le midi de la France, où on le remplace quelquefois par un pieu ferré.

3. *Plantoir à anneau.* On en fait usage en Espagne et dans nos départemens méridionaux, comme du précédent, et pour planter la vigne. Il porte au sommet un anneau dans lequel on passe une verge de fer qui sert à l'enfoncer et à le retirer. On lui donne 3 pieds 6 pouces de longueur, et 2 pouces de diamètre. Il est assez lourd pour être enfoncé par son propre poids en le soulevant et le laissant retomber à plusieurs reprises.

4. *Plantoir à cheville.* Il diffère d'un plantoir ordinaire par les trous, *a*, *b*, *c*, *d*, dans un desquels on passe une cheville, comme en *c*, pour régler d'une manière uniforme la profondeur des trous.

5. *Plantoir à manette en croix.* On lui donne plus ou moins de grandeur et de grosseur, selon l'usage auquel on le destine. Quand on s'en sert pour la plantation des osiers, aunes, etc., cette manette devient très-commode pour le retirer de terre.

6. *Plantoir courbe.* Il a ordinairement 9 pouces de longueur. Quelquefois on le garnit de tôle dans ses deux tiers inférieurs.

7. *Plantoir à crochet.* Il se fait dans les mêmes proportions que le précédent, avec un morceau de bois ayant un chicot propre à faire la manette *a*.

8. *Plantoir ordinaire.* Il consiste simplement en une cheville longue de 9 à 10 pouces, ayant 16 à 18 lignes de diamètre au sommet.

9. *Plantoir en vrille.* Il est en usage en Espagne pour planter la vigne. Son manche, *b*, a de 15 à 18 pouces de longueur, et sa verge de fer, *a*, 3 pieds de longueur sur un pouce de diamètre.

10. *Plantoir romain.* Il porte un manche, *a*, de 2 pieds de longueur. Sa verge, *b*, est longue de 3 pieds 9 pouces. A 8 pouces au dessous du manche, en *c*, est une cheville également en fer, formant arrêt. Dans les environs de Rome et de Pise on se sert de cet instrument pour planter la vigne.

11. *Plantoir à cinq chevilles.* Il est en bois. Les chevilles sont espacées en raison de la distance que l'on veut mettre entre les trous. Le manche, terminé par une manette en béquille, a de 2 pieds 6 pouces à 3 pieds de longueur.

12. *Plantoir à trois dents.* Sa forme indique assez son usage, on le fait avec un morceau de bois rameux. Il a 1 pied de longueur en totalité.

13. *Plantoir à deux dents.* Il se fait comme le précédent, et dans les mêmes proportions. Tous deux sont employés par les jardiniers.

14. *Traçoir à bœuf.* Il se compose d'une flèche, *a*, servant à atteler les bœufs, et d'une traverse, *b*, ayant 7 pieds de longueur, 8 pouces de largeur, et 5 pouces d'épaisseur ; elle porte en dessous cinq dents à 8 pouces l'une de l'autre (plus ou moins selon l'usage auquel la machine est destinée). Ces dents ont de cinq à six pouces de longueur, sur 2 pouces 6 lignes de diamètre à leur base. En dessus de la traverse sont deux manches, *c*, *c*, servant, comme la queue d'une charrue, à diriger l'instrument quand on s'en sert. Pour tracer un grand nombre de lignes parallèles, il est nécessaire, toutes les fois que l'on commence un nouveau rang, de placer la cheville de côté dans la dernière ligne tracée, afin qu'elle serve de guide. Dans les départemens du midi on se sert beaucoup de cette machine pour semer le maïs.

15. *Plantoir à chevilles.* Celui-ci est employé en Suisse, particulièrement dans le canton de Zurich, pour la plantation des légumes. Une traverse, *a*, longue de 4 pieds, large de 5 pouces, épaisse de 3, porte en dessous de quatre à neuf chevilles, selon le besoin. En dessus, *b*, est une poignée portée par deux manches, *c*, *d*, de 2 pieds de longueur.

16. *Plantoir en table.* Il est en usage dans la Suède, et a le mince avantage de niveler le terrain sur lequel on l'emploie. Il consiste en un plateau en planche, *a*, plus ou moins grand, sous lequel sont implantées

les chevilles à des intervalles calculés selon le besoin. Pour s'en servir on le pose sur la terre , on monte dessus , puis on l'enlève au moyen de la corde *b*.

17. *Plantoir en brouette*. Cette ingénieuse machine est très-employée en Suède pour planter les pommes de terre. Elle consiste en une roue , *a* , de 26 pouces de diamètre , armée de dents ou plantoirs longs de 5 pouces , ayant 5 pouces 6 lignes de diamètre à leur base , et 1 pouce vers leur extrémité qui finit en pointe mousse. Ils sont placés à des intervalles réguliers , calculés sur la distance que l'on veut mettre entre les trous, et leur nombre varie en conséquence. En *b* . *b*, sont deux bras à crochets , mobiles et tournant autour d'un pivot ou boulon , *c*. Lorsque l'on fait usage de la machine , ils traînent sur la terre et tracent deux légers sillons ; lorsque l'on fait le second rang de trous , ainsi que tous les autres, on a soin que l'un des crochets entre constamment dans le dernier sillon tracé , tandis que l'autre en trace un nouveau qui à son tour servira de guide. Par ce moyen fort simple , toutes les lignes se trouvent régulières et parallèles. Dans les terrains un peu forts , où le plantoir n'entre pas aisément , on charge plus ou moins la machine avec des pierres que l'on place en *d*.

PLANCHE 37e.

Transplantoirs.

1. *Transplantoir en spatule.* La lame a 3 pouces dans sa plus grande largeur, sur 5 de longueur ; elle est légèrement concave. Cet instrument, ainsi que tous ceux figurés sur cette planche, sert à lever des plantes avec la motte, pour assurer leur reprise en les transplantant ailleurs. Tous les transplantoirs varient beaucoup dans leurs dimensions ; et nous n'avons donné ici que les plus ordinaires.

2. *Transplantoir en gouge alongée.* La lame a de 8 à 9 pouces de longueur ; trois de largeur au sommet, et 18 lignes à l'extrémité inférieure ; elle est creusée en forme de gouge dans toute sa longueur, comme nous le montrons dans la figure 2-A.

3. *Transplantoir à manche courbé.* Sa lame a 5 pouces de longueur, sur 3 pouces 3 lignes de largeur mesuré sur la corde de l'arc décrit par la lame, comme dans le précédent. Par sa concavité, il forme juste un demi-cylindre. On l'emploie particulièrement pour lever les ognons à fleurs.

4. *Transplantoir-houlette.* La lame a 4 pouces 6 lignes de longueur, sur 20 lignes dans sa plus grande largeur. On s'en sert non-seulement pour lever avec la motte les petites plantes à repiquer, mais encore pour biner la terre des pots et des caisses.

5. *Transplantoir en cuillère.* La lame est concave et a la forme d'une grande cuillère. Elle a 7 pouces de longueur, sur 3 pouces 6 lignes dans sa plus grande largeur. Cet instrument sert à lever les plantes bulbeuses.

6. *Transplantoir-truelle.* Il sert aux mêmes usages que les deux précédens, et la lame a 4 pouces de longueur, sur 2 pouces dans sa plus grande largeur.

7. *Transplantoir espagnol en truelle.* Il est très-employé aux mêmes usages que les précédens, aux environs de Valence. La lame a 7 pouces de longueur et 3 pouces 6 lignes dans sa plus grande largeur. La courbure de la douille d'*a* en *c* est de 2 pouces.

8. *Transplantoir en truelle carrée.* Sa lame a 7 pouces de longueur, sur 5 dans sa plus grande largeur, et trois à l'extrémité vers le taillant. Cet instrument est très-commode pour faire les mélanges des terres et terreaux, et en remplir les pots que l'on destine à recevoir des fleurs.

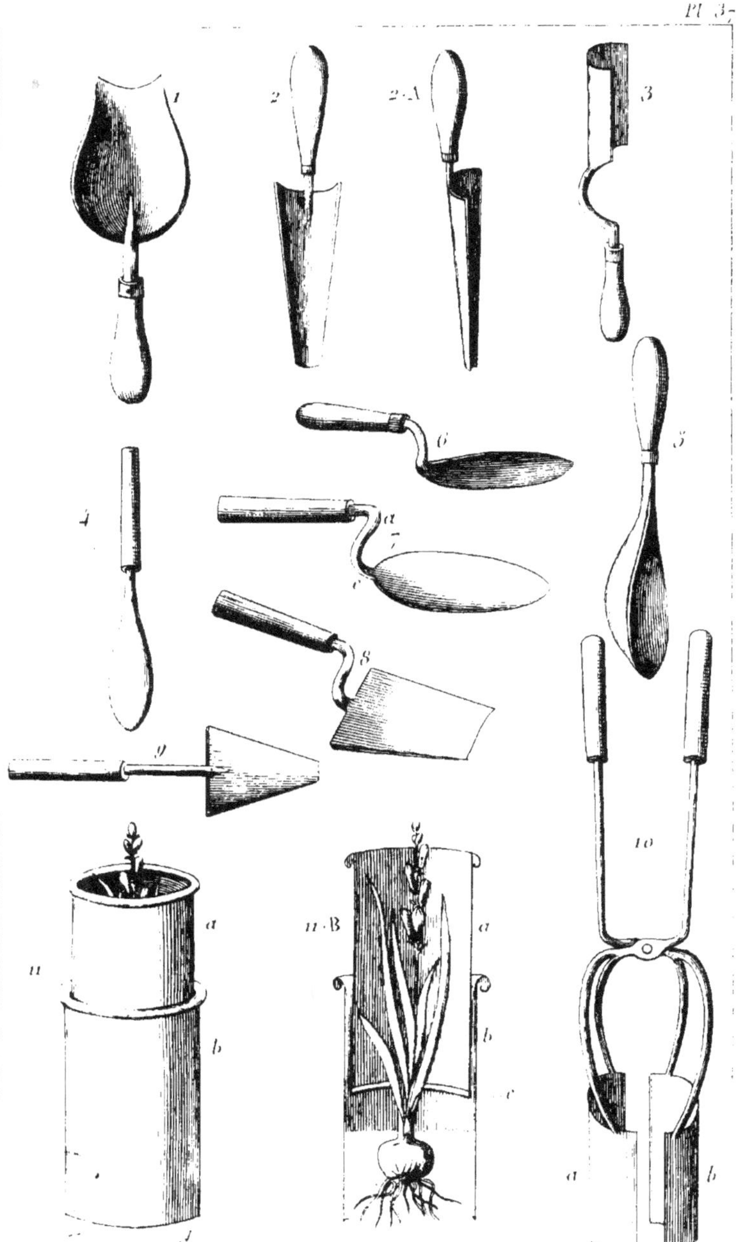
Pl. 3.
1
2
2.A
3
4
5
6
7
8
9
10
a
b
n
a
b
n.B
a
b
c
a
b

9. *Transplantoir en houlette triangulaire.* Sa lame a 4 pouces de longueur, 3 de largeur au sommet, et 1 vers le taillant. La douille a 4 pouces 6 lignes de longueur, et le manche peut avoir depuis 4 pouces jusqu'à 1 pied et plus. Cet instrument est très-commode pour faire des transplantations et de petits binages.

10. *Transplantoir à branches.* Ses deux lames, *a*, *b*, forment, quand elles sont rapprochées, un cylindre parfaitement arrondi. Elles ont 5 pouces de largeur, mesurées sur la corde de l'arc que forme leur courbure, et 7 pouces de longueur. On donne ordinairement 2 pieds de longueur à la totalité de l'instrument. Pour s'en servir, on l'ouvre, on enfonce les deux lames dans la terre autour de la plante, on serre la motte et on l'enlève, par un mouvement oblique, pour la détacher plus entière dans le fond.

11. *Transplantoir à double cylindre.* Il se compose de deux tubes en tôle, *a*, *b*, dont le supérieur glisse aisément dans l'autre, et porte à sa base, dans l'intérieur, un rebord de 4 lignes de largeur, comme on le voit en *c* dans la figure 11-B, où nous représentons l'instrument coupé par le milieu, afin de le faire mieux comprendre. Ses dimensions varient en raison de la grandeur des vases dans lesquels doivent être replantées les plantes en fleur que l'on enlève. Ordinairement les cylindres sont en tôle, longs de 9 à 10 pouces, et larges de 6 à 7. Il est entendu que le supérieur doit être plus étroit que l'inférieur, afin d'entrer et glisser aisément dedans. Lorsqu'on veut s'en servir, on relève les feuilles de la plante, que l'on fait entrer dans le tube *b* par son ouverture inférieure *d*. On enfonce le vase dans la terre, de manière à cerner parfaitement les racines, puis on introduit le tube *a*, dont le rebord *c* retiendra la terre de la motte quand la plante sera enlevée et renversée pour être transplantée. On donne ensuite un coup de bêche en dessous pour détacher les racines; on enlève par un mouvement oblique, et il ne reste plus qu'à repiquer où l'on veut.

PLANCHE 58e.

Transplantoirs.

1. *Transplantoir forestier.* Cet instrument est précieux pour enlever soit d'une pépinière, soit dans les bois, les jeunes sujets d'arbres que l'on veut transplanter avec la motte. Il a été publié par M. Kasthofer, haut-forestier à Unterseen, et son usage s'est promptement répandu dans toute la Suisse. La lame, bien tranchante, est cylindrique et un peu conique. Elle a de 7 à 9 pouces de longueur. Le diamètre de son ouverture, mesuré en haut, peut varier de 5 à 8 pouces, selon le besoin. De chaque côté est un hausse-pied, servant à enfoncer plus aisément l'instrument dans la terre.

Le manche a 3 pieds de longueur, compris la douille. Il se termine au sommet par une béquille de 13 à 14 pouces de longueur.

Pour se servir de cet instrument, on fait passer la tige du jeune plant par l'ouverture *a* ; on enfonce la lame dans la terre, puis on saisit la béquille avec les deux mains et on lui fait faire brusquement un demi-tour, ce qui achève de cerner la terre autour des racines. On enlève alors le sujet avec sa motte de terre intacte. Pour le remettre en place, on l'ôte du transplantoir ; avec celui-ci on fait un trou exactement de la grandeur nécessaire, on y dépose le plant, et tout se borne là. Les sujets ainsi traités s'aperçoivent à peine de la transplantation.

2. *Transplantoir à bêche cylindrique.* On s'en sert comme du précédent, à cette différence qu'on est obligé de l'enfoncer deux fois dans la terre pour cerner entièrement les racines du sujet. Du reste, il est fort avantageux dans les terres très-graveleuses, où l'autre n'entre que très difficilement. Je crois qu'il n'a encore été employé que par moi, et j'en recommande l'usage d'après ma propre expérience.

3. *Bêche-transplantoir.* La lame a 9 pouces de longueur, 7 de largeur dans le haut, et 6 vers le tranchant. Elle est garnie d'un rebord également tranchant vers sa partie inférieure, large de 3 pouces 6 lignes vers le haut de la lame, en *a*, et de 3 pouces en *b*. Un hausse-pied fixé à la douille sert à enfoncer plus aisément l'outil dans la terre. En deux coups de cette bêche, on peut également cerner les racines d'un jeune sujet et l'enlever avec une motte carrée. Dans les terres légères ou sablonneuses, cet instrument est extrêmement commode.

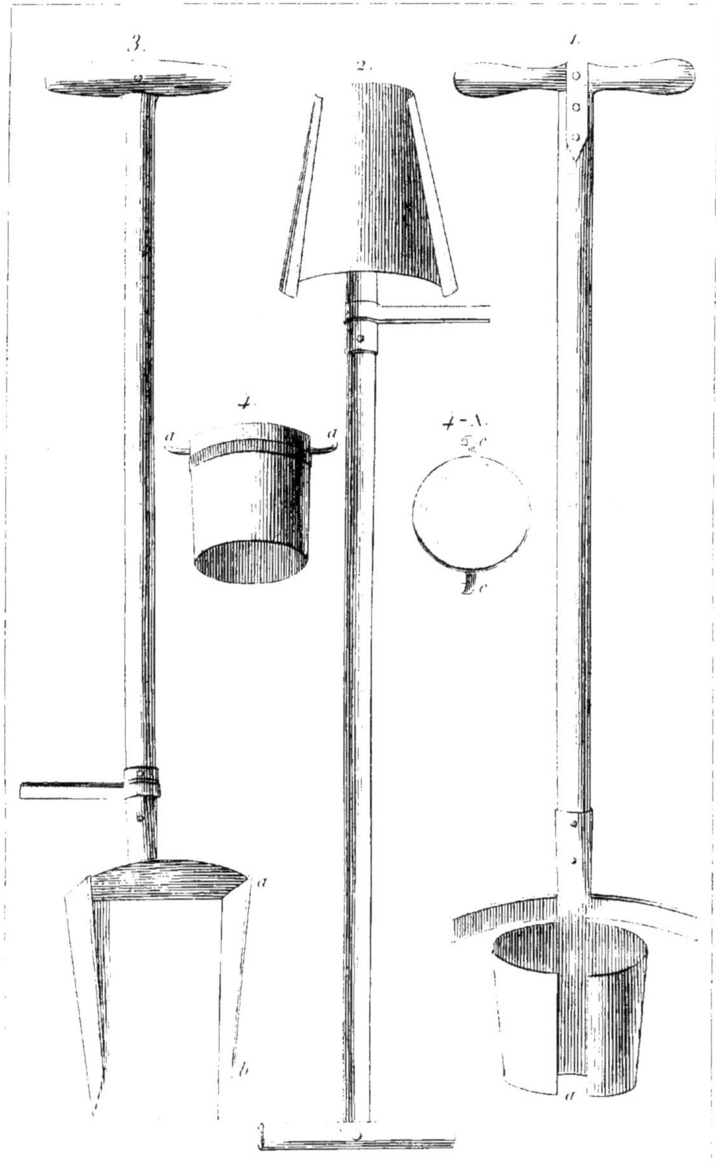
Pl. 38.
3.
2.
1.
4.
4-A.

4. *Transplantoir de voyage.* Au moyen de cet instrument, on peut enlever une plante en pleine végétation, la faire voyager pendant plusieurs jours, et la replanter, sans danger de la perdre.

Ce transplantoir est en tôle ou, ce qui vaut mieux, en fer battu, fort mince. On peut lui donner communément 6 pouces de largeur sur 7 de hauteur. On l'enfonce dans la terre en appuyant sur les deux poignées *a*, *a*; puis on lève la plante, et l'on place ensuite sous la motte la petite planchette 4-A, qui s'ajuste parfaitement dans l'ouverture inférieure du plantoir. Il ne reste plus qu'à lier avec une ficelle les oreilles *c*, *c*, du fond 4-A aux poignées *a*, *a*, du cylindre, et la plante se trouve empotée comme si elle eût toujours été en vase. En ayant soin de l'arroser, on peut la conserver dans le transplantoir aussi long-temps qu'on le veut.

CHAPITRE V.

—

Des instrumens de propreté.

Ce chapitre est consacré aux instrumens destinés à entretenir la propreté dans les jardins, vergers et autres plantations. Dans le nombre sont les ratissoires à roue, qui toutes peuvent présenter un avantage auquel on n'a pas encore assez réfléchi, celui de pouvoir servir à la fois de ratissoire et de houe. Il ne s'agit, pour en tirer ce double service, que de substituer une houette à la place de la lame de la ratissoire, ce qui peut se faire aisément et à volonté au moyen de vis à boulons.

Ces instrumens deviendraient alors très-commodes pour biner dans les jardins maraîchers ou dans les petites cultures, les pois, haricots, fèves, maïs, et autres plantes qui se sèment en lignes.

Dans la planche 45, nous avons figuré des arrachoirs, dont celui de la fig. 1 n'est en usage qu'en Angleterre, et dont les deux autres sont trop rarement employés en France. Ils offrent cependant un très-grand avantage sous les rapports économiques du temps et de la main-d'œuvre. Telle souche de vigne ou autre qu'un ouvrier ne peut arracher à pioche qu'en une heure de temps, le sera en dix minutes au moyen de l'arrachoir, fig. 2.

Une chose encore très-remarquable, c'est que la pince que j'y ai adaptée, connue depuis la plus haute antiquité, n'est plus en usage chez nous, quoiqu'elle n'ait été remplacée par aucun autre instrument. Nos architectes modernes en auraient-ils perdu le souvenir, quand ils voient encore son empreinte sur les pierres de taille de ces monumens grecs et romains dont ils vont admirer les restes à plusieurs centaines de lieues de leur patrie ?

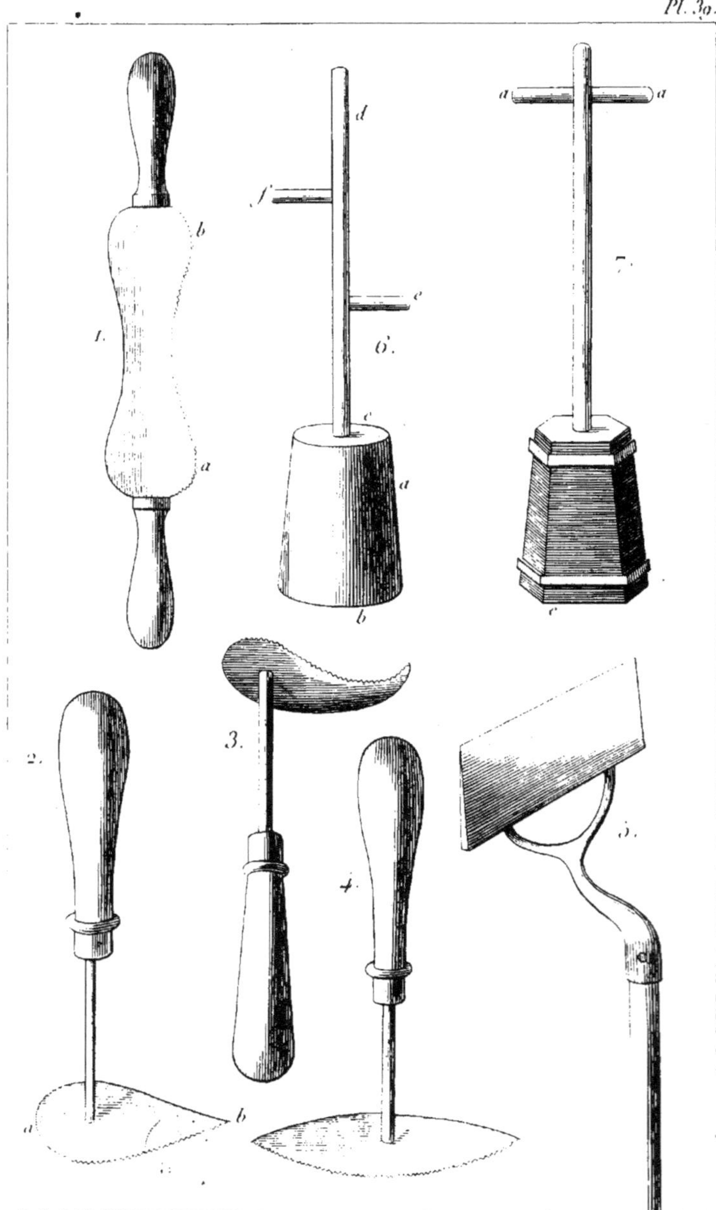

PLANCHE 39ᵉ.

Émoussoirs et Ratissoires.

1. *Émoussoir à deux manches.* Cet instrument, fort utile pour l'entretien des arbres fruitiers, ainsi que les trois suivans, est de l'invention de M. Noisette. Il consiste en une lame, ayant ordinairement de 7 à 8 pouces de longueur, sur 2 pouces 6 lignes dans sa plus grande largeur, *a*, *b*, et 18 lignes vers le milieu, où elle est étroite. D'un côté elle est munie de petites dents mousses et très-fines, de l'autre d'un taillant émoussé. Dans l'établissement de M. Noisette on emploie cet instrument à enlever de dessus le tronc des vieux arbres, les mousses, lichens et champignons parasites, ainsi que les écorces mortes et carbonisées. On en a, ainsi que des trois suivans, de différentes grandeurs, selon les différentes grosseurs des arbres à soigner.

2. *Émoussoir à talon.* On l'emploie pour émousser les grosses branches. Le talon *a* sert à nettoyer dans les aisselles et les bifurcations des branches. On peut donner à sa lame 5 pouces de longueur, d'*a* en *b*, sur 2 pouces 6 lignes dans sa plus grande largeur.

3. *Émoussoir en crochet.* Il sert à nettoyer les arbres en espalier, et la courbure de sa lame permet de le passer aisément entre les branches et le mur. Il se fait dans les mêmes proportions que le précédent.

4. *Émoussoir à deux pointes.* Il est utile pour les arbres très-rameux. Sa lame a 7 pouces de longueur d'une pointe à l'autre, et 3 pouces de largeur au milieu.

5. *Ratissoire à pousser.* Sa lame a 14 pouces de longueur, sur 4 de largeur ; elle est assez épaisse du sommet pour avoir une grande solidité, et le taillant est acéré comme celui d'une bêche. Le manche a de 5 à 6 pieds de longueur. On se sert de cet instrument pour ratisser les allées de jardin et couper les herbes qui pourraient y croître. Il est employé dans les environs de Lyon.

6. *Demoiselle à deux manettes.* Cet instrument consiste en un billot de bois *a*, très-uni sur l'aire de sa coupe inférieure *b*. Sa grandeur doit être calculée sur la force de celui qui l'emploie, mais on lui donne ordinairement 13 pouces de diamètre à la base *b*, 8 ou 9 au sommet *c*, et 18 pouces de hauteur de *b* en *c*. Le manche *d* a 2 pieds de longueur. La

première manette *e* est à 2 pieds de terre, et la seconde *f*, 8 pouces plus haut. On se sert de la demoiselle pour battre et consolider la terre des allées d'un jardin ou d'une aire à battre le blé. L'ouvrier saisit la manette *e* de la main droite, la manette *f* de la main gauche ; il soulève l'instrument et le laisse retomber lourdement sur le sol, qui est affaissé par le poids. En un mot, il l'emploie comme on fait de la demoiselle des paveurs.

7. *Demoiselle à une seule manette.* Celle-ci s'emploie aux mêmes usages et se construit dans les mêmes proportions ; seulement, n'ayant qu'une manette, *a*, *a*, celle-ci, pour la commodité de l'ouvrier, doit être à 32 pouces de hauteur, mesurée de *c* en *a*.

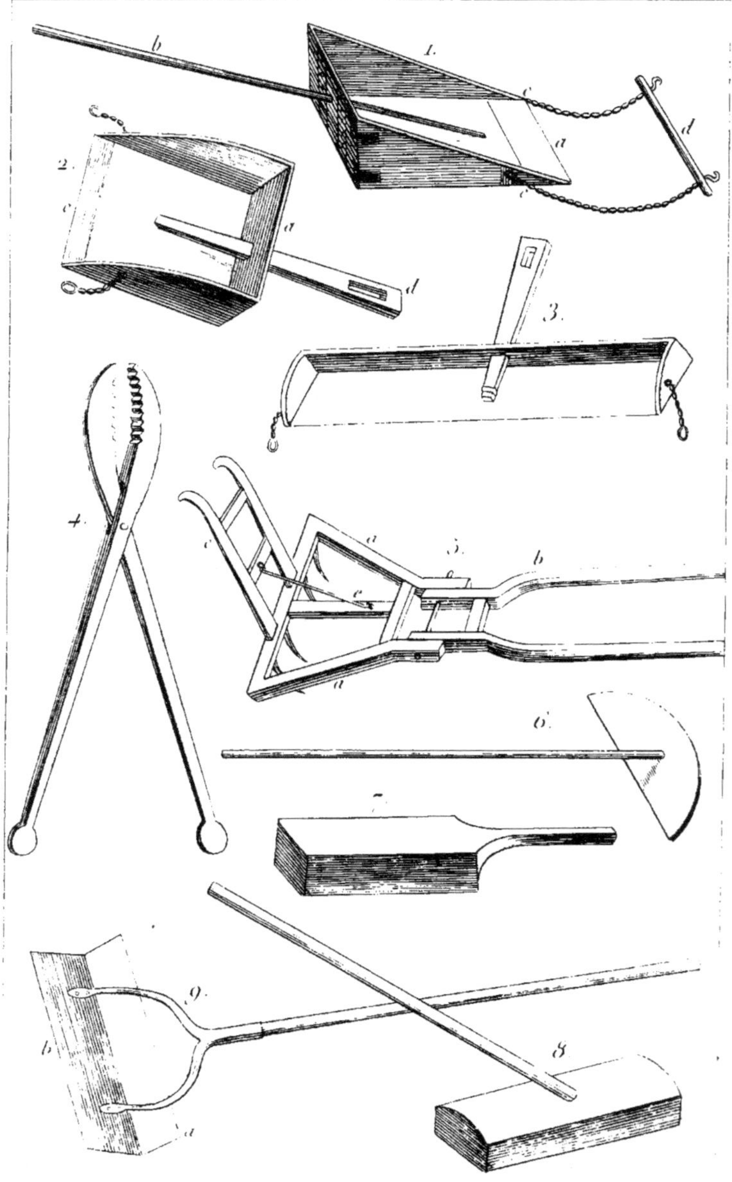

PLANCHE 40°.

Ravales et ratissoires.

1. **Ravale en caisson.** En Suède, et dans plusieurs autres contrées du nord de l'Europe, on se sert de cet instrument pour égaliser la surface du sol en enlevant la terre des parties élevées et la transportant dans des endroits creux.

Un fond de planche est garni sur le devant, en *a*, d'une lame de fer tranchante, propre à couper la terre. Les côtés et le derrière sont en planches solidement assemblées, et maintenues par des liens de fer. Un manche *b*, qui traverse la planche de derrière et va se fixer sur le fond, sert à diriger l'instrument. Il est tiré par un cheval attaché à un palonnier, *d*, qui tient à deux chaînes attachées sur les côtés, *c*, *c*. Lorsque la caisse est pleine de terre, l'ouvrier, en appuyant sur le manche, fait lever le devant, de manière à ce que la lame n'attaque plus le sol, et il la transporte ainsi dans les endroits où il en manque.

2. **Ravale carrée.** La lame de fer, *c*, a 26 pouces de longueur, mais le fond, *a*, n'en a que 21. Ce dernier n'a que 6 pouces de hauteur; les côtés ont 22 pouces de longueur. Le manche, *d*, a 14 pouces de longueur; il est percé d'une mortaise qui sert à placer un mancheron pour guider l'instrument, qui est tiré par un cheval, comme le précédent, et qui sert aux mêmes usages en Espagne, dans les environs de Valence.

3. **Ravale oblongue.** On l'emploie dans les environs de Valence pour les mêmes travaux que les deux précédentes, dont elle ne diffère que par la forme. Elle a 4 pieds de longueur et 10 pouces de largeur. Son grand rebord a 2 pouces 6 lignes de hauteur. Le manche a 15 pouces de longueur en dehors, et 5 pouces dans sa plus grande largeur.

4. **Échardonnoir.** Cette pièce en bois a 4 pieds 6 pouces de longueur, non compris la partie dentelée, qui a sept pouces. On s'en sert pour saisir les chardons à fleur de terre, et les arracher sans rompre leurs racines.

5. **Traçoir à cheval.** Il consiste en un châssis en bois, *a*, *a*, muni d'un brancard, *b*, pour atteler un cheval. La queue, *c*, se compose de deux manches réunis par deux traverses et consolidés par une tringle de fer. *e*. Le côté postérieur du châssis est armé de quatre dents de fer, que l'on rap-

proche ou éloigne à volonté au moyen de différens trous dont cette ra-
verse est percée.

Cet instrument est très-commode lorsque l'on veut planter ou semer des végétaux à des distances égales, soit en échiquier, soit en quinconce. Après avoir tracé dans le champ les lignes parallèles, on en trace d'autres en travers, obliquement pour le quinconce, perpendiculairement pour l'échiquier, et les points de section de chaque ligne indiquent la place où il faut semer ou planter.

6. *Rabot à allées.* Il consiste simplement en un morceau de planche assujétie au bout d'un manche de 5 pieds. On s'en sert dans les jardins pour unir les allées sablées.

7. *Batte-gazon.* C'est un morceau de bois de 6 pouces 6 lignes, non compris la poignée, large de 4 pouces et épais de 3. La poignée a 4 ou 5 pouces de longueur. On s'en sert pour affermir les plaques de gazon que l'on dispose en bancs de verdure.

8. *Batte à manche.* Le morceau de bois dont elle est faite a 13 pouces de longueur, 7 pouces de largeur et 3 d'épaisseur. Le manche est incliné ; il a 3 pieds de longueur. On emploie cet instrument pour battre les allées de jardin, les aires de grange , etc.

9. *Ratissoire à deux lames.* Cet instrument, de l'invention de MM. Arnheiter et Petit , ne diffère des ratissoires des planches 39 et 41 que parce qu'on peut s'en servir en poussant, au moyen de la lame *b*, et en tirant au moyen de la lame *a*.

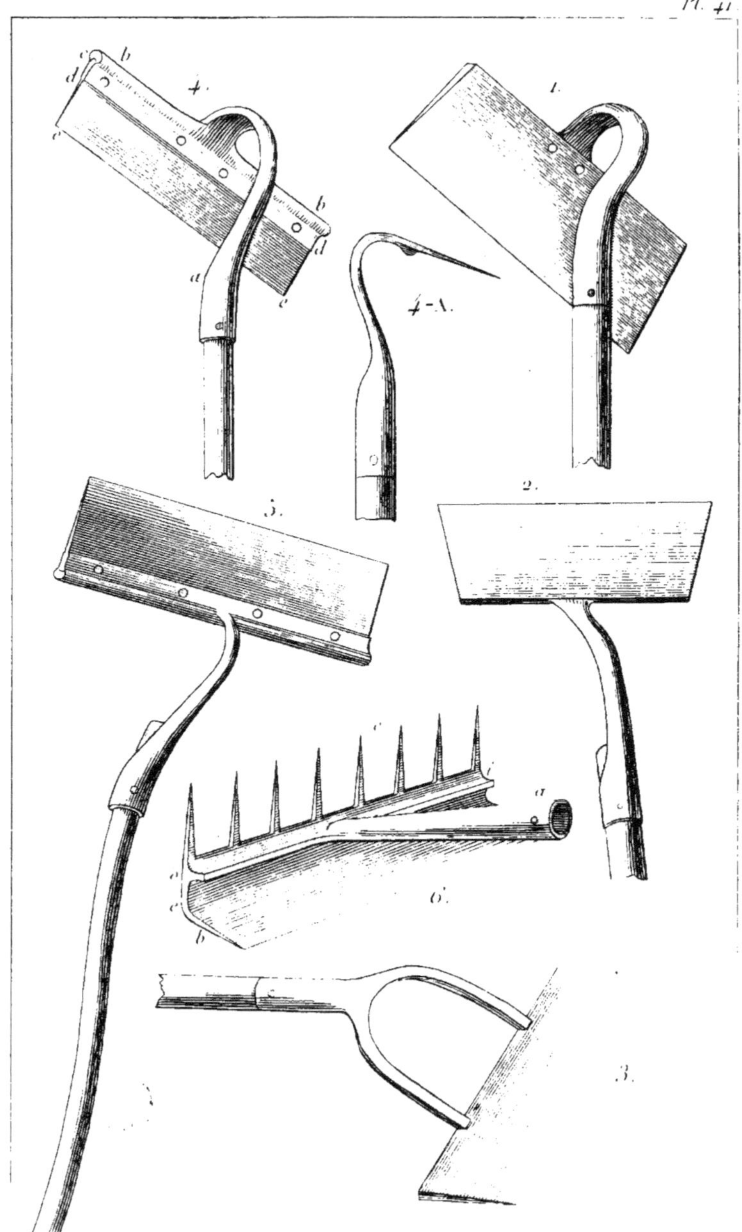
Pl. 41.

PLANCHE 41ᵉ.

Ratissoirs.

1. *Ratissoire simple, à tirer.* Elle se compose d'une lame acérée au tranchant, ayant un pied de longueur sur 2 pouces 6 lignes de largeur. Elle peut être forgée d'une seule pièce avec sa douille, ou y être attachée au moyen de deux clous rivés, comme nous le montrons dans notre modèle. Son manche a 4 pieds de longueur. On s'en sert en tirant à soi comme on fait pour une pioche. La figure 4-A présente la courbure ordinaire à donner à toutes les ratissoires à tirer.

2. *Ratissoire simple, à pousser.* On donne à sa lame 10 pouces de longueur sur 5 de largeur. A la douille près, qui est simple, elle ne diffère pas des autres ratissoires à pousser. Son manche a 5 pieds de longueur.

3. *Ratissoire en fourche, à pousser.* Elle ne diffère de la précédente que par la courbure de sa douille, qui se prolonge en deux branches comme une fourche ordinaire. Sa lame a 1 pied de longueur sur 5 pouces de largeur. Son manche a 5 pieds de longueur.

4. *Ratissoire à tirer et à lame de rechange.* La lame est de 8 à 10 pouces de longueur sur 4 pouces de largeur. Elle se compose de deux pièces : la première, qui comprend la douille, *a*, porte une tringle de fer, *b*, *b*, cannelée inférieurement, comme on le voit en *c*. La cannelure se prolonge sur ses bords en deux petites lames, *d*, *d*, larges de 15 lignes, entre lesquelles on fait glisser un morceau de fer de vieille faux, qui constitue la lame *e*, *e*. Cette lame est solidement fixée au moyen de quatre clous rivés. Cette ratissoire est beaucoup plus coupante, plus légère et plus commode que celles dont la lame est en fer acéré et corroyé; mais elle a le défaut de s'ébrécher facilement et de s'user beaucoup plus vite, ce qui oblige à la changer souvent. Néanmoins cet instrument est précieux, non-seulement pour ratisser les allées d'un jardin, mais encore pour biner dans beaucoup de circonstances, et particulièrement entre les rangs des légumes. Il est extrêmement expéditif.

5. *Ratissoire à pousser et à lame de rechange.* Elle ne diffère de la précédente que parce que l'on s'en sert en poussant et non en tirant.

6. *Ratissoire à rateau.* La douille *a*, la lame *b*, et le rateau *c*, sont forgés d'une seule pièce. La douille est longue de 8 pouces, la lame et le râteau ont 1 pied de longueur. Comme le manche, et par conséquent la douille doit être perpendiculaire aux dents du râteau, la lame doit éprouver une courbure en *e*, à 15 lignes au-dessous du râteau; c'est-à-dire du point *o*. A partir de cette courbure jusqu'au tranchant, on lui donne 2 pouces 9 lignes, ce qui fait en tout 4 pouces de largeur. Les dents du râteau sont portées sur une portion de lame de 1 pouce de largeur, *i;* elles ont 3 pouces de longueur, et 15 lignes d'écartement entre elles. Cet instrument est fort commode pour nettoyer les allées d'un jardin. A mesure que l'on coupe les herbes, on les réunit en tas avec le râteau, ainsi que les petites pierrailles. Il ne reste plus qu'à passer, et à enlever le tout avec la brouette.

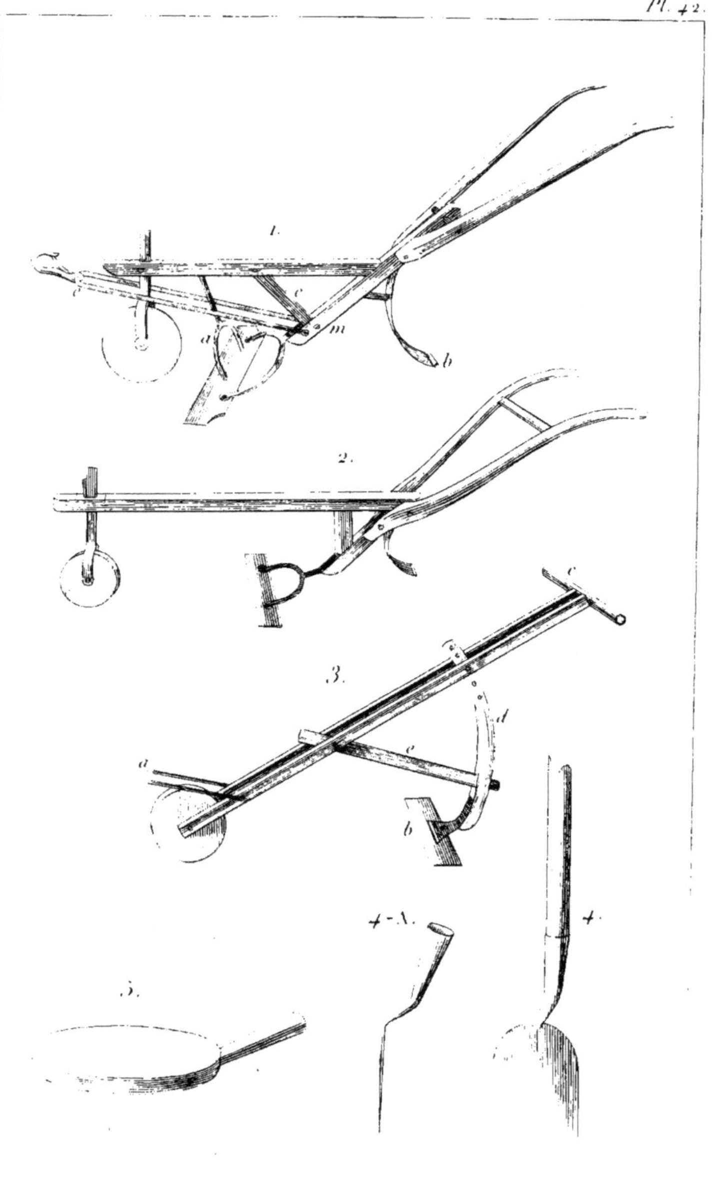

PLANCHE 42ᵉ.

Ratissoires.

1. *Ratissoire à bride ou à cheval.* Elle se compose d'une flèche longue de 2 pieds 8 pouces, portant en avant une roue de 10 pouces de diamètre, que l'on peut hausser et baisser à volonté. La lame de la ratissoire a 22 pouces de longueur ; elle est solidement maintenue par la verge fourchue *a*, comme le billot *m*, qui la porte, l'est par la traverse *c*. Un pied de fer *b* sert à poser la machine quand on ne s'en sert pas. Les manches ont 3 pieds 9 pouces de longueur.

Un seul homme peut aisément se servir de cet instrument ; mais cependant, pour rendre le travail moins pénible et plus expéditif, on peut aisément le faire tirer soit par un ouvrier, soit par un animal, au moyen de la bride *e*, dans le crochet de laquelle on attache une brassière ou un palonnier. Chez MM. Arnheiter et Petit.

2. *Ratissoire à roue et sans bride.* Elle ne diffère guère de la précédente que parce qu'elle manque de bride, et par ses proportions un peu moindres. La roue a 8 pouces de diamètre. Chez M. Cambray.

3. *Ratissoire de Guillaume.* Cet instrument peut servir à la fois de ratissoir et de sarcloir. Pour l'employer à sarcler les plantes en rayons, il ne s'agit que de remplacer la lame *b* par une petite lame de houe que l'on ôte ou met à volonté.

La roue a 9 pouces 6 lignes de diamètre ; les deux manches qui la portent sont parallèles et à 18 lignes seulement l'un de l'autre. Elle porte en avant une bride *a*, servant à attacher une corde pour faire tirer, si on le veut, un homme ou un animal. A l'autre extrémité *c* est un manche de 18 pouces de longueur. L'étançon ou quart de cercle *d* sert à hausser ou baisser la lame, pour lui donner plus ou moins d'entrure ; il est maintenu en position par la traverse mobile *e*.

4. *Ratissoire à main, à lame étroite.* Elle peut devenir utile dans les jardins dont les allées, non sablées, sont en terre forte ; sa lame n'est pas plus large que celle d'une pèle ordinaire. Nous faisons voir son profil dans la figure 4-A.

5. *Battoir à gazon.* Il se compose d'une planchette ronde de 7 pouces de diamètre et de 18 lignes d'épaisseur, munie d'un manche de 6 pouces. On s'en sert pour raffermir les galettes de gazon que l'on pose sur les bancs de verdure.

PLANCHE 45ᵉ.

Ratissoires à charrue.

1. *Ratissoire parisienne.* Elle sert aux mêmes usages que la ratissoire parisienne perfectionnée, et se construit dans les mêmes proportions, En conséquence, nous croyons inutile d'entrer dans de plus grands détails sur cet objet.

2. *Ratissoire à quatre roues.* Celle-ci n'est employée que dans les parcs, les très-grands jardins et les promenades publiques. L'avant-train se compose de 2 roues *a a*, ayant les mêmes proportions que celles d'un carrosse ordinaire ; d'un brancard pour atteler un fort cheval *b b* ; d'un essieu de fer, fig. 2-A , *c c*; d'une traverse *d d*; d'une plaque ronde *e* tournant sur la traverse, et portant la flèche *e*. Cette flèche est suffisamment arquée pour que les roues puissent passer dessous lorsque l'on veut tourner. L'arrière-train est porté par deux roues plus élevées que celles de devant, mais cependant ne dépassant pas 2 pieds 6 pouces de diamètre *f f*. L'essieu est en fer, et reçoit l'extrémité de la flèche en *i*, fig. 2-B , qui y est solidement fixée. La lame *g* a de 3 pieds et demi à 4 pieds de longueur, sur 8 pouces de largeur. Elle est portée par deux bras en fer *k k*, soudés à deux cylindres de même métal *o o*, qui passent dans l'essieu et restent mobiles, de manière à pouvoir aisément tourner autour de lui. A ces cylindres sont attachés deux autres bras ferrés, mais en bois *r r*, portant les deux manches de la queue *s s*. Il faut un ouvrier et un enfant pour faire manœuvrer cette machine. Pendant que l'enfant conduit le cheval par la bride, l'ouvrier dirige l'entrure de la lame, au moyen de deux manches qu'il saisit, et, dans quelques heures, il peut ratisser aisément une immense surface d'allées. Seulement il doit avoir le soin de faire marcher le cheval d'un pas égal, car si la lame buttait contre quelque corps résistant, elle pourrait se fausser , et exiger ensuite des réparations dispendieuses.

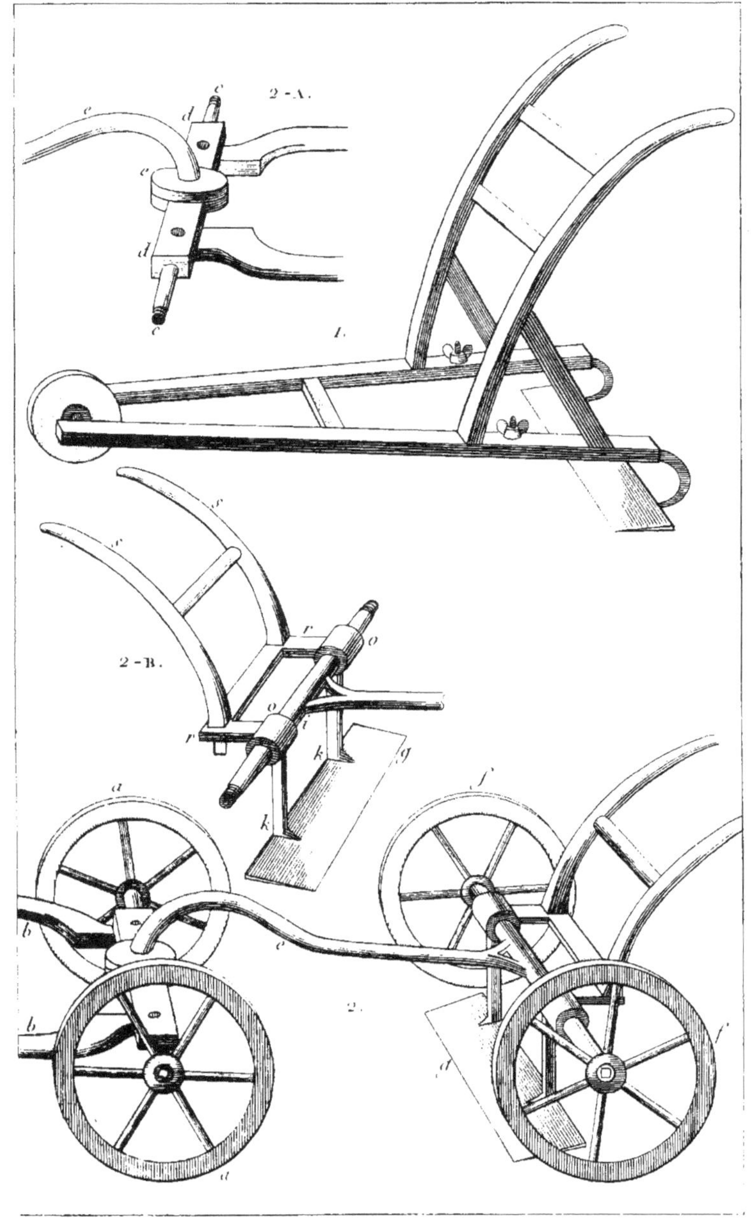

Pl. 43.
2-A.
1.
2-B.

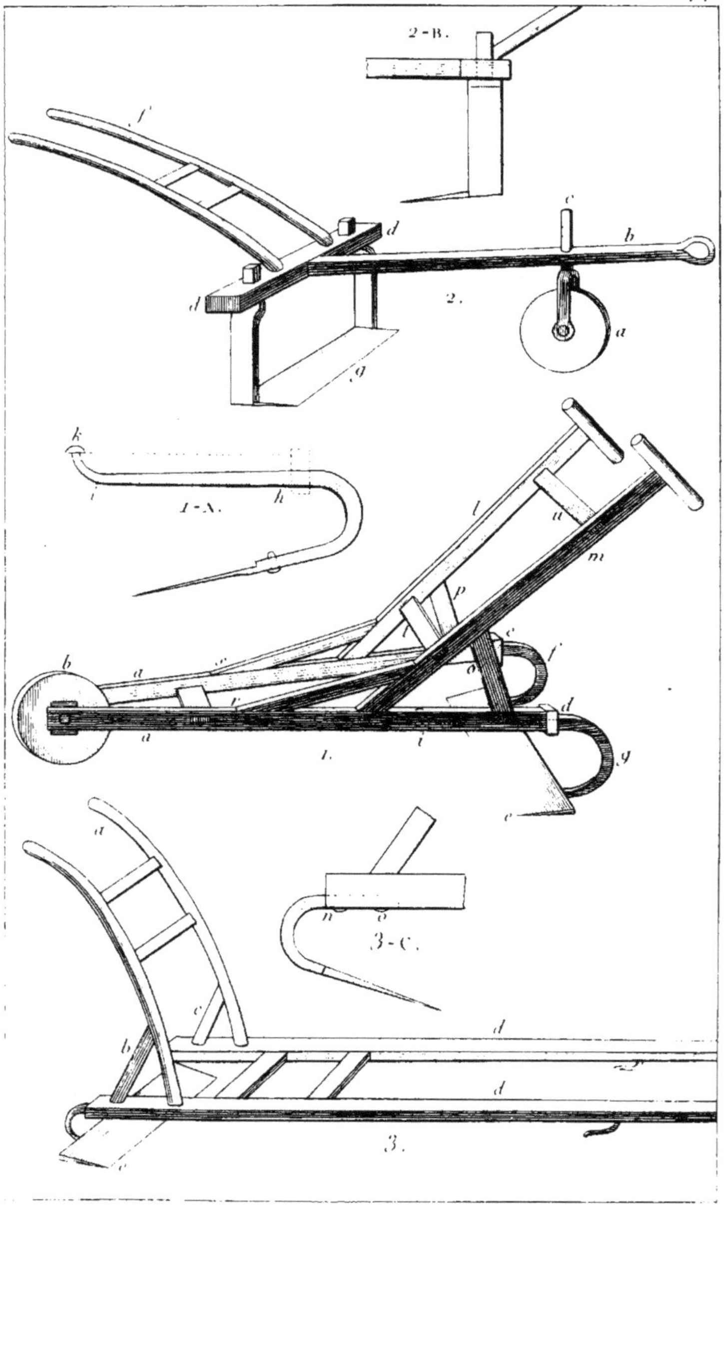

Pl. 44
2-B.
1-A.
3-C.
1.
2.
3.

PLANCHE 44°.

Ratissoires à charrue.

1. *Ratissoire parisienne perfectionnée.* Elle consiste en deux bras, *a*, *a*, de 3 pieds de longueur, rapprochés de 6 pouces l'un de l'autre vers la roue *b*, et écartés de 15 pouces à l'autre extrémité, de *c* en *d*. Ils sont solidement fixés par deux traverses. La roue est pleine; elle a de 8 à 10 pouces de diamètre. La lame *e* a 20 pouces de diamètre sur 4 de largeur; elle est en fer parfaitement corroyé et acéré vers le tranchant. Elle tient à la ratissoire par deux bras en fer, qui vont s'appliquer dans une rainure sous les brancards, fig. 1-A, *h*, les traverser *i*, et se visser en-dessus, *k*, au moyen d'un écrou. La queue se compose de deux manches, *l*, *m*, terminés par des manettes en béquilles, et solidement maintenus par deux supports, deux appuis, *r*, *s*, et deux traverses, *t*, *u*.

Pour se servir de cet instrument très-expéditif, l'ouvrier saisit les manettes, et pousse devant lui en faisant appuyer plus ou moins la lame, *e*, sur la terre, selon qu'il le juge à propos; il coupe net toutes les herbes qui peuvent se trouver dans les allées d'un jardin, les nivelle, et, pour peu qu'il soit habitué à se servir de cette ratissoire, il fait à lui seul, en deux heures, ce que deux ouvriers feraient à peine dans un jour.

2. *Ratissoire-charrue.* La roue *a* est emmanchée comme la poulie d'un puits, et se trouve solidement adaptée à la flèche *b*, au moyen d'un tenon mobile, que l'on hausse ou baisse à volonté pour donner plus ou moins d'entrure à la lame. La flèche *b* se termine en avant par un anneau, au moyen duquel on peut attacher un cheval ou un âne. A son autre extrémité est une traverse, *d*, *d*, qui porte la queue, *f* et la lame, *g*. Celle-ci a 2 pieds et demi de longueur, un peu plus ou un peu moins selon le besoin, et 6 ou 7 pouces de largeur. Elle s'emmanche à la ratissoire, comme nous le montrons dans la fig. 2, B. Cette machine est utile dans la grande culture pour biner et détruire les mauvaises herbes entre les rangs, dans les récoltes qui sont plantées ou semées en lignes.

3. *Ratissoire sans roue.* Elle se compose d'une queue, *a*, soutenue par deux supports, *b*, *c*. Le brancard, *d*, *d*, est semblable à celui d'une voiture. On y attelle un cheval. La lame, *e*, a 2 pieds et demi ou 3 pieds

de longueur, sur 7 ou 8 pouces de largeur. Elle est emmanchée au brancard, comme nous le montrons dans la fig. 3-C, et se fixe solidement en
dessous au moyen des deux vis, *n, o*. On se sert de cette ratissoire pour
nettoyer les allées des grands jardins.

Pl. 45.
1.
2.
3.
4.
2-4.
a
b
c
d
e
f

PLANCHE 45ᵉ.

Arrachoirs.

1. *Arrachoir de Nicholson.* Il se compose d'un levier, *a*, formant compas avec sa tige, *b*, laquelle porte sur le ,pied *c*. Celui-ci a une base large et posée sur une planche, *d*, afin que la pression ne l'enfonce pas dans la terre. Au bout du levier est un crochet en fer, *e*, auquel tient une chaîne que l'on attache à la souche que l'on veut arracher. Alors le levier est dans la position figurée par des points. L'ouvrier baisse l'extrémité et fait faire à l'instrument un mouvement de bascule, dont l'effet a d'autant plus de puissance que l'axe, *i*, est plus près du crochet, et l'autre extrémité, *f*, plus éloignée. La souche étant ébranlée par un premier effort, on attache la chaîne plus bas, et l'on recommence l'opération jusqu'à ce qu'elle soit tout-à-fait arrachée.

2. *Arrachoir à cheval.* M'étant servi avec beaucoup d'avantage de cet instrument dans le défrichement d'un taillis, j'ai cru devoir le figurer ici, quoique je ne l'aie jamais vu employer ailleurs que chez moi.

Le levier, *a*, porte sur un tréteau, *b*, dont la traverse inférieure est suffisante pour l'empêcher de s'enfoncer dans la terre ; à l'extrémité est attachée la pince 2-A, dont autrefois les Romains se servaient pour transporter les blocs de pierre, et dont les Hollandais font encore usage aujourd'hui.

Cette pince, en forme de tenaille, d'une grandeur proportionnée à ce que l'on en veut faire, est armée de deux dents au bout de chaque branche, *a*, *b*. A l'autre extrémité de la branche, *a*, est fixée une corde qui passe dans un anneau, *c*, de la branche, *d;* d'où il résulte que plus le levier tire la corde, plus la pression des extrémités, *a*, *b*, est forte. La souche saisie de cette manière ne peut jamais glisser comme dans une chaîne ; elle est obligé de céder à la force du levier lorsqu'on lui imprime le mouvement de bascule. Il y a beaucoup moins de perte de temps pour placer la pince plus bas, à mesure qu'on la sort de terre.

3. *Arrachoir pied-de-chèvre.* Tel est l'instrument dont les vignerons du département de Saône-et-Loire se servent pour arracher les vieilles vignes. Notre figure le fait suffisamment comprendre. Les branches, *a*, *b*, sont quelquefois simplement réunies en *c* par une cheville de fer qui leur laisse leur mobilité ; elles ont de 5 à 7 pieds de hauteur.

4. *Grue à rencaisser.* Elle consiste en 2 pieds-de-chèvre, *a*, *b*, portant à l'extrémité supérieure une forte traverse, *c*. Cette traverse est munie de quatre poulies, *d*, sur lesquelles passent les cordes , *e*. On fait passer les cordes à travers le branchage de l'arbre à *décaisser*, et on vient les attacher sur le tronc en *f*, avec la précaution de placer un torchon de paille sur l'écorce. Après avoir détaché autant que possible la terre des parois de la caisse, on fait tirer les cordes, au moyen de deux treuils, *i*, *i*, et l'on enlève aisément l'arbre avec la motte.

Quelquefois cette machine consiste en une grue ordinaire, au haut de laquelle on attache une paire de moufles. D'autrefois on la pose sur des roulettes pour la transporter plus aisément. Celle que nous avons figurée est ajustée avec des mortaises et des boulons , d'où il résulte qu'on peut fort aisément la démonter pour la transporter où l'on veut.

LIVRE II.

—

INSTRUMENS DE TRANSPORT.

Cette section renferme tous les instrumens qui servent à transporter les objets qui tiennent directement à la culture, soit pour la préparation des terres, soit pour recueillir les récoltes, tels que les brouettes, civières, paniers, hottes, céréales, etc.

Nous n'avons pas fait figurer dans cette division les chars, les charrettes, tombereaux et autres espèces de voitures, parce que nous les regardons comme des *machines* appartenant plus spécialement à l'économie rurale qu'à l'agriculture proprement dite. Elles nous fournissent un chapitre fort intéressant pour le second volume du cours que nous nous proposons de publier, et elles se classeront naturellement parmi les machines d'économie rurale.

CHAPITRE VI.

DES BROUETTES, CIVIÈRES, HOTTES ET CERCALS.

Il n'est point d'instrumens appropriés à un plus grand nombre d'usage que ceux-ci, et cependant il en est peu qui soient aussi peu répandus hors de leurs localités particulières. C'est ainsi, par exemple, que les brouettes, au nombre de près de trente, sont tout-à-fait inconnues aux cultivateurs des environs de Paris, à l'exception de trois ou quatre, que l'on est forcé d'employer à des usages pour lesquels elles sont fort peu appropriées.

Les comportes, les baines, si commodes pour transporter les liquides; les chariots et paniers à fourrages, les cercals, et beaucoup d'autres instrumens tellement utiles qu'on croirait impossible de s'en passer dans les pays où on a l'habitude d'en faire usage, sont restés inconnus dans les départemens qui entourent la capitale, et dans la plupart des autres. On ne peut attribuer cette singularité malheureuse qu'à l'ignorance dans laquelle se trouvent nos cultivateurs, relativement à l'existence de ces objets, et cette idée n'a pas peu contribué à nous faire entreprendre la tâche longue et pénible que nous avons accomplie dans la publication de cet ouvrage.

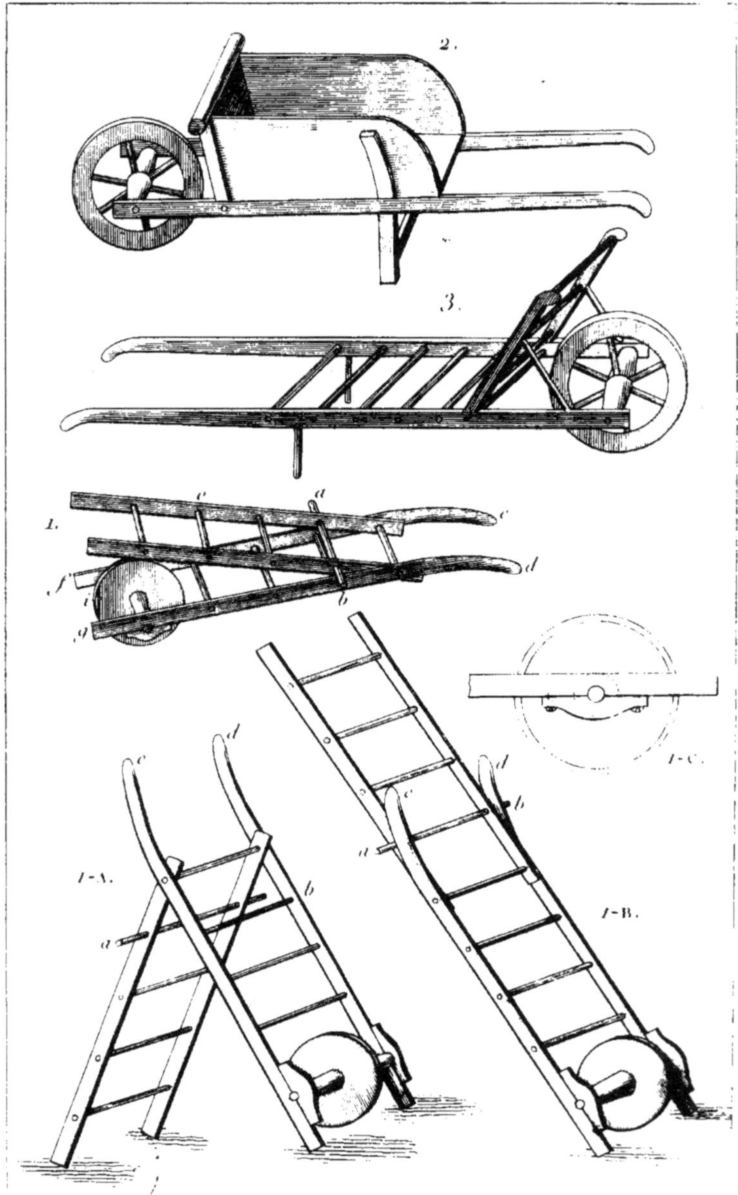
2.
3.
1.
1-A.
1-B.
1-C.
a
b
c
d
e
f
i
g

PLANCHE 46°.

Instrumens de transport.

1. *Échelle-brouette.* Cette machine est très-employée en Piémont, dans le midi de la France, et devrait l'être partout où l'on cultive le mûrier pour la nourriture des vers à soie. Elle peut avoir 10 à 15 pieds de longueur. Lorsqu'on s'en sert comme échelle simple, on la développe comme nous le montrons, fig. 1-B. Le barreau, *a, b,* sert de point d'appui aux montans *c, d.*

Si on n'a besoin que d'une moindre hauteur, on la ploie en échelle double, comme dans la figure 1-A. Enfin, quand la feuille de mûrier est cueillie et mise dans des sacs, on place ces sacs sur le montant, *e* : on saisit les bras, *c, d,* et on a une véritable brouette, comme dans la fig. 1. Nous ferons observer que les bouts des bras, *f, g,* doivent être assez longs pour que la roue, *i,* ne touche pas la terre lorsque la brouette est développée en échelle, comme dans les fig. A. B.

Dans la fig. 1-C, nous montrons par un profil comment la roue est adaptée. Cet instrument a été perfectionné par MM. Arnheiter et Petit, pour l'usage des jardiniers. *Voyez* planche 98, fig. 6.

2. *Brouette ordinaire des jardiniers.* Elle est trop généralement connue pour que nous nous étendions sur son utilité. Nous nous bornerons à dire qu'elle est indispensable pour transporter la terre, les pierrailles, les raclures d'allée, etc., etc. On en fait de plus ou moins grandes, selon la force des gens qui doivent s'en servir.

3. *Brouette-civière.* Elle est très-utile pour transporter un grand nombre d'objets, tels que feuillée, fourrage, grands légumes, etc., etc. Elle est très-commode pour les jardiniers surtout. Les avantages que l'on doit chercher dans sa fabrication sont la légèreté, la grandeur et la solidité.

PLANCHE 47ᵉ.

Instrumens de transport.

1. *Brouette parisienne.* Elle est fort en usage dans les environs de la capitale, surtout chez les jardiniers, pour lesquels elle est indispensable. Elle se compose d'une caisse en bois léger, faisant corps avec les brancards, maintenue par des montans sur les côtés, et par trois traverses sous le fond. On l'emploie à toutes sortes de transports.

2. *Brouette à baquet.* Dans quelques provinces, on s'en sert très-avantageusement pour transporter la vendange et le vin. Dans d'autres, elle sert au transport de l'eau et des engrais liquides. Le baquet est ordinairement en bois de sapin, rarement en chêne, avec deux larges cercles de fer. Il est soutenu en devant par un dossier plein; en dessous, par un plancher ou trois larges traverses ; sur ses côtés, par le crochet de fer, *a,* dont l'extrémité se fixe dans un anneau de fer tenant au premier cercle.

3. *Brouette à six châssis.* Dans les pays chauds, en Espagne, et particulièrement à Alicante, on s'en sert pour porter les vases à rafraîchir dans lesquels on transporte l'eau. Chaque châssis en contient un. Les jardiniers français pourraient s'en servir avantageusement pour transporter leurs arrosoirs, si l'on faisait éprouver une légère modification à la forme des châssis.

4. *Brouette en forme de trémie.* Les deux brancards sont liés par deux traverses, et soutenus par deux pieds, qui, en se prolongeant, forment quatre montans très-élevés, propres à retenir les objets légers et volumineux que cette brouette sert à transporter.

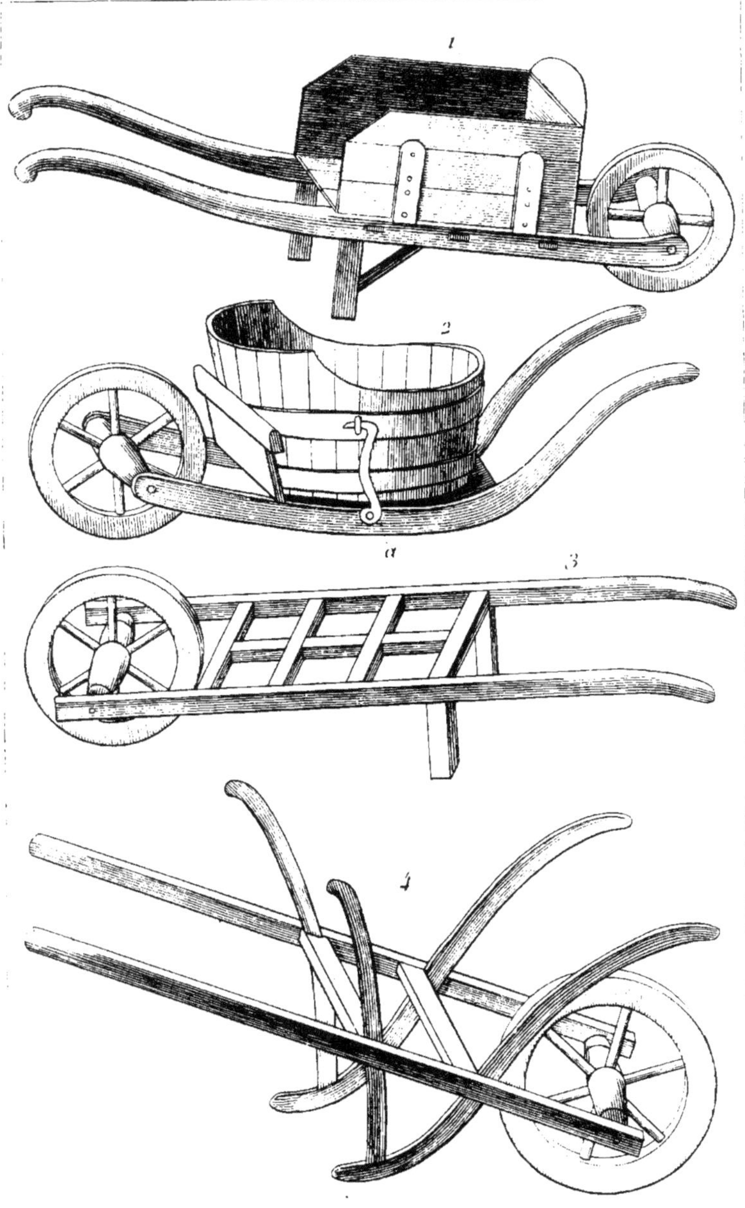

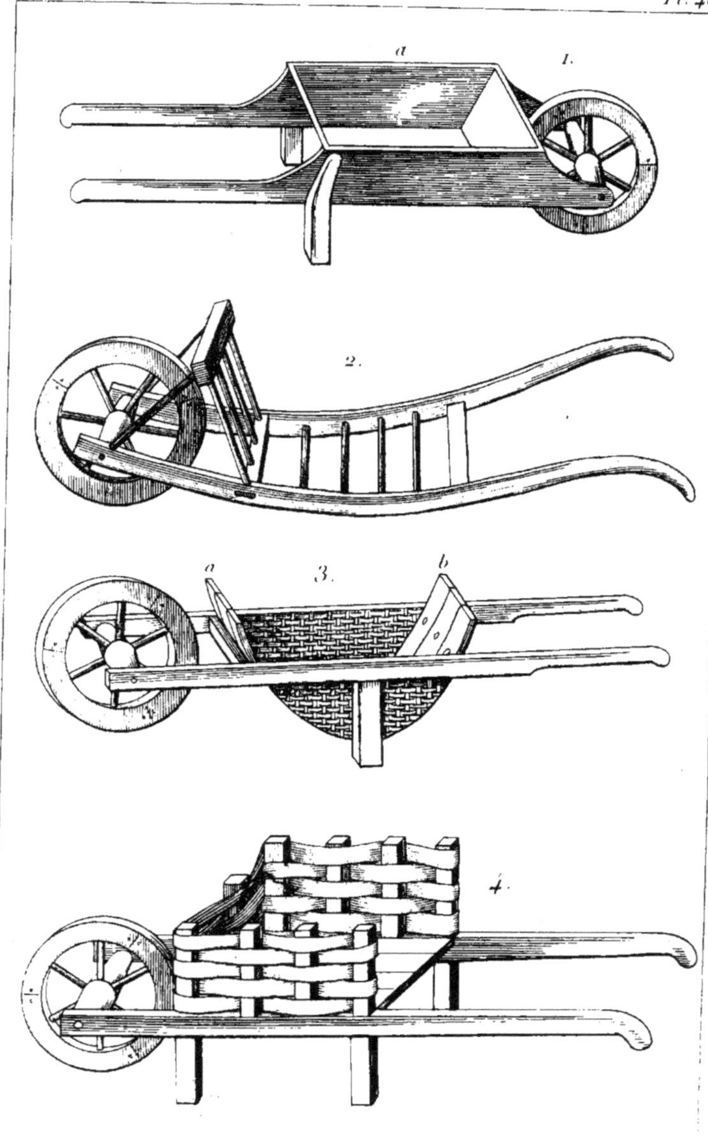
Pl. 48.
1.
a
2.
a 3. b
4.

PLANCHE 48ᵉ.

Instrumens de transport.

1. *Brouette à auget.* Elle doit être construite en planches de bois blanc et léger, tels que peuplier, châtaignier, etc. Les joints doivent être faits avec assez de soin pour que l'auget, *a*, puisse retenir des liquides qui n'ont guère plus de consistance que de l'eau. Elle est fort utile pour transporter la vase que l'on retire du recurage des mares, étangs, et autres pièces d'eau. Dans de certains départemens, les maçons s'en servent pour transporter le mortier de chaux, lorsqu'il est très-délayé.

2. *Brouette-civière sans pieds.* On s'en sert beaucoup dans les environs de Paris, pour transporter les pierres, le bois et autres objets. Son dossier, incliné sur la roue, est soutenu par deux supports.

3. *Brouette en gondole.* Dans la Suisse, on en fait usage comme à Paris de la brouette des jardiniers, sur laquelle elle a l'avantage de la légèreté. Le devant et le derrière de la caisse, *a*, *b*, sont en planches légères. Le fond est quelquefois en planches, plus souvent en clayonnage, comme les côtés.

4. *Brouette en éclisses.* Elle est fort employée en Suisse, particulièrement dans le canton de Berne, aux mêmes usages que la précédente. Sa construction est facile, et cependant à l'avantage d'être légère elle réunit une suffisante solidité. Quelquefois, au lieu de la construire en éclisses, comme nous l'avons figurée, on remplace celles-ci par un clayonnage en osier.

PLANCHE 49°.

Instrumens de transport.

1. *Brouette à vase.* Elle est très employée en Suisse pour transporter dans les prés et les champs les engrais liquides, tels que les eaux de basse-cour, de fumier, les urines, etc. Le vase est formé par quatre planches et un fond du bois de chêne, parfaitement réunis.

2. *Brouette en civière.* L'usage de celle-ci est très-répandu pour le transport du bois de chauffage, et autres objets. Sa construction, extrê-mêment simple, n'a pas besoin d'être détaillée, la figure la fera suffi-samment comprendre.

3. *Brouette à hotte.* Les femmes s'en servent, dans le Brabant, pour transporter la houille et d'autres corps pesans. Elle est fort légère, et cependant sa construction offre beaucoup de solidité. Pendant qu'une femme la pousse en avant, une autre la tire avec une bricole attachée sur le devant.

4. *Brouette à roue centrale.* Elle est employée dans le Nord pour transporter les corps lourds qui n'ont pas besoin d'être contenus, et en général tous les objets que l'on a l'habitude de mettre dans des sacs. Il serait facile de la perfectionner. La figure fait assez comprendre sa con-struction, sans que nous ayons besoin de la décrire.

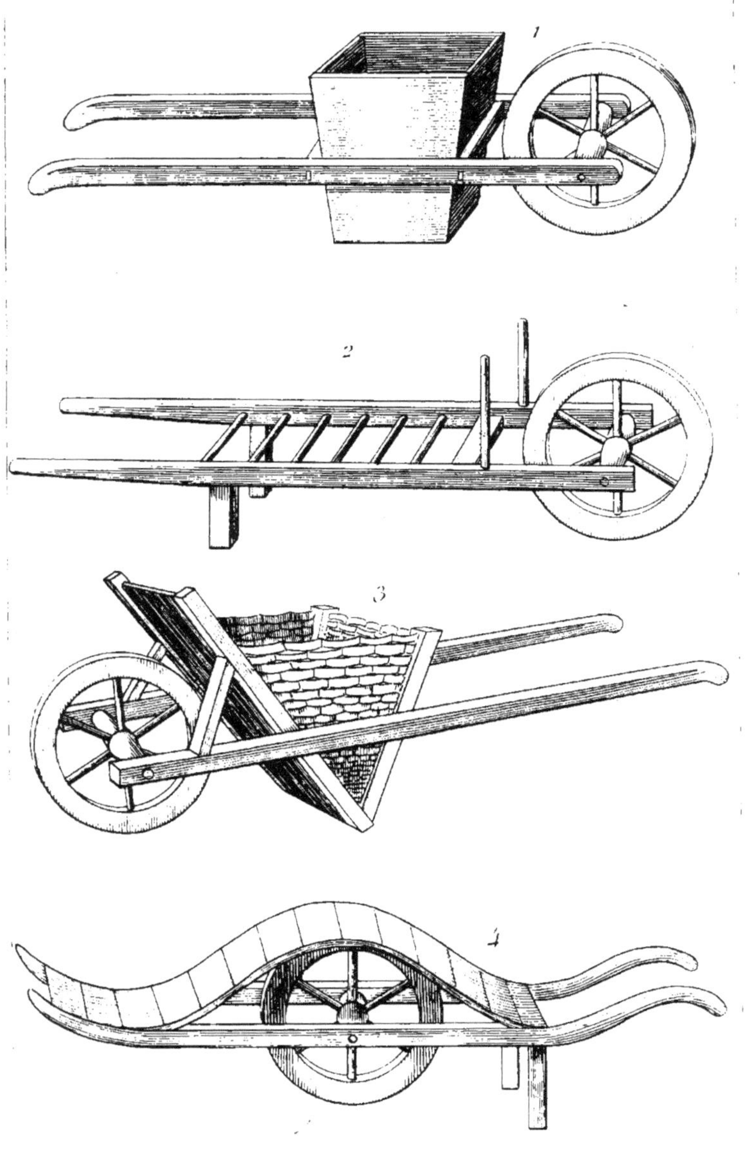

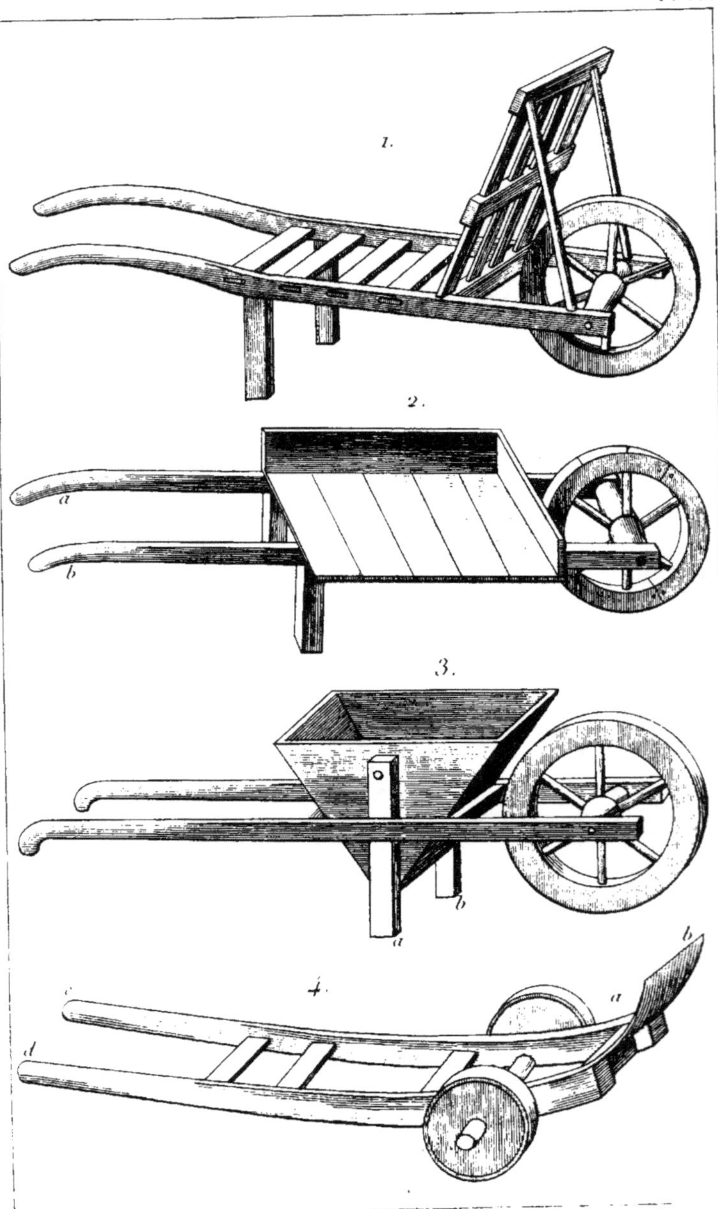

PLANCHE 50.

Instrumens de transport.

1. *Brouette-civière à dossier élevé.* Elle est employée dans beaucoup de nos provinces, au transport des fumiers, échalas, fagots, paille, fourrage, et autres matières faisant un grand volume comparativement à leur poids. Son dossier, fort élevé, est un peu incliné sur la roue et maintenu par deux supports.

2. *Brouette à un seul côté.* Elle est fort commode pour le transport des terreaux, fumiers, mortiers, etc., en ce que, pour la décharger, il ne s'agit que de la renverser du côté où elle manque de bord, en élevant le bras gauche, *a*, et baissant l'autre, *b*. Son usage est fort répandu en Italie.

3. *Brouette en trémie.* La trémie a ordinairement de 3 à 4 pieds de longueur, sur 2 de largeur. On s'en sert pour transporter les matières liquides, comme la vase, le mortier, etc. Elle est soutenue par les pieds, *a*, *b*, qui se prolongent au-dessus du brancard, et ont, en totalité, 26 pouces de longueur, et par les deux traverses qui unissent les brancards.

4. *Brouette des grainiers.* Cette machine est extrêmement commode pour le transport des sacs remplis de grains, à cause de la facilité du chargement. L'extrémité, *a*, doit être assez lourde pour faire bascule, de manière à ce que la machine étant en repos, la lame de fer, *b*, touche la terre, et que les brancards *c d*, soient élevés. Pour s'en servir, on approche l'extrémité *b* au pied d'un sac, on applique le sac sur la brouette, on baisse les brancards, et elle se trouve chargée par le mouvement de bascule qui emporte le sac.

Cette brouette, dont la moindre qualité est de diminuer considérablement la main-d'œuvre, est employée chez tous les marchands grainiers de Paris, et mériterait d'être beaucoup plus répandue en province.

PLANCHE 51°.

Instrumens de transport.

1. *Brouette à levier.* On s'en sert, dans le département de Seine-et-Marne, pour transporter l'eau. Par son moyen l'ouvrier ne porte que la moitié de la charge. Elle consiste en deux roues, sur l'essieu desquelles est porté un levier, *a*, ayant, vers le milieu de sa longueur, un crochet, *e*, auquel est pendu un seau plus ou moins grand.

2. *Brouette en caisson.* En Suisse, principalement dans le canton de Berne, on emploie beaucoup cette brouette pour transporter sur les prairies les eaux de fumier et les urines de bétail avec lesquels on les fertilise. On en fait de plus ou moins grandes, mais le plus ordinairement la caisse a, dans l'intérieur, 15 pouces de longueur, 12 de largeur, et 18 ou 19 de profondeur. Elle est composée de cinq planches, dont les latérales se prolongent en devant pour recevoir l'essieu de la roue, en arrière pour former les brancards. Dans le département de Saône-et-Loire les maçons se servent d'un instrument semblable pour transporter le mortier.

3. *Brouette à caisse horizontale.* Elle est fort utile dans de certains pays pour transporter le sable, le grain, et autres objets de même sorte. Au moyen de la roue qui se trouve placée au centre, on peut aisément transporter de lourdes charges. La figure fait assez comprendre sa construction.

4. *Charrette à tonneau.* On l'emploie en Allemagne, dans les jardins, et même dans les champs, pour charier l'eau des arrosemens. Elle se compose de deux brancards unis par quatre traverses, au milieu desquelles se trouve soutenu un tonneau. Les roues, qui sont en face, sont portées par des moyeux d'essieu en fer, solidement fixés aux brancards, comme on le voit en 1-A. A l'extrémité des brancards, en *a*, *a*, sont deux tenons où un homme attache une bricole pour aider celui qui est au brancard, si on n'a pas attelé un cheval.

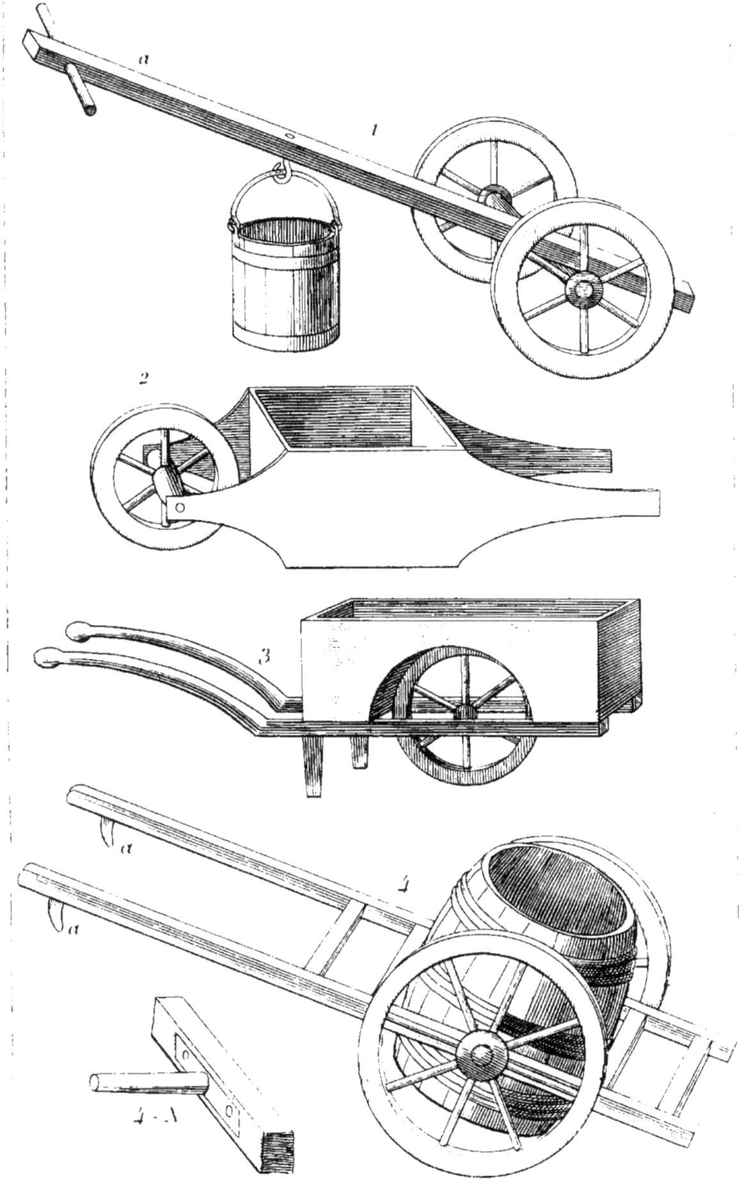

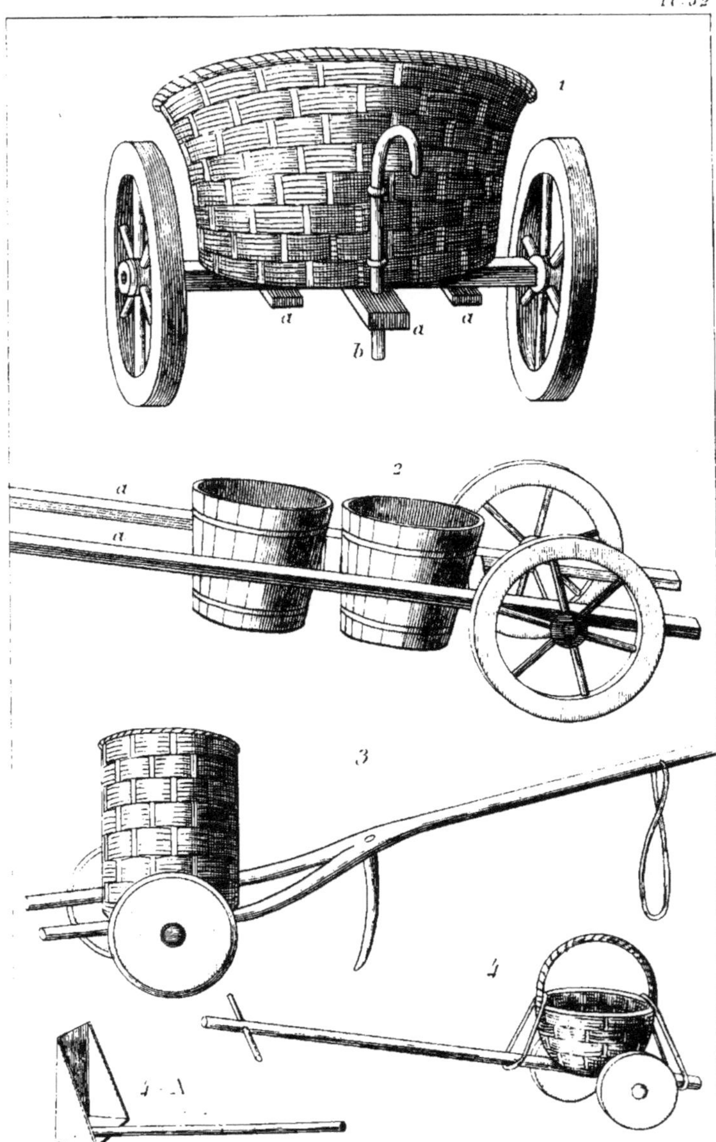

PLANCHE 52ᶜ.

Instrumens de transport.

1. *Grand chariot à panier.* Dans quelques provinces de l'Espagne, particulièrement en Andalousie, on s'en sert pour transporter à l'étable la portion journalière de fourrage que l'on distribue aux animaux. Il consiste en un panier plus ou moins grand, selon le besoin, posé sur un train léger composé de 3 traverses *a, a, a*, porté sur un cercle que nous n'avons pu montrer ; le tout placé sur un essieu à deux roues. Pour le conduire et le diriger, un homme saisit le crochet qui termine la tringle *b*. Il pourrait être employé avantageusement en France, dans les provinces où l'on élève des vers à soie.

2. *Brouette à porter l'eau.* Elle peut servir à transporter non-seulement de l'eau, mais encore des engrais liquides. J'en ai vu faire usage dans quelques cantons du département de la Marne. Au moyen des deux leviers *a, a*, un homme ne porte plus que la moitié de la charge, les roues portant le reste.

3. *Chariot à panier.* En Italie, dans les environs de Florence, on le trouve plus commode que la brouette pour transporter les fumiers et autres objets. En effet, il est d'autant plus léger que la charge porte entièrement sur l'essieu, et qu'il n'y a pas d'équilibre à maintenir.

4. *Petit chariot à panier.* Dans les cantons de la Toscane où les engrais sont fort rares, les enfans vont sur les grandes routes ramasser les excrémens des animaux, avec la pelle fig. 4-A, et ils les transportent avec le petit chariot à panier. Cette occupation vaut mieux que celle de courir après les voitures pour demander l'aumône aux voyageurs, comme on ne le voit que trop sur les grandes routes des provinces pauvres de la France.

———

PLANCHE 55ᵉ.

Instrumens de transport.

1. *Civière à brancards mobiles.* En Italie on se sert beaucoup de cet instrument pour transporter les vases et caisses contenant des arbres et arbustes d'orangerie. Les deux brancards *a*, *b*, s'écartent ou se rapprochent à volonté au moyen des deux traverses *c*, *c*, percées, comme eux, de plusieurs trous dans lesquels on fait entrer les chevilles en fer *e*, afin de fixer la machine dans les dimensions désirées.

2. *Petite brouette hollandaise.* Elle se compose d'une roue, de deux brancards, de deux traverses, dont la plus près de la roue porte un dossier consistant en deux montans un peu recourbés. Au bout des brancards en *e* on place souvent un crochet pour attacher une corde servant à l'attelage d'un chien, tandis qu'un homme tient les brancards. Aux environs d'Amsterdam on rencontre souvent ce singulier attelage.

3. *Brouette en charrette.* On en fait usage dans les environs de Paris, pour transporter le foin, la paille, des fagots et autres objets volumineux. Le plancher a ordinairement 7 pieds de longueur, et les dossiers de 2 pieds 6 pouces à trois pieds. Quelquefois, pour éviter le frottement des roues, on les recouvre d'une rampe en planches minces, comme nous l'avons figuré.

Cette brouette, et celle qui suit, ont cet avantage que, la charge portant entièrement sur les roues, l'ouvrier n'en sent pas le poids, et le tirage en est beaucoup plus facile.

4. *Brouette à deux roues.* Cet instrument est fort commode pour le transport des corps volumineux et légers. Il se construit dans les mêmes proportions que le suivant. L'ouvrier placé aux brancards *a*, *a*, peut également le conduire en poussant ou en tirant; dans ce dernier cas, il s'aide d'une bretelle qu'il attache aux points *b*, *b*, de la traverse du dossier *c*, et un autre peut pousser en saisissant la traverse *d*, *d*, du dossier *e*.

Dans le cas où l'ouvrier qui tient le brancard conduit en poussant, l'autre tire sur une bretelle attachée à la traverse *d*, *d*.

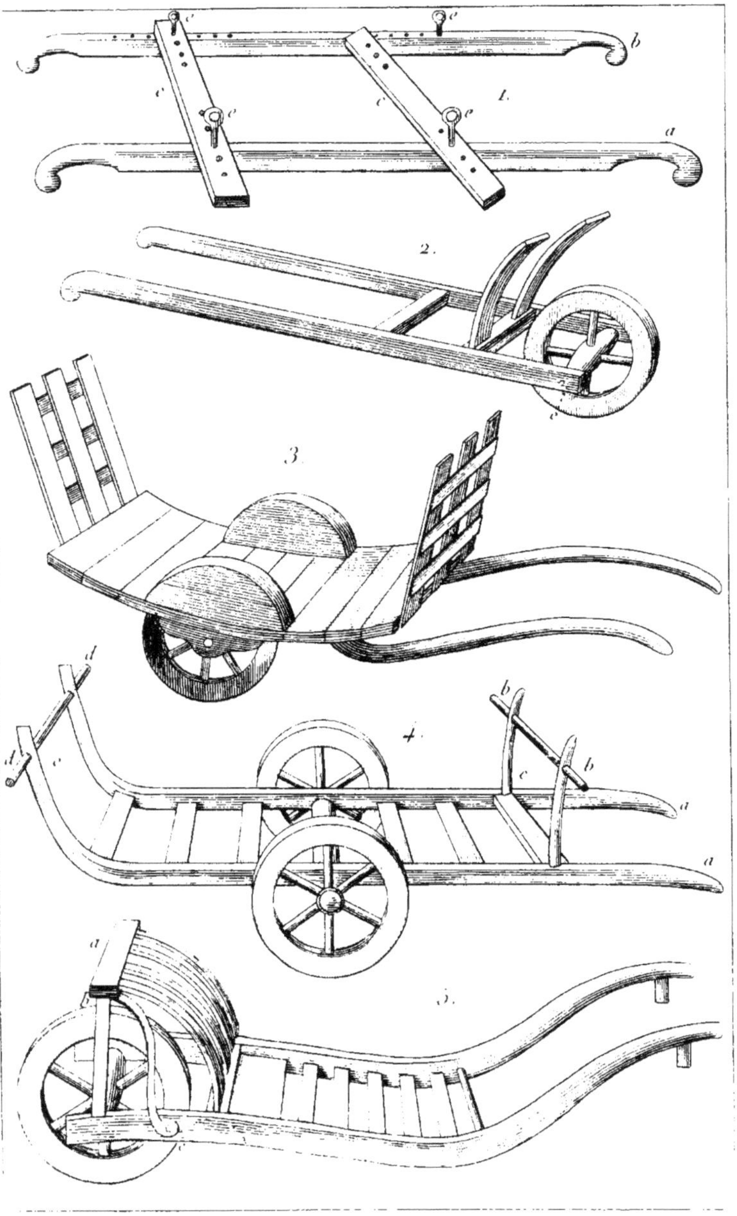

b
a
1.
c
e
e
2.
3.
d
c
b
c
b
a
a
4.
a
b
5.

5. ***Brouette à dossier et brancards courbes.*** Cet instrument est d'un usage généralement répandu pour le transport du bois, des pierres et généralement de tous les corps lourds. Son dossier a est à claire-voie, et se recourbe au-dessus de la roue. Il est solidement maintenu en position par deux barres de bois b, et par deux tenons en fer c.

—————

PLANCHE 54ᵉ.

Instrumens de transport.

1. *Civière à caisson en claire-voie.* On l'emploie à divers usages, pour porter aux bestiaux les fourrages, les betteraves, etc.; mais son usage le plus essentiel consiste au transport des feuilles de mûrier pour la nourriture des vers à soie. On lui donne des proportions calculées sur l'emploi qu'on en veut faire.

2. *Civière ordinaire.* On s'en sert à transporter des pierres et autres corps pesans. Son usage est trop répandu pour que nous soyons obligés ici d'entrer dans de plus longs détails. Ses proportions varient.

3. *Panier en brancard.* On peut s'en servir à bras d'homme, mais plus souvent on en fait porter un ou deux à une bête de somme, sur le bât de laquelle on les assujétit avec des cordes au moyen des deux bâtons *a, b,* qui dépassent. Le panier, formé avec de larges éclisses de bois, est très-propre au transport de divers objets, principalement des fruits. On s'en sert beaucoup dans les environs de Rome.

4. *Civière à trois brancards.* Dans la Savoie, aux environs de Saint-Jean de Maurienne, on en fait usage pour transporter les corps très-lourds. Au moyen de ses trois brancards, la charge peut être portée par six ouvriers.

5. *Civière à rebords.* Celle-ci est construite en planches bien jointes, pour ne pas laisser échapper les matières à demi-liquides qu'on peut y transporter, tels que mortier, etc. Ses rebords la rendent très-commode pour porter des gazons, terres, pierrailles, et autres objets.

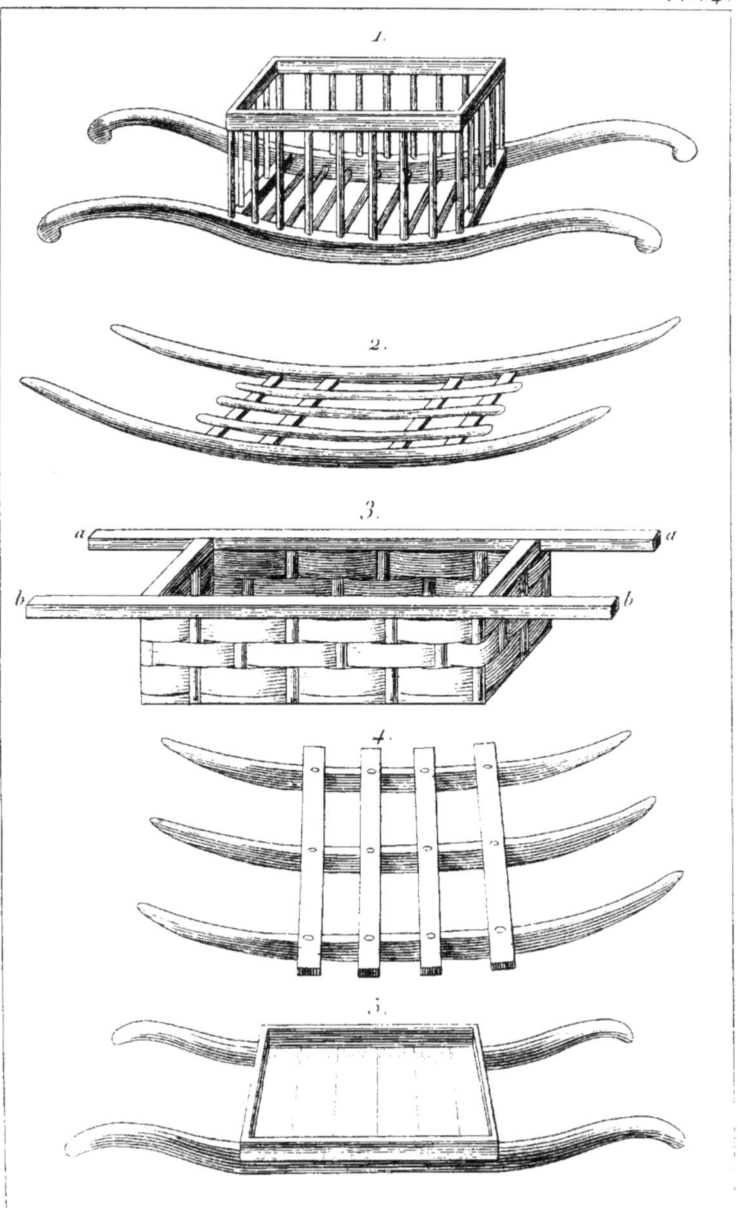
1.
2.
3.
a
a
b
b
4.
5.

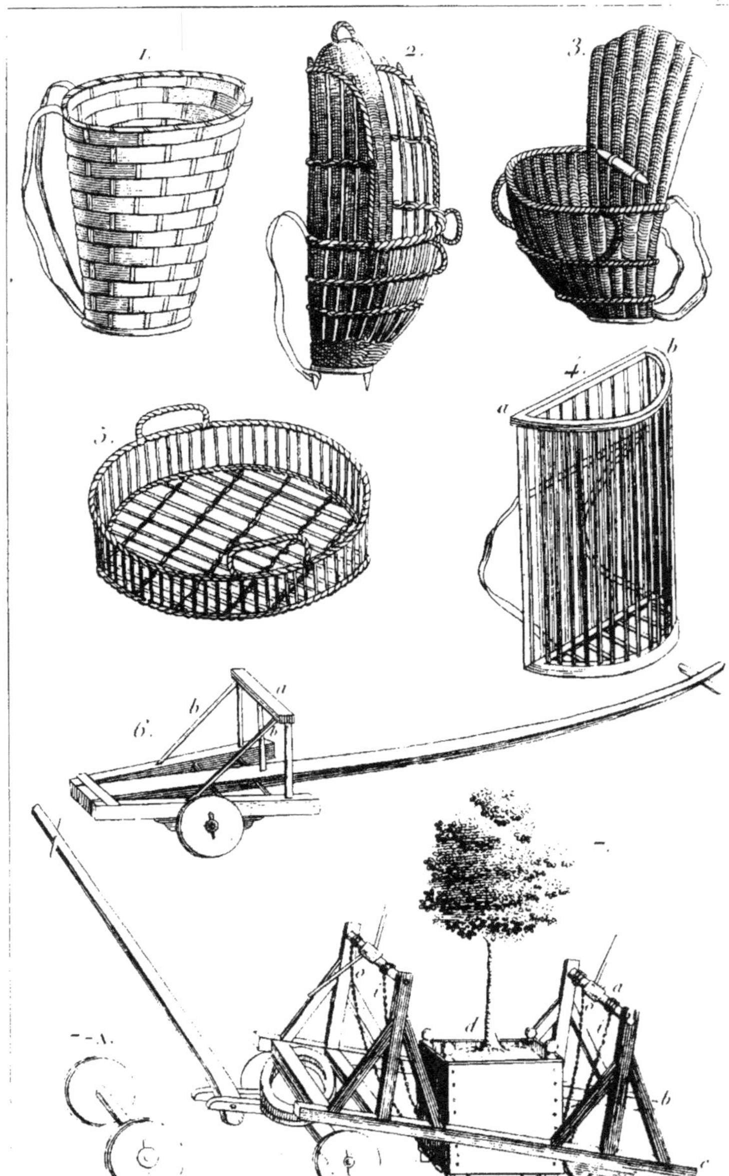

PLANCHE 55.

Instrumens de transport.

1. *Hotte en panier.* Ce n'est rien autre chose qu'un panier conique, grossièrement fait avec des éclisses en bois, auquel on ajoute deux bretelles pour pouvoir le porter sur le dos. On s'en sert à Paris pour transporter toutes sortes d'objets.

2. *Hotte à côtés.* Cet instrument, fort employé à Paris, très-rarement dans le reste de la France, est extrêmement commode. Il est construit en osier, et varie beaucoup dans ses dimensions. Le dossier seul n'est pas à jour.

3. *Hotte à dos recourbé.* Elle est entièrement en vannerie. On s'en sert beaucoup à Paris pour transporter divers objets. On les place au fond de la hotte, puis on les assujétit contre le dossier au moyen d'une corde.

4. *Hotte demi-cylindrique.* Elle a 22 pouces de largeur d'*a* en *b* ; 18 pouces de diamètre, et 2 pieds 6 pouces de hauteur. Elle est à claire-voie, légère, fort commode pour porter les objets volumineux. On en fait usage dans le canton d'Appenzel, en Suisse.

5. *Crible en panier.* Il sert à passer la terre et le terreau, pour cultiver les plantes délicates qui exigent des pots ou des caisses. Il est tissu en osier ; il a la forme d'une corbeille à laquelle on aurait ajouté deux anses.

6. *Diable à deux roues.* Cet instrument est fort commode pour transporter les arbustes plantés dans des caisses ou des pots assez lourds pour ne pouvoir être portés aisément à bras. Le vase est couché obliquement sur le chariot, et la tige est appuyée sur le dossier *a*. Les tenons *b*, *b*, retiennent la plante des deux côtés de manière à l'empêcher de pouvoir tomber.

7. *Diable à quatre roues.* Celui-ci peut être tiré par des hommes, quoique destiné à porter des caisses très-lourdes d'orangers et autres arbres d'orangerie, ce qui fait que plus ordinairement on y place un brancard pour le faire tirer par un cheval.

Lorsque l'on veut s'en servir, on ôte les roues de derrière, que nous avons représentées fig. 7-A, ainsi que le treuil *a*. On recule le chariot en faisant passer les deux bras *b*, *c*, l'un d'un côté de la caisse *d*, l'autre de l'autre côté.

Lorsque l'arbre se trouve au milieu du chariot, on replace le treuil *a* tel qu'on le voit dans la figure, ainsi que les roues de derrière; puis on passe les deux chaînes *o*, *i*, sous la caisse, que l'on soulève en tournant les deux treuils et tendant les chaînes. Quelquefois, pour soulager ces dernières, lorsque la caisse est élevée un peu au-dessus du niveau des bras du chariot, on glisse dessous un fond en planches sur lequel on la fait porter. Souvent aussi on se contente de laisser la caisse suspendue, et on la transporte ainsi.

La vue de la figure fait assez comprendre la forme du diable, aussi nous nous bornerons à faire observer qu'il faut que les roues de devant soient assez basses pour pouvoir aisément tourner sous le chariot. Sans cela, il serait fort difficile de tourner dans les allées ordinairement assez étroites d'un jardin.

Les dimensions du diable sont calculées sur la grandeur et la pesanteur des caisses qu'il doit transporter.

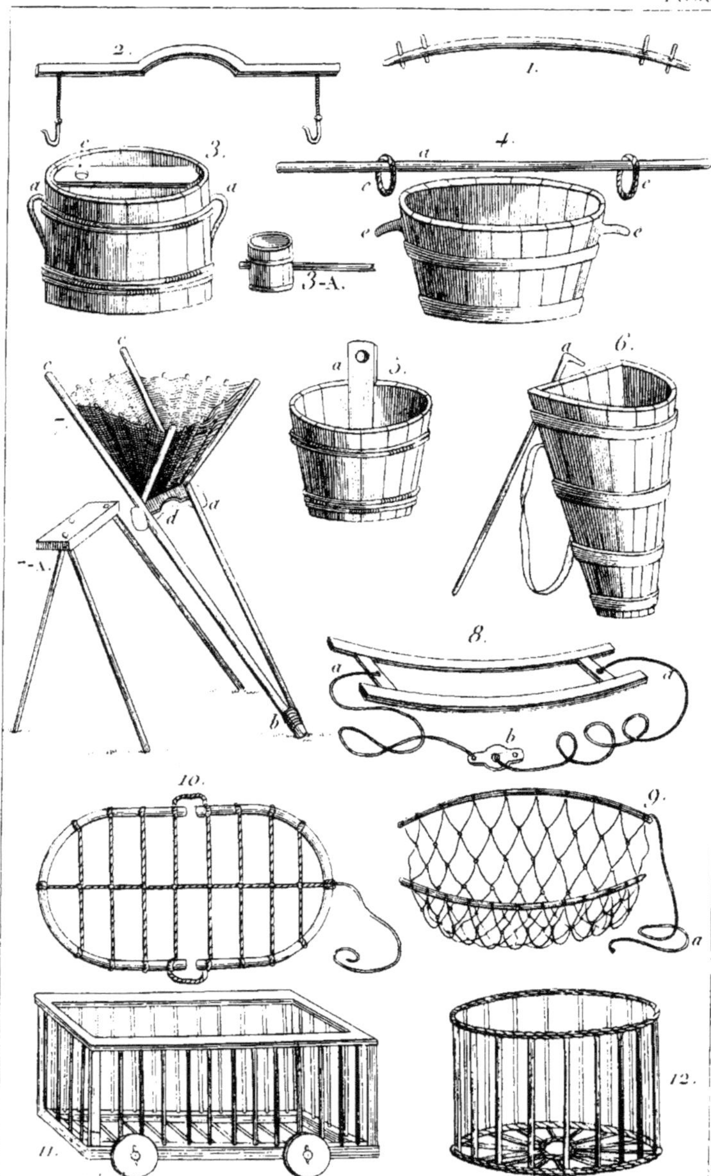
2.
1.
3.
4.
3-A.
5.
6.
7-A.
d
a
b
8.
a
a
b
10.
9.
a
11.
12.

PLANCHE 56.

Instrumens de transport.

1. ***Bâton à porter les fardeaux.*** Il a depuis 4 pieds jusqu'à 6 de longueur, selon le volume des objets à porter. Il est un peu aplati au milieu, à la partie qui se place sur l'épaule; les extrémités sont munies de deux chevilles pour retenir les deux fardeaux qui doivent faire équilibre. On en fait usage en Italie.

2. ***Joug à porter les fardeaux.*** Il consiste en une pièce de bois légère, creusée circulairement dans le milieu, de manière à encadrer exactement le derrière des épaules et les côtés du cou. A chaque bout est un crochet attaché à une corde plus ou moins longue, selon le besoin, et servant à accrocher les seaux ou autres objets à porter. On s'en sert en Angleterre et en Hollande.

3. ***Comporte pour transporter les engrais liquides.*** On en fait usage en Catalogne pour transporter dans les champs les eaux de fumier, les urines et autres engrais liquides. On passe deux bâtons dans les poignées *a*, *a*, et deux hommes la portent en civière. Lorsque les engrais exhalent une odeur fétide, le dessus est entièrement foncé, et il ne reste que le trou *c*, par lequel on remplit la machine, au moyen du vase 3-A, qui est traversé par un long manche. Ce vase sert aussi à recevoir l'engrais, lorsqu'on vide la comporte, et à le répandre sur le terrain.

4. ***Baine mâconnaise*** avec son ***pal*** ou ***pau.*** La baine sert à recevoir le raisin du panier des vendangeurs, et à le transporter dans la cuve ou dans le pressoir. Deux hommes la portent suspendue sur l'épaule au moyen du long bâton *a*, qu'ils placent sur l'épaule, et des deux liens d'osier *c*, *c*, qu'ils passent dans les oreilles ou mancherons *e*, *e*.

La baine est ovale; elle a 2 pieds de longueur et 18 pouces de largeur dans le haut; ses bords ont 18 pouces de hauteur.

5. ***Sillet*** ou ***seillet des vendangeurs mâconnais.*** Il y en a de plusieurs dimensions, selon qu'ils doivent servir à des hommes ou à des femmes. Les plus grands ont 13 ou 14 pouces de diamètre; les plus petits 8 ou 9. Une duelle *a*, qui se prolonge de 4 pouces, sert de manche; elle est percée d'un trou dans lequel les vendangeurs passent un bâton pour porter le

seillet sur l'épaule quand ils ne s'en servent pas. On en fait usage pour déposer le raisin à mesure qu'on le coupe.

6. *Hotte à porter des liquides.* Dans quelques provinces du midi on s'en sert pour porter la vendange. Ses proportions varient en raison de la force de celui qui doit en faire usage. Le bâton crochu, figuré en *a*, sert à l'ouvrier à la retenir sur son dos.

7. *Hotte à longs manches, bachoule.* Dans le département de Saône-et-Loire, les vignerons font usage de cette hotte pour reporter sur les côteaux de vignes les terres que les eaux ont entraînées dans les endroits bas. Le panier a 18 pouces de largeur sur le derrière, 15 sur le devant, et 13 pouces sur les côtés. Les manches, de *a* en *b*, ont 4 pieds 6 pouces de longueur; ils sont réunis par un lien à l'extrémité *b*. Le joug *a*, qui fait en même temps le fond du panier, est échancré pour recevoir le cou de l'ouvrier; on le garnit ordinairement d'un coussinet en paille ou en chiffon.

Pour se servir de cet instrument, on l'appuie contre le trépied 7-A; on le remplit de terre avec la pelle; puis l'ouvrier saisit les extrémités des manches *c*, *c*, pour retourner le panier, et il passe la tête en *d*, de manière à avoir l'extrémité des manches *b* devant lui. Pour vider la hotte, il appuie cette extrémité *b* sur la terre, retire la tête, et, prenant les deux manches en *c*, *c*, il penche l'instrument en avant, et la terre tombe.

8. *Cercal.* Cet instrument sert, en Savoie, à transporter le foin, soit à dos d'âne, soit à bras. Il consiste en un châssis en bois léger, de 7 pieds de longueur sur 3 pieds 6 pouces de largeur. On place le foin dessus, et on l'assujétit avec la corde *a*, *a*, que l'on fixe au moyen de la navette *b*.

9. *Cercal à filet.* Il consiste en deux bâtons arqués auxquels est attaché un filet formant la poche. On le remplit de foin, ou autre denrée semblable, on rapproche les deux bâtons l'un contre l'autre, et on les fixe avec la corde *a*. Il est en usage en Suisse.

10. *Cercal en demi-cercle.* Dans le département de la Haute-Garonne, on l'emploie aux mêmes usages que les deux précédens, et surtout pour porter le fourrage dans les râteliers. Il n'en diffère que par sa forme.

11. *Chariot à fourrage.* Dans la Lombardie, les cultivateurs s'en servent pour transporter le fourrage dans les écuries. Il est à claire-voie; il

a 4 pieds 6 pouces de longueur , 3 pieds 6 pouces de largeur , et 2 pieds 6 pouces de hauteur.

12 *Panier à fourrage.* On l'emploie aux mêmes usages que les précédens, dans le département de la Gironde. Il est large de 2 pieds 6 pouces.

LIVRE III.

—

Instrumens tranchans.

Les instrumens de cette section, importans par leur nombre et par la diversité de leur usage, appartiennent plus à l'horticulture qu'à l'agriculture. Néanmoins ils jouent encore un rôle considérable dans la grande culture des pays boisés, et partout où l'on cultive la vigne, l'olivier, le mûrier, etc.

Il est assez difficile à un cultivateur de reconnaître les qualités d'un instrument tranchant, avant d'en faire usage ; on peut cependant y parvenir par l'habitude, aidé de quelques renseignemens que nous allons donner.

Quand on choisit un outil, on le *sonne* d'abord, c'est-à-dire qu'on le tient suspendu et qu'on le frappe légèrement avec un corps dur. Si les sons vibrent, à peu près comme une cloche, c'est une présomption en sa faveur ; si, au contraire le son est sourd, non vibrant, c'est que l'outil est *pailleux*, ayant quelque gerçure ou fente, provenant d'un fer aigre, cassant ou mal travaillé, ou bien encore d'un acier apauvri, ayant déjà servi à la confection d'autres outils, et mal soudé au fer.

Il s'agit ensuite de voir si la trempe est bonne. Pour cela, on se sert d'une lime nommée *tiers-point*, *demi-douce*, ou d'un burin. Si la lime mord aisément et que le burin raie sans effort, la trempe est trop faible, le taillant mou, sujet à rebrousser. Si, au contraire, la lime blanchit au lieu de mordre, et que le burin raie difficilement, la trempe est bonne ou un peu dure. Dans ce dernier cas l'outil est cassant, mais il est aisé d'y remédier. Il ne faut pour cela que le faire chauffer jusqu'au jaune, ou même au bleu, et le tremper subitement dans l'eau froide.

Il ne reste plus qu'à savoir si l'acier est en quantité suffisante et de bonne qualité. On reconnaît l'étendue qu'il occupe : 1° en tâtant avec la lime ou le burin ; 2° à sa couleur d'un blanc d'autant plus clair que l'acier est plus pur, tandis que le fer est d'un blanc grisâtre; 3° et enfin au moyen d'eau-forte (acide nitrique) que l'on pose dessus avec une plume. Elle devient noire sur l'acier, et plus elle se colore, plus elle noircit promptement, meilleur il est. Sur le fer elle devient d'un jaune de rouille, et se colore plus lentement.

CHAPITRE VII.

—

Des greffoirs et des instrumens de taille.

Ces instrumens sont indispensables, non-seulement aux jardiniers, mais encore à tous les cultivateurs intelligens qui utilisent les terrains vagues, les haies, etc., en y plantant des arbres fruitiers.

On connaît plus de cent-vingt manières de greffer, toutes décrites par les auteurs, et cependant on ne possède qu'une quinzaine de sortes de greffoirs, qui pourraient à la rigueur se rapporter à quatre principales : le greffoir noisette, pour les greffes en approches; le greffoir en fente; le greffoir à repoussoir, également destiné pour la greffe en fente, mais dont l'usage ne se répandra jamais beaucoup, du moins nous le pensons; et enfin le greffoir ordinaire, pour la greffe en écusson. D'où vient donc cette stérilité d'invention pour des instrumens qui laissent encore tant à désirer, et qui sont destinés à faciliter une opération aussi utile, dont les résultats sont miraculeux, pour me servir de l'expression de nos anciens auteurs?

Nous engageons de tout notre pouvoir les cultivateurs et les mécaniciens à tourner leurs vues vers ce point important de l'horticulture, et, nous le répétons, c'est avec le plus grand plaisir que nous donnerons de la publicité à leurs utiles travaux, en les insérant dans les supplémens annuels qui doivent tenir constamment cet ouvrage au courant de la science et des nouvelles découvertes.

Nous faisons suivre les greffoirs par les instrumens propres à la taille, à la tonte et à l'élagage des arbres, et à quelques pratiques particulières de culture, mais seulement ceux d'une forme simple, et appartenant autant, quelquefois davantage, à la grande culture qu'à celle des jardins et des vergers.

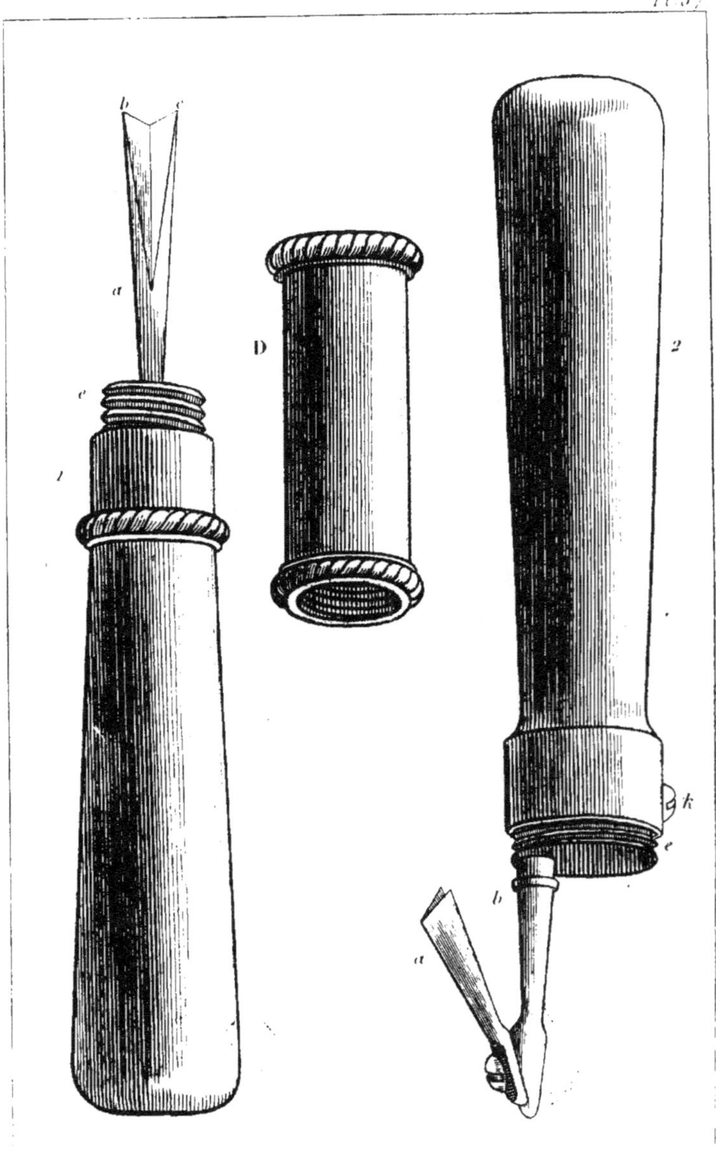
Pl. 57

PLANCHE 57°.

Greffoir de M. Noisette.

1. *Greffoir à emporte-pièce.* Cet instrument, inventé par M. Noisette, est extrêmement facile pour faire la greffe en approche et à la pontoise. Il est représenté, ainsi que le n° 2, de grandeur naturelle. La lame a, est creusée en gouttière, et se termine par les deux taillans b, c. Pour opérer, on creuse dans la branche du sujet une entaille longitudinale et en gouttière, ayant la même forme que la lame; puis, en retournant l'instrument, on fait à la greffe une plaie longitudinale en dos d'âne, qui s'ajuste parfaitement dans l'entaille du sujet. D est le couvercle qui s'adapte sur la lame et vient se visser en e, soit à cet instrument, soit à la figure 2.

2. *Greffoir renversé*, pour la même greffe. On s'en sert très-commodément pour entailler le sujet près de terre; la lame a tourne sur son pivot b, lorsqu'on appuie le doigt sur le bouton à ressort k, et ne dépasse plus le plan du manche, comme nous l'avons figuré par des points, de manière à ce qu'on peut adapter un couvercle d, fait dans des proportions convenables.

PLANCHE 58ᵉ.

Greffoirs.

1. *Greffoir Noisette*, perfectionné par MM. Arnheiter et Petit. Voici les modifications que ces ingénieux mécaniciens ont apportées à un instrument d'une invention déjà fort heureuse. Le manche est en étui, dans lequel on renferme les deux lames *a*, *b*, lorsque l'on met l'instrument dans sa poche.

Les lames, au lieu d'être fixes, comme dans le greffoir de la planche précédente, s'enlèvent et se placent à volonté. Leur talon *c*, 1-A, est carré; il s'enfonce ·dans un trou de même forme, pratiqué au bout du manche en *e* pour le recevoir. On maintient solidement la lame en place au moyen de la vis de pression *d*.

2. *Greffoir en fente*. Cet instrument sert à greffer en fente les arbres dont les tiges ou les branches destinées à recevoir les greffes ont déjà acquis une certaine grosseur. Le manche *b* a 4 ou 5 pouces de longueur; la tige d'*a* en *c* a 9 pouces de longueur. Elle porte une lame tranchante large de 3 pouces et à peu près carrée. Son extrémité se recourbe en une espèce de spatule étroite, ou plutôt de coin.

Pour se servir de cet instrument, on coupe net la tige à greffer; on appuie la lame sur l'aire de la coupe, et on l'enfonce en frappant avec un marteau. On retire la lame, et, pour tenir la fente ouverte jusqu'à ce qu'on y ait placé la greffe, ou pour l'ouvrir davantage, on introduit à sa place le coin *c*.

3. *Greffoir Madiot*. Cet instrument, fabriqué par MM. Arnheiter et Petit, a été inventé par M. Madiot, directeur de la pépinière de naturalisation, à Lyon. Il ne diffère d'un greffoir ordinaire que par son talon *b*, portant une spatule en argent pour soulever l'écorce; il ne doit être tranchant que depuis *c* jusqu'en *d*, sans quoi son emploi deviendrait dangereux.

4. *Greffoir de la vigne*. Cet instrument se compose de deux pièces: 4, la lame; 4-A, la fourchette.

La lame est ovale; elle a 30 lignes de longueur et 14 lignes dans sa plus grande largeur. Elle est portée par un manche de 5 pouces de longueur.

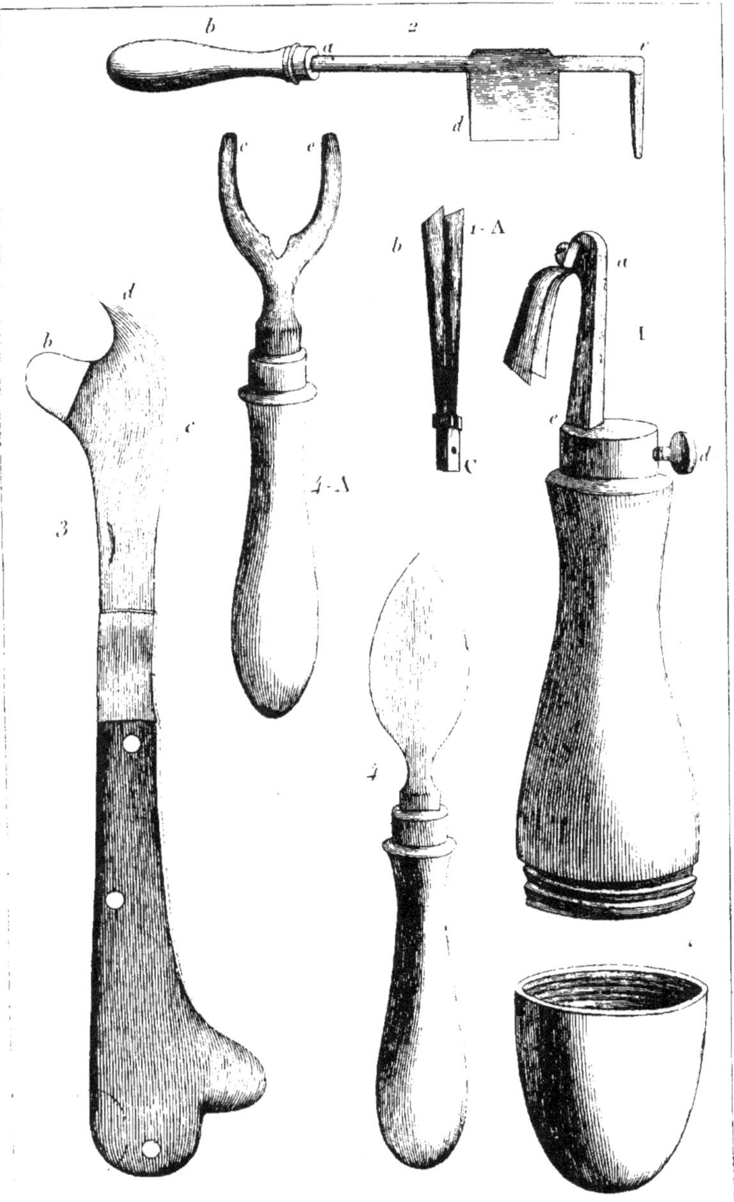
2
1-A
4-A
C
1
3
4
b
a
d
e
c

La fourchette est longue de 3 pouces ; ses branches ont 4 lignes de largeur ; leur écartement au sommet est de 17 lignes. Le manche a 5 pouces de longueur. Du reste, ces dimensions peuvent varier, selon la grosseur des ceps à greffer. Pour s'en servir, on fait avec la lame, dans le cep et près de terre, une fente longitudinale qui le perce d'outre en outre. Dans la fente, du côté opposé à la lame, on introduit les deux pointes *e*, *e*, de la fourchette, ce qui tient la fente ouverte jusqu'à ce qu'on y ait introduit une greffe taillée en forme de navette et munie d'un œil. Le reste de l'opération se fait comme dans les greffes ordinaires.

PLANCHE 59ᵉ.

Greffoirs.

1. *Greffoir moderne*, dans les proportions les plus généralement adoptées. Il est figuré de grandeur naturelle ; la lame *a*, servant à soulever les écorces, est en ivoire.

2. *Greffoir en fer*. La lame *a*, bien polie et mousse sur ses côtés, fait corps avec le manche, ainsi que la lame *b*. Cette dernière est en acier.

3. *Greffoir ancien*. Il diffère du nº 1 par sa lame plus longue, plus épaisse, et d'une forme moins avantageuse. La lame à soulever les écorces *a* est en buis ou en os.

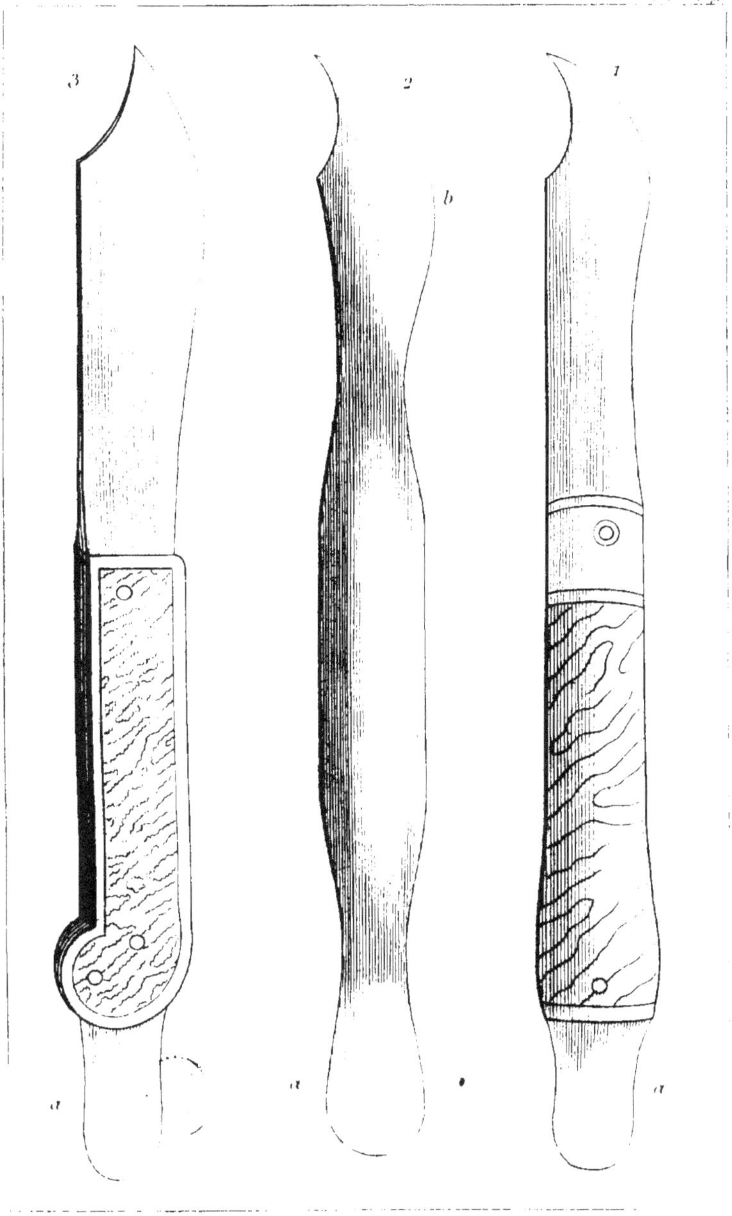

3
2
1
b
a
a
a

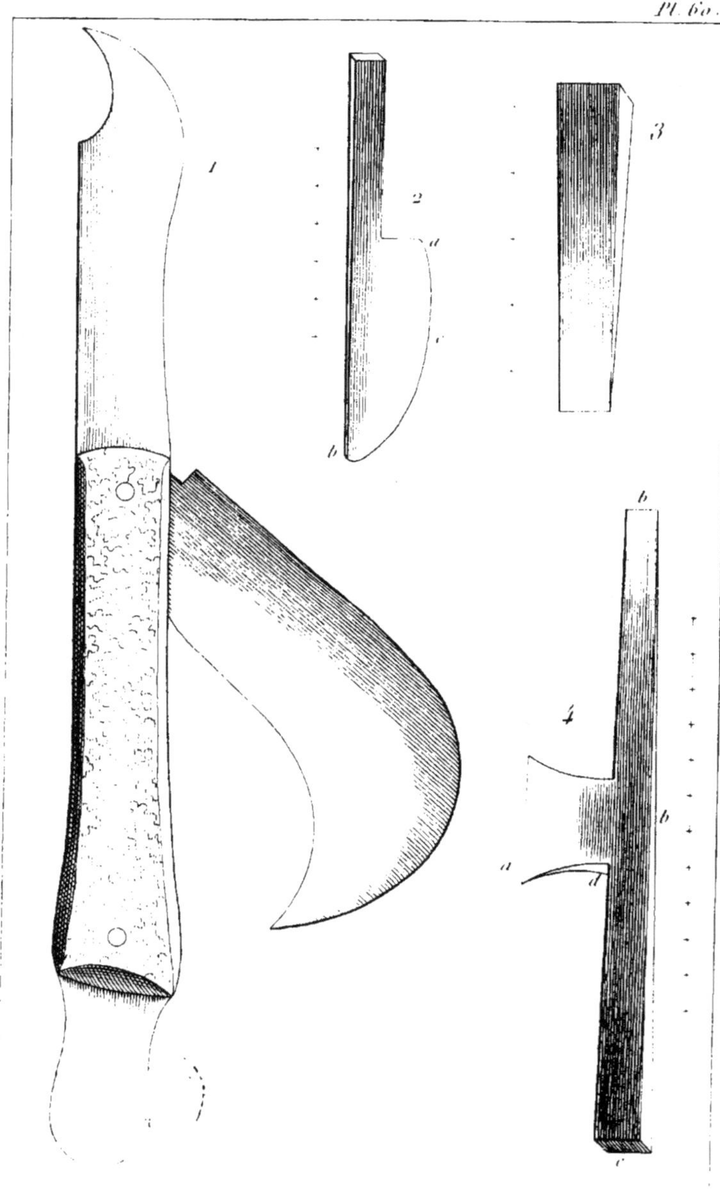

PLANCHE 60e.

Greffoirs.

1. *Greffoir à serpette.* Nous n'avons pas besoin d'indiquer son usage, qui est la fois celui de la serpette et celui du greffoir. Il est figuré de grandeur naturelle.

2. *Greffoir à manche de fer.* La lame, de a en b, a 6 pouces de longueur. Cet instrument sert à la greffe en fente; pour opérer, on appuie le tranchant c sur l'aire de la coupe du sujet, et, avec un petit maillet ou marteau, on frappe pour faire la fente. Ce greffoir est en usage en Espagne.

3. *Coin à greffer.* Dans le même pays, on emploie ce coin pour tenir la fente ouverte pendant qu'on prépare le rameau dont on fait la greffe. Il sert particulièrement à la greffe en couronne.

4. *Greffoir à double équerre.* Cet instrument, employé dans le royaume de Valence, comme les précédens, offre à lui seul les mêmes avantages que les deux autres. a est la lame que l'on applique sur l'aire de la coupe du sujet pour faire la fente, en frappant en b avec le maillet, b est le tranchant du coin, dont la tête c est carrée et a 8 lignes de largeur. L'instrument, totalement en fer, a 18 pouces de longueur de c en b. La lame a est large de 3 à 4 pouces vers son taillant, et longue de 26 à 28 lignes à partir de sa base d jusqu'au tranchant a. Ce greffoir est très-commode pour opérer la greffe en couronne sur les arbres déjà gros.

PLANCHE 61ᵉ.

Greffoirs et serpette.

1. *Greffoir à repoussoir.* On s'en sert pour la greffe en écusson, et rarement on le fait dans des proportions plus grandes que celles que nous avons données à notre dessin. Il ne diffère des autres greffoirs que parce que sa lame s'enfonce dans le manche à volonté, à la manière des canifs, ce qui le rend d'un usage moins dangereux pour les personnes qui n'ont pas la grande habitude de ces instrumens.

2. *Greffoir à emporte-pièce,* fabrique de MM. Arnheiter et Petit. Cet instrument, qui serait plus avantageux s'il était moins compliqué, se compose ainsi qu'il suit :

a est un chapeau, ou support, contre lequel on appuie le côté de la tige ou de la branche opposé à celui où doit se faire l'entaille ; *c* est la lame à deux tranchans, qui s'appuie contre la tige, et la coupe en manière de fente quand on fait agir la vis de pression *d*, au moyen de la béquille *e*.

b, b sont les deux tiges qui forment le corps de l'instrument avec les deux platines *i i.*

La lame est placée sur une petite assise mobile en acier, sur laquelle elle est fixée au moyen de deux petites vis. L'instrument peut un peu varier dans ses dimensions. Celui que nous avons dessiné avait 4 pouces de longueur de *f* en *g*, et 3 pouces de largeur de *m* en *n*.

3. *Serpette anglaise.* Cet instrument diffère essentiellement de nos serpettes ordinaires, figurées pl. 62, par sa lame plus alongée, formant beaucoup moins le crochet, quoique sa courbure soit aussi prononcée, et peut-être davantage. Si elle a moins de prise sur une branche à couper en récompense elle la tranche beaucoup plus net. Le dessin de cette serpette a été fait sur le modèle même envoyé de Londres à MM. Arnheiter et Petit. Sa lame avait 3 pouces de longueur, et le manche était en corne de daim.

4. *Tire-branche du Valais.* Il consiste en un crochet de fer *b*, emmanché au bout d'un bâton long de 6 à 7 pieds. A l'autre extrémité est une planchette *a*, longue de 7 pouces 6 lignes, portant une cheville ou

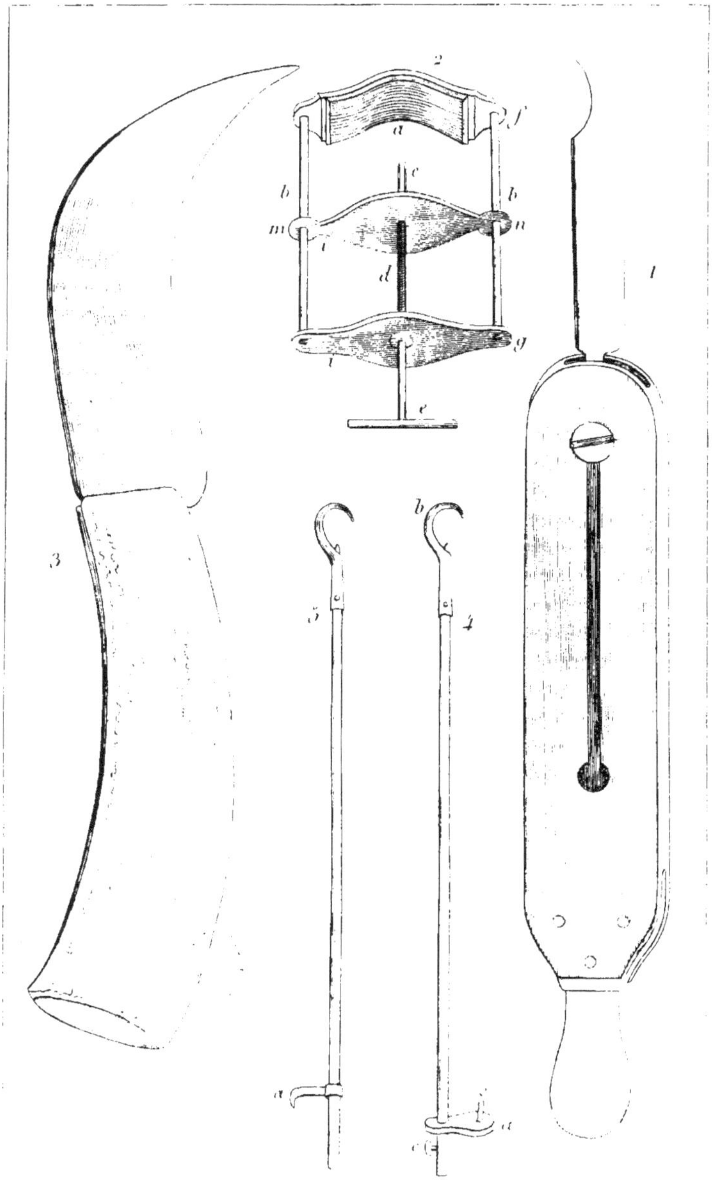
2
a
f
c
b
b
m
n
i
d
g
i
e
1
3
b
5
4
a
a
c

Cette planchette recule ou avance à volonté le long du bâton, dont elle ne peut pas échapper néanmoins, à cause du bouton *e*. Lorsqu'on veut se servir de cet instrument, soit pour cueillir des fruits, ou tailler des rameaux éloignés, on accroche la branche, on la tire à soi avec précaution pour ne pas la rompre, et on la retient en position en fixant la planchette *a* à une autre branche; nous supposons que l'on est monté sur l'arbre ou sur une échelle. On fait usage de cet instrument, ainsi que du suivant, dans la Suisse.

5. *Tire-branche ordinaire.* Il sert aux mêmes usages que le précédent, dont il ne diffère que par le crochet en bois *a*, qui remplace la planchette.

PLANCHE 62ᵉ.

Instrumens propres à la taille.

1. *Serpette de poche.* Le modèle que nous donnons ici est le plus généralement suivi, quant à la courbure de la lame. Cette courbure est avantageuse dans les instrumens forts et destinés à de gros ouvrages, tels que la taille des treilles, des vieux pommiers et poiriers, etc. Le manche de cette serpette doit indispensablement être en corne de cerf ou de daim, ou autre matière offrant des aspérités à sa surface, afin qu'il puisse se fixer solidement dans la main. Il faut être exercé pour se servir commodément de cet instrument sans risquer de briser la lame à sa courbure, ou même pour ne pas se blesser. On ne saurait y mettre trop d'attention jusqu'à ce qu'on en ait l'habitude.

2. *Serpette de poche*, pour la taille des arbustes, des pêchers, et autres travaux délicats. Elle diffère de la précédente par la courbure de sa lame beaucoup moins prononcée, mais l'étant cependant assez pour que l'instrument ait une force de taillant suffisante pour son usage ordinaire. Le manche peut être en écaille, comme dans le modèle que nous avons figuré, mais cependant il serait mieux si la surface était raboteuse. La longueur la plus ordinaire de la lame de ces deux serpettes est de 2 pouces 6 lignes à 3 pouces.

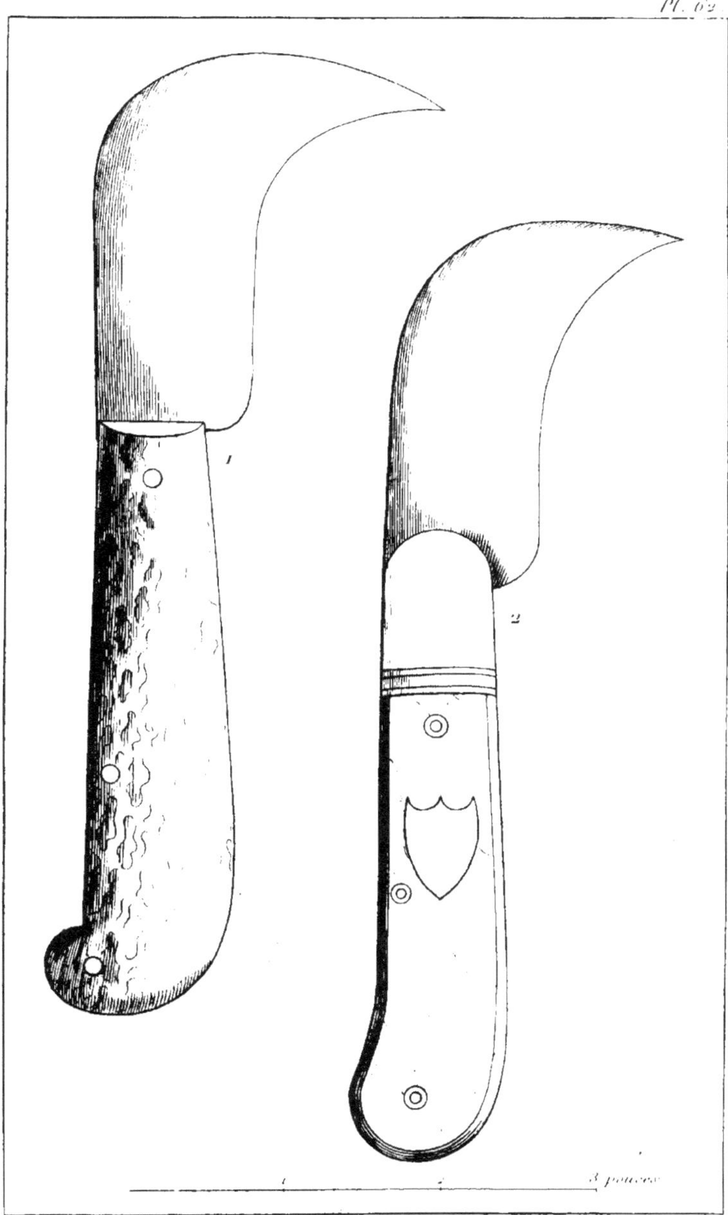
3 pouces

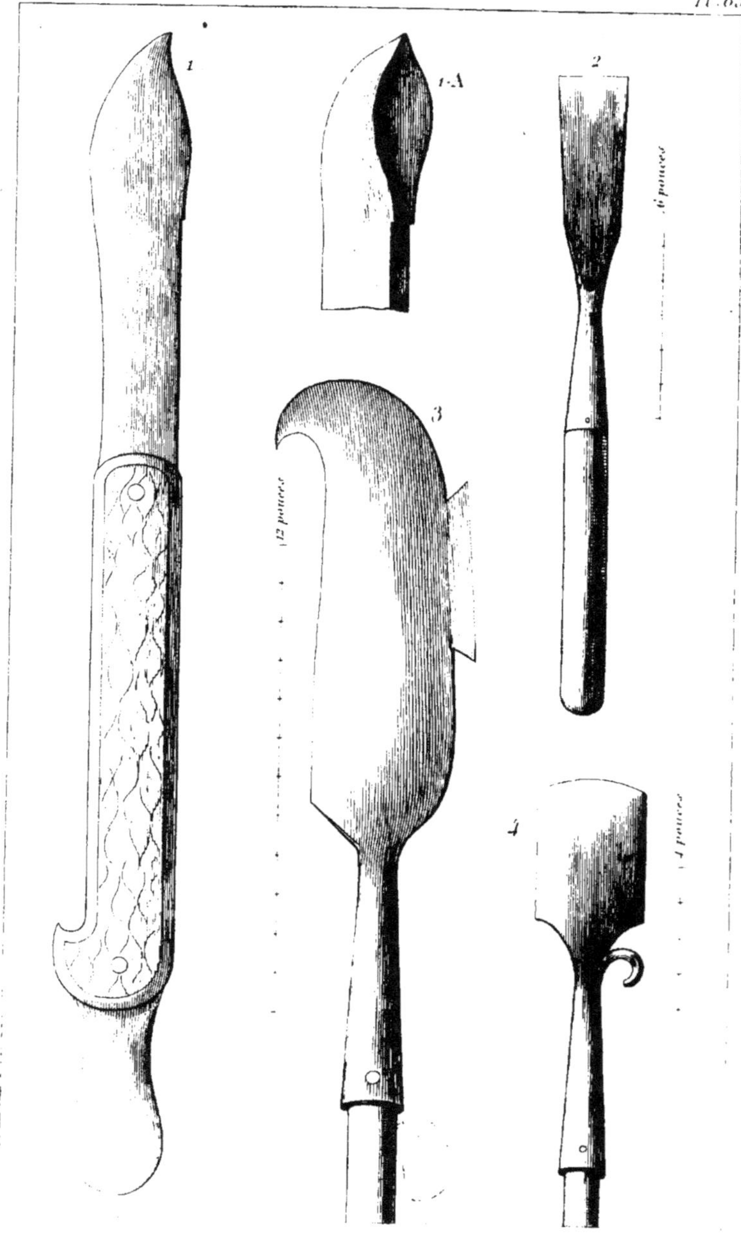

1
1-A
2
3
4
16 pouces
12 pouces
4 pouces

PLANCHE 65°.

Instrumens propres à la taille.

1. *Greffoir Leroy*. Cet instrument porte le nom d'un jardinier d'Auteuil, qui l'a inventé. Il diffère des autres greffoirs par sa lame épaisse au sommet, au point d'être triangulaire, comme on le voit en 1-A. Cette épaisseur lui a été donnée dans l'intention de soulever avec la pointe les deux bords de la plaie faite à l'écorce, sans qu'il soit besoin de se servir de la spatule. Nous ne pensons pas que cet avantage soit bien prouvé.

2. *Ébranchoir en ciseau ; fermoir*. C'est un ciseau plus ou moins grand, selon l'usage auquel il est destiné, qui, au moyen d'une douille, s'adapte à un manche plus ou moins long. On place le tranchant sous la branche à couper, et on la fait sauter net d'un coup de maillet que l'on frappe au bout du manche.

3. *Serpe d'élagueur*. Ses dimensions varient, et les plus grandes, celles qui conviennent aux forestiers, ne peuvent jamais avoir plus d'un pied, non compris la douille. On en fait, pour les jardiniers, dont la lame n'a pas plus de 7 à 8 pouces de longueur.

4. *Houlette à crochet*. La lame, non compris la douille, a 4 pouces de longueur sur 3 de largeur. On l'adapte à une canne ou un bâton, et elle sert à biner, à couper les mauvaises herbes, enfin à tous les petits travaux qui peuvent se rencontrer lorsqu'on visite une culture soignée. Le crochet sert à baisser une branche, soit pour cueillir un fruit, soit pour l nettoyer des pucerons, etc.

Les instrumens figurés dans cette planche ont été perfectionnés ou inventés par MM. Arnheiter et Petit.

PLANCHE 64.

Instrumens propres à la taille.

1. *Serpette des vendangeurs mâconnais.* La lame a de 2 pouces et demi à 3 pouces et demi de longueur. Le manche est en bois. Elle ne sert qu'à couper le raisin.

2. *Serpette des vignerons mâconnais.* En *a* est un second taillant dont ils se servent à la manière d'une serpe pour abattre le gros bois. La lame a depuis 4 pouces et demi jusqu'à 6 pouces de longueur. Cet instrument sert à tailler la vigne.

3. *Serpe romaine,* employée, dans les environs de Rome, à tondre les haies. La lame a de 10 à 12 pouces de longueur. Le crochet du bout sert à réunir les brins coupés, ou à rapprocher de la main gauche les branches grosses et fortes qu'il faut saisir et courber d'une main, tandis qu'on les coupe de l'autre.

4. *Serpe longue,* employée en Italie aux mêmes usages que la précédente, et, dans certains cantons, à la taille de la vigne. Sa lame a de 12 à 15 pouces de longueur.

5. *Serpe à hachette,* employée en Italie aux mêmes usages que les deux précédentes. Sa lame a 11 pouces de longueur.

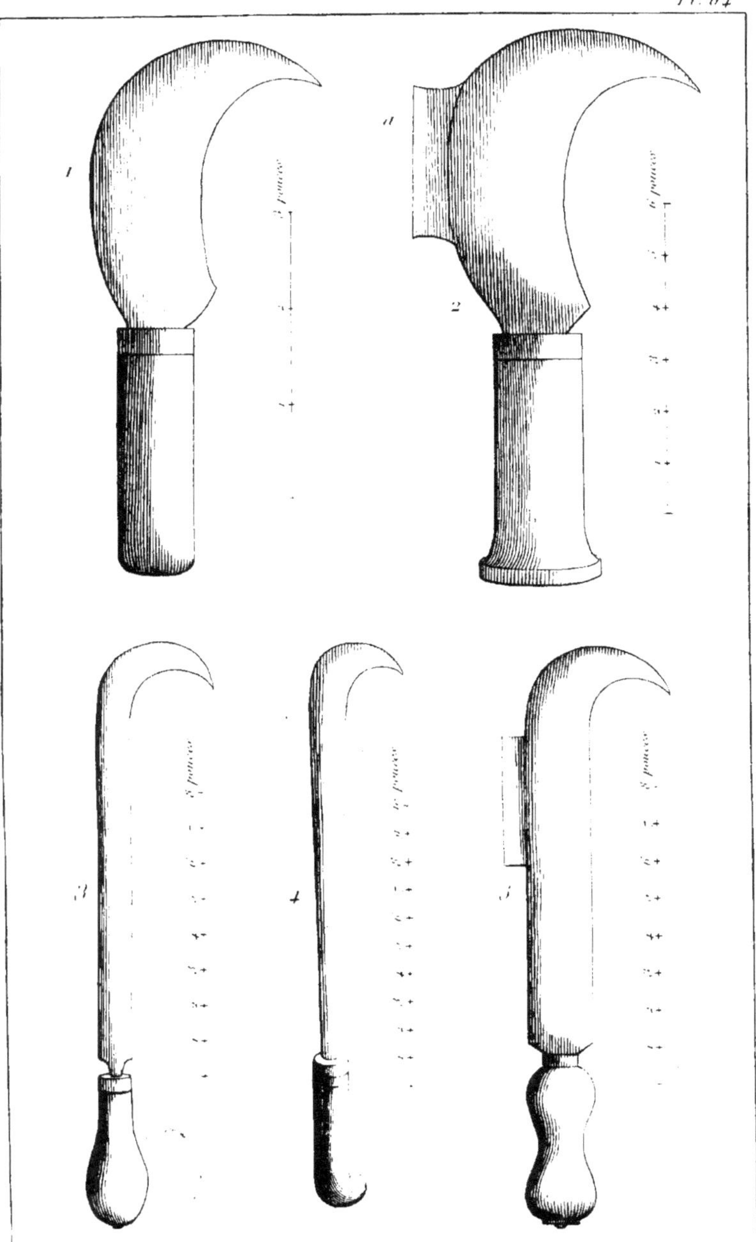

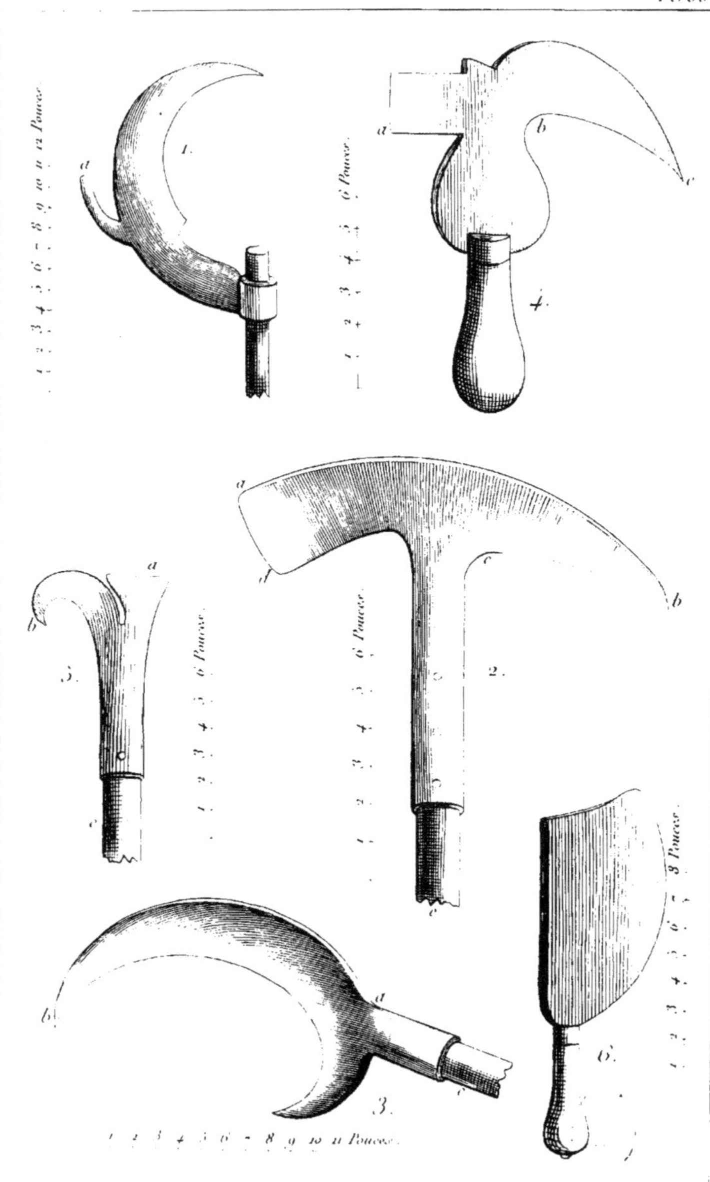

PLANCHE 65.

Instrumens propres à la taille.

1. *Croissant bordelais.* Cet instrument a 20 pouces de longueur, plus ou moins, mesuré le long de la courbure opposée au tranchant. Son dos porte un crochet *a*, qui sert à ployer les branches épineuses et à les entrelacer dans les haies que ce croissant sert à tailler. Il est en usage dans les campagnes, depuis Bordeaux jusqu'à Baïonne.

2. *Croissant espagnol à double lame.* La lame, d'*a* en *b*, a 13 pouces de longueur mesurée sur sa courbure. Elle est munie de deux taillans, un de *c* en *b*, l'autre d'*a* en *d*. Sa plus grande largeur est de 22 à 28 lignes. Son manche *e* a de 8 à 10 pieds. On emploie cet instrument à tailler les arbres et à débarrasser les champs des ronces et des broussailles.

3. *Croissant à talon.* Sa lame, mesurée en ligne droite du manche à la pointe, c'est-à-dire d'*a* en *b*, a 14 pouces de longueur. Le manche *c* peut avoir de 6 à 12 pieds. Cet instrument sert à la taille des arbres. Il offre l'avantage de couper en tirant et en poussant.

4. *Serpe à hachette* ou *poudadore.* La lame, de *b* en *c*, a 4 pouces et demi ; autant de *b* en *a*, ce qui donne 9 pouces pour toute sa largeur, mesurée d'*a* en *c*. Le tranchant de la hachette *a* sert à abattre les grosses branches ou le bois mort. Cette serpe est employée à la taille de la vigne dans le département du Gers.

5. *Ébourgeonnoir parisien.* La lame, à partir du manche, a 7 ou 8 pouces de longueur. Elle se compose d'un ciseau *a*, tranchant à son extrémité, et d'une serpette *b*, servant à couper les rameaux en tirant. Le manche *c* a de 5 à 10 pieds de longueur. Cet instrument n'est pas aussi commode que celui de la pl. 6 fig. 6.

6. *Couperet des forestiers.* Sa lame a de 8 à 9 pouces de longueur, et 4 pouces dans sa plus grande largeur. On en connaît suffisamment l'usage.

PLANCHE 66e.

Instrumens propres à la taille.

1. *Croissant*, aussi nommé *goyard* et *volant* dans quelques parties de la France. La grandeur de la lame, prise sur la courbure opposée au taillant, est ordinairement de 18 à 20 pouces. Le manche *a* consiste en une perche plus ou moins longue, de 6 à 15 pieds, selon que l'on veut tondre un arbre plus ou moins élevé.

2. *Serpe à double tranchant.* Elle s'emploie aux mêmes usages que le précédent, mais elle peut abattre des branches plus fortes. Sa lame a 11 pouces de longueur, et son manche de 6 à 12 pieds.

3. *Serpe mâconnaise.* Elle est très-utile pour la tonte des arbres et des haies. Sa lame a de 10 à 12 pouces de longueur, et se termine par un crochet tranchant. En *a* est un crochet de fer qui sert à suspendre l'instrument à la ceinture, pendant qu'on ne s'en sert pas.

4. Le même instrument, vu de profil, pour mieux faire concevoir le crochet *a*.

5. *Serpe mâconnaise à crochet.* Elle ne diffère de la précédente que par le crochet *b*, qui termine la lame. Ce crochet sert à ramasser et réunir les épines en fagots. Il est encore utile pour pendre l'instrument à un rameau, lorsque, monté sur un arbre, on a besoin d'avoir les deux mains libres afin de changer de position.

6. *Échardonnoir à deux tranchans.* Cet instrument sert à deux usages. Dans les environs de Paris, on l'emploie très-utilement à abattre les branches et bourgeons qui poussent sur les arbres que l'on veut élever à tige, et, pour cet usage, on lui donne un manche de 6 à 10 pieds; on coupe en poussant, avec la lame *a*, et en tirant, avec le tranchant du crochet *c*. Dans les départemens où on l'emploie comme échardonnoir, le manche n'a que 5 pieds, et la lame *a* sert de pelle.

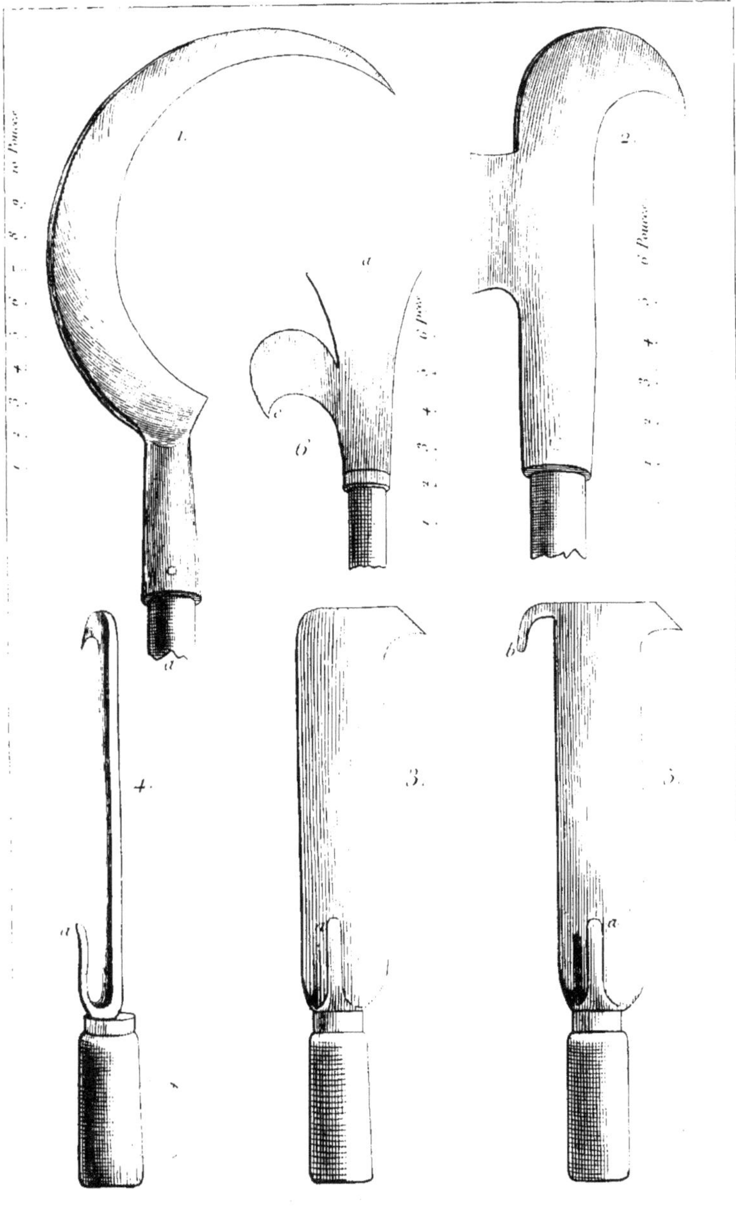

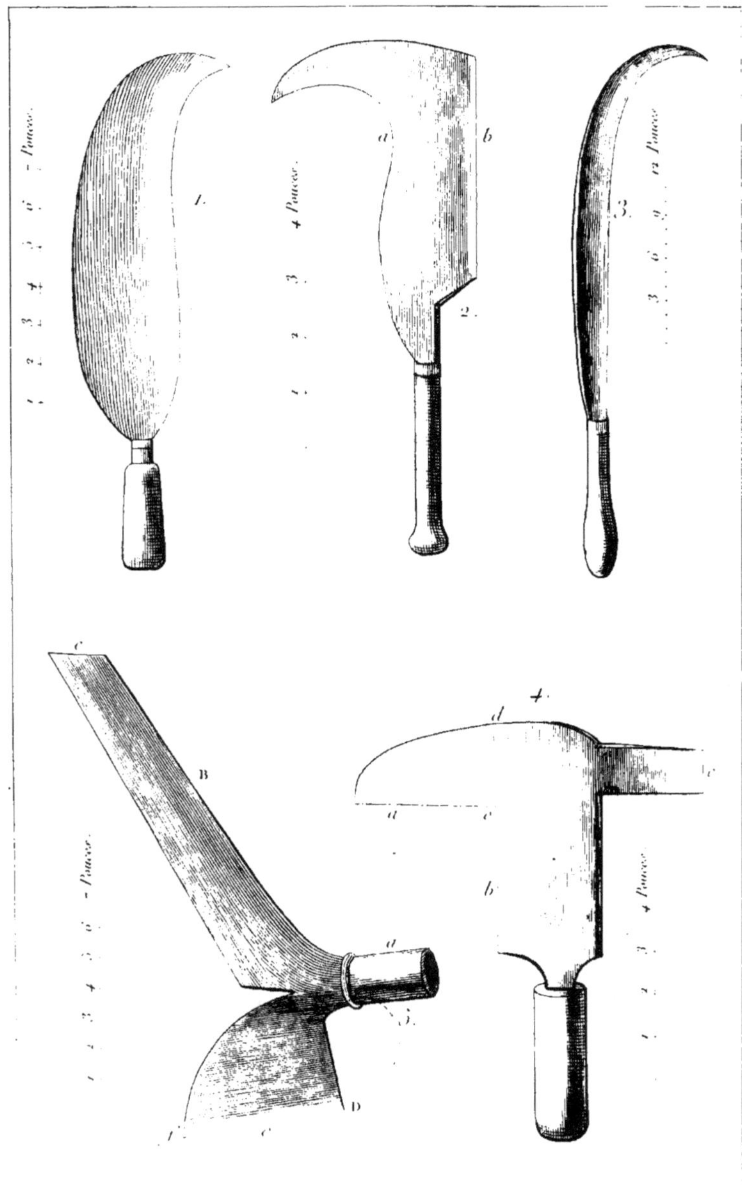
1.
2.
3.
4.
5.
B
D
Pouces.
Pouces.
Pouces.
Pouces.
Pouces.

PLANCHE 67ᵉ.

Instrumens propres à la taille.

1. *Serpe parisienne.* Sa lame a de 10 à 12 pouces de longueur.

2. *Serpe espagnole à double tranchant.* Sa lame a de 5 à 6 pouces de longueur; elle est tranchante des deux côtés en *a* et en *b*. Elle est particulièrement employée pour la taille des mûriers.

3. *Serpe longue de la Suisse.* Elle sert, en Suisse, principalement dans le canton de Zurich, à la tonte des haies. Sa lame a ordinairement 26 pouces de longueur, et son manche 1 pied et plus.

4. *Serpe espagnole à languette.* Elle est munie de trois tranchans *a b c*; la languette a 2 pouces et demi ou 3 pouces de longueur. La lame, depuis le manche jusqu'en *d*, a 5 pouces et demi ou 6 pouces, et le tranchant *a*, depuis la pointe de l'instrument jusqu'à l'angle *e*, a 3 pouces de longueur. On l'emploie à la taille des vignes dans les environs de Tarragone.

5. *Serpe espagnole à deux lames.* Le manche *a* a 4 pouces de longueur. La première lame *b*, tranchante seulement à son sommet *c*, a 13 pouces de longueur sur 18 lignes de largeur. La seconde lame *d* a 5 pouc. de longueur à partir du manche jusqu'au tranchant *e*, qui lui-même a 6 pouces de largeur de *d* en *f*. Cet instrument, très-employé dans les environs de Xérès, est très-commode pour la taille des vieilles vignes, dont le bois a beaucoup de grosseur.

PLANCHE 68ᵉ.

Instrumens propres à la taille.

1. *Double croissant andalous.* Sa lame a 15 pouces de longueur, mesurée d'*a* en *b*, en ligne droite, et 2 pouces et demi dans sa plus grande largeur. Son manche est long de 6 à 14 pieds. On l'emploie à la taille des arbres, et l'on en fait quelquefois dans des proportions beaucoup moindres.

2. *Croissant mâconnais à crochet; volant à crochet; goyard à crochet.* Cet instrument, connu dans plusieurs provinces sous les noms que nous indiquons, sert à la tonte des arbres. Le crochet *a* sert à saisir les branches coupées, restées sur l'arbre, à les soulever et les faire tomber. Au moyen de la courbure *b*, et du talon *c*, le tranchant coupe en poussant et en tirant. La lame a 1 pied de longueur, mesurée en ligne droite depuis la pointe *c* jusqu'à la pointe *d*. Le manche a de 5 à 10 pieds.

3. *Serpe à crochet.* La longueur de la lame, d'*a* en *b*, est de 9 à 10 pouces, et sa largeur de 24 à 30 lignes. Cet instrument sert à tondre les haies. Il porte sur le dos un crochet avec lequel on ploie les branches épineuses pour les placer dans les vides. Le manche a de 5 à 8 pieds.

4. *Serpe à sabre.* On s'en sert en Belgique pour tondre les arbres. La lame a 26 pouces de longueur, et 20 à 22 lignes de largeur. Le manche a 5 pieds de longueur.

5. *Couperet espagnol.* La lame a 9 pouces de longueur sur 4 de largeur. Le manche, fixé par un anneau *a*, a de 6 à 7 pieds de longueur. On se sert de cet instrument en Andalousie pour tondre les arbres et nettoyer les champs de ronces et de broussailles.

6. *Ébourgeonnoir en ciseau.* La lame a 4 pouces de longueur et se termine par un tranchant de 28 à 30 lignes de largeur. Le manche a de 5 à 8 pieds. Pour se servir de cet instrument, on appuie le tranchant de la lame sous la branche à couper; puis, avec un maillet ou un marteau, on frappe sur le bout du manche. On peut d'un seul coup faire sauter une branche d'un pouce de diamètre.

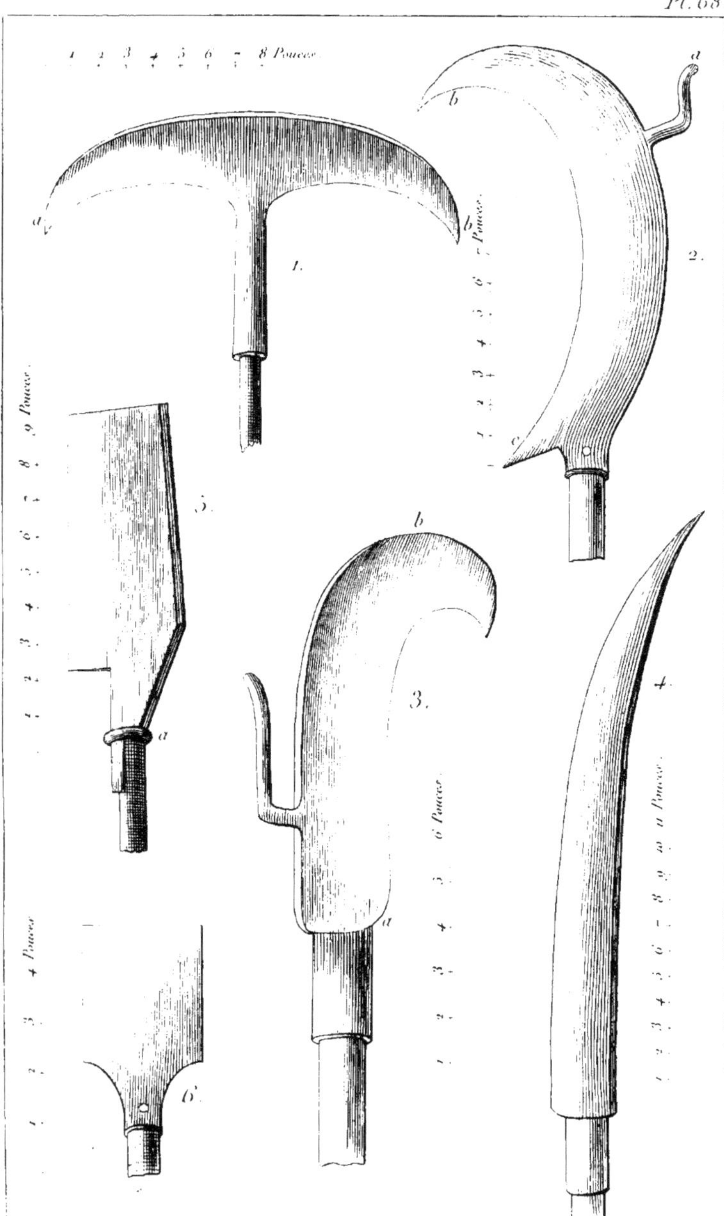

Pl. 68.
8 Pouces
1.
2.
3.
4.
5.
6.

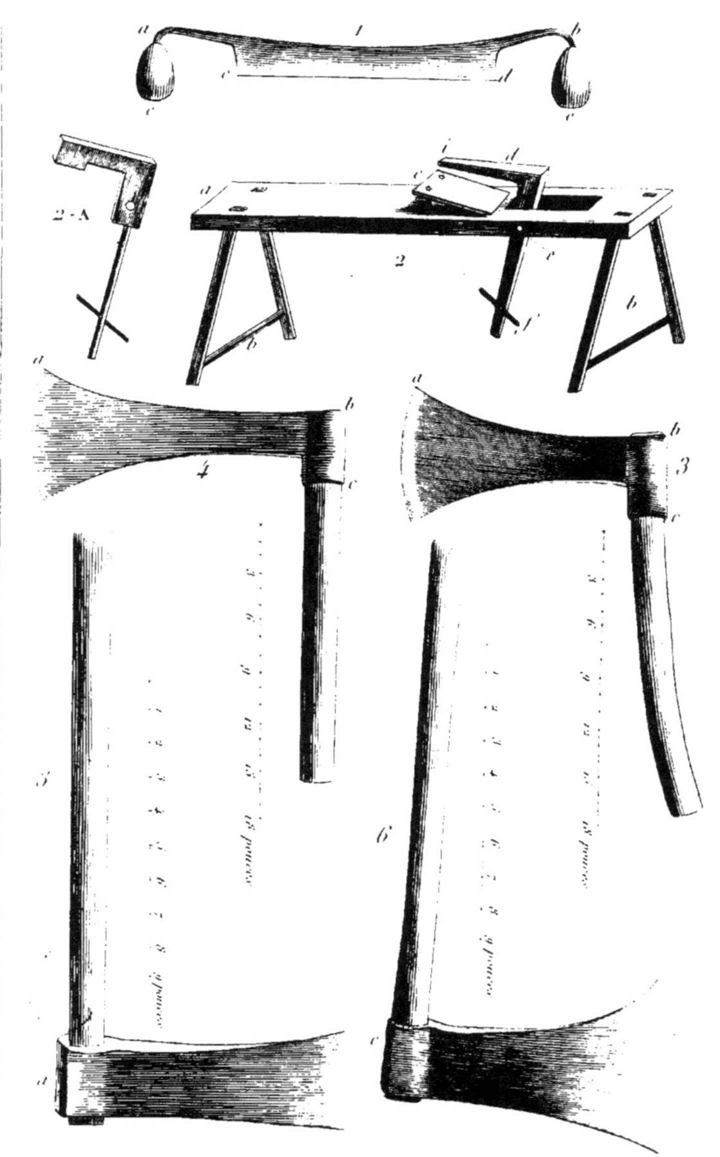

PLANCHE 69ᵉ.

Instrumens divers , à taillant.

1 . *Couteau à deux manches ; pleine.* Les jardiniers et les vignerons ne peuvent se passer de cet instrument pour faire les treillages en bois, parer et appointir les échalas, etc. On en fait de diverses grandeurs. Dans celui que nous avons dessiné, la lame avait un pied de longueur d'*a* en *b* , sur 18 lignes dans sa plus grande largeur. Le taillant, de *c* en *d*, a 7 pouces de longueur. Les manches , ovales et tournés, ont 2 pouces de diamètre , sur 2 pouces 6 lignes de longueur. Il est essentiel que la queue de la lame, *b* ou *a* , les traverse dans toute leur longueur , et vienne se river solidement à l'extrémité *e e*. On ne peut se servir utilement de cet instrument qu'avec le banc de treillageur dont la figure suit.

2. *Banc de treillageur.* Il consiste en un plateau *a* de chêne ou autre bois dur, ayant de 5 à 6 pieds de longueur, sur 7 ou 8 pouces de largeur, porté par des pieds *b b*, placés aux deux extrémités. En *c* est une planchette de support dans une position inclinée; *d* est un valet à bascule, mobile, traversant le banc, fixé par une cheville de fer ou de bois *e*; le pied du valet porte en *f* une traverse sur laquelle l'ouvrier appuie les pieds pour faire baisser la tête *i*, et la faire appuyer sur la planchette *c*, de manière à ce qu'un échalas placé entre deux se trouve fortement saisi. L'ouvrier, à califourchon sur le banc, façonne alors très-aisément l'échalas avec le couteau à 2 manches. La figure 2-A représente un valet d'une forme à laquelle quelques ouvriers donnent la préférence.

3. *Épaule de mouton.* Cet outil est indispensable dans une grande exploitation, parce qu'on a souvent besoin d'équarrir une pièce de bois pour divers usages. La lame a 15 pouces d'*a* en *b*, et 5 de *b* en *c*. Le manche a 18 pouces de longueur. Le taillant a un biseau, mais d'un côté seulement.

4. *Taille-marc mâconnais.* La lame a 18 pouces d'*a* en *b* et 3 ou 4 pouces de *b* en *c*. Cette cognée sert à couper le marc de raisin sur le pressoir, chaque fois qu'on le soumet à une nouvelle pression.

5. *Merlin.* Cet instrument sert à Paris pour fendre le bois de chauffage. La lame est longue de 8 pouces , très-épaisse, en forme de coin. Elle a 3 pouces de largeur vers le taillant, et 2 pouces dans sa par-

tie la plus étroite. Le dos de la douille *a*, servant de marteau pour enfoncer les coins, doit être très-fort en fer. Le manche a 2 pieds 6 pouces de longueur.

6. *Hache de bûcheron ; cognée.* La lame a 8 pouces de longueur, 5 pouces 6 lignes de largeur vers le taillant, et 2 pouces 6 lignes dans sa partie la plus étroite. Le dos de la douille *c* doit être très-fort, en fer, pour les mêmes raisons que dans le merlin. Cet instrument est d'un usage aussi général que varié.

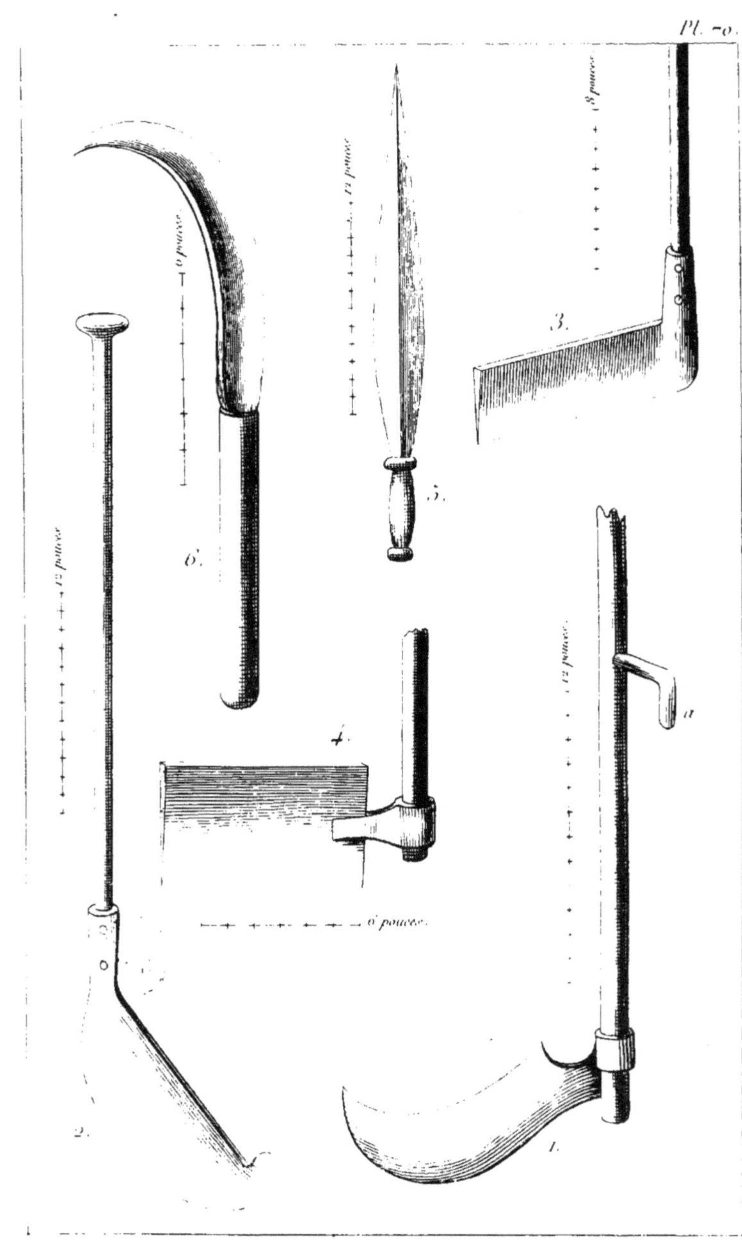

Pl. 5.
1.
2.
3.
4.
5.
6.
a
6 pouces
12 pouces
8 pouces
12 pouces
6 pouces
12 pouces

PLANCHE 70ᵉ.

Instrumens divers, à taillant.

1. *Fauchon* ou *daya*. Il sert dans les Basses-Pyrénées à couper les ajoncs et les bruyères. Sa lame, fort épaisse, a 11 pouces de longueur. Son manche, de 5 pieds de longueur, est muni vers le milieu d'une poignée coudée *a*.

2. *Tranche-gazon*. La lame a 15 pouces de longueur sur 4 ou 5 pouces de largeur. Le manche a 4 pieds de longueur. On se sert de cet instrument pour couper le gazon par pièces, avant de le lever à la bêche.

3. *Indar* ou *tranchoir pour les bruyères*. Sa lame a de 9 à 13 pouces de longueur sur 3 à 6 de largeur; son manche a 5 pieds. On s'en sert pour couper la bruyère dans les environs de Bordeaux.

4. *Couperet andalous*. Sa lame a 8 pouces de longueur sur 5 de largeur. Le manche a 2 pieds et demi de longueur. On se sert de cet instrument en Espagne pour couper les arbrisseaux épineux.

5. *Taille-fève*. La lame a 22 pouces de longueur; elle est tranchante des deux côtés. On se sert de cet instrument en Espagne pour abattre et couper (sur pied) en trois parties, les tiges de fèves dont on fait un très-bon engrais pour les rizières.

6. *Faucille à transplanter*. La lame est tranchante sur la convexité de sa courbure; elle a 13 pouces de longueur. Le manche en a 8 ou 9. On s'en sert en Espagne pour cerner une plante en coupant la terre et l'extrémité de ses racines, de manière à pouvoir la lever avec la motte, quand il s'agit de la transplanter.

PLANCHE 71e.

Instrumens divers, a taillant.

1. *Faucille pour récolter les fèves.* La lame a 5 pouces de longueur sur 18 lignes de largeur. De la main gauche, on tient un crochet, fig. 2, avec lequel on embrasse plusieurs tiges de fèves, et on les coupe d'un seul coup de faucille. Cette méthode est très-expéditive.

2. *Crochet* de la faucille précédente. Il a 8 pouces de longueur, non compris le manche.

3. *Serpe à crochet*, employée dans les départemens de l'ouest pour la taille des arbres et la tonte des haies. La lame a 11 pouces de longueur, et le manche de 3 à 9 pieds de longueur. L'écartement du crochet est de 18 lignes.

4. *Ébranchoir à quatre tranchans.* La lame a 3 pouces de largeur sur 4 de longueur ; elle est tranchante dessus, dessous, en *a a*, et sur les côtés. Le manche a de 4 à 8 pieds de longueur, et se termine par une virole *b*, figure 5. Après avoir placé la lame sous une branche, avec un marteau ou un petit maillet on frappe sur la virole jusqu'à ce que la branche soit coupée. Les petits rameaux se coupent très-bien, soit avec les tranchans des côtés, en frappant ; soit avec ceux de dessous, en tirant de haut en bas.

5. Bout du manche de l'ébranchoir n° 4.

6. *Sarcloir à dents et à lame tranchante.* Cet instrument est très-commode pour nettoyer une plate-bande où se trouvent des chardons, des bugranes, ou autres mauvaises herbes à racines fortes et à tiges épineuses. On coupe les racines entre deux terres, avec la lame *a*, et l'on réunit les tiges pour les enlever avec les dents *b*. La grandeur de cet instrument, ainsi que la longueur de son manche, peut varier en raison de l'usage auquel on veut l'employer.

7. Crochet servant à la faux, fig. 3, pl. 73.

————————

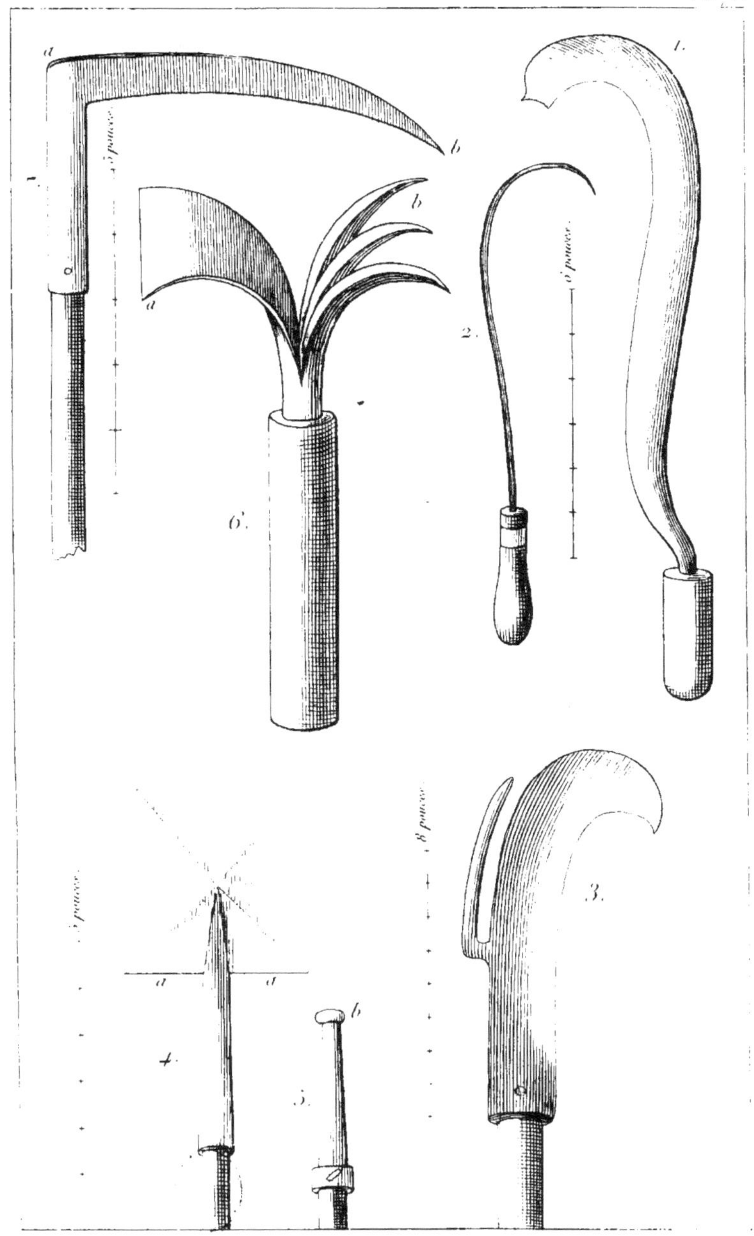

1.
2.
3.
4.
5.
6.

CHAPITRE VIII.

—

DES FAUX, FAUCILLES ET AUTRES INSTRUMENS A TAILLANT.

Ici viennent se classer les instrumens qui servent à couper les récoltes de fourrages et de céréales, et, nous devons le dire, ce ne sont pas ceux qui donnent le plus de satisfaction sous le rapport de leur usage. Nous en exceptons cependant les faux à râteau, aujourd'hui employées dans les provinces les plus éclairées de la France, mais que la routine, l'ignorance ou l'insouciance ont empêché de pénétrer encore dans beaucoup de nos départemens.

Pour éviter de multiplier inutilement nos planches, et d'augmenter ainsi le prix de cet ouvrage, nous avons un peu anticipé sur les chapitres suivans, et, comme il nous arrive quelquefois, nous avons rempli des blancs avec des instrumens qui eussent peut-être été mieux placés dans des sections différentes; mais nous avons pensé qu'il valait beaucoup mieux préférer une économie tout à l'avantage de nos lecteurs, qu'un ordre rigoureux, qui d'ailleurs se trouve établi dans la table.

PLANCHE 72°.

Faux et faucilles.

1. *Faux beauceronne*, ou *chaumée*. La lame a 15 pouces de longueur. Le manche porte à son extrémité une courroie, dans laquelle l'ouvrier passe le poignet droit. De la main gauche il tient le crochet, figure 2. On se sert de cet instrument dans la Beauce, pour ramasser le chaume dans les terres où la récolte est enlevée. A mesure qu'on le coupe ou qu'on l'arrache, on le fait entrer dans le crochet en *a*, et lorsque celui-ci en est suffisamment garni, on l'en débarrasse.

2. Crochet servant à la figure 1 et à la figure 4.

3. *Faux de Blois.* Sa lame, ainsi que son manche, ont 11 pouces chacun de longueur. On s'en sert aux mêmes usages que la précédente, et on la fait agir d'une seule main.

4. *Faux à fougère.* On s'en sert aussi pour couper les ajoncs. La lame a 15 ou 16 pouces de longueur, et 3 pouces dans sa plus grande largeur. Elle est posée verticalement relativement au manche; c'est-à-dire qu'elle est appuyée à plat sur la terre quand le manche est perpendiculaire à l'horizon. Celui-ci a 13 ou 14 pouces de longueur, et se termine par une béquille de 4 pouces, servant à le saisir. L'ouvrier tient de la main gauche le crochet figure 2, qui lui sert à soutenir les tiges à mesure qu'il les coupe. Pour cet usage, le manche du crochet doit avoir 2 pieds de longueur, et le crochet 8 pouces.

5. *Faucille coudée.* La lame a 15 pouces de longueur, mesurée sur la courbure extérieure. Son coude, d'*a* en *b*, a 2 pouces et demi. Le manche, qui a 5 pouces de longueur, se termine par un bec *c*, servant à le maintenir solidement dans la main. On s'en sert en Espagne, pour moissonner.

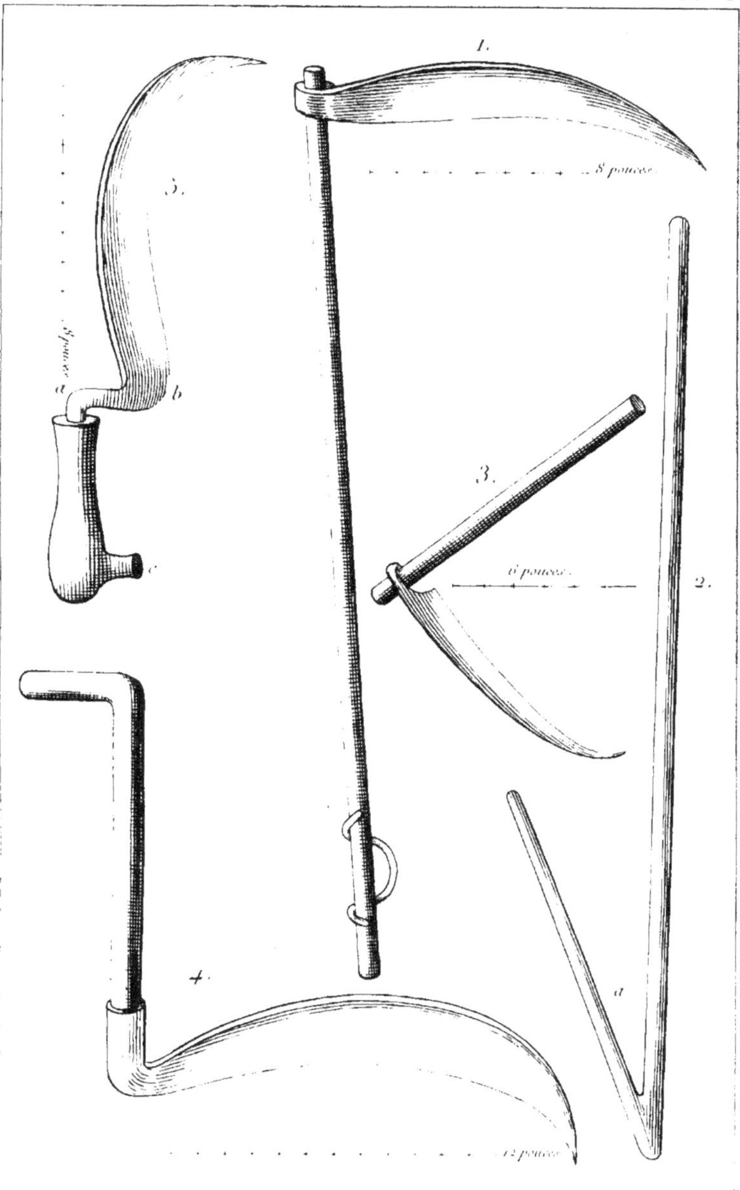

Pl. 2.
1.
8 pouces.
3.
3.
6 pouces.
2.
a
b
c
4.
d
12 pouces.

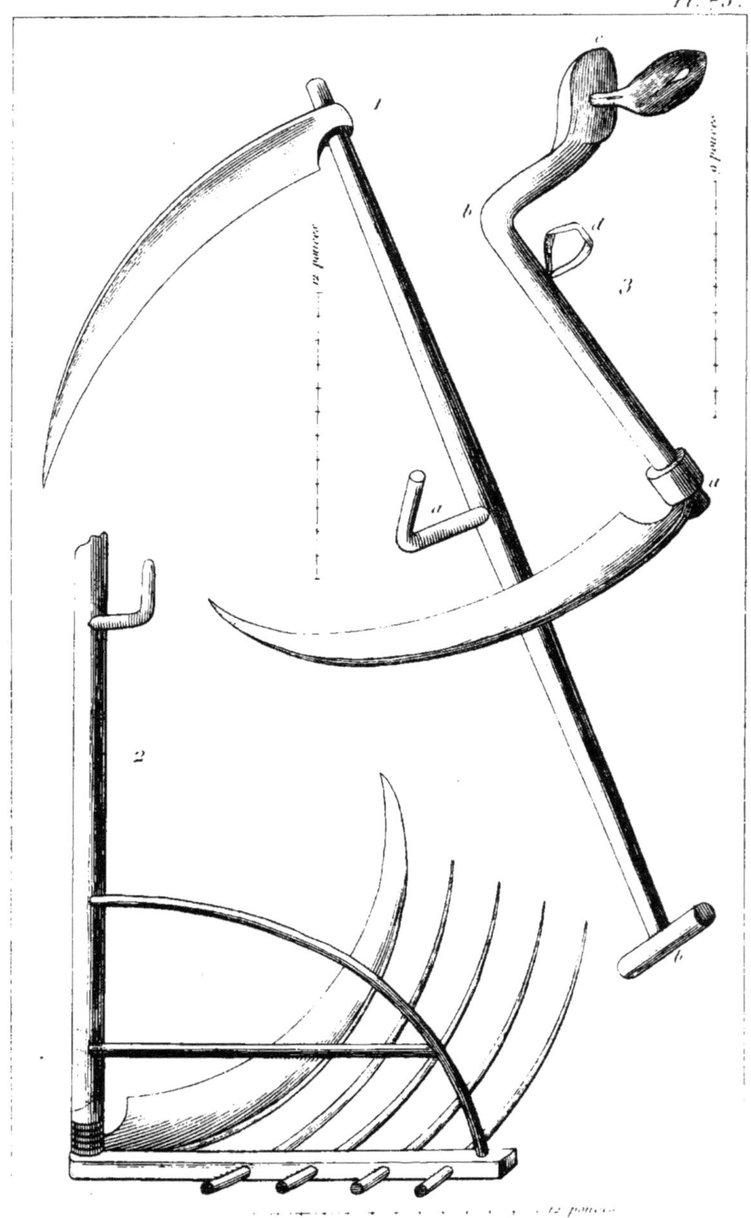

Pl. -3.
1
2
3
a
b
c
d
9 pouces
12 pouces
12 pouces

PLANCHE 73°.

Faux.

1. ***Faux d'Appenzel.*** On fait usage de cet instrument dans quelques cantons de la Suisse. Il a les mêmes dimensions qu'une faux ordinaire, dont il ne diffère que par le manche muni en *a* d'une manette coudée, et à son extrémité *b*, d'une traverse en béquille.

2. ***Faux à support double.*** Elle est dans les mêmes proportions qu'une faux ordinaire, mais elle en diffère par le support en râteau dont elle est garnie, servant à soutenir la paille des blés ou autres céréales, à mesure qu'elle est coupée par la lame. Cet instrument, bien préférable à la faucille, commence à être assez généralement répandu en France, depuis quelques années; il est très-expéditif.

3. ***Fauchoir du Hainaut.*** La lame a de 22 à 24 pouces de longueur, sur 3 pouces dans sa plus grande largeur. Son manche a 19 pouces d'*a* en *b*, et 6 pouces de *b* en *c*. L'extrémité *c* est terminée par un plateau ovale et courbé, large de 2 pouces, et s'appliquant sous l'avant-bras lorsqu'on fait usage de l'instrument. Ce plateau est muni d'un morceau de cuir percé, servant à pendre la faux. Une courroie *d* entoure le poignet de l'ouvrier. A mesure qu'il coupe le blé, il soutient la paille avec un crochet (planche 71, figure 7) en fer mince comme une lame, long de 6 pouces d'*a* en *b*, ayant un manche léger, long de 3 pieds. Ce fauchoir est beaucoup plus expéditif que la faucille.

PLANCHE 74ᵉ.

Faux, échardonnoirs et serpe.

1. *Faux suédoise.* Son manche *a* est muni de deux manettes courbes *b b*. Un cerceau *c* se fixe au manche et se garnit d'une toile grossière. Le support de toile sert à retenir les herbes courtes, qui sans cela seraient dispersées et se perdraient. Dans la Suède on fait usage de cette faux pour couper les foins très-courts et très-fins de seconde récolte; du reste cet instrument est dans les proportions ordinaires.

2. *Faux des Belges.* Son manche *a* est courbe et long de 5 pieds et demi ; il se termine en *b*, par une béquille que l'ouvrier place sous son bras droit; vers le milieu de sa longueur en *c*, est une cheville et une courroie que l'ouvrier passe autour de son poignet. La lame a 32 pouces de longueur sur 4 de largeur au talon. Cet instrument est très-commode, mais il faut avoir l'habitude de s'en servir.

3. *Échardonnoir.* Sa lame, non compris la douille, a 9 à 10 pouces sur sa courbure extérieure, et 3 pouces de diamètre dans sa plus grande largeur. Le manche a de 4 à 6 pieds de longueur. En Espagne on se sert de cet instrument pour nettoyer les champs des chardons et des broussailles.

4. *Serpe des vignerons toscans.* En Italie on l'emploie à divers usages. Pour la taille de la vigne, on donne à sa lame de 6 à 8 pouces de longueur, et de 8 à dix quand on doit s'en servir pour élagage, émondage des arbres, etc.

5. *Échardonnoirs à une échancrure.* Sa lame tranchante en *a* et *b*, a, de *c* en *b*, 5 pouces de longueur, et sa douille en *a* autant de *c* en *d*. Le manche a 4 pieds de longueur. On s'en sert aux mêmes usages que l'échardonnoir, n° 3.

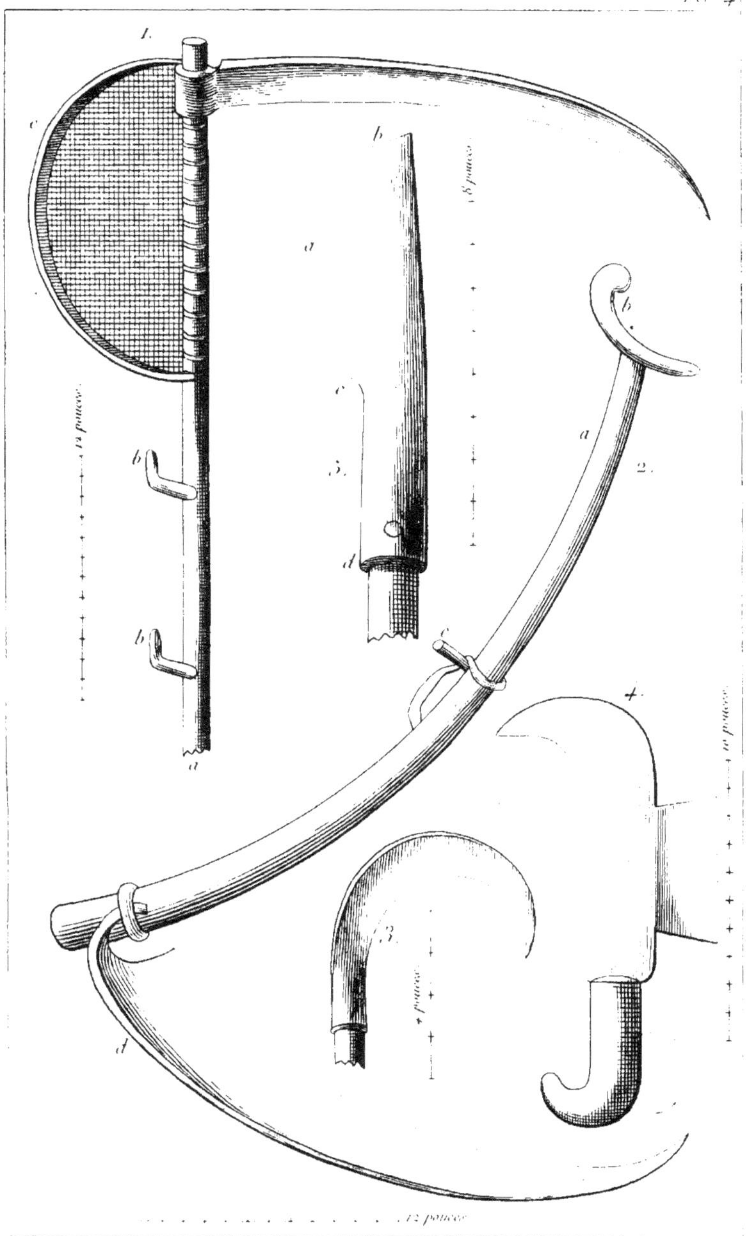
1.
2.
3.
4.
c
b
a
d
12 pouces
18 pouces
10 pouces
4 pouces
12 pouces

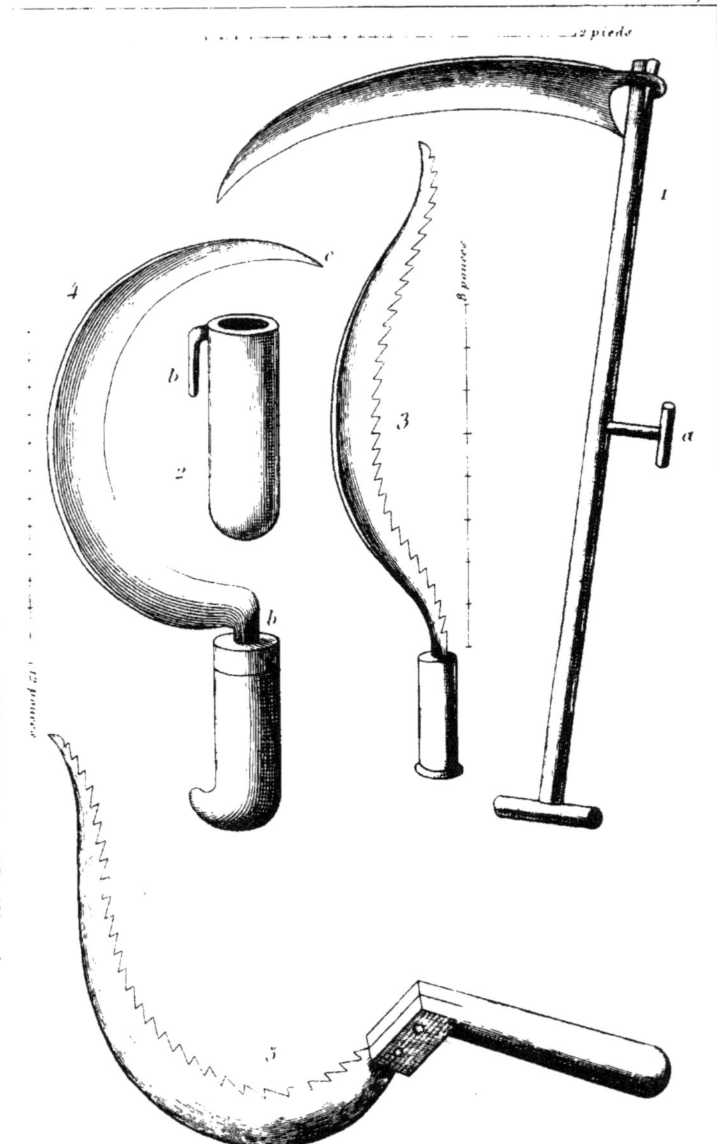
Pl. 75
12 pieds
8 pouces
12 pouces
1
2
3
4
5
a
b
c

(143)

PLANCHE 75.

Faux et faucilles.

1. **Faux mâconnaise.** La lame a ordinairement 30 pouces de longueur. Le manche a 4 pieds 6 pouces, et se termine en béquille que
l'on saisit de la main gauche, tandis qu'on fait manœuvrer l'instrument
avec la main droite, qui saisit la manette *a*, placée vers le milieu du
manche. Cette faux a sur les autres l'avantage d'être fort légère.

2. **Étui à pierre à aiguiser; coati; sabot.** On met de l'eau dans cet
instrument en bois, et on y place la pierre à aiguiser qui sert à repasser
de temps à autre la faux avec laquelle on travaille. Au moyen du crochet *b*,
les faucheurs suspendent cet étui à la ceinture de leur culotte. Dans la
Normandie et dans quelques autres provinces, on se sert d'une corne de
bœuf pour le même usage.

3. **Faucille peu arquée.** On s'en sert en Espagne, particulièrement
dans les environs de Valence, pour moissonner. Sa lame, dentée, a 1 pied
de longueur, sur 2 pouces dans sa largeur moyenne. Son manche est
long de 5 pouces.

4. **Faucille mâconnaise ; volant.** La lame, mesurée en ligne droite
de son talon *b* à sa pointe *c*, a 14 ou 15 pouces de longueur, quelquefois davantage ; sa plus grande largeur est de 2 pouces. Le tranchant
n'est pas denté, et le manche a de 5 à 6 pouces de longueur. On fait de
ces faucilles plus ou moins grandes, selon qu'elles doivent servir à des
hommes, des femmes ou des enfans.

5. **Faucille suédoise.** Elle a les mêmes proportions que la précédente,
mais elle en diffère essentiellement par son tranchant denté, et par la
singulière courbure de sa pointe. Elle est en usage dans le nord de
l'Europe.

PLANCHE 76ᵉ.

Faucilles et scies à main.

1. *Faucille romaine.* Ses dimensions sont les mêmes que celles des deux suivantes, dont elle diffère par ses fortes dents et par sa pointe relevée. On en fait usage dans les environs de Rome.

2. *Faucille à frôler.* Sa lame a 1 pied de longueur plus ou moins, mesurée en ligne droite de son talon *b* à sa pointe *a*. Sa largeur moyenne est de 2 pouces ; elle est armée de dents extrêmement fines dans le tiers supérieur de sa longueur. Les femmes s'en servent dans les environs de Paris pour frôler le blé, c'est-à-dire couper son extrémité lorsqu'il est vigoureux et d'un pied de hauteur à peu près, pour forcer chaque pied à pousser plusieurs tiges. Les feuilles coupées forment, pour les vaches, un excellent fourrage, soit en vert, soit en sec.

3. *Faucille ordinaire.* On la fait dans les mêmes proportions que la précédente, dont elle ne diffère que par sa pointe un peu moins droite et moins longue, et par son taillant absolument dépourvu de dents. On s'en sert aux environs de Paris pour moissonner les menues récoltes et pour couper les blés dans une grande partie de la France.

4. *Couteau à scie, ployant.* Cet instrument, perfectionné par MM. Arnheiter et Petit, est indispensable à un jardinier pour couper les branches d'espalier trop grosses pour être enlevées à la serpette. Il faut avoir le soin, après s'être servi d'une scie, quelle qu'elle soit, d'unir la plaie avec un instrument tranchant.

5. *Égoïne ; scie à main.* Cet instrument a de la force et opère très-vite. Sa lame a ordinairement de 10 à 12 pouces de longueur sur 2 pouces à 2 pouces 6 lignes dans sa plus grande largeur. Le côté des dents doit être trois fois plus épais que le dos, afin de se frayer un chemin facile et de glisser aisément. Il a été perfectionné par MM. Arnheiter et Petit.

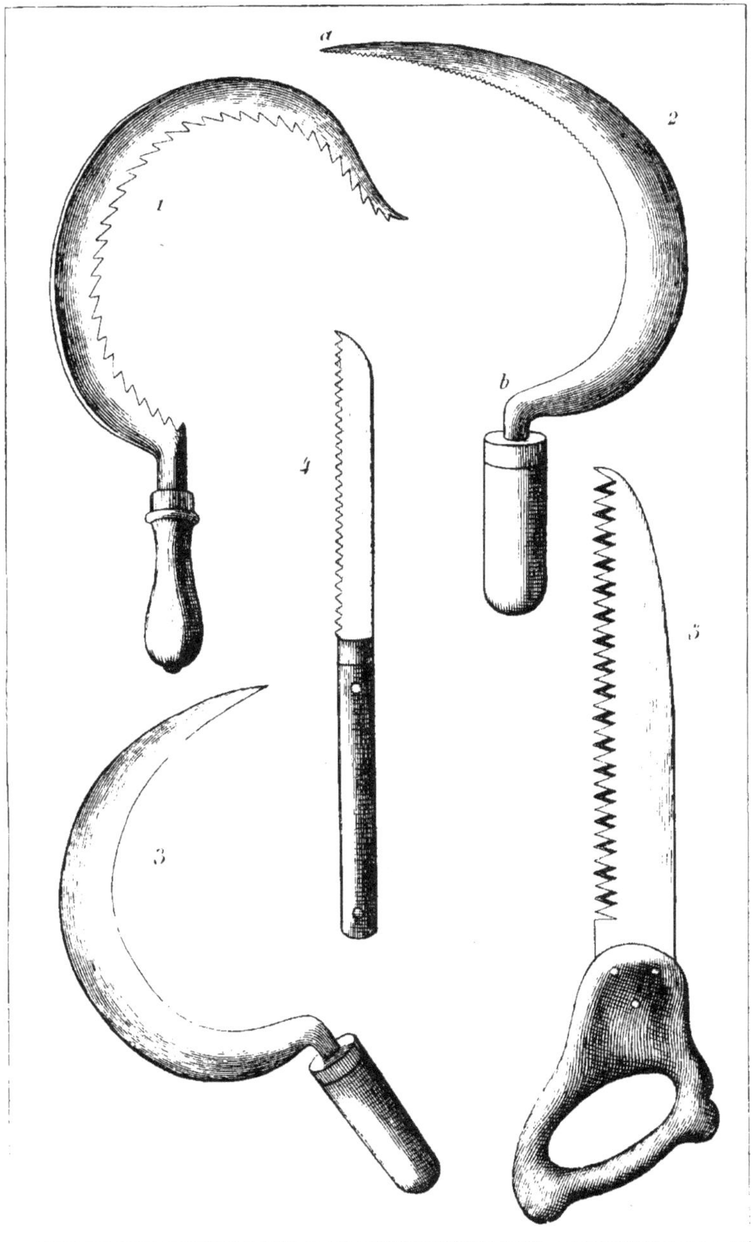

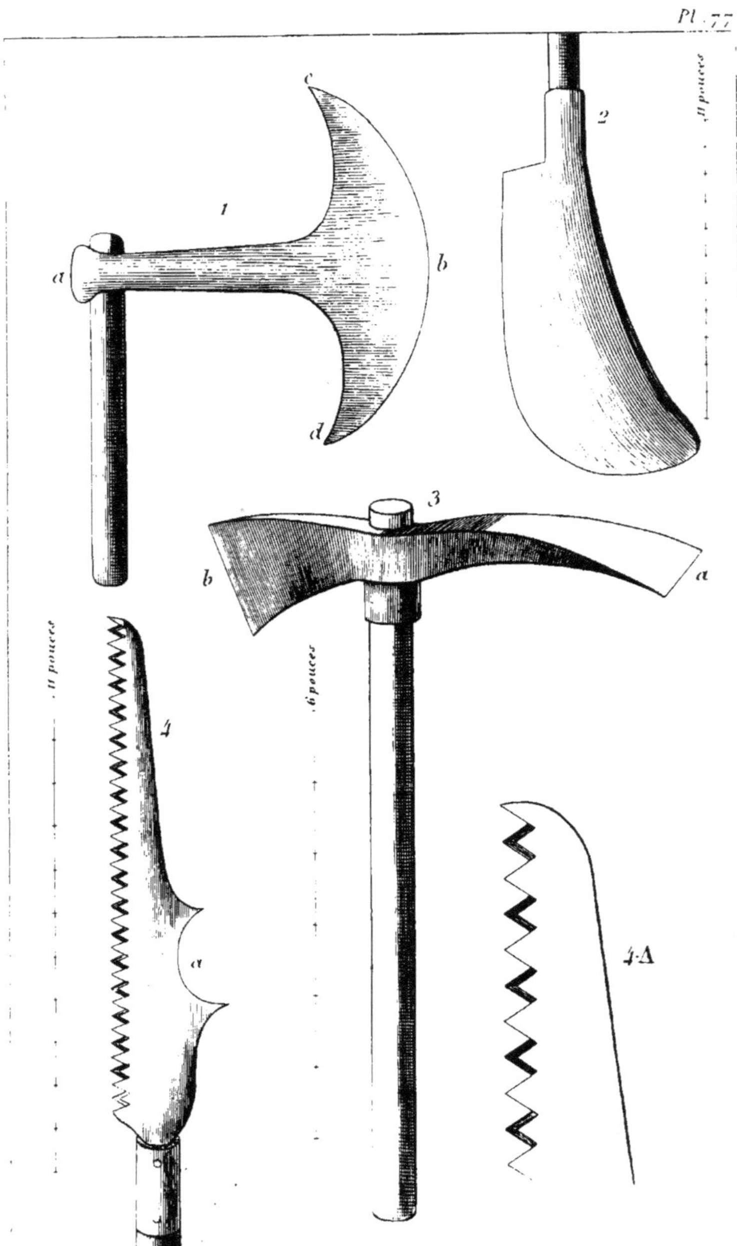

11 pouces
1
2
a
c
b
d
b
3
a
11 pouces
6 pouces
4
a
4.A

PLANCHE 77°.

Tranche-marcs et scie.

1. *Tranche-marc.* Cet instrument, d'un emploi fort dangereux, n'est plus guère en usage que dans quelques cantons vignobles du Forêt, de l'Auvergne et du Mâconnais. Son manche a 14 pouces de longueur. Sa lame a 15 pouces de longueur d'*a* en *b*, et 1 pied de largeur mesurée d'une pointe à l'autre, de *c* en *d*. On s'en sert pour couper le marc sur le pressoir. L'ouvrier tient le manche de la main droite, et il coupe le marc entre ses pieds en appuyant la main gauche en *a*, et faisant glisser la lame du haut en bas du marc qu'il tranche en reculant.

2. *Tranche-marc du midi.* Celui-ci, moins dangereux que le précécédent, est employé dans le département de la Gironde. Sa lame, non compris sa douille, a 11 pouces de longueur ; elle a 5 pouces dans sa plus grande largeur, et 3 pouces 6 lignes dans la plus petite. La douille a 2 pouces, et le manche a 20 pouces de longueur.

3. *Hachette de Forsith.* Cet instrument porte le nom du jardinier anglais qui, dit-on, l'a inventé. Sa lame a 2 taillans, un en *a* qui sert à piocher, l'autre en *b*, parfaitement tranchant, servant à couper les racines. Dès mon enfance j'ai vu les pioniers du Charollais se servir de cet outil pour les défrichemens. Ses proportions varient en raison de l'usage auquel on le destine. Le manche a ordinairement de 2 pieds à 2 pieds 6 pouces, et la lame de 10 à 12 pouces.

4. *Scie à croissant.* Elle est de l'invention de M. Bachoux, a été exécutée par MM. Arnheiter et Petit, et approuvée par la société d'horticulture de Paris. Avec un manche court, on s'en sert en manière d'égoïne ; avec un manche de 5 à 10 pieds, on l'emploie à couper des branches d'arbre à différentes hauteurs. Avec le tranchant en forme de croissant *a*, on unit aisément la plaie. On en peut faire de diverses dimensions, selon le besoin. La fig. 4-A fait voir les dents de grandeur naturelle.

PLANCHE 78ᵉ.

Couteaux, égoïne et élagueurs.

1. *Couteau denté à cueillir les asperges.* Je l'ai dessiné sur un modèle anglais, ainsi que tous les instrumens qui composent cette planche. La lame a de 7 à 8 pouces de longueur, et le manche 4 pouces 6 lignes. Cet instrument a le grand inconvénient de couper en terre les jeunes asperges qui ne sont pas encore sorties. On en fait usage dans les environs de Paris, comme en Angleterre.

2. *Couteau sans dents à couper les asperges.* La lame a 5 pouces 6 lignes de longueur, et ne se ferme pas ; le manche a 6 pouces 6 lignes. En Angleterre, on s'en sert non-seulement pour couper les asperges, mais encore pour sarcler les caisses et terrines.

3. *Égoïne anglaise.* On s'en sert aux mêmes usages que chez nous, et elle se fait dans les mêmes proportions.

4. *Grand couteau à scie.* La lame a 1 pied de longueur, et le manche 4 pouces 6 lignes. Le côté denté est trois fois plus épais que le dos. Il sert aux jardiniers.

5. *Élagueur en couteau.* La lame a de 13 à 14 pouces de longueur sur 21 lignes de largeur moyenne. Le manche a de 6 à 10 pieds de longueur. On s'en sert pour scier les branches élevées.

6. *Élagueur à scie et à serpe.* La lame a 13 pouces de longueur et 26 lignes de largeur. La scie *b* a 9 pouces de longueur, et le côté du taillant *a* est un peu courbé au sommet. Le manche a de 5 à 10 pieds de longueur. On s'en sert comme de scie et de serpe pour l'élagage des arbres.

7. *Élagueur à double taillant.* La lame a 1 pied de longueur, et 3 pouces dans sa plus grande largeur en *a, a*. Elle est tranchante des deux côtés. On s'en sert comme de nos serpes à élaguer, et le manche a la même longueur que dans les précédens.

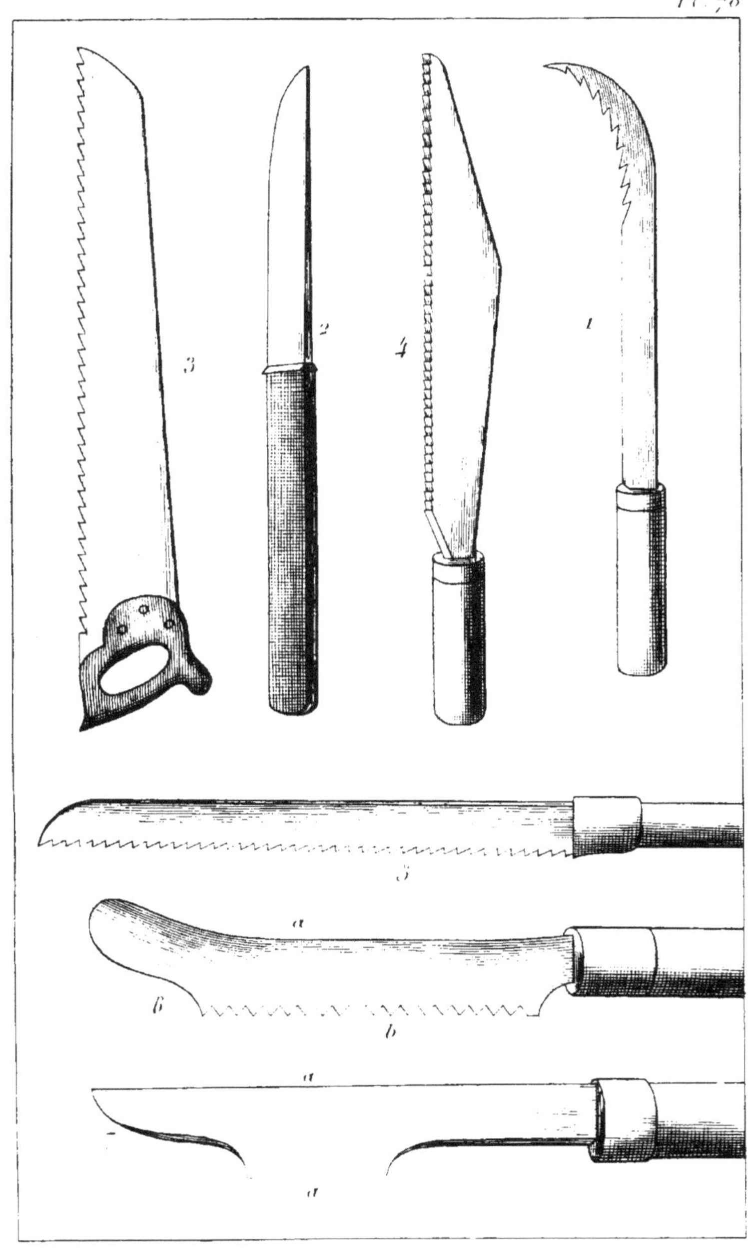
3
2
4
1
5
a
b
b
a
a

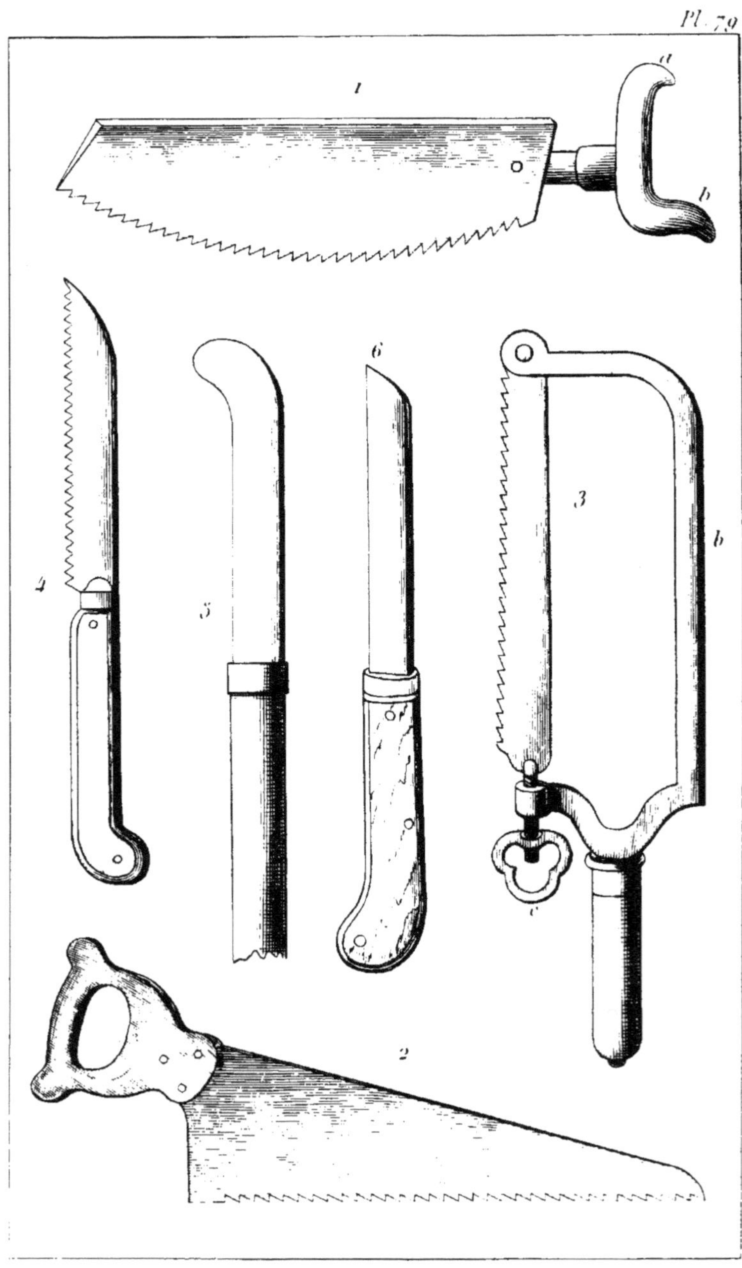

PLANCHE 79°.

Égoïnes et couteaux.

1. ***Égoïne à large lame.*** Elle est employée par beaucoup de jardi-diers pour l'élagage des arbres et abattre les fortes branches. Le manche a 5 pouces 6 lignes de longueur, d'*a* en *b*. La lame a 4 pouces de largeur à son extrémité, 5 pouces au milieu, et 4 pouces 6 lignes près du manche. Sa longueur varie de 9 à 12 pouces.

2. ***Égoïne à manche relevé.*** Elle est indispensable aux jardiniers pour couper, dans un espalier, les grosses branches appliquées contre un mur. La lame qui se termine en pointe a 1 pied de longueur, et 6 pouces dans sa plus grande largeur.

3. ***Scie à main des jardiniers.*** Elle est employée à l'élagage, et sert à abattre les grosses branches. On en trouve de différentes dimensions, dont la lame a depuis 8 jusqu'à 13 pouces de longueur. La monture *b* est en fer, et au moyen du boulon *c*, on peut tendre la lame à volonté.

4. ***Couteau à scie.*** On l'emploie aux mêmes usages que les précédens. Sa lame est fixe.

5. ***Couteau à long manche.*** Il en usage en Angleterre, où l'on s'en sert pour unir les plaies que la scie a faites aux arbres. Sa lame a 8 pouces ou plus de longueur et 20 lignes de largeur. Le manche a depuis 4 jusqu'à 10 pieds de longueur, selon la hauteur à laquelle on veut atteindre.

6. ***Couteau à couper les légumes.*** La lame est forte, très-tranchante, fixe, longue de 6 à 7 pouces, large de 18 lignes. Le manche est raboteux, long de 5 pouces. Les jardiniers se servent de ces instrumens pour couper les artichauts qui laissent à la lame une amertume qui se communique à ce qu'elle touche ensuite, les choux et autres gros légumes.

PLANCHE 80°.

Coupe-tige , émoussoir, etc.

1. *Émoussoir à flamme*, de l'invention de MM. Arnheiter et Petit. Sa lame, de 7 ou 8 pouces de longueur, est tranchante des deux côtés. Les différentes courbes qu'elle forme dans sa longueur lui permettent d'embrasser une grande surface d'écorce, quelle que soit la grosseur de la tige que l'on veut émousser.

2. *Coupe-tige.* Une lame tranchante *a*, de forme circulaire, se prolonge en deux tiges, *b*, *c*, de 18 pouces de longueur, terminées par des manches en bois *d*, *e*, longs de 5 pouces 6 lignes. Cet instrument sert à couper les tiges de dahlia au dessus des tubercules, sans endommager ces derniers. Nous ne croyons pas que son usage, qui n'est qu'une spécialité, s'étende beaucoup, même parmi les cultivateurs de dahlia. Il a été exécuté par MM. Arnheiter et Petit.

3. *Molette tranche-gazon.* Cet instrument est indispensable pour entretenir la propreté dans les grands jardins. Il sert particulièrement à couper le bord des gazons le long des allées, et à entretenir les lignes nettes, droites et régulières. Il consiste en une lame *a*, ayant la forme d'un disque, tranchante sur les bords, de 6 à 8 pouces de diamètre, tournant autour d'un axe ou essieu. Cet essieu est maintenu par deux bras en fer *c*, *c*, terminés par une douille portant un manche de 3 pieds de longueur.

4. *Serfouette belge.* Elle est fort commode pour biner et sarcler les cultures délicates, et les plantes cultivées en caisses ou en pots. Elle est longue de 10 à 18 pouces y compris le manche. Sa lame se compose d'une fourche à 3 dents, et d'une serfouette longue de 3 pouces 6 lignes.

5. *Serfouette belge à douille.* MM. Arnheiter et Petit ont imaginé de perfectionner cet instrument, en remplaçant la tige *a* de la figure 4 par une douille qui permet d'y ajouter un manche de 3 pieds.

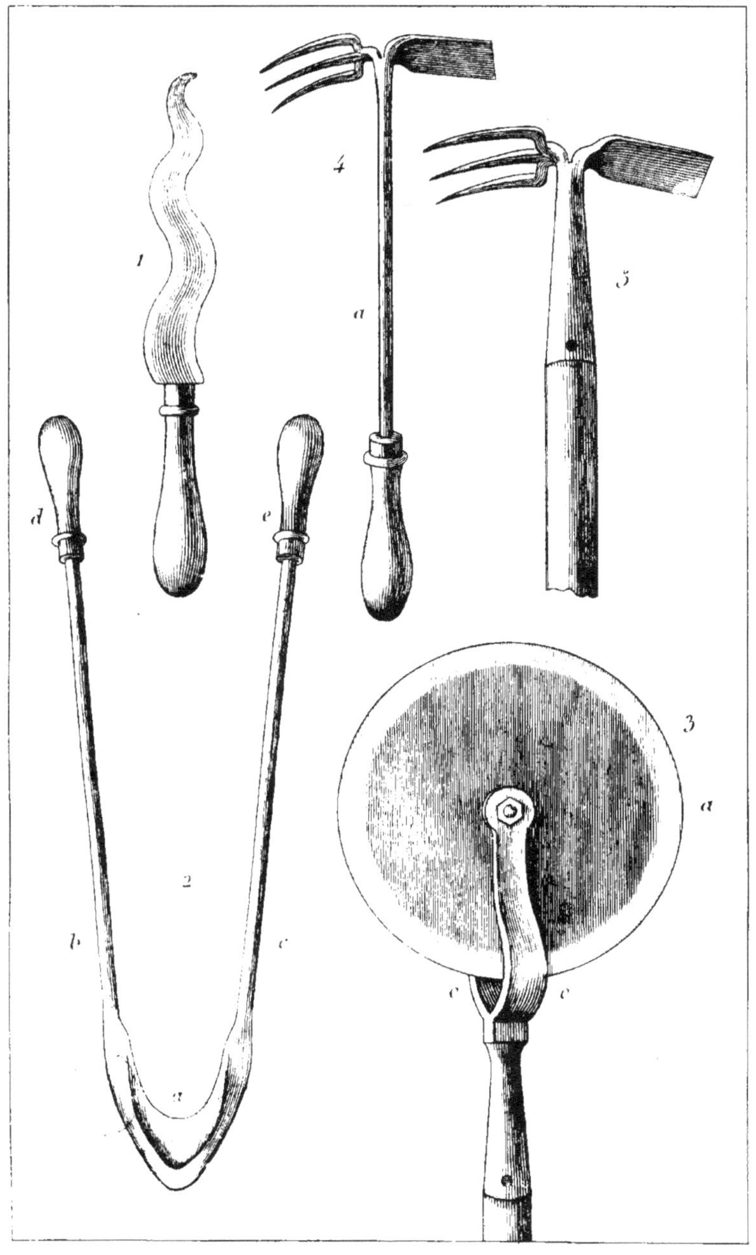

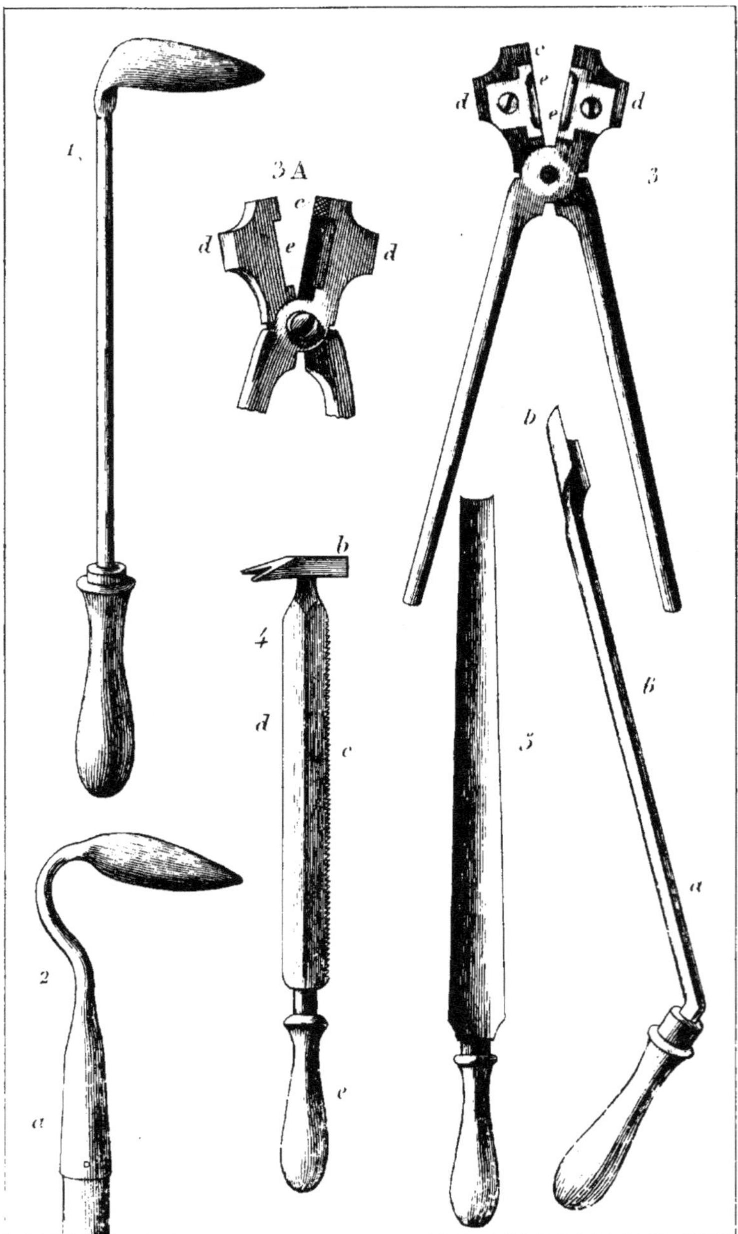
1.
2.
3 A
3
4
5
6
a
b
c
d
e

PLANCHE 81ᵉ.

Pince, marteau, gratte-pavé, etc.

1. *Gratte-pavé.* Cet instrument, de l'invention de MM. Arnheiter et Petit, est indispensable pour extirper l'herbe entre les pavés des cours bien tenues et peu fréquentées. Sa longueur totale est de 15 pouces 6 lignes : le manche en a 5, la tige 9 et demi, et la lame 3 pouces 6 lignes. La plus grande largeur de celle-ci est de 20 lignes.

2. *Gratte-pavé à douille.* La lame a 2 pouces 6 lignes de longueur, sur 15 lignes dans sa plus grande largeur. Cet instrument diffère du précédent par sa douille, *a*, qui permet d'y ajouter un long manche, et de s'en servir debout, comme on fait d'une binette. Il sert aux mêmes usages.

3. *Pince de treillageur.* Cet instrument ingénieux est très-commode pour les jardiniers et sert à lier les treillages. Sa longueur totale est de 8 pouces. La pince *c*, 3-A, sert à saisir et tordre le fil de fer, que l'on coupe ensuite avec les deux lames d'acier, *e,e* qui sont fixées au moyen de deux vis. Avec la tête *d,d*, on enfonce des clous comme avec un marteau. Inventé par M. Arnheiter et Petit.

4. *Marteau à scie et à plane.* La seule inspection de cet instrument fait assez connaître son utilité. La tête, *b*, a 2 pouces 3 lignes de longueur. La scie, *c*, ainsi que la lame tranchante, *d*, a 7 pouces et demi de longueur. La largeur totale de l'une et l'autre est d'un pouce. Le manche, *e*, a 4 pouces 6 lignes, ce qui donne 1 pied de longueur totale à l'instrument. Il est de l'invention des mêmes mécaniciens que le précédent.

5. *Coupe-asperge à longue gouge.* Le nom de cet instrument indique son usage. Sa longueur totale est de 18 pouces 6 lignes; le manche a 5 pouces, et la lame, creusée en forme de gouge dans toute sa longueur, a 16 lignes de largeur à sa base, et se rétrécit un peu au sommet.

6. *Coupe-asperge cintré à gouge.* On l'emploie aux mêmes usages que le précédent. Sa tige, *a*, depuis sa courbure jusqu'à la gouge, a 11 pouces de longueur. La gouge, *b*, a 1 pouce de longueur, et 13 lignes de largeur.

CHAPITRE IX.

—

DES SÉCATEURS.

Sous ce titre nous comprenons tous les instrumens propres à nettoyer les arbres des branches mortes, mal placées, des nids de chenilles, etc., tels que les ébranchoirs, échenilloirs, sécateurs et cisailles. Nous avons aussi placé les inciseurs annulaires dans cette section.

Il n'est pas de sorte d'outils qui ait été plus travaillé sous le rapport des inventions et des perfectionnemens que les sécateurs. Nous en avons figuré une quinzaine, et dans les pays étrangers probablement il en existe encore qui viendront plus tard à notre connaissance. Cela résulte tout simplement de ce que l'on a voulu obtenir de ces instrumens plus qu'ils ne pouvaient donner, en en faisant l'application à la taille des arbres fruitiers. On n'a pas pu se dissimuler leurs inconvéniens, et l'on a tâché d'y remédier en les tournant et retournant de toutes les manières.

Jusqu'à ce jour la serpette est restée préférable à tous les sécateurs pour tailler les arbres fruitiers, du moins telle est l'opinion de nos plus grands cultivateurs, mais pour la tonte des arbrisseaux d'ornement, celle des grenadiers, myrtes, rosiers, etc., on peut employer ces derniers sans inconvéniens.

Quant aux échenilloirs et ébranchoirs, leur forme est parfaitement adaptée à leurs fonctions, et nous pouvons en dire autant des inciseurs annulaires.

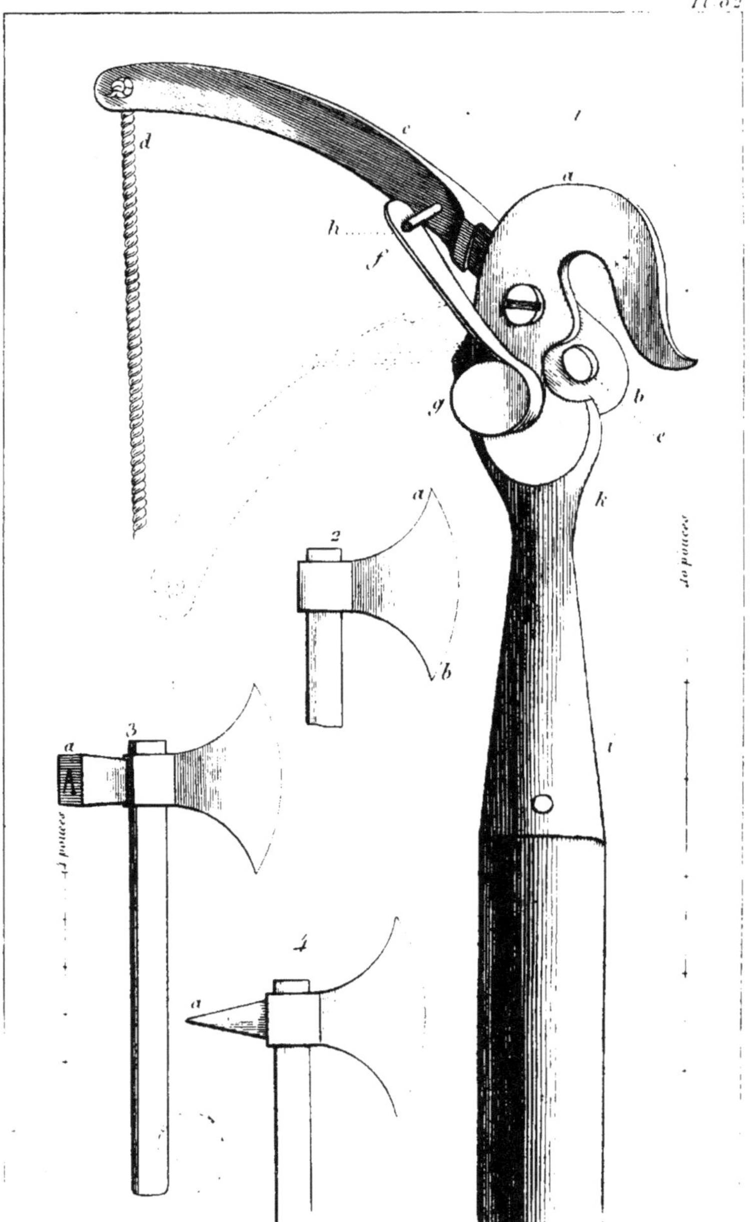
d
c
h
f
g
a
b
e
k
l
2
a
b
3
a
4
a
40 pouces
15 pouces

(151

PLANCHE 82°.

Sécateurs et hachettes.

1. *Échenilloir de MM. Arnheiter et Petit.* *a* est un crochet servant à retenir la branche à couper. *b* est la lame tranchante qui se rapproche du crochet *a* (comme nous l'avons figuré par des points), lorsque l'on force la branche *c* à se baisser en tirant la corde *d*. En *e* est un bouton qui retient la lame contre le crochet, et l'empêche de se fermer plus qu'il ne faut. Un ressort *f*, roulé en spirale sous la rondelle *g*, force l'instrument à s'ouvrir (lorsqu'on ne tire plus la corde), en appuyant sur la cheville *h*, et soulevant la bascule *c*. L'instrument, au moyen de sa douille *i*, se trouve solidement fixé à un manche ayant de 6 à 12 pieds de longueur. Mesuré de *k* en *a*, l'instrument a 6 pouces de longueur ; avec sa douille il en a 13 ou 14. On peut abattre avec cet échenilloir des branches de plus d'un pouce de diamètre.

2. *Hachette simple*, propre à l'ébranchage des arbres. Sa lame peut avoir, d'*a* en *b*, de 4 à 5 pouces de longueur.

3. *Hachette à marteau.* Elle diffère de la précédente par le marteau *a* portant une ou plusieurs lettres initiales dont un propriétaire marque les arbres qu'il destine à être abattu dans le courant d'une exploitation.

4. *Hachette à pointe.* Celle-ci a beaucoup d'analogie avec la hache-d'arme des anciens. Sa pointe *a* s'implante dans une branche et sert à maintenir l'instrument, tandis que celui qui s'en sert l'abandonne un instant, ayant besoin de ses deux mains pour changer de position sur l'arbre où il est monté.

Le manche de ces hachettes a de 12 à 18 pouces de longueur.

PLANCHE 85ᵉ.

Sécateurs.

1. *Échenilloir à fourche.* L'usage de cet instrument, inventé par MM. Arnheiter et Petit, a été approuvé par la Société d'Horticulture de Paris. Il a l'avantage d'être moins embarrassant à faire agir au milieu des branches d'arbre. Il se compose d'une platine fourchue, longue de 4 pouces 8 lignes d'*a* en *b*, et de 4 pouces 4 lignes d'*a* en *c*. Le bras *c* sert d'appui à la lame qui y est appliquée, et le bras *b* soutient la branche à couper.

La lame *d* se maintient ouverte au moyen du ressort *e*; elle se prolonge en une bascule *f*, que l'on fait mouvoir au moyen d'une corde *g*. En *i* est une cheville de fer contre laquelle la bascule vient s'appuyer quand la lame est fermée; *h* est une autre cheville qui la retient quand elle est ouverte. La douille *k* a 3 pouces 6 lignes de longueur; on y adapte un manche de 4 à 10 pieds de longueur, selon le besoin.

2. *Émondoir en S et à douille.* La douille a 8 pouces de longueur. La lame a 7 pouces de longueur, mesurée d'*a* en *b*, et 16 lignes dans sa plus grande largeur. La distance de *c* en *d* est de 4 pouces 9 lignes. Avec le tranchant *e* on coupe une branche en tirant, et on la coupe en poussant avec le tranchant *f*. Le manche est plus ou moins long, selon le besoin. Cet instrument, excellent pour l'élagage des arbres fruitiers, est de l'invention de MM. Arnheiter et Petit.

3. *Pince à chicot.* Elle est fort utile aux jardiniers pour couper net et rez-tronc les chicots difficiles à atteindre avec la serpette, dans l'enfourchure des branches. Cet instrument, inventé par les mêmes mécaniciens que précédent, a 9 pouces de longueur totale. La branche *a* sert de point d'appui au chicot à couper, et la branche *b*, fort tranchante, le coupe net et vient glisser sur la branche *a*. Il est principalement utile pour la taille des églantiers et des oliviers.

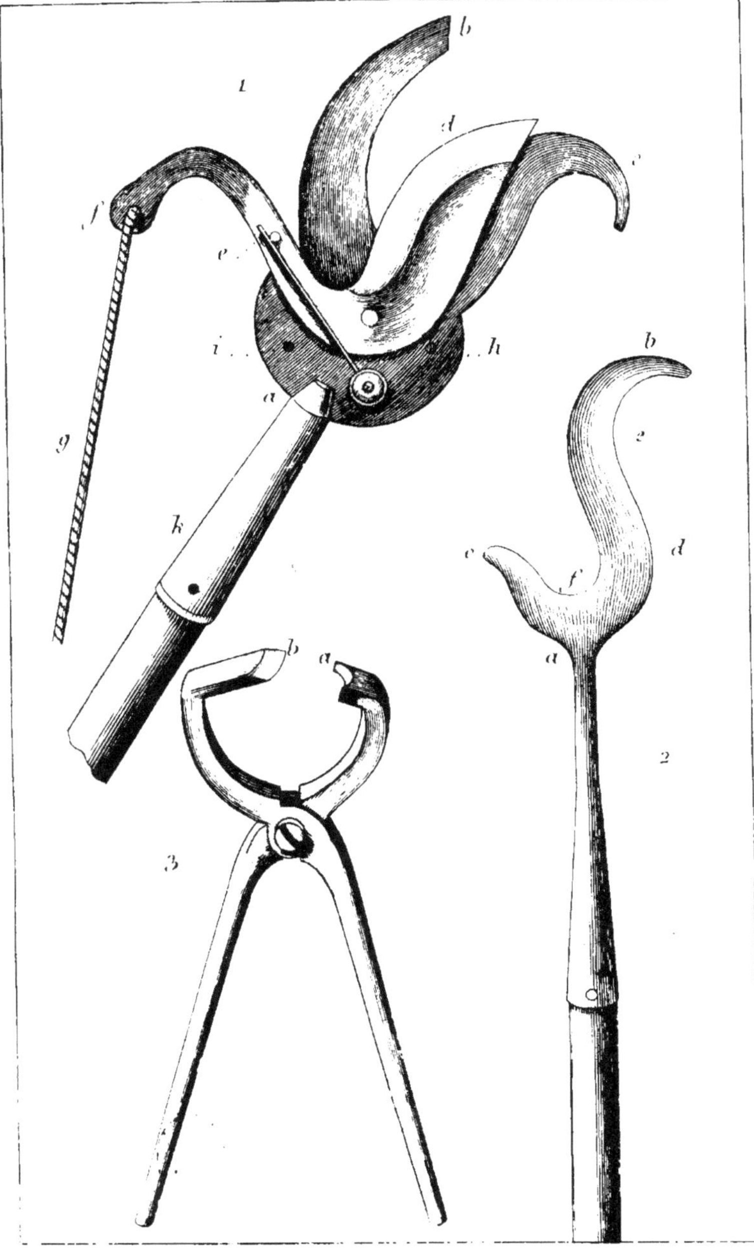

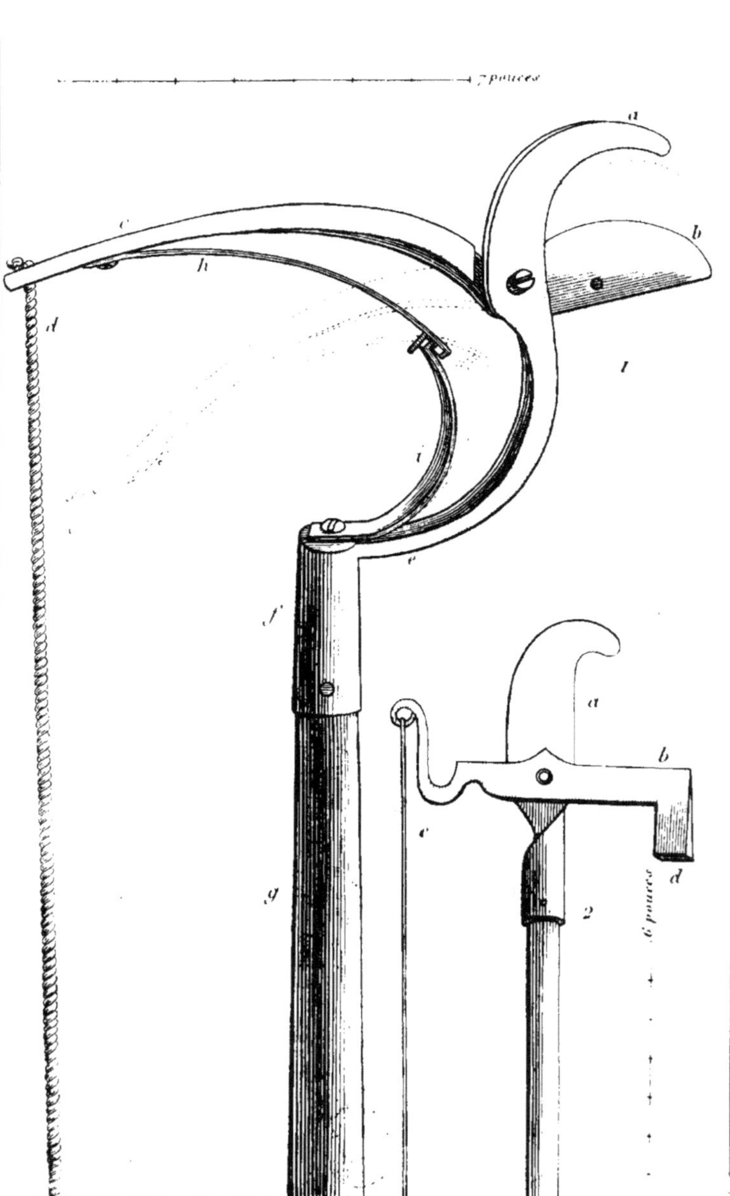

Pl. 84
7 pouces
a
b
c
h
d
i
e
f
g
a
b
c
d
2
6 pouces

PLANCHE 84°.

Sécateurs.

1. *Échenilloir de M. Regnier. a*, est le support ou crochet contre lequel s'appuie la branche à couper. *b*, est la lame tranchante qui se rapproche du crochet *a* (comme nous l'avons figuré par des points). Lorsque l'on force la branche *c* à se baisser en tirant la corde *d*, la branche *e* vient se fixer solidement, au moyen d'une douille *f*, à un manche *g*, long de 6 à 12 pieds, selon que l'on veut écheniller ou émonder un arbre plus ou moins haut. Les deux ressorts *h*, *i*, forcent l'instrument à s'ouvrir lorsqu'on cesse de tirer la corde *d*. Cet échenilloir peut servir à couper des branches de près de 1 pouce de diamètre.

2. *Échenilloir d'Allemagne.* Cet instrument est fort simple, aussi le trouve-t-on dans beaucoup de jardins ; cependant il a le défaut de couper rarement une branche net, mais bien de la briser souvent. *a*, est une lame tranchante, en forme de serpe, longue de 8 pouces y compris la douille. *b* est une lame tranchante, formant la bascule et se fermant sur la première, lorsque l'on tire la corde. Cette bascule se prolonge inférieurement, en *d* en une équerre épaisse, servant par son poids à faire ouvrir l'instrument quand on cesse de tirer la corde *c*.

PLANCHE 85°.

Sécateur.

1. *Ébranchoir.* Cet instrument, inventé par MM. Arnheiter et Petit, peut servir à couper des branches de 1 pouce et plus de diamètre, à la hauteur de 10 à 12 pieds.

Un crochet *a* sert à retenir la branche dans l'échancrure *c*, tandis que la lame *b*, mise en mouvement au moyen de la bascule *d*, vient appuyer dessus et la couper. On fait jouer la bascule au moyen d'une corde *e*, attachée en *f* à la douille de l'instrumeut et passée en *h*, dans une poulie en cuivre. Lorsque l'on cesse de tirer la corde, le ressort *i*, repoussant le bouton *k*, fait lever la bascule, baisser la lame, et par conséquent ouvrir l'instrument, comme nous l'avons représenté par des points.

Le ressort *i* est roulé en spirale autour d'une cheville de fer, et recouvert d'une rondelle *m*.

Pour se servir de cet ébranchoir, on l'ajuste au moyen de sa douille *n* au bout d'une perche ou manche *o*, d'une longueur déterminée sur l'usage qu'on en veut faire.

On peut faire cet instrument dans des proportions plus grandes ou plus petites, selon le besoin; mais nous avons laissé à celui que nous avons dessiné, les proportions que lui ont données ses inventeurs. Il a 1 pied de long y compris la douille, depuis *n* jusqu'en *r*, et la bascule a 16 pouces en y comprenant la lame, mesurée sur son arcure supérieure.

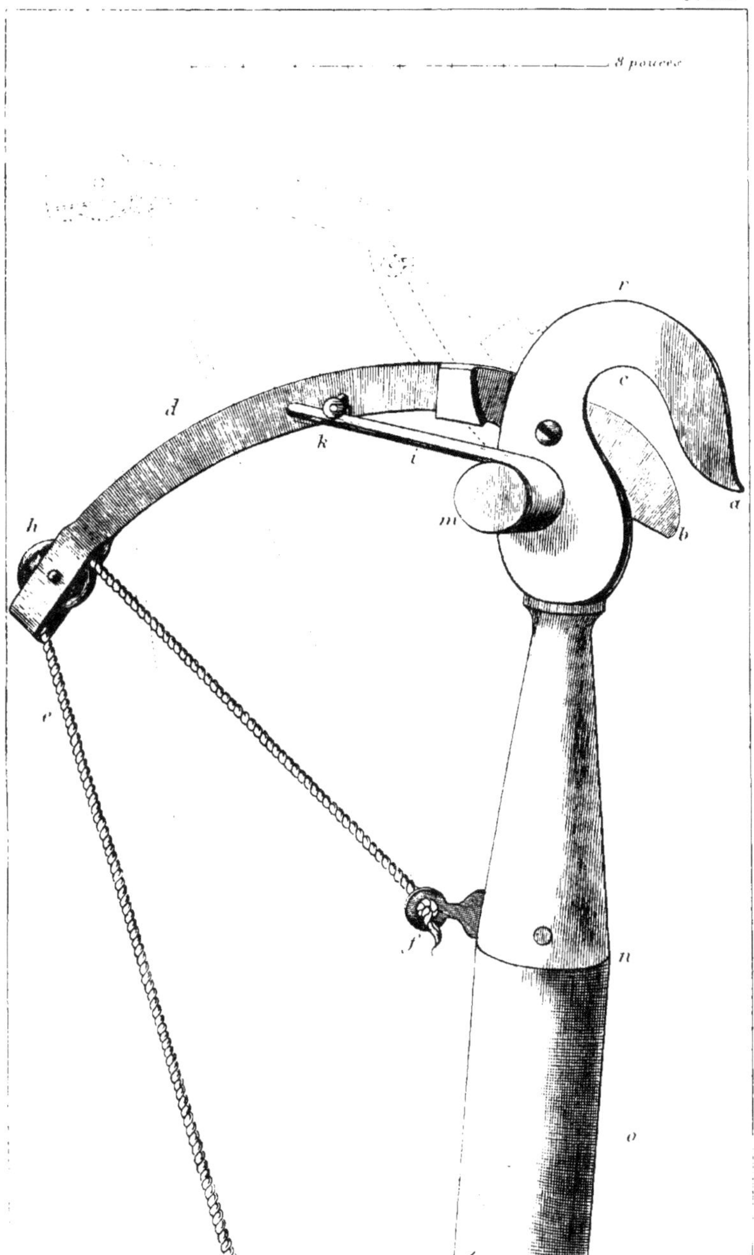
8 pouces
r
c
d
k
i
a
b
h
m
e
f
n
o

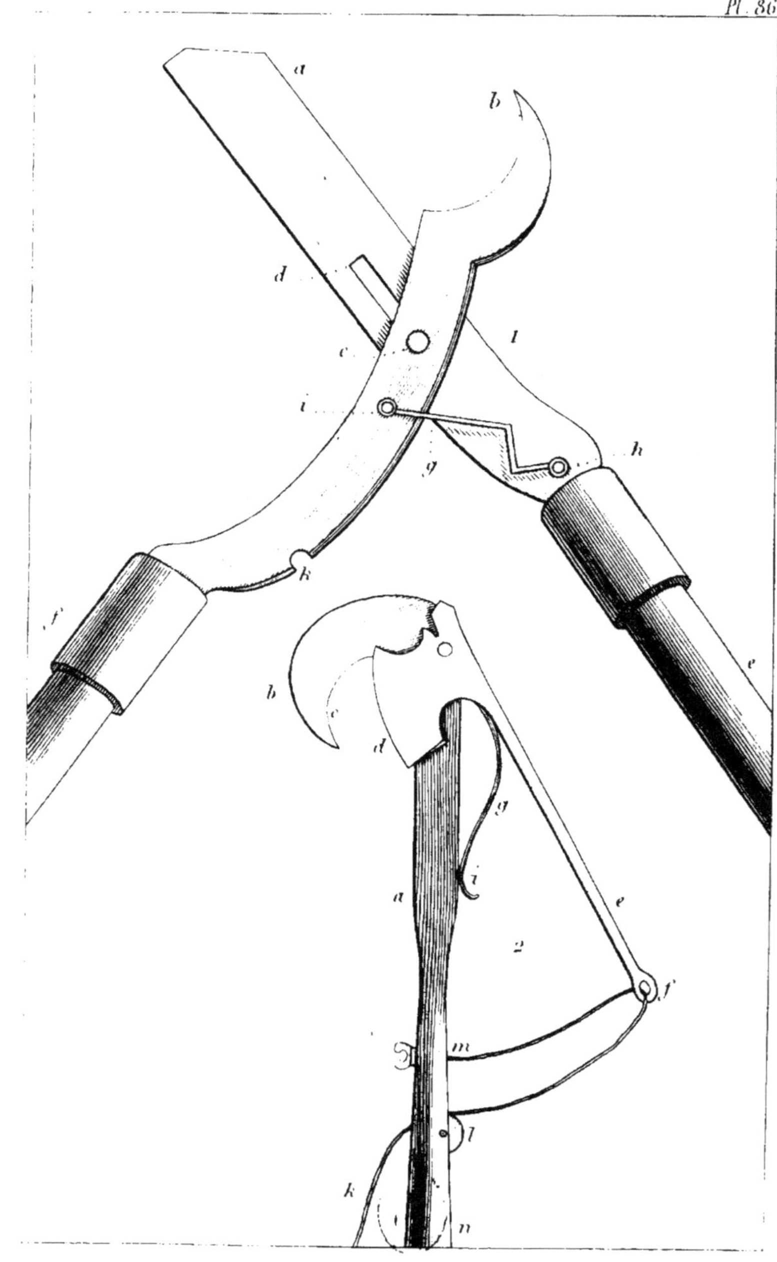

PLANCHE 86ᵉ.

Sécateurs.

1. *Sécateur à coulisse.* Cet instrument a été inventé en Angleterre, et son usage ne s'est pas encore répandu en France. Il est propre à couper des branches assez fortes, à 2 ou 3 pieds plus haut que l'on ne pourrait atteindre avec les cisailles ou la serpette.

Les branches a, b, sont tranchantes toutes deux ; elle sont réunies, non par une vis fixe, comme dans des ciseaux, mais par un bouton c, qui coule dans la coulisse d, lorsqu'on veut fermer l'instrument en rapprochant l'un de l'autre ses deux manches e, f. Le mécanisme qui fait glisser le bouton dans sa rainure est fort simple : il consiste en une tringle solide g, attachée aux deux lames en h, i, par deux vis qui ne la fixent pas, et autour desquelles elle peut tourner. Lorsqu'on ferme l'instrument , cette tringle offre une résistance et force les deux lames à glisser l'une sur l'autre dans le sens de leur longueur ; l'une b, de bas en haut ; l'autre a, de haut en bas. Ce mécanisme donne aux tranchans un mouvement de scie, d'où il résulte qu'ils coupent beaucoup plus aisément et plus net.

La tringle est coudée à partir de la vis h, afin de laisser passer sous elle la lame b, et quand l'instrument est fermé, cette vis h se trouve placée dans l'échancrure k de la lame b.

Les lames, à partir de leur douille jusqu'à l'extrémité, peuvent avoir 8 pouces ou beaucoup plus de longueur. Les manches e, f, ont trois pieds et quelquefois davantage.

2. *Taille-branche à hachette.* C'est encore un instrument dont l'usage n'est répandu qu'en Angleterre. Il sert à la fois d'échenilloir et de sécateur, et convient très-bien pour couper des rameaux à une assez grande hauteur. Une tige a se termine par une lame en crochet b, tranchante en dedans de sa convexité en c. Elle est réunie par une vis à la lame d, ayant un peu la forme d'une petite hache. Celle-ci se prolonge en une bascule e, terminée par l'anneau f. Un ressort g, attaché à la tige en i, sert à relever la bascule et à ouvrir l'instrument.

Lorsqu'on s'en sert, on place le rameau à couper dans le crochet d ; on tire la corde k ; celle-ci glisse sur la poulie l, et dans l'anneau f ; elle force la bascule à se rapprocher de la tige près du point d'insertion m, et

fait fermer l'instrument qui coupe le rameau par le rapprochement de
deux lames *c* , *d.*

Au moyen de la douille *n*, ce sécateur s'adapte à une perche plus
moins longue, selon l'usage auquel on le destine. Ses dimensions vari
aussi en raison de la grosseur des branches qu'il doit abattre, mais ra
ment on donne plus de trois pouces de longueur, mesurés sur le tailla
à la lame en hachette *d.*

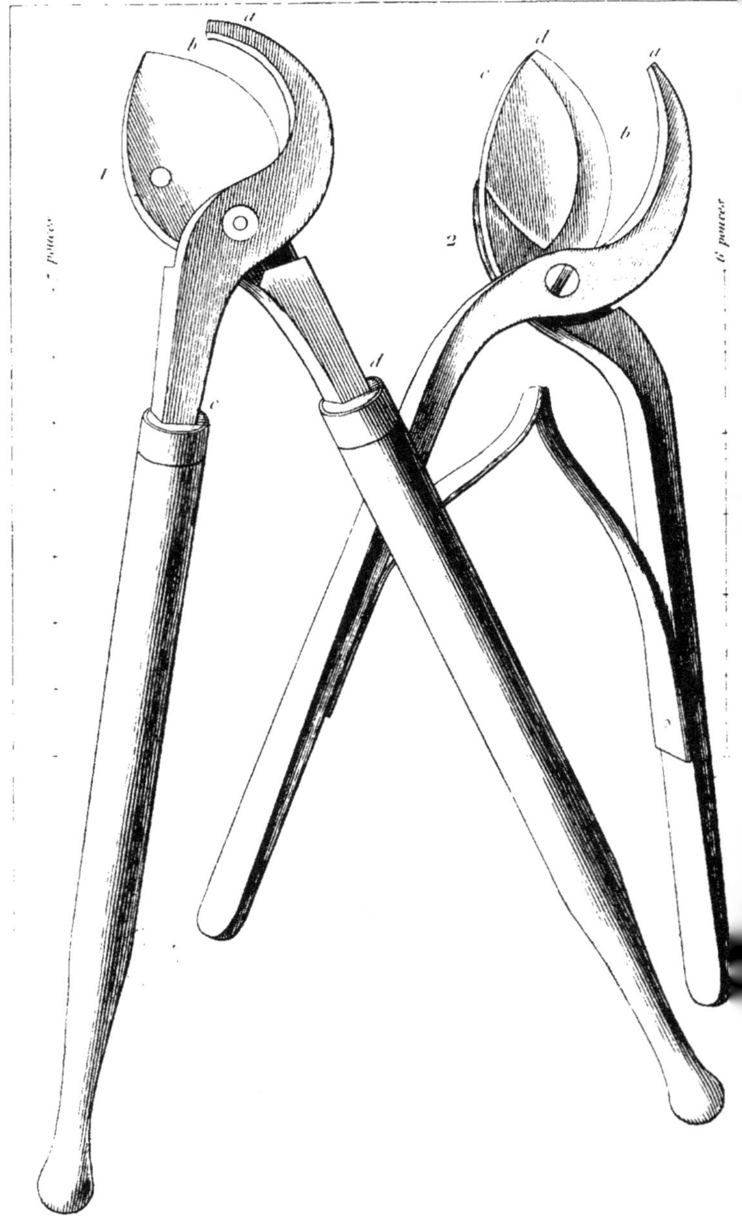
Pl. 87
pouces
6 pouces
1
2
a
b
c
d

PLANCHE 87ᵉ.

Sécateurs.

1. *Ébranchoir* ou *grand sécateur.* Il se compose d'un support *a*, contre lequel vient s'appuyer la branche à couper, et d'une lame *b* assez forte pour couper des branches d'un pouce de diamètre. La longueur de chaque branche, mesurée de *d* en *b*, et de *c* en *a*, est de 6 pouces; celle des manches est de 11 à 12 pouces. MM. Arnheiter et Petit en fabriquent d'assez grands pour couper aisément des branches de 4 pouces de circonférence.

2. *Cueille-rose sécateur.* Le pédoncule de la rose, appuyé contre le support, est coupé par la lame *b*, et se trouve retenu par la plaque d'arrêt *c*, ce qui le presse contre le support *a*. Par ce moyen on peut aisément cueillir cette fleur sans risquer de se blesser avec ses épines. Nous avons figuré cet instrument de grandeur naturelle; cependant on en fait de plus grands, dont les branches, mesurées du milieu de la vis qui les réunit jusqu'à leur extrémité *a*, *d*, ont 24 à 30 lignes de longueur.

PLANCHE 88e.

Sécateurs.

1. *Ébranchoir sécateur.* Il se compose d'un support *a*, contre lequ[el]
vient s'appuyer la branche à couper ; et d'une lame *b* assez forte po[ur]
couper des branches de près d'un pouce de diamètre. La longueur [de]
chaque branche est de 2 pieds depuis la douille, de *c* jusqu'en *d*, et [de]
3 à 4 pouces, de *d* en *a* et *b*.

2. *Sécateur ordinaire.* La branche *a* porte, à l'intérieur, une écha[n-]
crure arrondie, *b*, dans laquelle se place la branche à couper. La la[me]
c, la coupe en se rapprochant. Cet instrument, assez peu commod[e,]
se trouve dans le commerce avec ou sans ressort propre à le tenir ouv[ert]
en écartant les branches inférieures *d*, *e*. Les lames supérieures *a*,
mesurées depuis le milieu de la vis qui les réunit jusqu'à leur ext[ré-]
mité, ont 22 à 24 lignes de longueur.

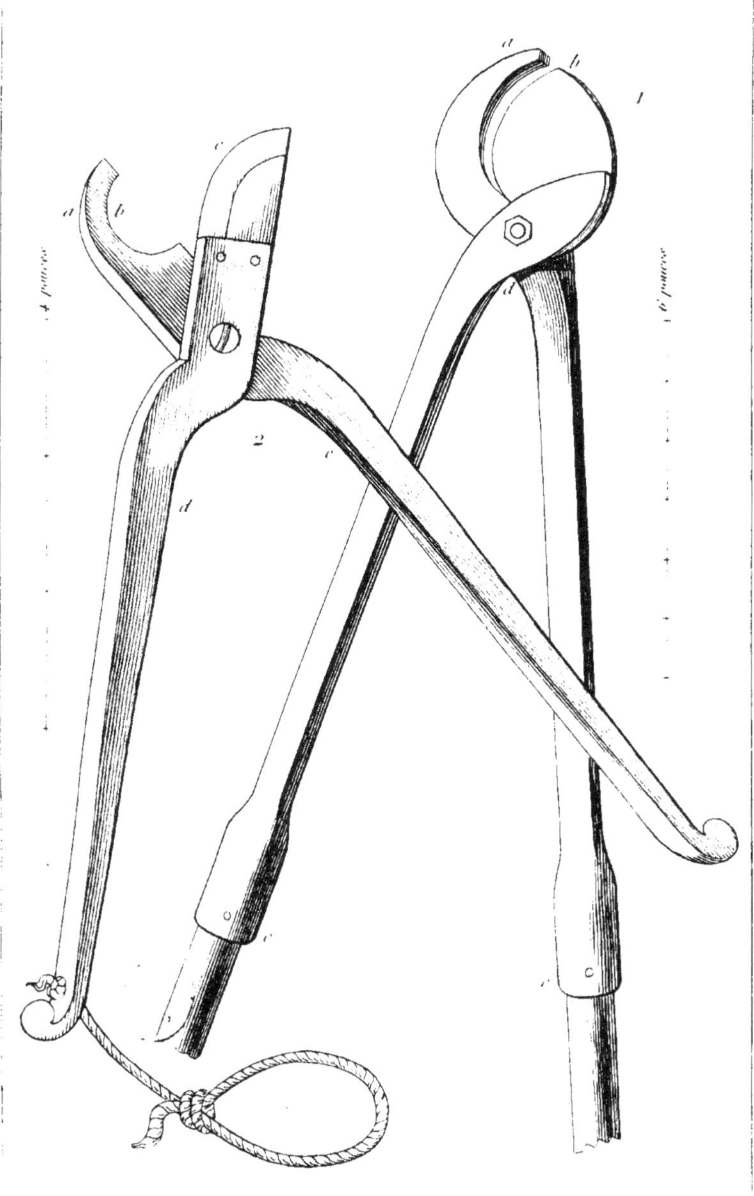

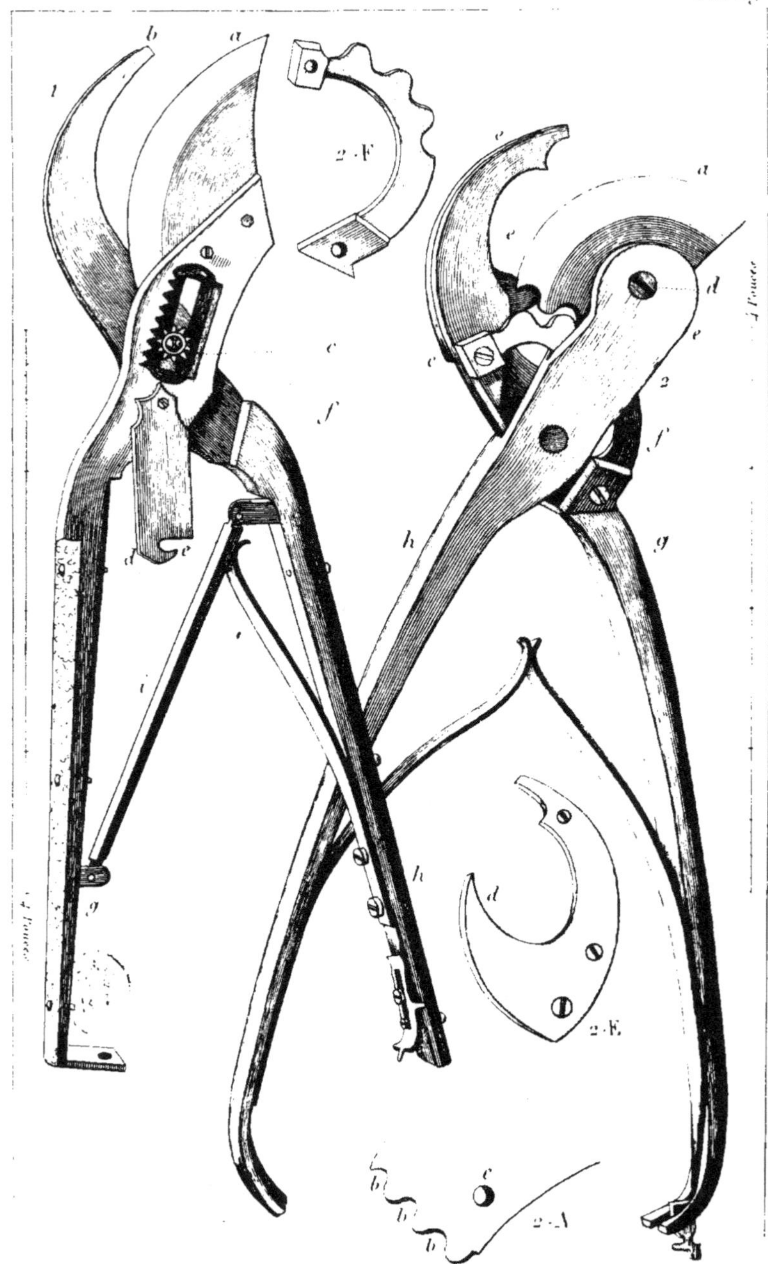

PLANCHE 89ᵉ.

Sécateurs.

1. *Sécateur à roulette, de Macquinan.* L'avantage de cet instrument est d'avoir un mouvement de scie qui fait couper plus net le rameau soumis à la taille. *a* est la lame , *b* la branche d'appui. En *c* , est une roue en cuivre , dentée en acier, tournant sur un pivot à vis , implanté dans la branche d'appui , et s'engrenant dans les dents que porte la branche de la lame ; ce pivot sert en même temps à maintenir les deux branches. *d* est une petite clavette en cuivre, tournant sur une vis à pivot, et dont le crochet *e* , tournant dans le sens marqué par des points *f*, vient s'ajuster sous la tête de vis qui est placée au bout de la ligne de points. Cette clavette sert à couvrir la mécanique pour l'abriter de la poussière. Lorsqu'on se sert de cet instrument, la main appuyant sur les deux branches *g* , *h* , les force à se rapprocher. Le levier *i* fait monter la branche *h* ; la roue dentée *c* , s'engrenant dans la branche de la lame la force à baisser , d'où il résulte que le taillant a un mouvement de scie, et qu'il appuie en glissant sur le rameau qu'il coupe net. Ce sécateur a été présenté à la société d'agronomie pratique, en 1829, par M. Macquinan , son inventeur, qui lui a donné 7 pouces et demi de longueur.

2. *Sécateur de Leroux.* On a cherché , dans celui-ci , les mêmes avantages que dans le précédent. Il a été inventé par M. Leroux, qui l'a fait présenter à la société d'agronomie de Paris , par M. le comte Lelieur. La lame , *a* et 2-A , est munie à sa base de trois dents d'engrenage , *b,b,b ;* elle est percée d'un trou , *c* , par où passe le pivot *d*, qui la fixe au bras *e* , sans lui ôter sa mobilité. Sur la branche d'appui *c* , est vissé , par derrière , une pièce de cuivre , *e,e* , figurée en 2-E , servant à prolonger la branche d'appui par sa base *d*. Sur la même branche, mais en devant , est également fixé un demi-cercle denté , *f*, figuré en 2-F.

Lorsque l'on se sert de l'instrument , en serrant les deux bras , *g,h* , les dents du demi-cercle s'engrènent dans celle de la lame, et forcent celle-ci à faire un mouvement de scie en appuyant sur le rameau qu'elle coupe net.

J'ai fait l'essai des deux instrumens figurés dans cette planche, et tous

deux m'ont paru l'emporter sur tous les autres sécateurs qui me sor
connus. Ils compriment beaucoup moins l'écorce et coupent les rameau
très-net. Néanmoins ils ont un inconvénient majeur, qui balance et au
delà leur mérite, c'est d'être d'un mécanisme trop compliqué, par con
séquent peu solide.

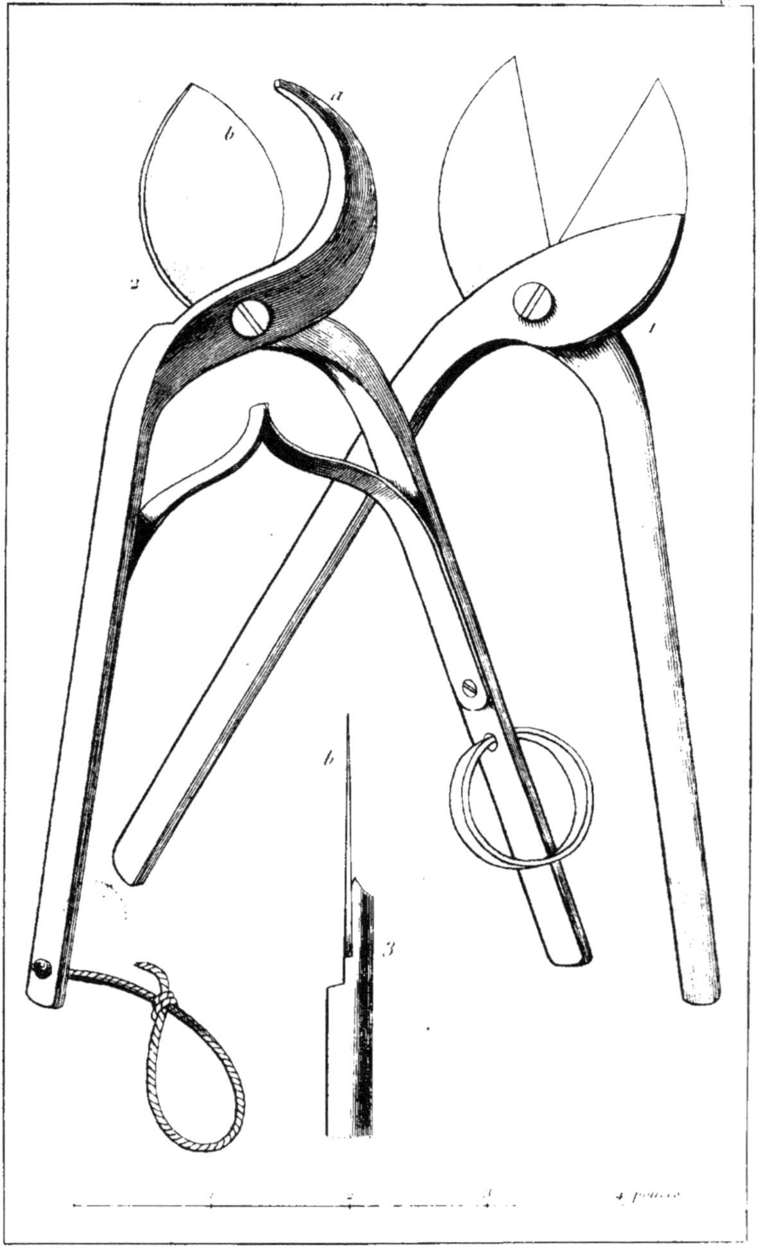

Pl. 90.

(161)

PLANCHE 90ᵉ.

Sécateurs.

1. ***Cisailles*** servant à la taille des espaliers, propres à remplacer le sécateur, quand il s'agit de pénétrer entre deux branches serrées, où celui-ci ne pourrait être introduit.

2. ***Sécateur de M. Bertrand de Molleville.*** *a* est un croissant épais, sur lequel vient s'appuyer la branche à couper, lorsqu'elle est attaquée par la lame tranchante, *b*.

On connaît assez les inconvéniens qui résultent de l'emploi des sécateurs en général, sans que nous soyons obligés de les mentionner ici. L'opinion de nos cultivateurs praticiens les plus instruits, celle entre autres de **M.** Noisette, est qu'il faudra toujours en revenir à la serpette.

3. Ici nous avons figuré le profil de la lame *b*.

On fait des cisailles et des sécateurs de plusieurs grandeurs. La dimension la plus ordinaire est celle que nous avons donnée à nos deux instrumens. Ils ont 7 pouces de longueur, et les lames ont 18 lignes.

PLANCHE 91*.

Sécateurs.

1. *Sécateur des dames.* Nous avons figuré cet instrument de gra[n]
deur naturelle. Il ne diffère des autres sécateurs que par ses proportio[ns]
plus petites, calculées sur la délicatesse des mains qui doivent s'en se[r]
vir. Il est propre à la taille des rosiers et autres petits arbrisseaux. [Le]
modèle que nous avons dessiné a été fabriqué et perfectionné par MM. A[n]
nheiter et Petit, ainsi que l'instrument qui suit.

2. *Sécateur à branches cintrées.* Sa longueur totale est de 8 pouce[s,]
la lame a 21 lignes, mesurée depuis la vis jusqu'à l'extrémité *a*, [et]
1 pouce de largeur. En *e*, est un arrêt qui tient à la lame et qui emp[ê]
che qu'elle avance trop sur le bras *b*. Les branches *c*, *d*, sont cintré[es]
de manière à ce qu'on n'est pas obligé de trop ouvrir la main pour sai[sir]
le rameau à couper entre la lame et la branche d'appui ; c'est le se[ul]
avantage que nous lui trouvons. Quelquefois on recouvre les branc[hes]
d'une lame de corne, appliquée en *c*, *d*, et l'on remplace la corde *e*, p[ar]
le fermoir figuré au-dessus dans le sécateur des dames.

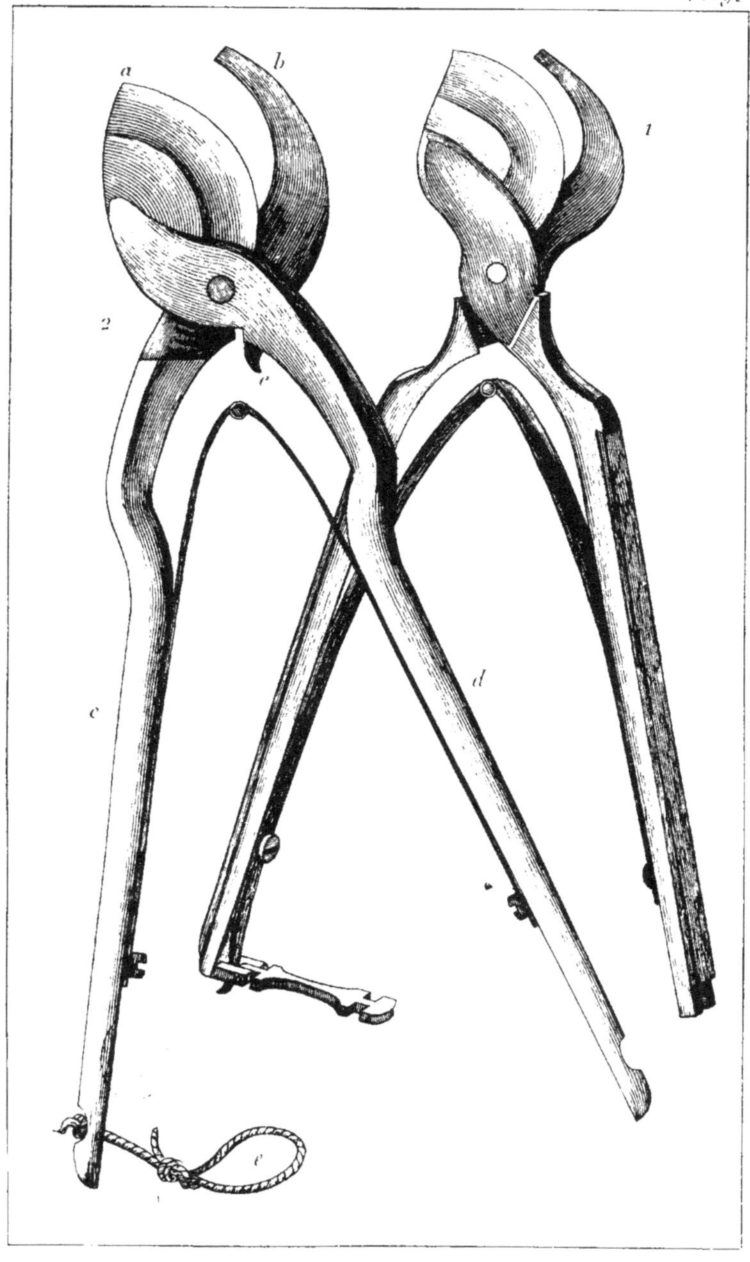
a
b
1
2
c
e
d
c
e

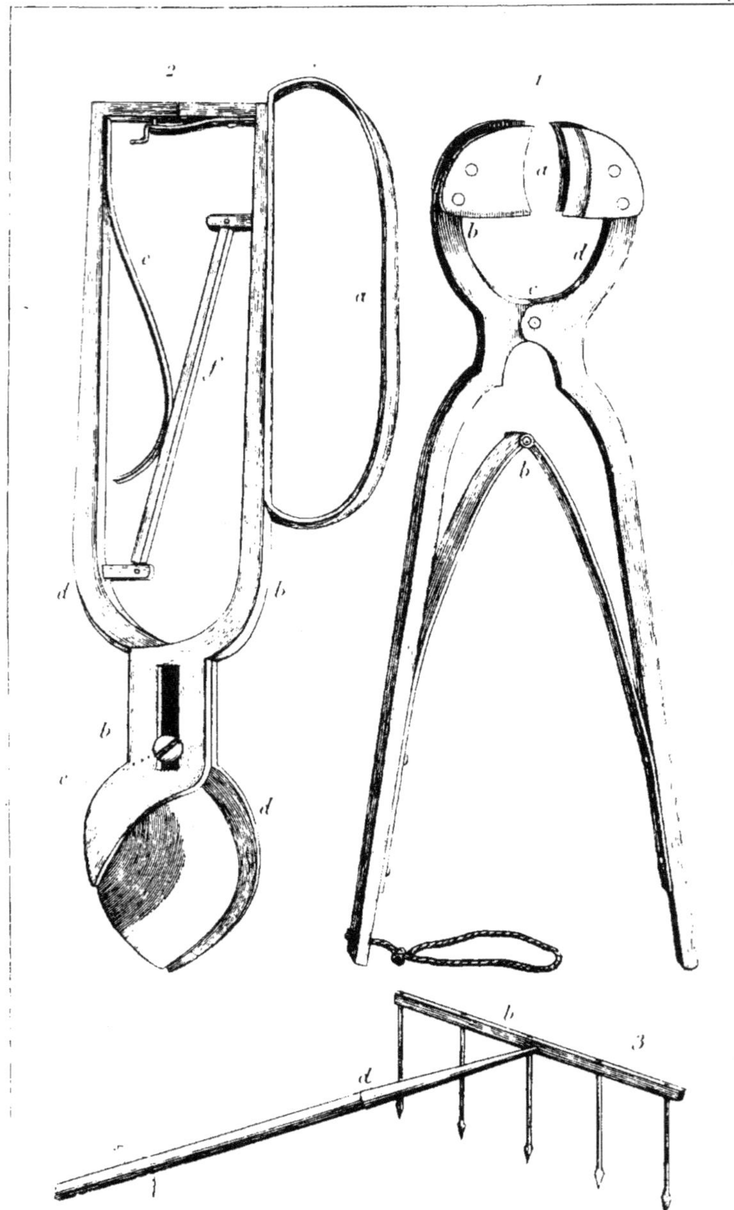

PLANCHE 92ᵉ.

Inciseur annulaire et binette à ver-blanc.

Inciseur annulaire perfectionné. L'usage de cet instrument est beaucoup plus avantageux que celui de l'inciseur ordinaire. Les quatre lames *a*, se ressèrent d'elles-mêmes au moyen du ressort *b*, dont l'action occasione un mouvement contraire aux taillans, grâce à la manière dont les branches sont réunies en *c*. Le ressort opérant seul la pression, elle est partout égale sur l'écorce, et il ne reste qu'à tourner l'instrument par un léger mouvement, pour opérer une incision annulaire d'une égale profondeur.

Outre cela, le vide formé par la courbure des branches, en *b*, *c*, *d*, empêche que le rameau soit froissé et rend la coupure plus nette.

Ces perfectionnemens sont dus à MM. Arnheiter et Petit.

2. *Sécateur à crémaillère.* J'ai trouvé cet instrument chez un quincaillier, mais je n'ai pu en connaître l'inventeur : ses dimensions sont les mêmes que celles du sécateur ordinaire. En *a*, est une garde en fer, servant à maintenir solidement l'instrument dans la main.

La branche *b*, qui porte la lame, est percée d'une coulisse, dans laquelle glisse la vis *c*, fixée au fond, sur la branche *d*, *d*. La tête de la vis, plus large que la coulisse, appuie sur la branche *b*, *b*, et la maintient en position.

Lorsque l'on ouvre le sécateur, le ressort *e* appuie sur la bascule, la force à s'écarter, et pour faire ce mouvement, elle fait remonter la branche *b* à mesure que l'instrument s'ouvre. Cette branche *b* glisse alors sur la branche *d*, et la vis *c* se trouve placée à l'autre extrémité de la coulisse.

Lorsque l'on ferme l'instrument pour couper un rameau, le même mouvement se fait en sens contraire, d'où il résulte que la lame a une marche de scie qui la fait couper plus net.

Tous ces sécateurs à crémaillère, à roue, à vis, etc., ont le grand défaut de manquer de solidité, et de laisser vaciller la lame quand on en a fait usage quelque temps.

3. *Binette à ver blanc.* M. Penseron, de Viroflai, a inventé cet in-

strument, et la Société d'agriculture de Versailles, ayant reconnu s[...]
utilité, a récompensé son inventeur par une médaille d'argent.

La tête *b* est en fer, longue de 9 pouces; elle porte 15 dents égal[...]
ment en fer, de 4 pouces 6 lignes de longueur, ayant leur pointe faç[...]
née en fer de lance. La douille *d*, porte un manche de bois, long [...]
3 pieds 6 pouces.

Dans les terres sablonneuses ou legères, dans lesquelles les larve[s...]
hannetons ou vers blancs font le plus de ravages, on en détruit la pl[...]
grande partie au moyen de cette binette. Après une pluie légère, qui [...]
pénétré qu'à peu de profondeur, les larves gagnent la superficie de [...]
terre pour jouir de l'humidité, et ne se trouvent guère enfoncées dans le [...]
que d'un à trois pouces. Avec la binette, on remue, retourne et divise [...]
terre, au point de mettre les vers blancs à découvert et de pouvoir s'[...]
emparer aisément.

Cet instrument est précieux pour les jardiniers, et surtout les pépini[...]
ristes, dont les établissemens sont exposés à ce fléau.

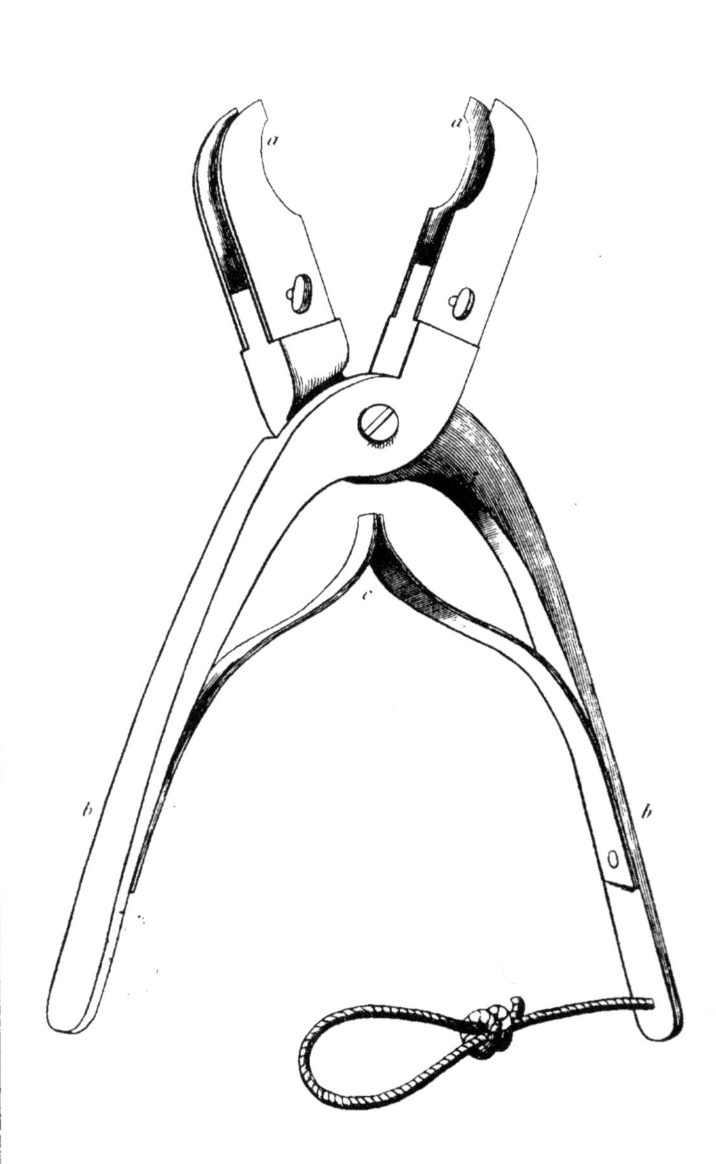
a
a
c
b
b
pouces

PLANCHE 95ᵉ.

Inciseur annulaire.

1. *Inciseur annulaire.* Cet instrument, inventé par **M.** Regnier , sert à enlever autour d'une branche un anneau d'écorce pour entraver la marche de la séve , et hâter le développement et la maturité de certains fruits, principalement du raisin.

La pince se termine par quatre lames *a, a, a*, dont deux de chaque côté. Les deux lames sont écartées d'une ligne l'une de l'autre , c'est-à-dire de la largeur de l'anneau d'écorce à enlever. On place le sécateur sur la branche , on sert les branches *b, b*, en comprimant le ressort *c*. Les lames *a, a, a*, enveloppent le rameau et coupent l'écorce ; on donne un demi-tour pour cerner parfaitement toute la circonférence ; puis on enlève la lanière circulaire d'écorce , soit avec l'ongle, soit avec la pointe de la serpette ou du greffoir. Assez souvent elle s'enlève au moyen seul d'un léger mouvement de l'inciseur annulaire.

Les lames de l'instrument que nous avons figuré ont 16 lignes de longueur ; elles sont dans les dimensions les plus ordinaires, surtout quand il s'agit d'opérer sur la vigne ; mais on peut augmenter ou diminuer les proportions, en raison de l'usage auquel on destinera l'instrument, en le faisant fabriquer.

PLANCHE 94ᵉ.

Cisailles.

1. *Cisaille-échenilloir.* C'est un des plus simples échenilloirs et u
des plus commodes pour la célérité de l'ouvrage. Il consiste en une pai
de cisaille, dont une branche *a* est implantée dans un manche plus o
moins long, selon qu'on veut atteindre plus ou moins haut. Le ressort
tient l'instrument ouvert, et on le ferme au moyen de la corde *c*
passée dans l'anneau *d*, et attachée à la tige *e*. On en fait usage en Ai
gleterre.

2. *Cisaille à longs manches.* Celle-ci sert, en Angleterre, à taill
les haies et les palissades à une hauteur où les cisailles ordinaires ne pou
raient pas atteindre. Les manches *a*, *b*, ont de 18 pouces à 2 pie
6 pouces de longueur. L'un d'eux tient à une tige courbe en *c*, afin
n'être pas obligé de trop écarter les bras pour ouvrir l'instrument.

3. *Cisaille-sécateur.* Elle a été inventée par M. Regnier, ou plutôt
est le premier qui en ait fait l'application à la taille des espaliers. S
deux lames, égales et tranchantes, aiguës à l'extrémité, la rendent fo
commode pour pénétrer entre les bifurcations de branches, où le sécater
ne pourrait pas atteindre. On en fabrique chez MM. Arnheiter et Peti
dont les lames un peu plus alongées et plus aiguës sont plus approprié
à ce dernier usage.

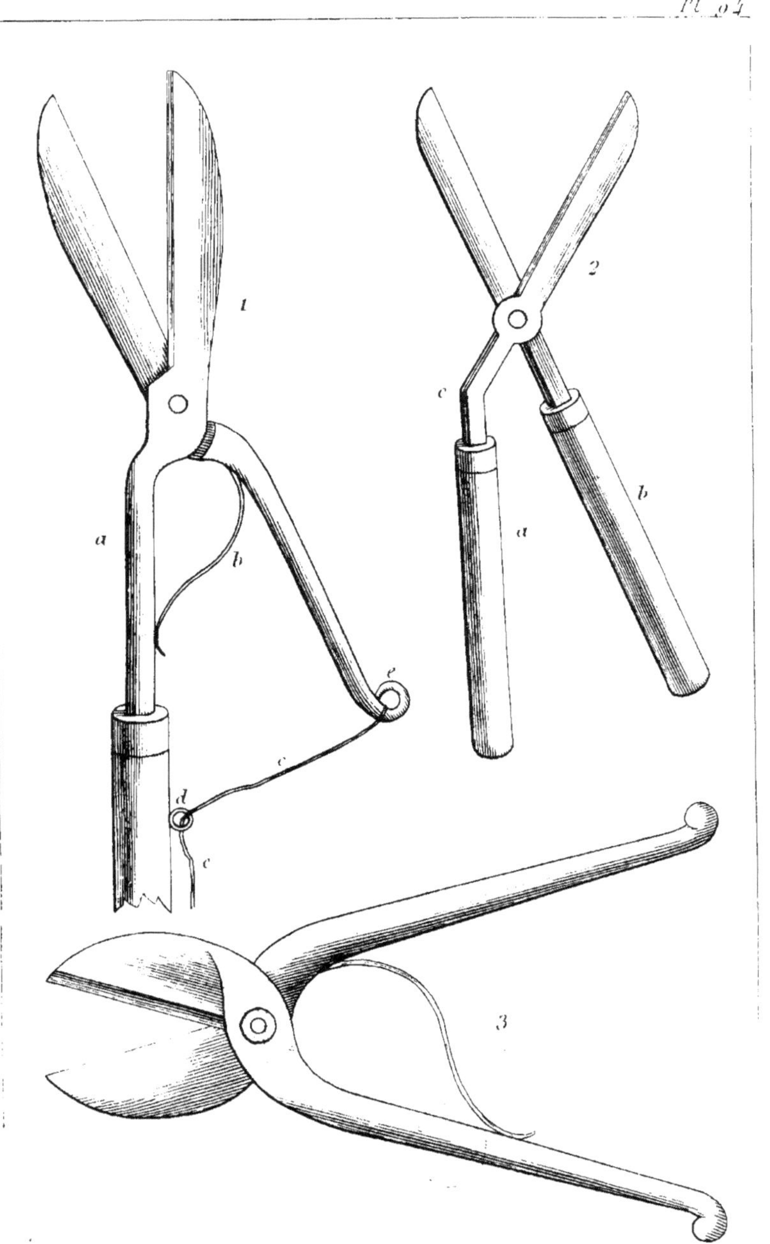
1
a
b
e
c
d
c
2
c
a
b
3

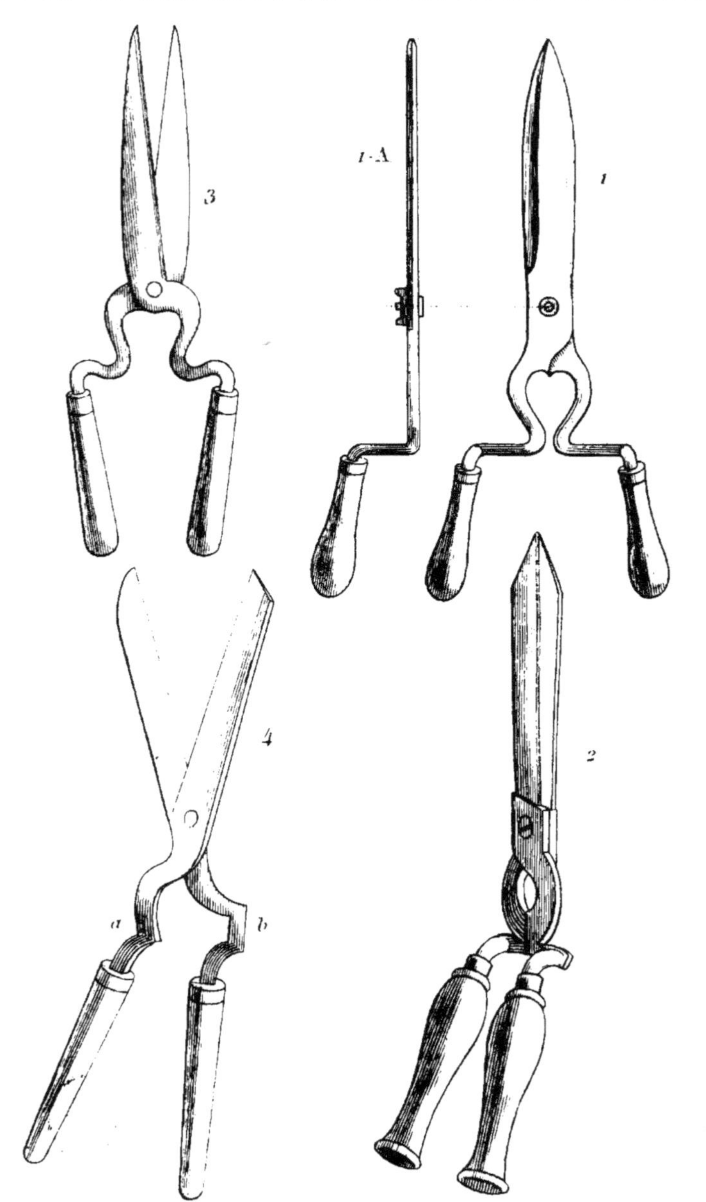
3
1.A
1
4
2
a
b

PLANCHE 95ᵉ.

Cisailles.

1. *Cisaille ordinaire.* On s'en sert, en tous pays, pour tondre les haies et les bordures, et on les fabrique dans les proportions convenables à l'usage qu'on se propose d'en faire. La fig. 1-A représente cet instrument vu de profil, afin de faire mieux comprendre la courbure des tiges qui portent les manches.

2. *Cisaille anglaise.* Elle ne diffère de la nôtre que par ses formes plus élégantes, et on l'emploie aux mêmes usages.

3. *Grande cisaille à élagage.* Cet instrument ne diffère des deux précédens que par ses formes plus grossières et ses dimensions ordinairement plus grandes. On s'en sert dans les grands jardins et les parcs, autant pour élaguer que pour tondre. Les manches ont 9 pouces de longueur, et les lames ont 11 pouces de longueur, mesurées depuis la vis jusqu'à la pointe.

4. *Cisaille à manches croisés.* On s'en sert aux mêmes usages que les précédentes, en Angleterre, et elle ne diffère que par les tiges a, b, qui sont courbées de manière à se croiser en passant l'une sur l'autre quand l'instrument est fermé.

LIVRE IV.

INSTRUMENS DIVERS D'HORTICULTURE.

Tous les instrumens renfermés dans cette série appartiennent à la
ture des jardins et des vergers. Leur nombre est grand, leur forme
variée, ainsi que leur usage. C'est ici que l'industrie des jardiniers e
amateurs s'est montrée de milles manières; et c'est encore ici qu'il res
vaste chemin à parcourir dans le champ des inventions ingénieus
utiles.

Long-temps les Anglais, les Belges et les Hollandais, nous ont di
la suprématie dans ce genre; mais depuis que le goût des jardins s'es
pandu dans la haute classe de la société; depuis que nos hommes in
tans n'ont pas dédaigné de paraître dans des sociétés d'encouragen
de protéger, d'encourager cette branche d'agriculture plus impor
qu'on le soupçonnait; depuis que des hommes de mérite ont paru à l
de grands établissemens et n'ont pas rougi de porter le titre modes
jardinier, l'essor a été donné au génie de l'invention, et bientôt, so
rapport des instrumens d'horticulture, nous n'avons rien eu à envier
voisins.

En apprenant la publication de notre ouvrage, plusieurs amate
sont empressés de nous communiquer des dessins de différens uste
d'une invention plus ou moins ingénieuse, mais nous n'avons pas cr
voir les figurer avant qu'ils aient été exécutés et essayés dans la pra
de leur emploi. Nous avons cru devoir aussi rejeter ceux dont l'usag
rait moins avantageux que celui des instrumens existans qu'on les
nait à remplacer, tel par exemple que les arrosoirs pneumatiques.

CHAPITRE QUATRIÈME.

—

Cette section renferme les cueilloirs, qui nous paraissent faire le passage naturel des instrumens tranchans aux autres instrumens d'horticulture, et nous n'avons pas cru devoir séparer ceux à lame d'avec les autres.

Viennent ensuite les échelles, qui appartiennent autant à l'économie domestique qu'aux instrumens d'agriculture. Dans notre premier supplément nous en figurerons une nouvelle, extrêmement ingénieuse, et qui peut devenir fort utile.

Après les échelles, viennent les ustensiles d'arrosement qui ont besoin d'être perfectionnés et qui offrent pour cela une large marge.

Tout ce qu'on appelle la poterie, caisses, pots à fleurs, terrines, mannequins, etc., nous fournissent une seule planche, parce que nous n'avons voulu les considérer que sous le rapport de leur emploi, et non sous celui de leurs formes. On conçoit que la figure plus ou moins élégante d'un pot de fleur ne change rien à son usage, qu'elle est par conséquent une chose tout-à-fait arbitraire.

Sous le titre d'instrumens divers, nous avons figuré et décrit une foule d'ustensiles qui presque tous ont une destination spéciale, d'où il résulte que nous n'avons point eu d'ordre analytique à établir pour eux.

PLANCHE 96ᵉ.

Cueilloirs.

1. *Cueille-rose.* Cet instrument n'a pas d'autre utilité que celle d[e ser-]
vir à cueillir des roses, sans que l'on craigne de se piquer les doi[gts. Il]
est monté comme une paire de ciseaux; mais les branches *a*, *b*, [sont]
épaisses, et propres à retenir le pied d'une rose lorsqu'il est engagé [entre]
les deux, et qu'il a été coupé par la lame *c*. Ses proportions peuve[nt va-]
rier en raison de la grosseur de la main qui doit s'en servir.

2. *Cueille-fruit.* On l'emploie à cueillir du raisin ou autres fruits [qui sont]
de la portée de la main.

Il consiste en deux branches *a*, *b*, assez épaisses pour retenir s[olide-]
ment entre elles le pédoncule d'un fruit, lorsqu'il a été coupé par la [lame]
c, ajustée contre une des branches, de la même manière que dans l[e pré-]
cédent. La branche *b* est fixe sur une tige *d*, qui sert de support à [toutes]
les autres parties, et qui peut même faire corps avec la douille [e. La]
branche *a* se prolonge en une bascule *f*, que le ressort *g* force à s[or-]
ter de la tige et à fermer les branches. Pour faire jouer cet i[nstru-]
ment, on tire la corde *h*, et l'on fait baisser l'arrêt en cuivre *i*, qui [arrête]
l'extrémité de la bascule, et qui lui-même est maintenu en place [par le]
ressort *m*.

Lorsqu'on s'est emparé du fruit cueilli, on replace le crochet [d'ar-]
rêt *i* comme nous l'avons figuré, afin de tenir les branches *a*, *b*, ou[vertes,]
et de pouvoir en cueillir un autre.

On donne ordinairement 5 pouces de longueur à cet instrument[, me-]
suré depuis *o* jusqu'en *a*, c'est-à-dire la douille non comprise. Les [bran-]
ches ont 2 pouces à peu près depuis leur courbure *n*, *n*, jusqu'à le[ur ex-]
trémité *a*, *b*.

Le manche *r* est plus ou moins long, selon la hauteur à laque[lle on]
veut atteindre. Cet instrument est de l'invention de MM. Arnhe[im et]
Petit.

———

a
c
b
n
n
d
2
g
f
i
m
o
c
h
r
c
b
a
1

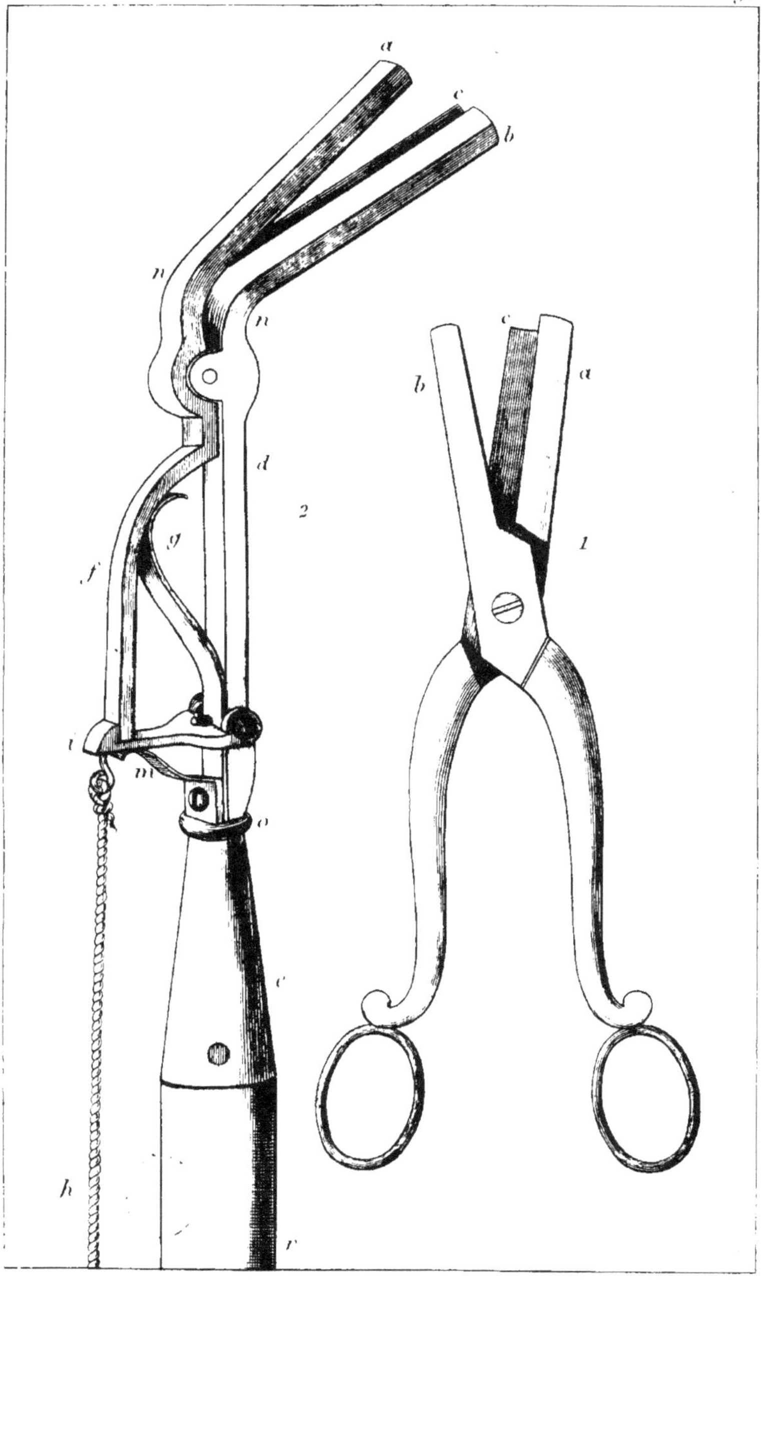

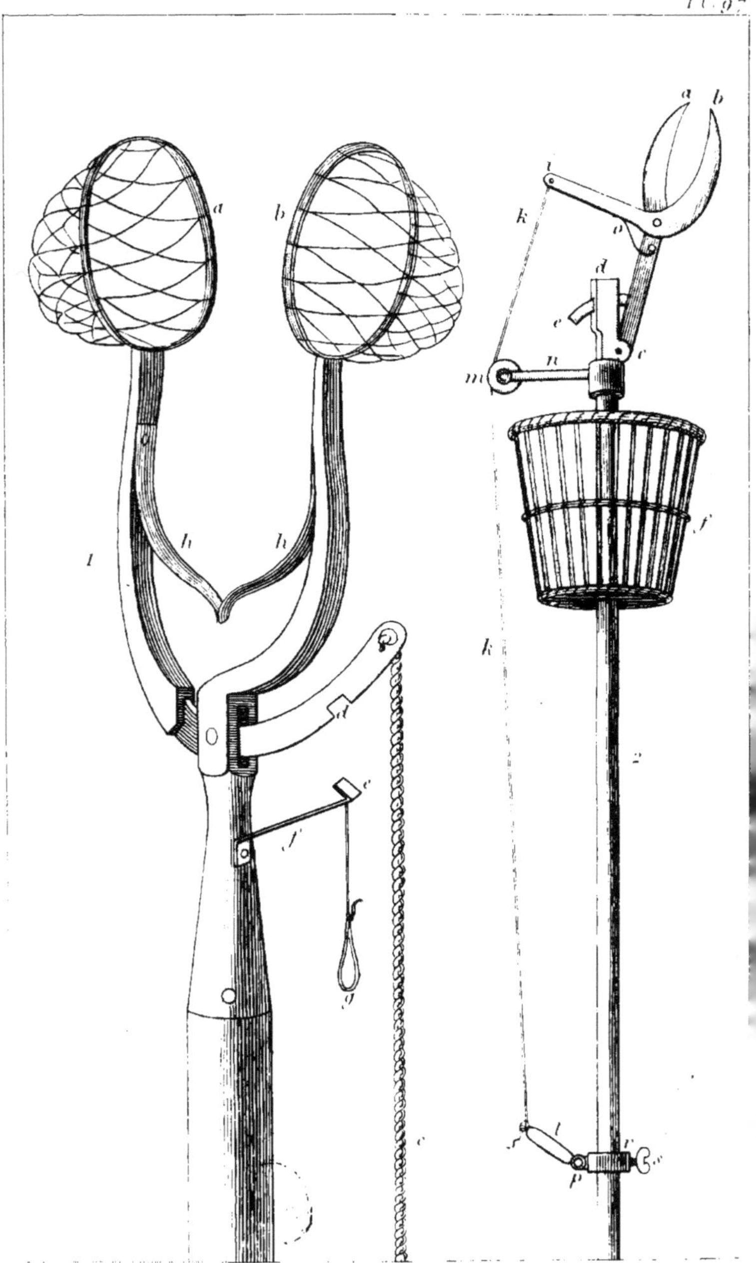

PLANCHE 97°.

Cueilloirs.

1. *Cueilloir à filets.* Il a été inventé par M. Régnier, pour cueillir, hors de la portée de la main, des fruits délicats, susceptibles de se meurtrir aisément, tels que pêches, abricots, etc., et autres dont le pédoncule est trop court pour pouvoir être saisi par d'autres cueilloirs.

Pour pouvoir se servir de cet instrument, on le place de manière à ce que le fruit se trouve entre les deux cerceaux de fil de fer a, b, et l'on tire la corde c, jusqu'à ce que le cran d ait reçu l'arrêt e, du ressort f. Ce ressort, fixé à la douille, est en acier, et sert à maintenir les cerceaux fermés. Alors on tire l'instrument à soi, mais sans secousse, et le fruit détaché de sa branche reste dans le filet qui garnit les cerceaux. Pour l'en ôter, il ne s'agit que d'appuyer le doigt sur le ressort f, ou de le faire baisser au moyen de la cordelette g. L'arrêt e s'échappe du cran d, les ressorts h, h, agissent et forcent le cerceau a, b, à s'écarter pour saisir un autre un fruit par le même mécanisme. La grandeur de cet instrument se calcule sur la grosseur des fruits qu'il est destiné à cueillir.

2. *Cueilloir à panier.* Celui-ci est en usage en Angleterre pour cueillir les fruits à plein-vent ; il consiste en une cisaille, dont les deux branches a, b, sont tranchantes. La branche a est mobile, et vient s'attacher en c, à la tige d. Au moyen du quart de cercle e, on incline plus ou moins la cisaille, pour donner de la commodité en raison de la largeur du panier f. On la maintient au moyen d'une vis qui appuie sur le quart de cercle quand on la serre, et la rend immobile. La branche b, se termine par une bascule i, que l'on fait mouvoir au moyen de la corde k. Lorsqu'on appuie la main sur la poignée de bois l, on tire la corde ; elle glisse sur la poulie m, placée au bout d'une tige n, afin de l'écarter du panier qui gênerait son jeu ; la bascule baisse, les cisailles se ferment et coupent le pédoncule du fruit qui tombe dans le panier.

Lorsqu'on ôte la main de dessus la poignée l, le ressort o fait relever la bascule ; celle-ci entraîne la corde qui fait remonter la poignée, et l'instrument est ouvert, prêt à couper un autre fruit.

Non-seulement la poignée l est mobile au moyen de sa charnière p, mais encore la douille en anneau r. Lorsque l'on desserre la vis s, qui,

par sa pression sur le manche , fixe l'anneau , celui-ci coule aisément, s
en haut , soit en bas, et par ce moyen on peut alonger ou raccourcir
manche et la corde , selon le besoin.

La grandeur du panier peut être proportionnellement plus considéra
que nous l'avons figurée ; mais cependant elle a ses limites calculées sur
plus ou moins d'inclinaison que le quart de cercle peut donner à la cisail
Plus celle-ci est inclinée, plus il est facile de se servir de l'instrume
mais ils ne faut pas non plus que cette inclinaison soit trop grande , car
fruit courrait risque de tomber à terre et non dans le panier.

Les lames de la cisaille , mesurée depuis la vis qui les unit jusqu'à le
extrémité, ont 4 pouces de longueur.

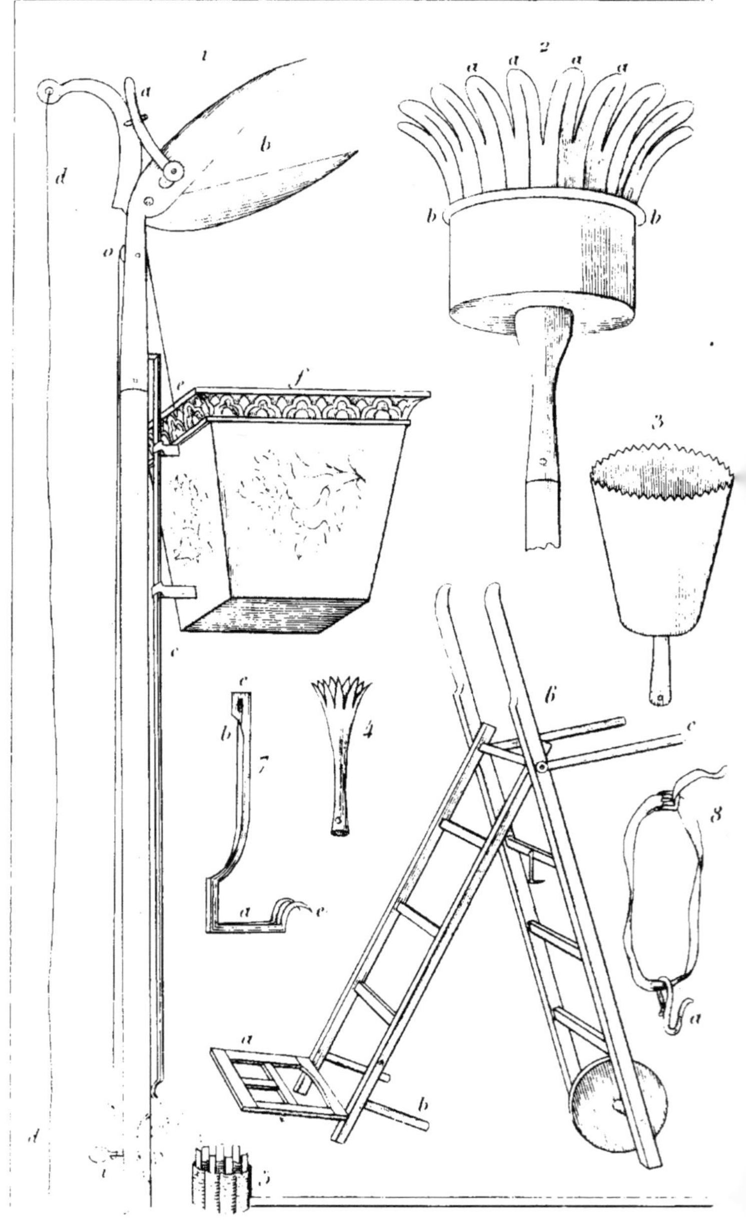

PLANCHE 98ᵉ.

Cueilloirs.

1. *Cueilloir à panier mobile.* C'est le même instrument que le précédent, pl. 97, fig. 2, mais ingénieusement perfectionné par MM. Arnheiter et Petit. La cisaille *b* est placée au bout long d'un manche, au moyen d'une douille ; le ressort *a* la tient ouverte, et elle se ferme lorsque l'on tire la corde *d*. Le panier en fer-blanc *f* glisse sur le chariot *c*, et on le hausse et baisse à volonté avec la ficelle qui le tient en *e*, qui passe et roule sur la poulie *o*, et vient s'attacher en *i*, près de l'extrémité du manche. Au moyen de ce mécanisme, on peut aisément vider le panier chaque fois qu'il est plein.

2. *Cueille-haut, cueille-fruits.* Cet instrument est en fer-blanc, et on lui donne la forme d'un volant, ou à peu près. Le vase *b*, *b*, peut avoir de 5 à 6 pouces de largeur, et 3 ou 4 pouces de hauteur, non compris les dents ; il est porté par une douille emmanchée sur une perche plus ou moins longue, selon l'élévation des arbres sur lesquels on veut cueillir les fruits. Pour s'en servir, on fait passer la queue du fruit entre les dents *a*, *a*, etc. ; au moyen d'un léger mouvement, on la détache de sa branche, et le fruit tombe dans le vase. Ce cueilloir a été perfectionné par MM. Arnheiter et Petit ; avant eux on le construisait en bois, à 6 dents, et beaucoup plus étroit, quoique aussi long.

3. *Cueilloir en gobelet.* Il est en fer-blanc ; il a 3 ou 4 pouces de diamètre dans le haut, 2 ou 3 à la base qui se termine par une douille et une perche. Le bord est muni de dents de scie, entre lesquelles passe la queue du fruit que l'on veut cueillir. Cet instrument est particulièrement propre à détacher le raisin d'un treille élevée.

4. *Pommette espagnole.* On se sert beaucoup de cet instrument dans les environs de Valence, pour cueillir les oranges. Il est en fer, et ne diffère du cueilloir en gobelet que par son bord supérieur, qui se divise en six ou huit longues dents.

5. *Pommette en panier.* En Suisse, particulièrement dans le canton de Zurich, on fait usage de cet instrument pour cueillir toutes les espèces de fruits. Il consiste en un petit panier d'osier, large de 4 pouces 6 lignes, et haut de 2 pouces 6 lignes, dont les bords sont garnis de dents de

bois, longues de 18 lignes. Il est porté par une perche légère, d'une lon
gueur déterminée par le besoin.

6. *Echelle-brouette de MM. Arnheiter et Petit.* On l'emploie po
cueillir les fruits dans les jardins, et surtout pour récolter les feuilles
mûrier. Au moyen du dossier mobile *a*, et des pieds *b*, *c*, également m
biles et se couchant de même le long des montans à volonté, elle pe
servir à la fois, d'échelle double, d'échelle simple, et de brouette. (
peut lui donner jusqu'à 13 pieds de longueur.

7. *Griffe à tige.* Cet instrument sert à se cramponner à l'écorce des a
bres sur lesquels on est obligé de grimper; on en a deux, un pour ch
que jambe. Ils consistent en une sorte d'étrier *a*, porté par une tige
que l'on attache à la jambe avec une courroie double passée dans le tr
c. L'autre extrémité de l'étrier se termine en *e*, par deux griffes écarté
de 13 lignes l'une de l'autre vers le bout; la tige a 1 pied de longue
totale, et l'étrier a 3 pouces de largeur; la courroie a ordinaireme
18 pouces de longueur.

8. *Ceinture d'élagueur.* Elle est en cuir, forte, et se serre au cor
par le moyen d'une boucle de fer; elle porte un crochet *d*, dont le do
ble emploi consiste à soutenir l'ouvrier qui l'accroche à une branc
quand il travaille dans une position dangereuse, et à porter la serpe pe
dant qu'il monte sur l'arbre ou qu'il en descend.

Pl. 9
1
2
3
4
3
a
c
a
c
a
c
5
b
b
6
b
7

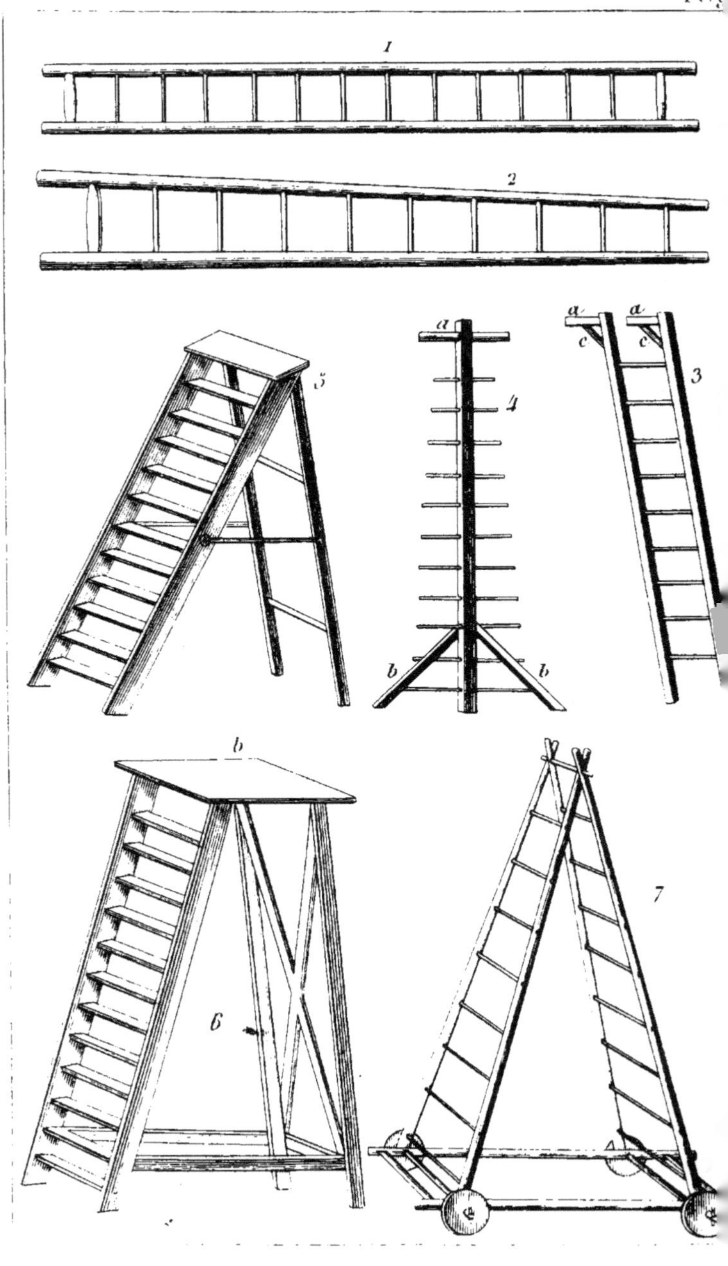

PLANCHE 99ᵉ.

Échelles.

1. *Échelle ordinaire.* Les montans sont en bois de sapin pour qu'elle soit plus légère. On en fait de toutes les grandeurs.

2. *Échelle élargie à la base.* Elle ne diffère de la précédente que par ses montans qui sont plus élargis à leur base, ce qui lui donne plus de solidité quand elle est posée.

3. *Échelle à tenons.* On s'en sert pour la taille des espaliers. Au moyen des tenons *a*, *a*, ou tout simplement de deux chevilles, on l'appuie contre le mur de l'espalier sans crainte de froisser les rameaux. Quelquefois on fabrique de ces échelles avec des tenons inclinés en bas, sans les traverses *c*, *c*, en forme de crochets qui servent à les accrocher aux branches des arbres.

4. *Échelle à tige simple.* La pièce de bois *a* sert d'appui quand on la pose contre un mur. Les deux autres pièces *b*, *b*, qui s'éloignent latéralement de la tige en formant un angle aigu avec elle, empêchent l'échelle de verser sur les côtés.

5. *Échelle marche-pied.* On donne ordinairement à cette échelle de 6 à 7 pieds de hauteur, et on la construit en bois de chêne : elle est connue partout. Quand il s'agit de s'en servir dans les jardins, pour la taille des arbres, on la fait quelquefois en bois plus léger.

6. *Échelle à reposoir.* On l'emploie en Espagne pour récolter les feuilles de mûrier que l'on donne aux vers à soie. Sa hauteur est de 7 pieds à 7 pieds 6 pouces ; le reposoir *b* a ordinairement 2 pieds de longueur, sur 18 pouces de largeur.

7. *Échelle double à roulettes.* Elle est principalement employée dans les parcs, les grands jardins et les promenades publiques, pour tondre les arbres au croissant. Un homme peut aisément la faire mouvoir en la poussant. Ses proportions varient selon le besoin.

MM. Arnheiter et Petit fabriquent dans la perfection toutes les échelles employées à l'horticulture.

PLANCHE 100ᵉ.

Échelles.

1. *Échelle double ordinaire.* Tout le monde en connaît l'usage la taille et la tonte des arbres, la récolte des fruits, etc. On calcule mensions en raison de l'emploi auquel on la destine. Ses quatre m sont réunis au sommet, en *a*, par une verge de fer.

2. *Échelle à support.* C'est la plus simple, la plus légère et l commode de toutes les échelles de jardiniers; mais elle n'est pas l solide. Cependant, MM. Arnheiter et Petit ont un peu corrigé ce en y ajoutant une courroie en cuir, qui s'accroche derrière un éche *a*, et s'attache au support en *b*.

3. *Échelle pliante anglaise.* Elle se compose de trois échelles *a* attachées bout à bout, en *e*, *e*, par des charnières solides et en fer cées sous les montans, de manière à permettre à ceux-ci de se re en-dessous, mais non en-dessus; ils en sont empêchés par les extr *d*, *d*, qui s'appuyant l'une sur l'autre, forment une espèce d'arc-b Nous l'avons représentée dans un état incomplet de développemen a l'avantage de faire peu de volume quand elle est ployée, et de p se transporter plus aisément. Quelquefois aussi, lorsqu'il s'agit de r les châssis arqués d'une serre en forme de dôme, ou tout autre c surface courbe, et sur laquelle il n'est pas possible de s'appuyer, brique cette échelle de manière à ce qu'elle ne se développe pas tage que dans notre figure, et alors elle embrasse un grand espace sans s'appuyer dessus.

4. *Échelle en pyramide.* On s'en sert en Toscane pour cue feuilles de mûriers, et les raisins des vignes que l'on fait grimper arbres. Quand on ne la désire pas dans de très-grandes proportio peut la faire avec une seule branche fourchue, en chêne.

5. *Échelle à plate-forme.* Elle est employée en Angleterre. S forme à balcon la rend très-commode, mais l'embarras de son tr balance beaucoup cet avantage. Les supports *b*, *b*, sont chevillés sous de la plate-forme, et peuvent s'enlever à volonté.

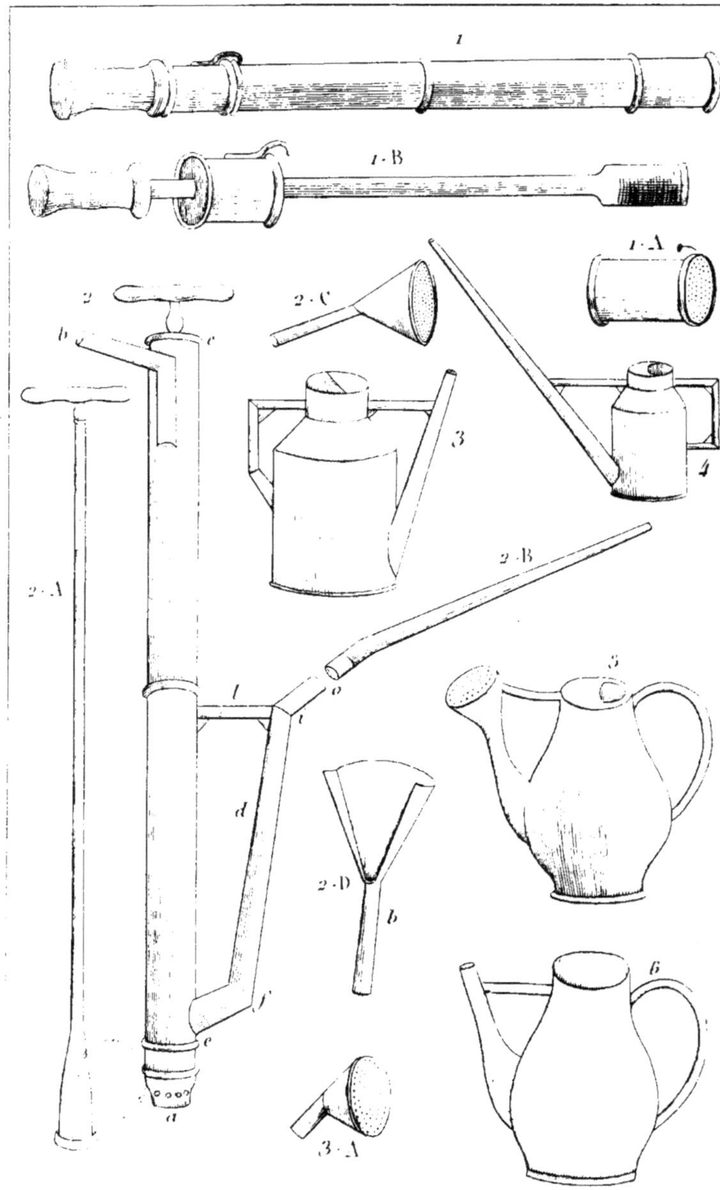

PLANCHE 101ᵉ.

Instrumens d'arrosement.

1. *Seringue d'arrosement.* Elle est très-utile pour arroser le feuillage des arbres qui ne sortent jamais de la serre chaude. Celles qui sont fabriquées chez MM. Arnheiter et Petit sont en cuivre; l'extrémité 1-A est percée de trous extrêmement fins, pour produire l'effet d'une petite pluie très-fine; elles ont 21 lignes de diamètre, et 2 pieds 1 pouce de longueur, non compris le manche. La figure 1-B représente le piston garni de filasse à son extrémité.

2. *Pompe à main.* Cet instrument sert à arroser le feuillage des arbres, les gazons, etc., dans les temps de sécheresse; pour le faire jouer, il ne s'agit que de placer sa base *a* dans un vase, un baquet par exemple, contenant de l'eau. On dirige le jet à volonté, en inclinant plus ou moins la pompe et en la tournant à droite ou à gauche. Si l'on ne veut qu'un jet, on laisse le tuyau 2-B, dont la longueur est de 15 pouces; si l'on veut une gerbe, on ajuste au bout de ce tuyau la pomme 2-C, dont la longueur est de 4 pouces 3 lignes, et le diamètre de 2 pouces 2 lignes; elle est percée de trous très-petits. Enfin, si l'on désire que l'eau retombe en forme de pluie fine, on ajuste à la place de la pomme l'éventail 2-D : il est fait d'une feuille mince de cuivre, munie de deux rebords, ayant 2 pouces 4 lignes dans sa plus grande largeur, et 3 pouces 10 lignes, y compris le petit cylindre *b*, soudé à l'extrémité et servant à l'ajuster à la pompe. La figure 2-A représente le piston.

Cette pompe se fabrique souvent en fer-blanc; cependant celles qui sortent de l'établissement de MM. Arnheiter et Petit sont en cuivre; elles coûtent deux fois autant, mais elles durent dix fois davantage.

La longueur totale de l'instrument, de *a* en *c*, est de 2 pieds 6 pouces, et son diamètre de 2 pouces. En *b*, est un manche servant à le maintenir, long de 4 pouces 3 lignes. Le tuyau principal *d* a 2 pouces 2 lignes de longueur d'*e* en *f*, 1 pied d'*f* en *i*, et 2 pouces d'*i* en *o*. La traverse *l*, qui le rapproche du corps de la pompe pour donner la facilité de plonger l'instrument dans un vase étroit, a 2 pouces 2 lignes de longueur.

3. *Arrosoir de fer-blanc.* Il a l'avantage d'être fort léger, mais il se

rouille et se perce en peu d'années, malgré l'attention que l'on doit av
de ne laisser jamais de l'humidité à l'intérieur quand on cesse de s'
servir, de le tenir dans un lieu sec, et de le couvrir de deux ou trois c
ches épaisses de peinture à l'huile. J'en ai conservé très-long-temps
goudronnant l'intérieur chaque année.

La fig. 3-A représente une pomme qui peut s'ajuster également aux
rosoirs, fig. 3 et 6; elle est percée de trous plus ou moins grands, p
ou moins serrés, en raison de la manière dont on veut obtenir la ger
d'eau : ses dimensions varient également.

4. *Arrosoir à bec*. On l'emploie à l'arrosement des plantes en serr
dont on ne peut pas approcher aisément d'assez près pour se servir
l'arrosoir ordinaire, soit qu'elles se trouvent placées sur des rayons
derrière les premiers rangs. Une qualité indispensable de cet instrume
est d'être fort léger, aussi est-on dans l'habitude de le faire petit, et
fer-blanc; le bec est plus ou moins long, selon le besoin, et l'on aju
quelquefois au bout une pomme comme celle figurée en 2-C.

5. *Arrosoir à pomme fixe*. Il est en cuivre : ses proportions v
rient.

6. *Arrosoir à goulot*. Il est en cuivre comme le précédent, et l'on
ajoute à volonté la pomme 3-A : on aurait pu trouver pour les arroso
en cuivre une forme plus gracieuse.

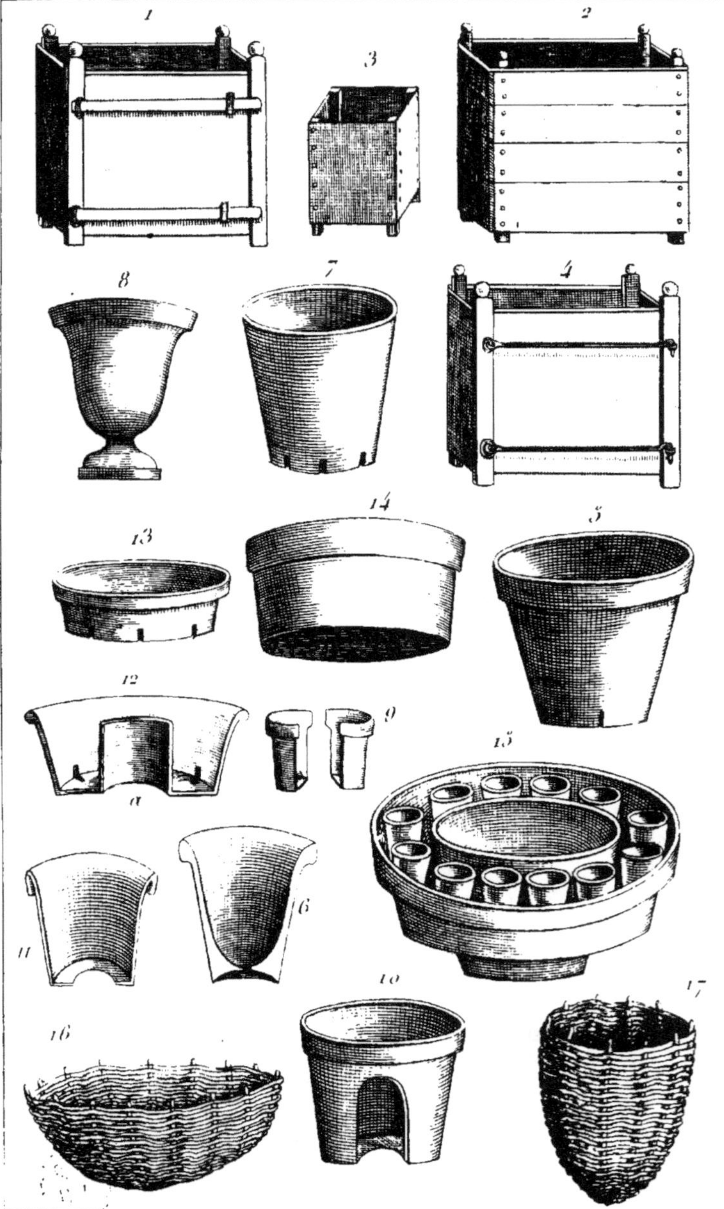

PLANCHE 102e.

Caisses et poterie d'horticulture.

1. *Caisse à oranger, à panneau mobile.* Les meilleures caisses, c'est-à-dire celles qui offrent le plus de solidité, et qui durent le plus long-temps, sont en bois de chêne. On est parvenu à en faire avec du mastic aussi dur que de la pierre, comme on en peut voir des exemples au jardin des Tuileries; mais leur pesanteur balance et au-delà l'avantage de leur durée.

Dans la caisse que nous avons figurée, le panneau de face, que l'on peut ôter à volonté, soit pour renouveler la terre, soit pour faire un dépotement complet, est maintenu par des traverses en bois ou en fer, dont une extrémité est passée dans des crochets de fer, et l'autre attachée à charnières; deux crochets qui tiennent au panneau, et dans lesquels les barres sont également passées, servent à maintenir le panneau en position quand la caisse est vide.

On conçoit que nous ne pouvons indiquer aucunes proportions, ni pour les caisses, ni pour la plupart des autres vases, parce qu'elles dépendent entièrement de la force et de la grandeur des végétaux à y placer.

2. *Caisse ordinaire à oranger.* Elle ne diffère de la précédente que par ses panneaux tous immobiles et cloués sur les montans.

3. *Caisse à petits arbustes.* Ayant besoin de moins de solidité, on la fait en bois plus mince et quelquefois plus léger.

4. *Caisse à panneaux mobiles et à tringles.* Elle ne diffère du numéro 1 que par ses traverses qui consistent en deux tringles de fer, à crochet.

5. *Pot-à-fleur.* On en fait de diverses dimensions : l'essentiel est qu'il soit percé de manière à ne pas conserver l'humidité.

6. *Pot-à-fleur à dessous évidé.* Nous l'avons figuré coupé par le milieu pour faire concevoir sa forme : le fond est concave, ce qui fait que le trou, ne posant pas sur la terre, se bouche moins aisément.

7. *Pot à ananas.* Il diffère des précédens par sa forme plus alongée, par le manque de rebord, afin d'occuper moins de place sur la couche

chaude, et par son fond, qui, outre le trou du milieu, a encore six petites fentes sur son pourtour.

8. *Pot à oreilles d'ours.* On donne à ces pots des formes plus ou moins gracieuses, et on les recouvre d'un vernis vert de poterie; on s'en sert pour cultiver toutes sortes de fleurs. Je n'en ai guère vu faire un usage général qu'à Lyon, et dans quelques villes du centre et du midi de la France.

9. *Pot de deux pièces.* On s'en sert pour cultiver les plantes très-délicates qui craignent le dépotage; on rapproche les deux parties au moyen d'un fil de fer, et on le place ainsi dans un autre pot.

10. *Pot ouvert à marcotter.* On en a d'entiers, comme celui que nous avons figuré, lorsqu'on peut faire passer l'extrémité de la marcotte par l'ouverture; dans le cas contraire, ce pot est coupé en deux parties que l'on rapproche au moyen d'un fil de fer.

11. *Pot ordinaire à marcotter.* Il se compose de deux parties semblables à celle que nous avons figurée, et que l'on rapproche comme dans le précédent : la marcotte passe par la large ouverture du fond.

12. *Terrine à marcotter.* Nous l'avons figurée coupée en deux parties égales pour la faire plus aisément concevoir. Dans le milieu *a*, est un tube de 5 pouces de hauteur, sur 3 pouces 6 lignes de diamètre, par lequel on fait passer la branche ou la plante à marcotter; la terrine a 18 pouces de diamètre et 5 pouces 6 lignes de hauteur. On remplit le pourtour de terre dans laquelle on marcotte les rameaux de la branche ou de la plante qui occupe le centre. Au moyen de cette terrine, on peut faire un bon nombre de marcottes dans le même vase.

13. *Terrine à semis.* Elle sert à semer les graines fines des plantes délicates de terre de bruyères; on arrose par-dessous, en déposant la terrine dans un baquet d'eau.

14. *Grande terrine à semis.* Elle ne diffère de la précédente que parce qu'elle est plus grande, plus profonde; on l'emploie au semis de la plupart des arbrisseaux d'orangerie.

15. *Terrine à potelots.* Elle est de l'invention de M. Noisette, et fort commode pour marcotter les plantes précieuses. Le milieu est un pot dans lequel on cultive la plante-mère; autour est une espèce de galerie pour placer des petits pots dans lesquels on marcotte, et que l'on arrose aisément par dessous, en jetant un peu d'eau dans la galerie.

16. *Manne à marcottes.* Elle peut avoir de 18 pouces à 2 pieds de longueur, sur 10 à 12 pouces de largeur, selon la longueur de la branche à marcotter ; elle est grossièrement faite en osier ou en tiges de clématites des bois ; on l'enterre au pied de la mère, on y étend la marcotte, et lorsque celle-ci est reprise on la relève avec la motte, au moyen du panier qu'on laisse en la replantant ; il pourrit dans la terre, et pour cette raison, il est plus utile que nuisible.

17. *Manne à bouture, mannequin.* Il est moins large que la manne et beaucoup plus profond ; on l'emploie à faire des boutures, et surtout à élever des jeunes arbres d'une reprise difficile, qu'il faut lever et transplanter avec la motte.

PLANCHE 105e.

Instrumens divers d'horticulture.

1. *Boîte à pucerons.* Elle consiste en une boîte en **cuivre, cylind**
que *a*, ayant 5 pouces de hauteur et 2 pouces 6 lignes de diamètre; ¢
se compose de deux parties, s'ouvrant en *b*, à la manière d'une boîte
savonnette. Dans l'intérieur sont deux plaques transversales percées
trous, comme on le voit en 1-A, une placée à la partie supérieure, ¿
dessous du tuyau *c*; l'autre à la partie inférieure, au-dessus du tuyau
celle-ci ne nous paraît pas d'une nécessité absolue, et nous pensons qu
pourrait la retrancher sans un grand inconvénient. Le tuyau *c* a 7 pou
de longueur, 7 lignes dans son plus grand diamètre, et au plus 1 li
1 quart dans le plus petit, c'est-à-dire à l'extrémité; on y ajuste qu
quefois une sorte de petite pomme d'arrosoir, fig. 1-B, criblée de tr
très-fins, pour disséminer la fumée.

On ajuste un soufflet en *e*, et on le maintient au moyen de l'anneau c¢
lant *f*; on place du tabac à fumer dans la boîte; on y met le feu, et
soufflant, on fait sortir la fumée en jet par l'extrémité *g, g*, du tuyau
ou en nuages, en *h*, quand la pomme est ajustée.

En dirigeant cette fumée sur les parties des plantes attaquées par
pucerons, on détruit rapidement et très-bien ces insectes nuisibles. C¢
boîte a été beaucoup perfectionnée par MM. Arnheiter et Petit.

2. *Transplantoir à cylindre.* Il consiste en un cylindre de tôle, h
de 6 pouces et large de 4; il est muni de deux manches en bois, longs
4 pouces, y compris la béquille. Pour s'en servir, on place le cylin
2-A autour de la tige de la plante à transplanter, et cette opération
d'autant plus facile que le cylindre à charnière s'ouvre et se ferme à
lonté; on enfonce le transplantoir, en appuyant sur les manches, puis
enlève la plante avec la motte. Quand elle est transportée à demeure,
appuie sur le cylindre 2-A en retirant le transplantoir, ce qui forc¢
plante à rester en position.

3. *Transplantoir à double charnière.* Il est en fer-blanc, et const¡
sur les mêmes proportions que le précédent; les manches *a, b,* sont ¢
lement en fer-blanc et longs de 5 pouces. Le cylindre intérieur 3-A
aussi en fer-blanc; il est muni de deux oreilles de 10 pouces de ▶

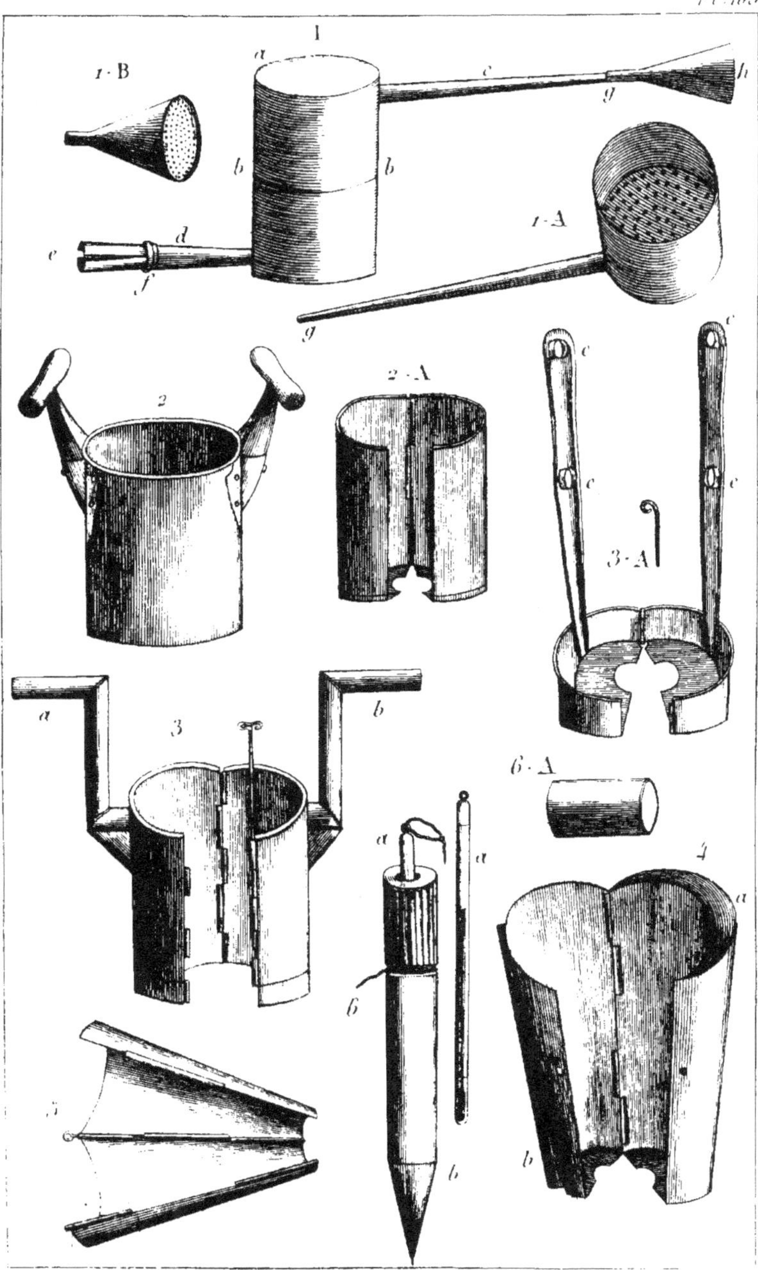

Pl. 103
1
1·B
1·A
a
b
b
c
g
h
d
e
f
g
2
2·A
3·A
c
c
c
c
e
a
b
3
6·A
4
a
b
a
a
a
b
b
5
b

gueur, ayant chacune deux trous à rebords *c, c*, servant à passer les pouces pour maintenir la motte, tandis qu'on retire le cylindre en transplantant.

4. *Marcottoir à réservoir.* Il consiste en un vase en tôle ou en fer-blanc, conique, long de 3 pouces 9 lignes, plus ou moins selon le besoin, large de 3 pouces 3 lignes au sommet. En *a* est un réservoir formé par une double paroi, dans lequel on met de l'eau ; on y place un morceau de corde, dont l'autre bout tourné autour du pied de la marcotte entretient l'humidité de la terre, la corde servant de conducteur à l'eau du réservoir par la loi de la capillarité. En *b* est un tuyau dans lequel on enfonce le bout de la baguette ou du piquet servant de support au marcottoir, quand la marcotte elle-même n'est pas assez forte pour le porter.

5. *Marcottoir à double charnière.* Il est en tôle, conique, long de 2 pouces 6 lignes, large de 20 lignes.

6. *Piquet-thermomètre.* Cet instrument, inventé par M. le chevalier Regnier, a été simplifié et beaucoup amélioré par ses élèves, MM. Arnheiter et Petit ; on s'en sert pour connaître les degrés de chaleur des couches chaudes, dans lesquelles on le tient enfoncé. Le piquet *b* a 1 pied de longueur et 14 lignes de diamètre ; il est percé longitudinalement pour recevoir un thermomètre *a, a*, que l'on retire à volonté pour connaître la température sans déranger le piquet et l'exposer à se refroidir. 6-A est un couvercle de fer-blanc qui empêche l'air de s'introduire dans le tube et d'influencer la température du thermomètre.

PLANCHE 104ᵉ.

Instrumens divers d'horticulture.

1. *Tire-chiendent.* Cet instrument est précieux pour extraire les
cines de chiendent et autres herbes parasites, dans les terres qui ont ᵈ
subi un ou deux labours; nous le croyons surtout indispensable à
bonne culture d'un jardin. Sa lame a 3 pouces 6 lignes de largeur
4 pouces de longueur; elle est armée de 5 fortes dents, ayant chac
3 pouces et demi de longueur. La douille *a* porte un manche de 3 pi
de longueur. Cet instrument est de l'invention de MM. Arnheiter
Petit.

2. *Curette* en bois ou en os, pour nettoyer les bêches, houes, ᵣ
ches, etc., de la terre qui s'y attache en travaillant. Elle a 6 pouces
longueur.

3. *OEillère, cuilleron à pomme de terre.* On se sert de cet inst
ment, dont la lame a la forme et la grandeur d'une cuiller à café, p
enlever les yeux des pommes de terre, afin de les planter en conserv
le tubercule pour un autre usage. Nous pensons que cette *œillère* ne s
jamais d'une grande utilité.

4. *Contre-sol.* Il consiste en un pot de terre, ouvert comme nous
vons figuré, et servant à défendre les plantes délicates contre les ray
d: soleil et le hâle desséchant du vent du sud.

5. *Forme à pain de sucre.* On s'en sert, dans le département de
Gironde, pour couvrir les salades et autres légumens que l'on veut fa
blanchir.

6. *Pot à céleri.* Dans les Pyrénées-Orientales on se sert de ce vase
terre pour faire blanchir le céleri; il a 1 pied de hauteur, 7 pouces 6
gnes de diamètre à sa base, et 4 pouces 6 lignes au sommet.

7. *Cage en fil de fer.* On en fait usage dans les jardins et surtout d
les écoles de botanique, pour défendre les graines des plantes rares con
la voracité des oiseaux.

8. *Cage en osier.* On s'en sert pour abriter les plantes délicates. E
a 18 pouces de hauteur, et 1 pied de diamètre; l'ouverture a 8 pou
de largeur Du reste, ces proportions varient.

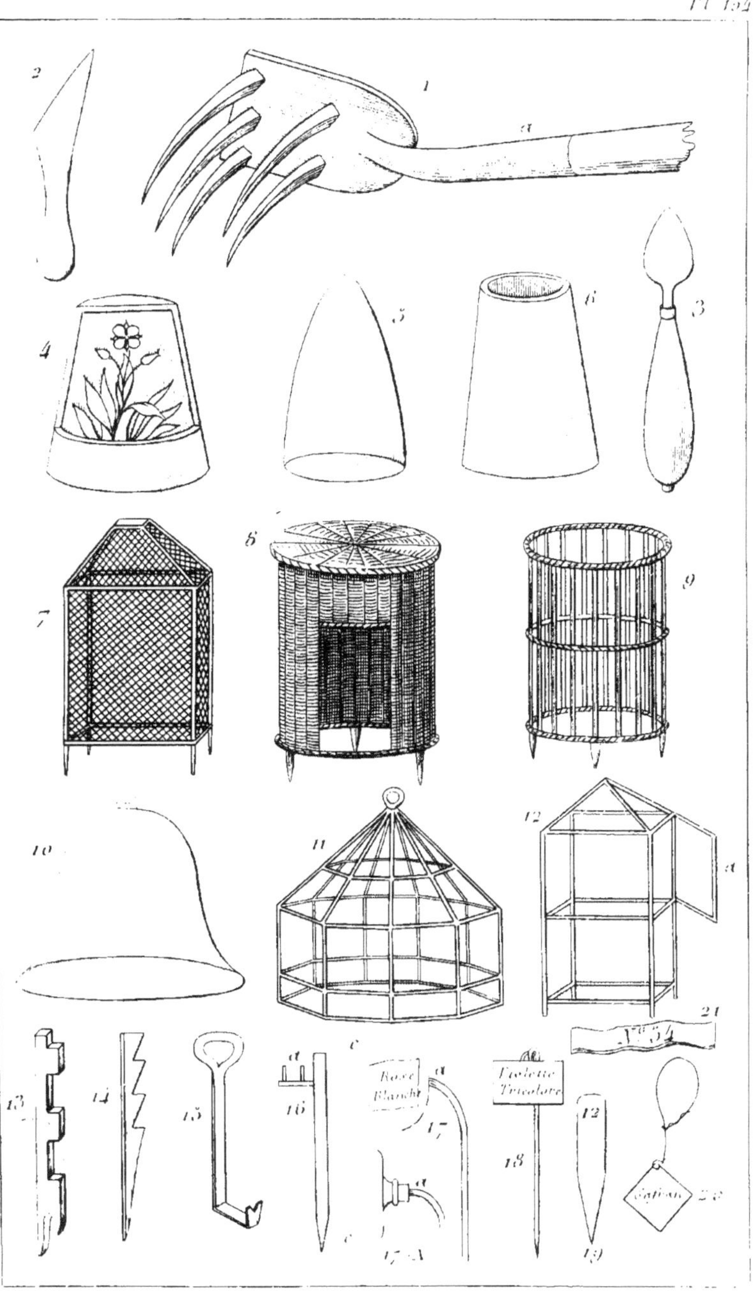
Rose
Blanche
Violette
Tricolore
N.° 54

9. *Cage d'osier à claire-voie.* On s'en sert pour entourer les plantes que l'on veut garantir des chats et des chiens. Construite dans des proportions plus grandes, elles sert à entourer les artichauts que l'on couvre l'hiver, et auxquels on veut donner de l'air quand la saison le permet.

10. *Cloche en verre.* Elle est employée par les jardiniers maraichers et fleuristes à un grand nombre d'usages, ayant tous pour objet de préserver les semis ou les plantes des intempéries de l'air.

11. *Verrine.* On l'emploie aux mêmes usages que la précédente, sur laquelle elle a l'avantage d'être plus grande et de pouvoir être aisément réparée quand une vitre se casse ; elle est montée en plomb, soutenu par des fils de fer quand elle est grande.

12. *Cage de verre.* Elle ne diffère de la précédente que par sa forme et sa monture en fer ; toutes deux ont quelquefois un carreau à battans *a*, servant à donner de l'air.

13. *Crémaillère à châssis.* Elle sert à exhausser les panneaux des châssis de couche, pour donner de l'air.

14. *Crémaillère à cloches.* Elle sert pour donner de l'air aux plantes sous cloches, en tenant ces dernières soulevées.

15. *Crochet de fer*, servant à transporter les caisses.

16. *Porte-cordeau.* C'est un piquet de 1 pied de longueur, ayant deux crochets au sommet, en *a*, servant à soutenir le cordeau des jardiniers, lorsqu'il est tendu dans une grande longueur.

17. *Etiquette en cristal*, de l'invention de MM. Arnheiter et Petit ; on écrit le nom d'une plante sur un morceau de papier que l'on place dans un flacon de cristal *c*, et fig. 17-A *c*, puis on implante dans le bouchon le fil de fer *a*, *a*, servant de support.

18. *Étiquette à piquet.* On en fait en fer-blanc peint à l'huile, en plomb, en faïence, et même en terre cuite.

19. *Étiquette en latte.* C'est tout simplement un morceau de latte un peu uni au couteau à deux manches.

20. *Étiquette suspendue.* Elle s'attache à la tige ou aux branches de l'arbrisseau, au moyen d'un fil de fer.

21. *Étiquette à ruban.* Elle consiste en une petite lame de plomb laminé, que l'on roule autour d'un rameau, après y avoir imprimé un numéro au poinçon. Elle est très-convenable dans les grands établissemens marchands.

PLANCHE 105ᵉ.

Instrumens divers d'horticulture.

1. *Claie en fil de fer.* Elle est utile dans les jardins pour pasterre lorsqu'on fait un défonçage, ou pour mélanger les différens teret terres des compost; elle consiste en un châssis de bois, ordinaire
de 5 pieds de hauteur sur 3 de largeur, traversé par de forts fils de
à la distance de 18 à 26 lignes les uns des autres, selon l'usage qu'
doit faire, et soutenus par deux autres fils de fer plus gros entre
avec eux du haut en bas. Deux supports ou montans en bois, assemb
charnière sur le châssis, permettent de donner à la claie le degré d'
naison convenable.

2. *Claie en osier ou en lattes.* On l'emploie aux mêmes usages q
précédente; elle a ordinairement 5 pieds 6 pouces de hauteur, et de 4
à 4 pieds 6 pouces de largeur; les intervalles entre les baguettes so
6 à 9 lignes.

3. *Plantoir à betteraves et à choux.* On s'en sert beaucoup en S
et en Allemagne pour planter les légumes que l'on cultive dans les cha
La lame *c* a 6 pouces de longueur; elle est tout-à-fait conique da
haut, mais elle descend en s'aplatissant jusqu'à la pointe, et mêm
est quelquefois entièrement plate, et cette dernière forme est préfé
dans les terrains forts et argileux, parce que l'outil tasse moins la t
La tige *b* est en fer, et tient à un manche en bois de 4 pouces 6 lign
longueur.

4. *Plantoir fourchu.* Il a été exécuté par MM. Arnheiter et I
sur un dessin fait par un amateur. Il est très-expéditif pour plant
bordures de buis, lavande et autres arbustes à bois flexibles. Qua
terre a été ameublie préalablement, on prend la plante de la main
che, on pose sa partie inférieure sur la terre, dans une position un
inclinée, puis on l'enfonce à la profondeur désirée avec la fourch
plantoir.

5. *Traçoir-trident.* Il est de l'invention de M. Sieulle, jardin
Vaux-Praslin. Il consiste en un trident en bois, dont les branches so
se fixent à la distance désirée, sur un quart de cercle en fer, au m

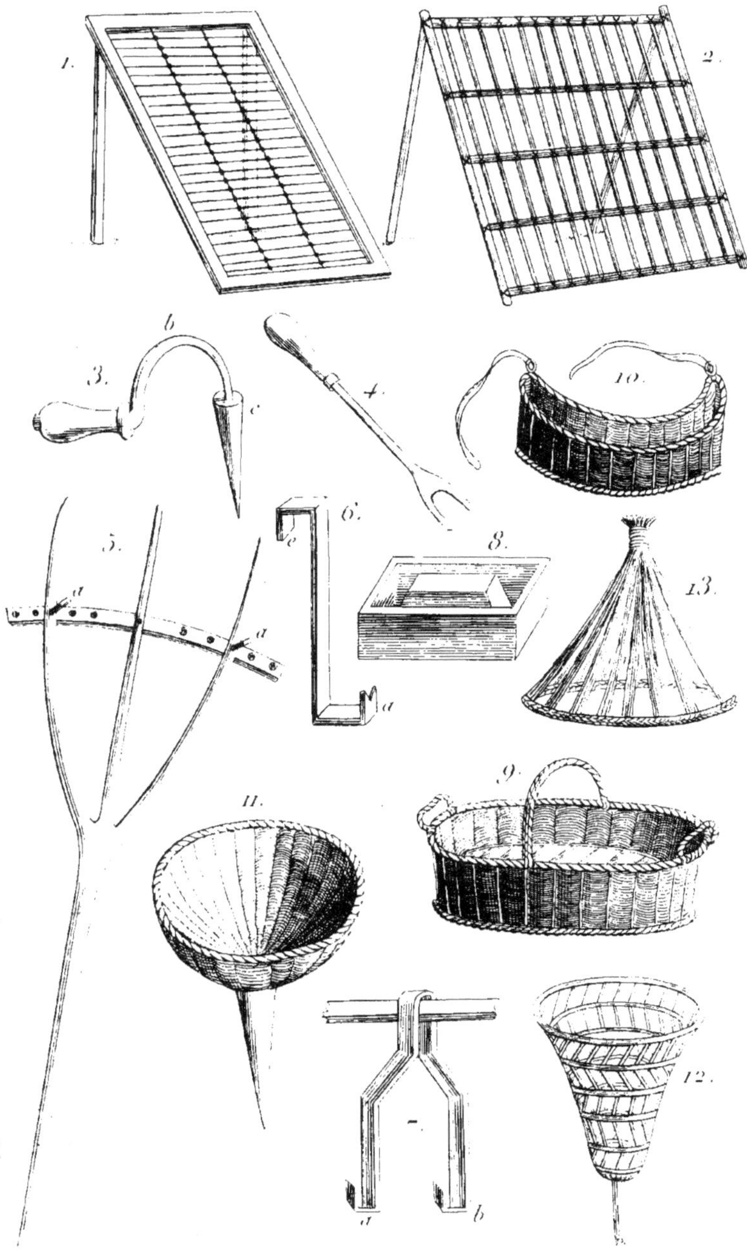

des chevilles *a*, *a*, que l'on ôte et met à volonté. Le quart de cercle est fixé à la branche du milieu.

6. *Crochet simple à transporter les caisses.* L'extrémité *a* se place sous la caisse, et l'extrémité *e* sur un bâton. Il faut, comme on le pense, deux bâtons, quatre crochets et deux hommes pour opérer.

7. *Crochet double à transporter les caisses.* On s'en sert comme du précédent; mais comme il a 2 branches *a*, *b*, il n'en faut qu'un pour chaque côté de la caisse à transporter.

8. *Socle à pot de fleur.* Il est en pierre avec un canal qui isole la partie du milieu, sur laquelle porte le pot de fleur ou le pied de la caisse. On remplit le canal d'eau, et par ce moyen on abrite la plante cultivée dans le vase, de l'atteinte des fourmis et autres insectes.

9. *Panier des jardiniers.* Il sert à transporter les racines, légumes, etc. Il a 2 pieds de longueur, 15 à 16 pouces de largeur et 7 pouces de hauteur.

10. *Panier à palisser.* Les jardiniers de Montreuil, près de Paris, se 'attachent sur le devant du corps au moyen d'une ceinture en cuir, pour déposer les clous, les loques, les tenailles et le marteau qui leur servent à palisser leurs pêchers, si bien cultivés. Ce panier a 5 pouces de profondeur, 4 pouces 6 lignes de largeur, et 1 pied de longueur.

11. *Corbeille à supporter les citrouilles.* Elle est en osier et a 15 pouces de diamètre; on la place sous les citrouilles pour les empêcher de pourrir sur les terres humides.

12. *Panier à supporter les citrouilles.* Il est employé au même usage que le précédent, aux environs de Rome. Il est en forme d'entonnoir; le diamètre de son ouverture est de 14 pouces, et sa profondeur de 9 pouces 6 lignes. Sa forme est calculée sur celle des variétés de courges longues que l'on cultive plus ordinairement en Italie.

13. *Chemise en paille ou en jonc*, que l'on emploie pour recouvrir les cloches, et garantir des rayons ardents du soleil les plantes délicates que l'on cultive dessous.

APPENDICE.

Nota. Faute de pouvoir intercaler les 120 nouvelles figures que nous avo
fait graver, nous avons été forcé de les donner sous forme d'Appendice, avec l
descriptions qui les accompagnent, comme nous l'avions promis dans la préc
dente édition. Mais, pour conserver l'ordre méthodique du livre, nous avo
numéroté nos planches de manière à ce que le premier numéro indiquât positiv
ment où cette planche devrait être placée, si on avait voulu suivre un ordre linéair
Nos lecteurs y trouveront cet avantage, qu'en recourant à ce premier numér
dans les anciennes gravures, ils retrouveront de suite les instruments avec lesque
les nouvelles figures ont de l'analogie, et ils pourront fort aisément, en les comp
rant, juger des progrès de cette branche si utile de l'agriculture.

Le chiffre placé à la suite du numéro de la planche signifie *bis*, *ter*, etc.; il
résulte qu'on voit de suite combien de planches nouvelles ont été ajoutées po
chaque genre d'instrument.

PLANCHE 11 — *bis.*

Tranche-gazons, houes et arrachoirs.

Fig. 1, A et B. *Tranche-gazons.* Indépendamment de l'écobuage,
est souvent indispensable, en agriculture, de gazonner un talus de be
ges, de digues, etc., pour éviter des éboulements; en horticulture,
surtout pour la décoration des parcs et jardins anglais, il est rare qu'
ne soit pas souvent obligé de lever des galettes de gazon. Pour faire c
ouvrage proprement et avec célérité, on se sert des deux instruments do
nous donnons ici la figure.

Le tranche-gazon A est un instrument dont le manche a 975 millimètr
ou 1 mètre 30 centim. (3 ou 4 pieds) de longueur; sa lame, en demi-cro
sant, a 12 à 15 centimètres (4 pouces 5 lignes à 5 pouces 7 lignes)
longueur totale, de *b* en *c;* elle est tranchante sur le dos *c*, et non en d
dans. En *f* est un anneau de fer servant à attacher une corde *g*.

Cet instrument sert à découper le gazon sur le terrain avant de le lev
On le coupe ordinairement en petits carrés égaux, d'environ 30 centim
tres (11 pouces 1 ligne) de largeur. Pour cela, un ouvrier tient le manc
de l'instrument et l'enfonce dans la terre en poussant devant lui; un au
ouvrier saisit le bout de la corde, tire et fait avancer la lame que l'au
dirige en ligne droite en coupant la terre. Ils tracent ainsi plusieurs lig
parallèles, puis ils recommencent à trancher en travers des premières
gnes, de manière à former des pièces de gazon carrées, arrangées comm
les cases d'un damier.

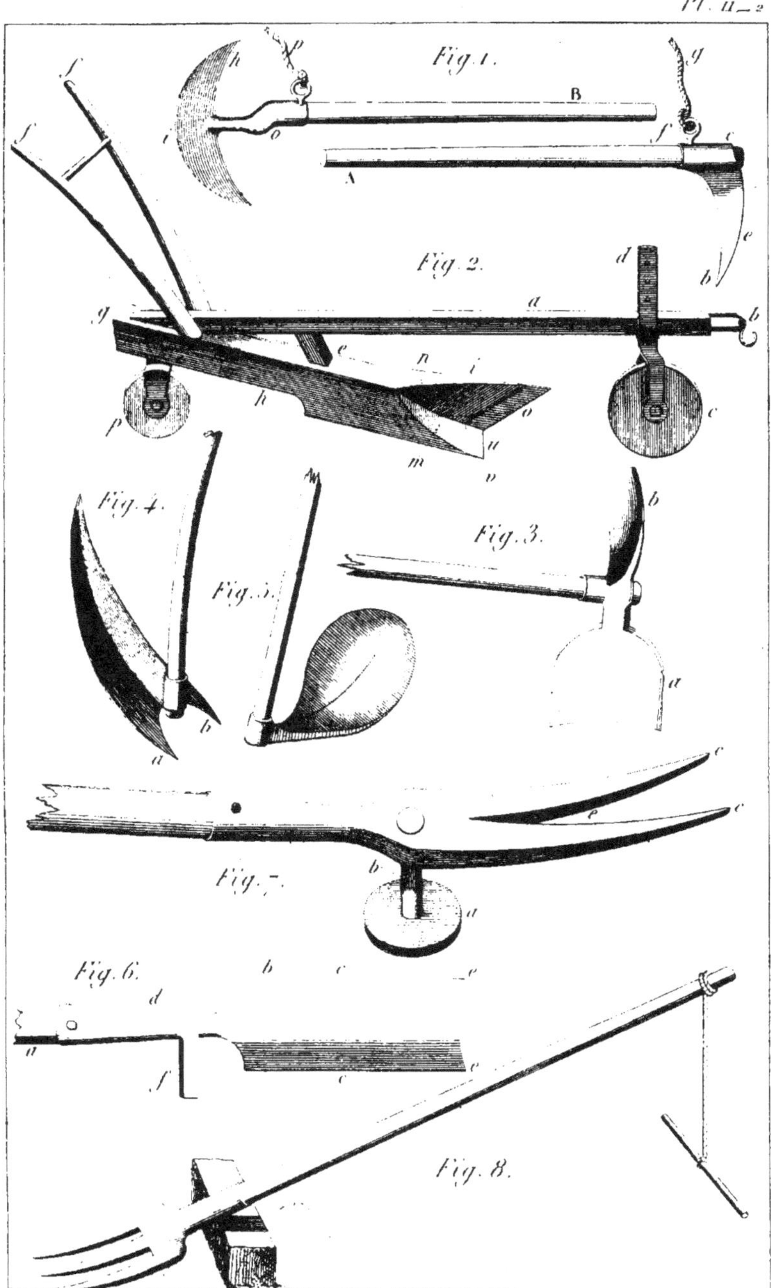
Fig. 1.
Fig. 2.
Fig. 3.
Fig. 4.
Fig. 5.
Fig. 6.
Fig. 7.
Fig. 8.

Ceci fait, ils emploient le lève-gazon **B**. Cet instrument ne diffère du précédent que par sa lame; celle-ci, *h*, a la forme d'un croissant tranchant sur sa convexité; elle a 28 à 30 centimètres (10 pouces 4 lignes à 11 pouces 1 ligne) de largeur d'une pointe à l'autre du croissant; c'est-à-dire que cette largeur doit toujours être exactement aussi grande que celle de la galette de gazon à enlever. La lame tient à une douille courbée en truelle, et la longueur de la lame et de la douille, depuis *i* jusqu'en *o*, doit être égale à la longueur de la galette de gazon, ou, ce qui est la même chose, égale à la largeur du croissant d'une pointe à l'autre : on lui donnera donc 28 à 30 centimètres (10 pouces 4 lignes à 11 pouces 1 ligne). Ceci est indispensable, parce qu'il faut que la douille glisse avec la lame sous la galette. Voyons maintenant comment on se sert de l'instrument.

Un ouvrier place la lame de l'outil dans la première tranchée faite par le tranche-gazon; il l'enfonce dans la terre en raison de l'épaisseur qu'il veut donner aux galettes, puis il baisse le manche et fait glisser la lame en avant. Alors un second ouvrier prend le bout de la corde *p*, et tire l'instrument par saccade, chaque saccade devant enlever une galette, que l'ouvrier tenant le manche soulève et dépose à côté, et ainsi de suite, toujours en suivant exactement la ligne faite par le tranche-gazon.

On ne peut se faire une idée de l'avantage que l'on trouve à se servir de ces instruments quand on ne les a pas vu employer. Le travail est tellement expéditif que deux hommes peuvent aisément lever, dans une journée, quatre cents mètres carrés (105 toises 10 pieds 104 pouces 120 lignes carrés) de galettes de gazon. Ces outils se trouvent chez M. Arnheiter.

Fig. 2. Le *tranche-gazon en charrue* est un instrument fort simple et qui peut servir à deux usages à la fois. Il est très-expéditif pour lever les galettes dans l'opération de l'écobuage; mais ce qui généralise davantage son utilité, c'est la facilité qu'il donne à creuser des rigoles pour distribuer l'eau dans les prairies.

Une flèche *a* porte en avant une bride *b* pour recevoir l'attelage d'un cheval, et une roue *c* munie de son régulateur *d*, qui est maintenu par une vis de pression.

Les mancherons *ff* servent à diriger l'instrument.

La flèche est fixée au corps par son extrémité *g*, et par un étançon *e*.

Le corps de la charrue *h* consiste en une solide pièce de bois, élargie dans la partie qui représente le soc, en *i*, et échancrée sur un de ses côtés comme notre dessin le fera suffisamment comprendre. Il résulte de cette échancrure que ce soc se termine par deux taillants *o*, *u*, garnis de bonnes lames d'acier bien tranchantes. Le taillant *u* est horizontal et sert à couper la terre sous la galette de gazon. Le taillant *o* est oblique en avant, mais sa lame est dans une position verticale et s'élève perpendiculairement sur la lame *u*, d'où il résulte que, lorsque l'instrument marche, il coupe la galette de gazon sur le côté. Celle-ci est forcée de glisser en montant sur le plan incliné *m*, à mesure que la lame *u* la soulève; puis, étant repoussée par le côté vertical *n*, elle tombe et se renverse à côté de la charrue, et forme ainsi un long ruban.

La roue de derrière *p* marche dans la raie tracée par le soc et rem-

place le sep des charrues ordinaires, mais avec bien moins de frottement.

Maintenant, on concevra très-facilement que s'il s'agit de creuser une
rigole, rien n'est plus aisé. On commence à opérer absolument comme si
on voulait se borner à lever une tranche de gazon, mais on donne plus
d'entrure afin de creuser du premier coup à 108 ou 135 millimètres (4 ou
5 pouces) de profondeur. Cette première ligne tracée, on retourne l'instrument, on lui donne plus d'entrure, et l'on revient dans la même raie,
en la creusant du double de profondeur. Nous n'avons pas besoin de dire
que la hauteur et la largeur des deux lames doivent être égales à la profondeur et à la largeur de la rigole que l'on doit faire. Dans les Jardins
du Roi, à Neuilly, on se sert beaucoup de cet instrument pour couper
net et proprement les bords des tapis de gazon. Il sort des fabriques de
M. Arnheiter.

Pour rendre cet instrument plus commode quand il s'agit seulement
de creuser des rigoles, les anglais y ajoutent quelquefois un coutre très-
mince et très-tranchant, qui, partant d'une coutelière au point *a*, vient
appuyer sa pointe contre l'angle de la lame *u*, au point *v*.

Fig 3. Le *tranchoir* est encore un instrument très-commode et très-
employé en Allemagne pour creuser des rigoles dans les prairies. Il est
emmanché comme une houe, mais sa lame *a* est dans une position parallèle au manche, comme dans une hache. L'ouvrier s'en sert pour trancher le gazon sur les côtés de la rigole; puis, lorsque cette opération est
faite assez profondément, il retourne l'instrument et creuse la rigole avec
la lame de houe, *b*. Avec cet instrument, qui est aussi expéditif que peut
l'être ce travail à la main, on peut donner à la tranchée la largeur et la
profondeur que l'on désire.

Fig. 4. La *houe à oreilles* est très-employée dans les Pyrénées-Orientales; c'est un excellent instrument pour la culture de la vigne en terrain
pierreux, ainsi que pour le défoncement des terres rocailleuses.

Le manche a 596 millimètres (22 pouces) de longueur, et il est légèrement courbé; la lame est arquée: elle a 352 ou 379 millimètres (13 ou
14 pouces) de longueur, 176 millimètres (6 ½ pouces) de largeur au
sommet, où elle est fort épaisse et se termine par deux oreilles *a*, *b*, qui
servent quelquefois de leviers au moyen desquels le cultivateur soulève et
arrache de terre les grosses pierres qui résisteraient à l'action de la pointe
de la lame.

Fig. 5. La *houe ronde* est excellente pour la culture en terrains sablonneux, et l'on s'en sert beaucoup sur le littoral de la mer, particulièrement aux environs de Brest. Ses proportions varient en raison de l'âge et
de la force des personnes qui doivent s'en servir.

Fig. 6. L'*extirpateur des prairies* est un instrument qui tient le milieu entre la bêche et la houlette. Son manche *a*, représenté brisé, a 1
mètre 14 centim. (3 ½ pieds) de longueur. La lame, *b*, est plus ou
moins longue, mais sa largeur ne dépasse pas 108 millimètres (4 pouces)
elle est convexe d'un côté, concave de l'autre, comme une tuile, et elle
est un peu tranchante sur ses côtés dans la moitié inférieure de sa lon

gueur de *c*, en *e*. Elle est portée par une forte douille *d*, ayant en *f* un marche-pied solide, de 108 millimètres (4 pouces) de longueur, servant à appuyer le pied quand on enfonce l'instrument dans la terre.

Le nom d'extirpateur des prairies fait connaître l'usage de cet instrument. On s'en sert pour arracher ou au moins couper entre deux terres les grandes plantes nuisibles aux prairies, telles que bugranes, berces, lèches, iris, joncs, chardons, etc. Plus la lame est étroite, moins on risque d'attaquer les bonnes plantes qui croissent à côté de mauvaises, et voilà pourquoi on ne lui donne que 108 millimètres (4 pouces) de largeur, sur 217 à 271 millimètres (8 à 10 pouces) de longueur.

Fig. 7. L'*arrachoir de Courval* se répand beaucoup aujourd'hui chez les cultivateurs, et principalement chez ceux qui se livrent spécialement à la culture des arbres fruitiers et autres, des bois et des prairies. C'est une sorte de levier puissant, au moyen duquel on arrache aisément les racines, les pierres et les vieilles souches qui résistent à la houe. Aussi est-ce un instrument précieux pour les défrichements. On s'en sert aussi pour arracher les racines des plantes pivotantes nuisibles dans les prairies et dans les bois, et pour cela il ne s'agit que de placer leur collet au dessus de l'enfourchure *e*, tandis que les racines sont en dessous.

Il se compose d'une fourche de fer très-grosse, très-épaisse et très-solide, portée par un manche en bois au moyen d'une forte douille. On conçoit que le manche doit être en bois fort, dur et très-solide, et que plus il sera long plus le levier aura de force. En dessous, est un bouton en champignon *a*, solidement attaché à la lame au moyen de son pédicule *b*.

Pour se servir de l'instrument, on enfonce dans la terre, sous l'objet à arracher, les deux dents de la fourche *c*, *c*, puis, appuyant le champignon *a* sur le sol ou sur un corps dur, tel qu'une pierre, pour servir de point d'appui, on fait faire au manche un mouvement de bascule; et en appuyant dessus avec tout le poids du corps, il est rare qu'une racine résiste et ne soit par arrachée du premier coup.

Fig. 8. L'*arrachoir de Thaër*. Le célèbre cultivateur Thaër donne cet arrachoir comme le meilleur que les cultivateurs puissent employer, et, quoique ne partageant pas cette opinion, on ne peut désavouer que c'est un des plus simples, des moins coûteux, ne le cédant pour l'utilité qu'à l'*arrachoir à cheval* que nous avons dessiné *pl.* 45, *fig.* 2. Quoi qu'il en soit, voilà ce qu'en dit le célèbre agronome :

« On se sert, pour déraciner les arbrisseaux, d'un levier armé à l'une de ses extrémités d'un très-fort trident de fer, dont les dents sont ordinairement de 541 millimètres (20 pouces) de longueur. Comme elles doivent pouvoir supporter un grand effort, il faut que la partie de la fourche par laquelle elles tiennent à la douille et cette douille elle-même soient très-solides. C'est dans cette douille qu'on introduit la perche servant de levier, qui doit être épais, de bois dur, si cela est possible de frêne, et avoir 4 mètres 87 centim. à 6 mètres 50 centim. (15 à 20 pieds) de longueur. A l'extrémité postérieure de ce manche, on attache une corde longue de 2 mètres 60 centim. à 3 mètres 25 centim. (8 à 10 pieds), à laquelle est suspendue une traverse, au moyen de laquelle plusieurs hommes peuvent employer à la fois leur force sur le levier. Après que les plus fortes racines latérales ont été coupées, on chasse le trident sous la souche, dans une position inclinée, puis on place, au-dessous du manche ou levier, un bloc que l'on rapproche de la souche jusqu'à ce que l'extrémité postérieure de ce manche soit élevée de 3 mètres 25 centim. ou 3 mètres 90 centim. (10 ou 12 pieds); alors, par le moyen de la traverse attachée à la corde, les ouvriers abaissent la partie supérieure du manche jusqu'à ce que la souche cède à leurs efforts. A l'aide de cet instrument, tout simple qu'il soit, on peut souvent opérer des choses surprenantes; et lorsque ce moyen est insuffisant, des machines plus compliquées courraient grand risque de se rompre. » (Thaër, *principes raisonnés d'agriculture.*)

Je suppose que si Thaër eût connu l'arrachoir à cheval, il lui eut donné la préférence sur celui-ci, quoique la pince à tenaille qui en est indispensable en fasse un instrument un peu plus compliqué.

PLANCHE 11 — 3.

Instruments de binage.

Fig. 1. Le *binot de lord Rockingham* est un des instruments les plus simples que l'on puisse employer pour le binage des récoltes en lignes, et l'on s'en servait avec avantage dans la ferme de **La Meilleraye.** Il est très-facile à conduire, et l'ouvrage qu'il fait est aussi parfait que possible. Cependant, comme il n'a qu'un unique soc et qu'il exige pour son emploi un homme et un cheval, il ne me paraît pas devoir être très-économique, et peut-être vaudrait-il autant faire faire le travail à la main.

Quoi qu'il en soit, cet instrument se compose d'une flèche *a*, portant à son extrémité antérieure un crochet *b*, pour atteler un cheval, et à son extrémité postérieure deux mancherons *d*, *d*, servant, comme ceux d'une charrue, à diriger le binot.

Le soc, *c*, est en fer forgé d'une seul pièce avec l'étançon qui le porte, *e*. Il a la forme concave d'une tuile creuse, et il peut varier dans sa longueur et sa largeur, selon l'espace à biner entre les rangs de plantes.

Quelquefois l'étançon *e* forme un coude *i* qui vient s'allonger et s'appliquer en avant contre la flèche, où il est maintenu par l'anneau carré *k*, tandis que sa partie supérieure *m* passe à travers une mortaise creusée dans la flèche, et se trouve maintenue au moyen d'un coin, à la manière des coutres. Cette méthode d'attacher le soc offre beaucoup de solidité, mais quelquefois on se borne simplement à le fixer par le prolongement au moyen de l'anneau *k*, et dans ce cas il ne perce pas la flèche, et la partie *m* manque. D'autres fois, au contraire, il s'attache à la manière des coutres, comme en *m*, et alors c'est le prolongement horizontal *i* et l'anneau *k* qui manquent.

Je ne sais pas si ce binot peut rendre de grands services dans un grand

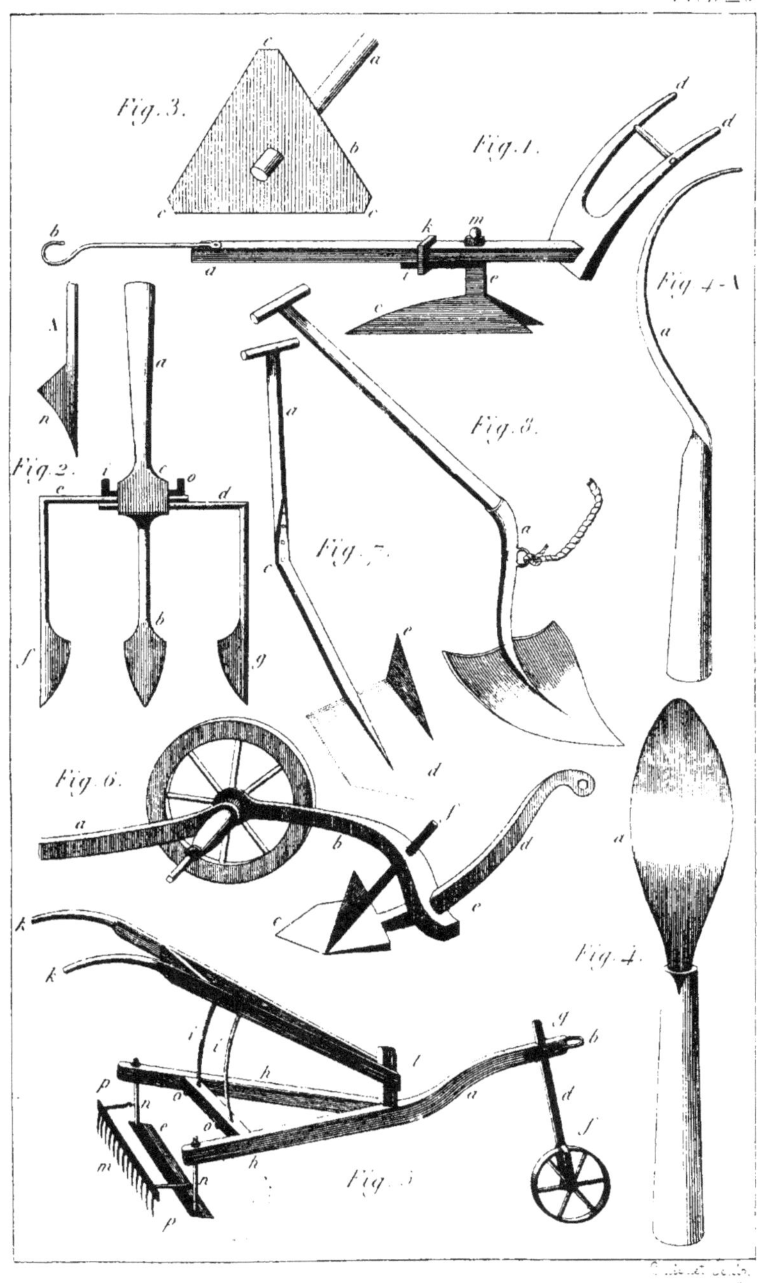

Pl. 11_3
Fig. 3.
Fig. 1.
Fig. 4_1
Fig. 8.
Fig. 2.
Fig. 7.
Fig. 6.
Fig. 4.
Fig. 5.

établissement ; mais j'ai vu un petit propriétaire cultivateur qui, au moyen d'un âne, en tirait un parti très-avantageux.

Fig. 2. La *binette Lecouteux*. « Il faut, dit M. Antoine de Roville, pour rendre les instruments de binage à la main plus parfaits, que la lame attaque les plantes d'une manière analogue à l'action qu'exerce la faulx sur les foins, ou la faucille sur les céréales, c'est-à-dire qu'il faut que le tranchant prenne une direction oblique ou de biais ; il faut, de plus, que la lame puisse s'allonger à volonté, et que l'opérateur marche à reculons sur la terre qui n'est pas encore remuée. » Or, la binette dont nous donnons ici la figure nous paraît présenter tous ces avantages.

Une douille en fer, *a*, se termine inférieurement par une quenouille *b*, tranchante sur ses deux faces et faisant corps avec la douille. Le prisme quadrangulaire *c* est creusé de manière à recevoir les branches *d*, *e* des deux lames *f*, *g* ; on enfonce les branches *e d* à la profondeur nécessaire pour donner à l'instrument plus ou moins de largeur, et on maintient solidement ces branches dans la position voulue, au moyen des deux coins *i*, *o*. Nous avons représenté l'instrument avec les lames beaucoup trop écartées les unes des autres, car, pour s'en servir, il faut que les tiges des mauvaises herbes ne puissent pas passer entre les tranchants des lames *f b* et *b g*, sans être coupées, ce qui arrive cependant quelquefois. Pour parer à cet inconvénient, M. Bazin, qui, le premier, a employé cet instrument, a fait construire la partie inférieure des lames en forme de croissant ; mais il suffit de faire décrire aux taillants une courbe rentrante, comme nous le montrons dans le détail A, en *n*.

Cet instrument, que l'on devrait plutôt appeler ratissoire que binette, peut se monter de diverses manières, savoir *à tirer*, et dans ce cas la douille est coudée de manière à pouvoir emmancher l'instrument comme une houe. Dans ce cas on s'en sert en marchant à reculons, et l'on peut écorcher le sol plus ou moins profondément ; c'est la méthode la plus usitée et la plus avantageuse. Secondement, *à pousser*, et alors il est emmanché comme une ratissoire de jardin. De cette manière c'est le meilleur instrument dont on puisse se servir pour échardonner et couper entre deux terres les tiges des plantes parasites entre les rangées de plantes cultivées qui, encore peu développées, ne pourraient pas être binées ou sarclées assez profondément dans la crainte de les déraciner.

Fig. 3. La *binette triangulaire anglaise* est un instrument très-utile, mais dont il faut savoir se servir pour en apprécier tous les avantages. Elle est extrêmement commode pour le binage des plantes délicates, parce que l'instrument peut agir autour d'elles dans toutes les directions, ce qui serait impossible avec une binette ordinaire dont le taillant est beaucoup plus large. Ce qui rend cet instrument embarrassant pour les cultivateurs français, c'est que le manche *a* forme de tous les côtés de la lame un angle droit avec elle, ce qui exige, dans celui qui s'en sert, une position de corps à laquelle nos ouvriers ne sont pas accoutumés.

Du reste, la lame *b* est de grandeur variable, parfaitement triangulaire si l'on fait abstraction des taillants *c*, *c*, *c*, qui sont très-étroits et occupent les angles.

Fig 4. La *serfouette à main*, de **M.** Arnheiter, est un instrument bien imaginé, fort utile en horticulture pour sarcler les jeunes plantes, et qui l'est en agriculture pour le sarclage à la main des récoltes très-délicates. Dans la plaine de St.-Denis, près Paris, on s'en sert beaucoup pour sarcler entre les plantes potagères que l'on cultive en grand.

La lame, *a*, est ovale-lancéolée, plus ou moins grande, selon l'usage auquel on la destine, mais dépassant très-rarement 108 millimètres (4 pouces) de longueur sur 61 millimètres (2 pouces et quart) de largeur. Elle est arquée dans le sens de sa longueur, comme on le voit dans la *fig.* 4—A, où nous l'avons représentée de profil. Cette courbure est calculée de manière à ce qu'on puisse se servir de l'instrument soit en tirant à soi, soit en poussant.

Le manche *b* est en bois, d'une longueur et d'une grosseur proportionnées à la main de la personne qui doit s'en servir. Dans certaines circonstances on peut remplacer la houlette par cet outil.

Fig. 5. La *ratissoire à cheval de Quantin Durand* est un instrument perfectionné dont on ne peut guère se passer dans un jardin bien tenu. Elle offre l'avantage de couper l'herbe des allées comme les autres ratissoires, et de faire à la fois l'office du rateau en enlevant ces herbes et unissant le sable dont on couvre les allées.

Elle se compose d'une flèche courte, *a*, portant à son extrémité antérieure une bride en fer *b*, pour l'attelage d'un cheval, et une roue *c*, avec son régulateur *d*, servant à donner plus ou moins d'entrure à la lame *e*. Le régulateur consiste en une bande de fer, à cheval sur la roue, en *f*, et portant l'essieu. Sa tige *d* est percée de trous à différentes hauteurs, et traverse la flèche au moyen d'une mortaise, en *g*. Sur les côtés de la mortaise, la flèche est percée d'un trou de part en part, et, quand on a fixé le degré d'entrure en haussant ou baissant le régulateur, on passe dans le trou de la flèche une cheville en fer qui traverse la mortaise et un des trous de la tige du régulateur, de manière à maintenir le tout en position.

A la flèche tient un châssis triangulaire, *h*, *h*, portant les mancherons *k*, *k*, boulonnés en *l*, et soutenus en arrière par les deux tiges arquées *i*, *i*. Ces tiges sont mobiles et glissent dans des trous de la traverse *k*, de manière à ce que l'on puisse hausser et baisser les mancherons à volonté, selon la grandeur de la personne qui se sert de l'instrument. On les fixe avec solidité à la hauteur voulue en serrant les vis de pression *o*, *o*, qui maintiennent les tiges.

La ratissoire *e* et le rateau *m* sont entièrement en fer, et portés par deux bras *n*, *n*, boulonnés dans le cadre.

Le rateau est mobile et peut sauter par dessus les pierres et autres corps durs, qu'il ne peut entrainer au moyen de la manière dont il est attaché. En *n*, *n*, les bras de la ratissoire portent un piton dans lequel les tiges *p*, *p* du rateau viennent s'accrocher au moyen des crochets qui les terminent. Il résulte de ce mode d'assemblage qu'on peut mettre ou ôter le rateau à volonté.

Fig. 6. *Charrue coupe-gazon.* Cet instrument a été introduit dans le département du Tarn par M. de Villeneuve ; il est extrêmement utile dans toutes les contrées où l'on pratique l'écobuage, parce que, par son moyen, on lève avec la plus grande facilité les galettes de gazon destinées à être brûlées, et on leur donne l'épaisseur convenable à volonté. Il peut servir avec le même avantage dans les landes, les bruyères, les paturages et les vieilles prairies.

Le timon *a* est mobile autour d'un essieu dont nous avons ôté la roue pour laisser mieux voir ce simple mécanisme. Il forme à son extrémité une sorte d'anneau qui embrasse l'essieu et tourne aisément autour.

La flèche *b* est également mobile autour de l'essieu et par le même mécanisme, d'où il résulte que lorsque l'on conduit la machine aux champs ou qu'on la ramène, on replie le train de derrière sur le train de devant porté par les roues, ce qui rend le transport de l'instrument très-facile. Notre dessin fait suffisamment connaitre la forme et la courbure de la flèche.

Le soc, *c*, est en fer ; il a 379 millimètres (14 pouces) de longueur sur 271 millimètres (10 pouces) de largeur, et se termine en pointe.

Le mancheron, *d*, tient au soc et sert à le fixer à la flèche en traversant une large mortaise creusée dans celle-ci ; on lui donne de la solidité au moyen d'un coin que l'on enfonce en *e*. Par ce procédé d'assemblage rien n'est plus aisé que d'avancer ou reculer le soc pour lui donner plus ou moins d'entrure. Du reste le mancheron *d* sert à diriger la marche de la charrue.

Un fort couteau, *f*, ajusté à la manière des coutres, est destiné à couper le gazon que le soc soulève, et il est placé sur le côté opposé au versoir.

Quant au versoir, nous ne l'avons pas dessiné pour ne pas embrouiller notre figure, et aussi parce qu'il n'offre rien de particulier ni dans sa forme ni dans son ajustage. Il doit avoir 487 millimètres (18 pouces) de longueur.

Fig. 7. Le *breast spade*, ou *breast plough*, est un instrument dont les anglais se servent pour lever des plaques de gazon le plus régulièrement possible sur les vieilles prairies, les friches ou paturages que l'on veut écobuer avant de les remettre en culture. Cet instrument consiste en une sorte de pelle dont le manche *a* est brisé en *c*, afin de lui donner une courbure nécessaire. La lame, *d*, est extrêmement plate et tranchante, et l'un de ses côtés, *e*, se redresse perpendiculairement et doit être très-coupant pour trancher net le gazon latéralement. Après avoir fait pénétrer la lame dans la terre à la profondeur de 27 à 54 millimètres (1 à 2 pouces), on la dirige avec force devant soi, et on soulève ainsi des espèces de lanières plus ou moins longues, qu'on retourne ensuite sens dessus dessous pour les faire sécher.

Fig. 8. *Lève-gazon*. Cet instrument sert au même usage que le précédent, et notre figure donnera une idée suffisante de sa forme. Sur sa douille, en *a*, est un solide anneau de fer dans lequel est passée une corde. Tandis qu'un ouvrier tient le manche et dirige l'instrument de manière à lever les galettes de gazon d'une épaisseur uniforme, un autre ouvrier tient le bout de la corde, et, au moyen d'une brassière, tire l'instrument

et le fait marcher. Pour lever des galettes regulières et faire de l'ouvrag
propre, il est nécessaire d'avoir préparé le travail au moyen du tranche
gazon dont nous avons donné un dessin *pl.* 11—3, *fig.* 1—A.

PLANCHE 14—*bis.*

Scarificateurs et extirpateur.

Fig. 1. *Scarificateur Bataille.* Cet instrument ne me paraît être qu'un
modification du scarificateur de Beatson, et si ce n'était sa complicatior
je le croirais préférable. Quoi qu'il en soit, les scarificateurs ne différer
des extirpateurs que par l'absence des socs qui sont remplacés par d
coutres. Leur usage est aussi moins répandu, et cela par la raison fo
simple que le labour qu'on en obtient est moins bon. Cependant, il est d
certaines circonstances dans lesquelles l'emploi de l'extirpateur serait ir
possible, ou au moins fort difficile, et dans lesquelles le scarificateur pe
le remplacer fort avantageusement; par exemple, quand le sol est r
cailleux, ou très-embarrassé d'herbes ou de racines traçantes. Dans
cas, les socs des extirpateurs sont ébranlés ou cassés, tandis que les co
tres des scarificateurs se font jour plus facilement à travers ces obstacle

Le scarificateur Bataille est destiné à être attelé de deux ou trois ch
vaux, aussi est-on dans l'usage de lui donner, comme dans notre figur
trois coutres sur le devant, et quatre ou cinq derrière, plus ou moin
a, a, etc. Ces coutres sont boulonnés sur un solide châssis en bois *b*,
maintenu par deux bonnes traverses transversales, *c, c*, et par deux autr
en équerre, *d, d*.

Une sorte de double flèche, *e*, maintient encore la solidité du tout p
son assemblage avec les autres pièces.

Deux mancherons, *f, f*, maintenus par des tiges de fer boulonnées *g*
servent à conduire la machine, et à donner plus ou moins d'entrure a
coutres.

En *h*, est un régulateur au moyen duquel on hausse et on baisse la p
tite roue de fer *i*, afin de fixer le degré d'entrure convenable.

On ajoute devant cette machine un avant-train porté sur trois roue
dont celle de devant peut tourner en tous sens pour faciliter le travail
conducteur et des animaux à chaque changement de direction. Cette m
chine, vulgairement connue sous le nom de herse, commence à se
pandre chez les cultivateurs, et plusieurs propriétaires en sont ass
contents, à cause de son énergie, et surtout de la promptitude de s
travail.

Fig. 2. *L'extirpateur Beatson* a été beaucoup vanté en Angleterre
en France, et je pense qu'il mérite une partie des éloges qu'on en a fai
Son inventeur, le général anglais Beatson, a proposé à ses compatrio
de remplacer entièrement les charrues par des extirpateurs, et il a pub
sur ce sujet un ouvrage où l'on trouvera beaucoup de vues neuves et
faits qui intéresseront, lors même qu'on n'en adopterait pas les conc

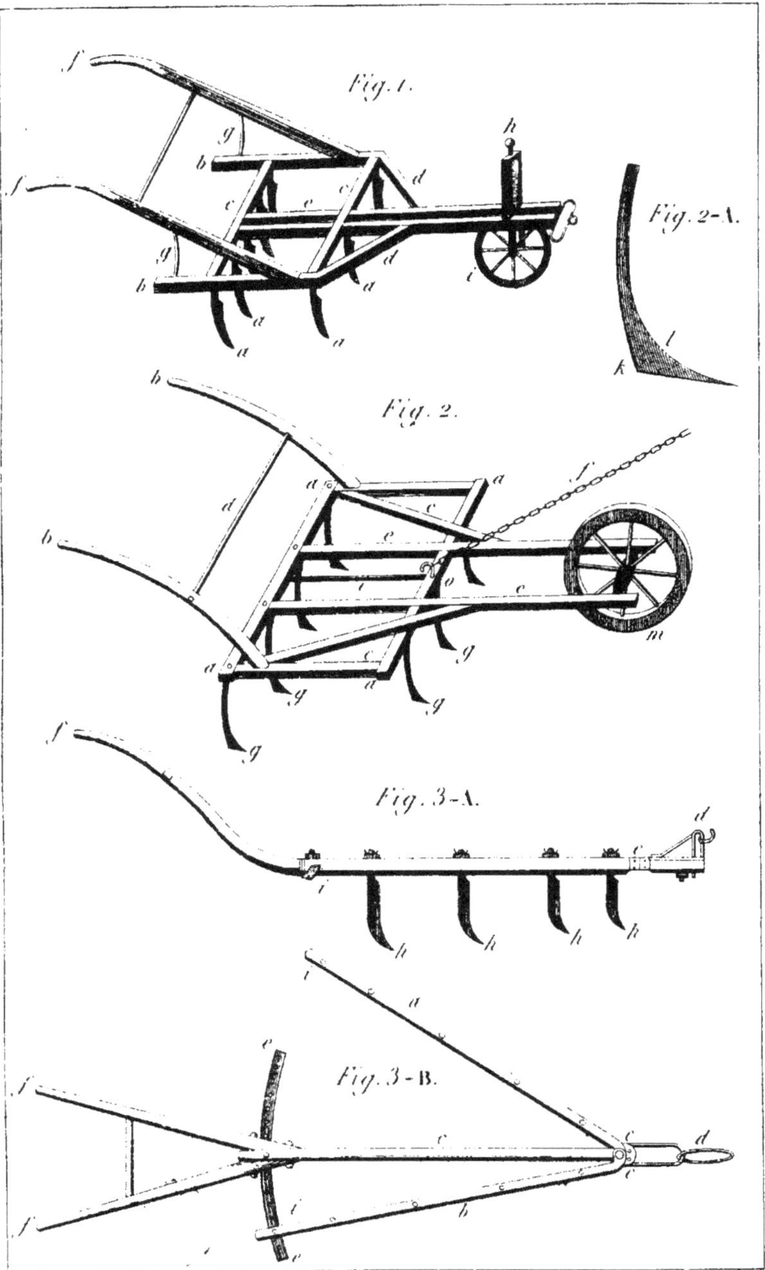

Pl.14—2
Fig.1.
Fig.2-A.
Fig.2.
Fig.3-A.
Fig.3-B.

sions. Cet ouvrage est intitulé Nouveau système de culture (*New system of cultivation*, etc.).

Quoi qu'il en soit, le général Beatson établit comme principe, que *la résistance éprouvée par la charrue, est en raison directe du carré de la profondeur à laquelle le soc pénètre.* En conséquence, si quatre chevaux, pour labourer d'une seule fois à 217 millimètres (8 pouces) de profondeur, éprouvent une résistance représentée par 8 × 8 ou 64, deux de ces chevaux, ne labourant qu'à 108 millimètres (4 pouces) chaque fois, éprouveront une résistance moitié moindre, et qui, pour un seul labour, pourra se traduire par 4 × 4 = 16, ou, en tout, 32 pour 64. En supposant que chacun des chevaux attelé séparément à un extirpateur laboure seulement à 54 millimètres (2 pouces), et qu'il revienne sur le même labour quatre fois de suite, on trouvera que la somme de résistance éprouvée par lui diminue encore de moitié, puisque le carré de 2 est 4 qui, multipliés par les quatre labours, donnent 16, ou le quart seulement de la force nécessaire pour atteindre d'un seul coup à 217 millimètres (8 pouces). Il en résulte, selon le général Beaston, que si, pour trainer une charrue labourant à 217 millimètres (8 pouces) de profondeur, chaque cheval doit éprouver une résistance égale à 80 kilog. (163 livres), celle qu'éprouveront les quatre chevaux équivaudra nécessairement à 320 kilog. (653 livres); tandis que, si le labour, quatre fois répété, pénètre progressivement la première fois à 54 millimètres (2 pouces), la deuxième à 108 millimètres (4 pouces), la troisième à 162 millimètres (6 pouces), et la quatrième à 217 millimètres (8 pouces), la somme totale de la résistance sera réduite à 80, et celle que chaque cheval aura à vaincre, ne sera plus que de 20.

Mais laissons-là les théories de M. Beatson, et venons-en à l'instrument qui en est résulté, c'est-à-dire à l'extirpateur de notre *fig.* 2.

Le châssis en bois, *a, a*, etc., est maintenu, comme on le voit, par quatre traverses, dont deux obliques *c, c*, et deux *e, e*, qui se prolongent en avant pour servir de bras à la roue. Il y a en plus une tige de fer *i*, boulonnée aux deux traverses de devant et d'arrière, servant à donner une grande solidité à tout l'assemblage, surtout au point de tirage *o*.

Les mancherons *b, b*, assemblés à tenons sur le cadre et consolidés par la traverse *d*, servent à diriger la machine pour donner plus ou moins d'entrure aux socs.

Le tirage se fait au moyen d'une chaine *f*, dont une extrémité s'accroche au crochet *o*, et l'autre porte un palonnier auquel s'attèle un cheval.

Les socs, *g, g, g*, etc., sont au nombre de sept, savoir : trois devant, et quatre derrière; ils sont disposés de manière à ne pas passer deux dans le même sillon. C'est principalement par ces socs que l'extirpateur Beatson diffère de tous les autres instruments de ce genre. Leur tige, étroite, a la courbure d'un coutre (*fig.* 2-A), mais elle s'élargit au talon, en *k*, et là elle prend la véritable forme d'un petit soc, caréné en-dessous en *l*. Ils doivent avoir assez de longueur pour pouvoir entrer dans la terre à la même profondeur que le soc d'une charrue; du reste, ils sont boulonnés dans les traverses du châssis de la même manière que les coutres des autres scarificateurs.

La roue, *m*, n'est pas en bois, comme semblerait l'indiquer notre dessin, mais en fer et fort légère. Elle n'a pas de régulateur ; cependant il serait avantageux de lui adapter celui du scarificateur précédent.

Maintenant, si on met de côté les exagérations de l'inventeur, on trouvera, du moins selon mon opinion, que l'extirpateur Beatson ne peut en aucune manière remplacer les charrues ; que son emploi est même fort difficile dans les sols très-forts, très-tenaces, ou simplement humides, car, dans ce dernier cas, l'instrument s'engorge à chaque instant ; enfin, qu'il est impossible d'en faire usage dans les terrains très-pierreux, où les cailloux ou les pierres ont une certaine grosseur. Dans toute autre circonstance, c'est un instrument qui peut rendre de grands services. « Attelé d'un seul cheval, dit son inventeur, soit qu'on l'emploie à arracher le chaume, à pulvériser la terre, ou à houer entre les rayons du blé, il parcourt, terme moyen, trois acres (anglais) par jour. » (L'acre est à l'arpent de 48,400 pieds de France, comme 1000 est à 1262).

Fig. 3. Le *scarificateur de Coke*. Nous l'avons représenté vu de profil (*fig.* 3-A), et vu en dessus (*fig.* 3-B). Cet instrument diffère des autres scarificateurs par ses branches *a*, *b*, qui sont mobiles, ce qui permet d'écarter ou de rapprocher les coutres les uns des autres, selon le besoin. Du reste il sert aux mêmes usages.

Une flèche, *c*, porte, à son extrémité antérieure *d*, une bride ou un appareil quelconque pour régler la ligne du tirage. A son extrémité postérieure sont deux mancherons, *f*, *f*, construits absolument dans les mêmes principes que ceux d'une charrue, et boulonnés sur les côtés de la flèche.

Sous les mancherons, dans une mortaise horizontale creusée dans l'épaisseur de la flèche, passe un quart de cercle en fer, *e*, *e*, assez épais pour offrir de la solidité, et percé de plusieurs petits trous assez rapprochés.

Les bras, *a*, *b*, portant les coutres *h*, *h*, etc., sont fixés à la flèche, en *c*, *c*, par une solide charnière en fer, comme on le voit en *c* de la *fig.* 3-A, ce qui donne la faculté de les rapprocher de la flèche, comme *b*, ou de les en écarter, comme *a*. L'autre extrémité des bras est creusée transversalement en *i*, d'une mortaise étroite qui la traverse d'un côté à l'autre, et la portion de cercle *e* glisse dans cette mortaise à mesure que l'on écarte ou rapproche le bras de la flèche. Le bras est percé d'un trou, *i*, pour recevoir une cheville en fer qui le traverse, qui passe également à travers un des trous de l'arc de fer, et qui, par ce moyen, maintient solidement le bras dans l'attitude qu'on lui donne, et à la distance que l'on a déterminée.

Chaque bras est muni de quatre coutres boulonnés comme à l'ordinaire. Si on le juge utile, on peut aisément substituer des socs à ces coutres, et dans ce cas, cet instrument devient un extirpateur très-commode, mais, nous devons le dire, qui n'offre pas autant de solidité que les autres instruments de ce genre.

Scarificateur Biddell.

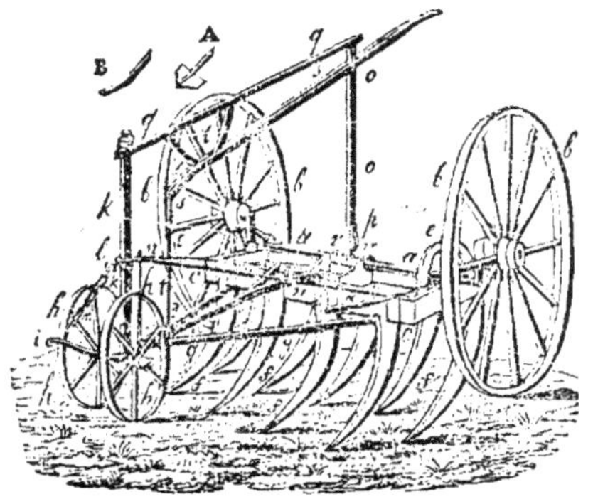

Cet instrument a une grande réputation en Angleterre , où il commence
à se répandre beaucoup. On l'emploie à nettoyer, après la récolte, les
chaumes et les guérets où on a récolté des céréales, des pois, des haricots, etc.; à rompre les champs de trèfle dans les parties où la végétation a manqué, ainsi que les vieux trèfles, et, en mai et juin, les jachères
pour semer les turneps, les choux, etc. ; enfin à préparer le sol à la culture de l'orge et de l'avoine en le scarifiant profondément sans ramener
de terre nouvelle à la surface.

Les agriculteurs anglais exagèrent peut-être un peu les avantages de ce
scarificateur ; selon eux il économise dans les labours la moitié du travail
des hommes et des animaux ; il procure une économie de temps, puisque
le sol peut être ouvert et remué avec cet instrument en beaucoup moins de
temps qu'avec la charrue ; il donne un travail plus parfait, parce que son
action est beaucoup plus énergique pour les récoltes de printemps, sur
les terres fortes, que celle de la charrue, et qu'avec des attelages moins
puissants on a plus de terre pulvérisée, et par conséquent une plus grande
partie du sol exposée aux influences atmosphériques. Il diminue beaucoup
le travail de la herse, puisque la terre est mieux ameublie qu'après le
passage de la charrue ; il ramène à la surface les racines du chiendent
sans les rompre. Enfin on le considère comme très-propre à remuer la
terre toutes les fois qu'il n'est pas nécessaire de la retourner, et comme
l'ameublissant très-promptement quand on le fait suivre seulement d'un
seul hersage. Comme je l'ai dit, il y a sans doute de l'exagération dans
tout cela, mais on ne peut nier tous les avantages de cet instrument.

Ce scarificateur est entièrement en fer ; il se compose d'abord d'un essieu coudé, *a, a,* et d'un châssis *c, c,* rectangulaire. Le châssis est porté
sur l'essieu par un de ses grands côtés d'une part, au moyen d'un coussinet fixe, et, de l'autre, par un coussinet mobile qu'on peut élever ou
abaisser avec le levier *d,* et fixer au point convenable avec des chevilles
qu'on fait entrer dans des trous du régulateur *e.* Cette disposition a pour
but d'abaisser ou de lever le châssis sur la roue de droite, suivant qu'on

veut faire marcher celle-ci sur un terrain plus bas ou plus élevé que celui sur lequel chemine la roue gauche.

Ce châssis porte deux rangs de dents très-fortes , *f, f*, qui travaillent le terrain ; elles sont non tranchantes , fortement assemblées et retenues par les boulons à écrous sur les deux grandes traverses de ce châssis.

De la partie inférieure du châssis partent deux fortes barres, *g, g*, qui vont, en convergeant, se réunir sur une colonne *k* faisant l'office de montant de sellette , et à un essieu court qui porte les deux petites roues *h, h* de l'avant-train. Enfin, sur cet essieu, lequel porte aussi la colonne *k*, est assemblé un crochet de tirage *i*.

Le long de la colonne *k* glisse à frottement la boîte *l*, qu'on peut fixer à la hauteur qu'on désire, par des vis de pression. A cette boîte sont attachées, d'une part, la chaîne de tirage *m* qui maintient et fortifie le crochet d'attelage, et, de l'autre, deux tringles, *n, n*, attachées à l'autre bout aux petits côtés du châssis, et qui s'opposent au déversement de la colonne et de la boîte qu'elle porte. C'est avec ces tringles et la boîte-chaîne de tirage qu'on règle tous les degrés d'entrure des dents du scarificateur ; seulement, à chaque changement de position de la boîte et des tringles, il faut avoir soin d'ajuster la chaîne *m*, qui doit être toujours tendue, afin que l'action des animaux ne fasse pas rompre le crochet de tirage.

Sur le milieu de l'essieu principal *a a*, s'élève une barre *o* percée de trous de distance en distance, et munie d'un crochet *p*. Cette barre est reliée à la colonne *k* par une traverse *q*, portant à sa partie inférieure deux moises *r r*, dont le point de réunion sert de centre de rotation au levier *s, s*. Ce levier, refendu dans presque toute sa longueur par une mortaise, d'un côté embrasse la barre *o* en se terminant par un manche , et de l'autre, est articulé avec une tringle *t* percée d'un œil dans lequel passe une barre *u, u*, qui, en avant, vient s'assembler sur la colonne *k* au même point que les barres de tirage *g, g*, et, de l'autre, se bifurque pour servir d'entre-toises au châssis *c, c*, et l'empêcher de fléchir, et se termine enfin par des colliers *v, v*, qui embrassent l'essieu principal.

Le levier *s, s*, sert à soulever la partie antérieure du scarificateur dans les tournées. Il est évident en effet qu'en l'abaissant et l'arrêtant sous le crochet *p*, la tringle *t* soulève les barres *g, g* et *u*, ainsi que l'avant-train, en faisant basculer le châssis sous les coussinets qui le lient à l'essieu. Dans ce mouvement les dents ne touchent plus le sol, ce qui est nécessaire dans ce cas ; car, quoique ces dents soient suffisamment robustes pour résister à une marche légèrement oblique de l'instrument et des chevaux, elles pourraient céder au mouvement de torsion qu'elles éprouveraient dans les tournées, si elles étaient alors profondément engagées dans le terrain. Lorsqu'on a tourné ou décroché le levier *s, s*, l'avant-train retombe à sa place et on continue le travail.

Quand on fait usage de ce scarificateur, les chevaux doivent, autant que possible, marcher en ligne bien directe. Avant de procéder, il faut d'abord le mettre de niveau, puis lui donner l'entrure que l'on désire, par les moyens indiqués. La profondeur à laquelle on travaille peut varier de

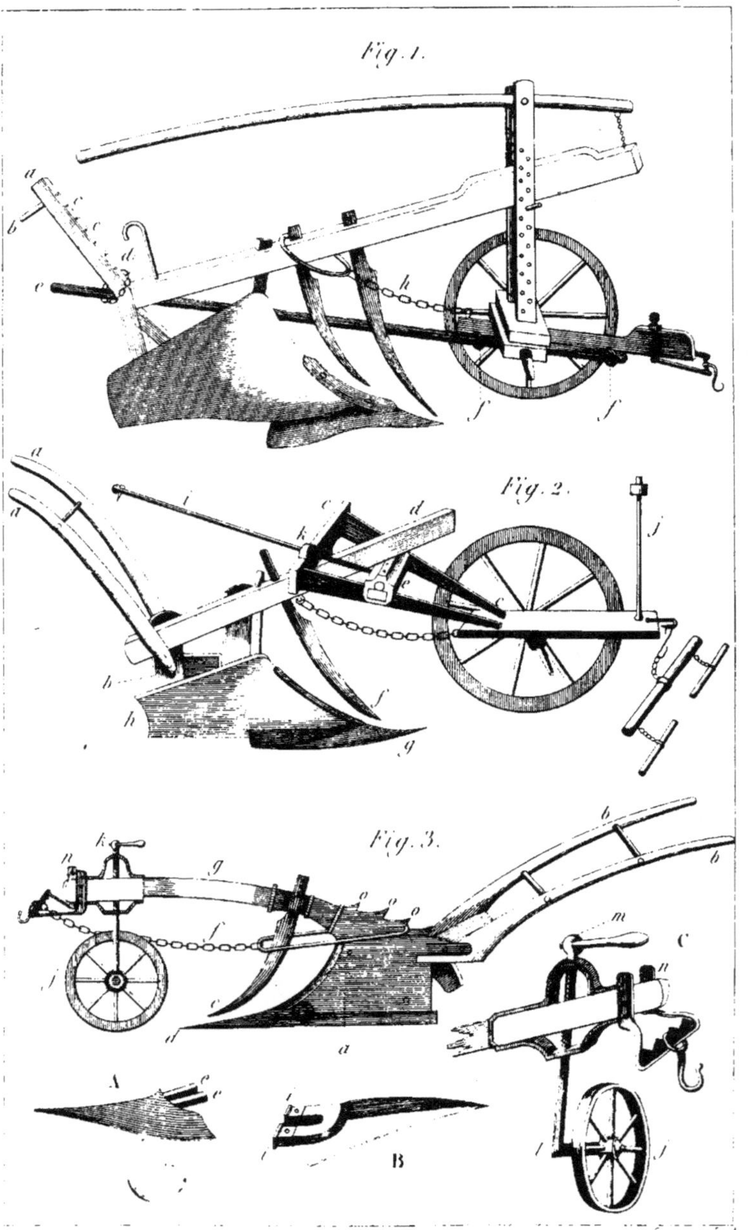

Fig. 1.
Fig. 2.
Fig. 3.
A
B
C

2 ½ à 27 centimètres (1 à 10 pouces). Lorsque le sol est endurci et qu'il s'agit de le trancher et de le remuer profondément, on commence par faire agir le scarificateur en adaptant les pointes en ciseau B à ses dents ; on enlève ensuite celles-ci pour y substituer des pieds A façonnés en forme de houe. Sur les vieux trèfles on ne peut faire usage que des coutres, attendu que les racines devenues ligneuses opposeraient une trop grande résistance aux pieds de la houe.

Il est mieux , dans l'emploi de cet instrument, d'avoir des volées et et des palonniers faits exprès , de manière que les coutres passent et scarifient les traces du passage des chevaux. Selon l'usage que l'on fait de l'instrument, l'attelage doit être de deux, trois ou quatre chevaux, en raison du nombre de dents du scarificateur et de la grandeur de l'instrument, qui varie ainsi : — On en établit 1º à 9 dents sur deux rangs, à 22 centimètres (8 pouces 2 lignes) de distance entre eux, et couvrant 2 mètres (1 toise 1 pouce 10 lignes) de terrain ; — 2º à 7 dents sur deux rangs espacés de 22 centimètres (8 pouces 2 lignes), et couvrant 1 mètre 60 centim. (4 pieds 11 pouces 1 ligne) de terrain ; — 3º à 7 dents sur deux rangs espacés de 27 centimètres (10 pouces), et couvrant 1 mètre 20 centim. (3 pieds 8 pouces 4 lignes) de terrain ; — 4º à 5 dents sur deux rangs espacés de 22 centimètres (8 pouces 2 lignes), et couvrant 1 mètre 10 centim. (3 pieds 4 pouces 7 lignes) de terrain. Les pieds de houe de rechange varient également ; ceux pour biner partiellement ont 12 centimètres (4 pouces 5 lignes) de largeur, et ceux pour découper le sol en ont 24 (8 pouces 11 lignes).

PLANCHE 27 — 2.

Charrues.

Fig. 1. *Charrue-Grangé modifiée par Laurent.* J'ai fait graver, *pl.* 27, la charrue-Grangé telle qu'elle avait été conçue par son inventeur, et, dès son apparition, comme je l'ai dit, page 61, beaucoup de personnes s'étaient déjà emparé de cette idée pour la modifier d'une manière plus ou moins malheureuse. Cependant, à travers une foule d'instruments conçus sur ce plan, il en est deux qui ont subi des perfectionnements que je crois utiles, et la charrue-Grangé de M. Laurent, que nous représentons ici, en est un.

A la simple inspection on reconnait déjà que le levier *c* de la charrue-Grangé, figurée *pl.* 27, a été supprimé. Le mancheron *a* (*pl.* 27 bis) est conservé, mais il est plus court, muni d'une manette *b*, et percé de trous dans sa longueur, *c, c* ; ces trous servent à recevoir une cheville qui maintient la chaine *d*, au moyen de laquelle on fixe le levier de pression *e*, et l'on peut ainsi l'élever et l'abaisser à volonté. Le levier, au lieu d'être fixé à un avant-train ou armon fourchu, comme en *e* de la *pl.* 27, . l'est en *f, f,* à une barre unique remplaçant les armons. Il en résulte aussi que l'arrière-train se trouve attaché à l'avant-train par une seule chaîne *h*. Du reste, tout est dans les principes de la charrue-Grangé, et le coutre *i*, qu'on y a ajouté, n'apporte pas un grand changement à l'instrument, dont nous ne ferons pas une plus ample description, afin de ne pas répéter mot pour mot la description de la *pl.* 27.

L'avantage qu'offre cette charrue sur celle de Grangé, consiste dans sa moindre complication, et par conséquent dans un prix un peu moins élevé, et cela ne laisse pas que d'être quelque chose.

Parmi les autres personnes qui se sont occupées à modifier la charrue-Grangé, nous ne devons pas oublier de mentionner M. Mathieu de Dombasle, venu après ou en même temps que M. Laurent ; mais nous nous bornerons à énoncer ici les changements qu'il a fait éprouver à cette charrue, afin de ne pas surcharger cet ouvrage de figures inutiles. Nous laisserons parler MM. Molard et Oscar Leclerc, qui, probablement, l'avaient sous les yeux quand ils ont rédigé leur excellent article *charrue* dans la *Maison rustique* du 19e siècle : « Elle diffère particulièrement de la charrue-Grangé, disent-ils, 1° par une pièce en fer fixée sous l'age, dite *régulateur des chaînes*, et à laquelle celles-ci sont en effet attachées. On égalise leur longueur en portant à droite ou à gauche la queue du régulateur, qui est percée de trous au moyen desquels on peut la fixer à l'aide d'une goupille. Cette queue est également fixée à l'aide d'une chaînette qui s'oppose à de trop grands écarts lorsque la goupille n'est pas mise ; de sorte qu'on peut, dans la plupart des circonstances, se dispenser de mettre cette goupille, et laisser libre la queue du régulateur ; — 2° par la *vis de rappel* qui sert à incliner le corps de la charrue à droite ou à gauche, et qui unit le manchon à l'age ; — 3° par la disposition du levier de pression, qui entre à son extrémité antérieure dans un anneau ou collier fixé sur un des armons ; ce collier s'élève ou s'abaisse à volonté à l'aide de deux écrous, afin qu'on puisse toujours le placer au point convenable pour que le levier exerce par derrière une pression suffisante sur les mancherons, et qu'il soutienne par devant les armons. Lorsqu'on tourne à l'extrémité du billon, l'extrémité postérieure du levier est engagée dans un autre collier mobile sur une barre de fer placée en forme de traverse entre les mancherons ; — 4° et enfin par la suppression du second levier rendu inutile par suite du double emploi du premier. »

« A l'aide d'un tel arrangement, on peut employer la charrue directement à la manière de M. Grangé ; ou si l'on trouve que l'immobilité de l'age sur la sellette soit, ainsi que nous le disions plus haut, un obstacle à sa facile direction en cas de dérangement, il devient facile de la transformer en charrue à avant-train maniable, en faisant tourner la vis de rappel du manchon jusqu'à ce qu'elle sorte de son écrou. L'age peut alors se mouvoir librement au gré du laboureur. »

M. Hoffmann, mécanicien de Nancy, est encore un de ceux qui ont modifié d'une manière assez heureuse la charrue-Grangé, en plaçant le levier de pression non pas sous la charrue, comme avait fait Grangé, mais dessus. Ce levier passe dans les colliers de deux tiges de fer, dont l'une est placée sous l'armon de droite, en avant de l'essieu, l'autre sur le prolongement du même armon en arrière de l'essieu. Le levier, à son extrémité postérieure, est embrassé par une chaine fixée à la traverse des mancherons, de manière que lorsque les armons veulent se relever, il se fait une pression de haut en bas sur la chaine. Nous remarquerons que, généralement, on place aujourd'hui deux mancherons même à la charrue Grangé, ce qui prouve qu'on n'a pas bien compris toute la commodité que Grangé voulait donner à sa machine.

Enfin, un autre mécanicien, M. Albert, me parait mériter aussi d'être cité ici comme un des heureux modificateurs de la charrue de Grangé. Guidé par la même pensée que le précédent, il a aussi placé le levier de pression en dessus, et lui a également donné une double fonction, en lui faisant soutenir les armons, ce qui rend inutile le levier de ceux-ci. Il place son levier de pression à gauche et lui donne pour appui un collier fixé au montant de la sellette. Le long du mancheron est une bride de fer dans laquelle s'engage l'extrémité postérieure du levier, et quand celui-ci est soulevé par l'avant-train, il presse sur la partie inférieure de la bride; une vis, qui traverse le mancheron, l'empêche de s'élever au-delà de ce qu'il est nécessaire, et il maintient ainsi les armons dans une position horizontale. Au moyen d'autres vis, on porte à droite ou à gauche la chape des armons et on augmente ou diminue la lon ueur des deux chaines qui attachent la flèche à l'avant-train.

Fig. 2. La *charrue Pluchet*. Cet instrument est un des plus remarquables parmi ceux qui ont mérité l'approbation des sociétés agricoles, et plusieurs fois il a obtenu des prix de concours. Il convient parfaitement dans les terres d'une consistance médiocre, mais il convient mieux encore dans les sols durs et compactes. Il est surtout précieux pour la facilité que le cultivateur trouve à le conduire et à faire, par conséquent, de fort bons travaux. J'ai vu, dans les plaines d'Ivry, près du pont de Charenton, des labours parfaitement exécutés par cet instrument et faits avec une rapidité étonnante.

Les mancherons, *a, a*, sont boulonnés tous deux à l'extrémité de la flèche et sur l'étançon de derrière, *b*.

La flèche, *d*, est droite et n'offre rien de particulier.

Le coutre, *f*, est allongé, et se fixe à la flèche au moyen d'une coutelière.

Le sep est en fonte et affleure, à sa partie gauche, un bâti en bois, *b*, qui, ainsi que lui, est fixé aux deux étançons. Au devant de ce bâti est le soc *g*, retenu à frottement sur le versoir et le sep, et à l'aide d'un crochet à la partie supérieure de la gorge.

Le versoir *h* est en fonte, et il est remarquable par sa longueur.

Comme on le voit, jusque là cette charrue n'offre rien que l'on ne puisse retrouver sur un autre modèle, aussi est-ce par l'avant-train qu'elle se distingue spécialement. Pour mieux faire comprendre la figure, nous l'avons représentée avec une roue enlevée.

Cet avant-train se compose d'un cadre, *c, c*, servant de support à la selle *e*; d'une longue verge de fer *i*, fixée à une de ses extrémités dans la sellette au moyen d'un boulon, puis passant dans une sorte d'écrou *k* qui la maintient sur la traverse antérieure du cadre. Cette verge est à vis dans une partie de sa longueur, de manière que lorsqu'on la fait tourner dans l'écrou *k*, elle avance ou recule et entraîne la sellette avec elle en la faisant glisser sur le cadre. Il en résulte que l'on augmente ou diminue ainsi l'obliquité de la flèche, qu'on soulève le soc ou on l'abaisse très-facilement, et que l'on peut, à volonté, lui donner le degré d'entrure que l'on trouve convenable.

La sellette *e* glisse sur le cadre au moyen de deux entailles qu'elle a en dessous, et qui s'ajustent sur les deux branches du cadre. Mais comme ces branches se rapprochent l'une de l'autre à mesure qu'elles avancent vers l'avant-train, il en résulte que la sellette ne pourrait pas glisser dessus, si M. Pluchet n'avait paré à cet inconvénient de la manière suivante : l'entaille ou la coulisse à cheval sur la branche droite du cadre est fort large, et cette largeur est calculée en raison du mouvement que doit avoir la sellette. Quand celle-ci a été mise en place, pour l'y maintenir on interpose un coin de bois entre elle et le cadre. Ce coin ainsi que la partie correspondante de la sellette sont percés de trous destinés à recevoir une clavette qui les unit d'une manière solide et invariable.

Une bride de fer embrasse la flèche et se termine par une tige de même métal, mobile latéralement dans une mortaise de la branche gauche du cadre. Cette tige est percée de trous et sert à entraîner la flèche et à la fixer à droite ou à gauche, au moyen d'une cheville que l'on implante dans un des trous, en dehors du cadre. Quelquefois aussi, et ce moyen est beaucoup plus simple, la flèche se place plus ou moins à gauche ou à droite sur la sellette, et on la maintient simplement au moyen de deux petites chevilles, une de chaque côté, enfoncées dans les trous que nous avons figurés sur le dos de la sellette même.

Sur le devant de l'avant-train est une tige en fer terminée par un porte-guides, afin de maintenir les traits à une certaine hauteur, pour la commodité de celui qui dirige la charrue.

Fig. 3. *Grande araire écossaise.* Cette charrue, très en usage en Écosse pour les défoncements, est aussi une des plus utiles quand il s'agit de faire ces défoncements à une certaine profondeur, et, considérée sous ce point de vue, je la regarde comme un des meilleurs modèles connus, quoique son mécanisme soit un peu compliqué.

Le corps *a* est en fonte, et les mancherons, *b*, *b*, y sont fixés simplement au moyen d'un boulon.

Le coutre, *c*, est passé dans une coutelière qui tient au corps de fonte *a*.

Le soc, *d*, est porté par un bras, ou plutôt par une sorte de moignon accompagnant le sep, à l'aide duquel on peut le fixer et même le faire pénétrer plus ou moins profondément dans le sol, avec promptitude et facilité, à l'aide d'une simple clavette. Au moyen de ce mécanisme, on peut avoir deux ou trois socs de rechange, en fonte, de dimensions différentes, pour s'en servir au besoin.

Pour nous faire mieux comprendre, nous allons donner quelques détails. Le soc vu isolément en dessus, A, montre les deux barres, *e*, *e*, qui servent à l'adapter à l'extrémité du sep. Vu isolément en dessous, B, il

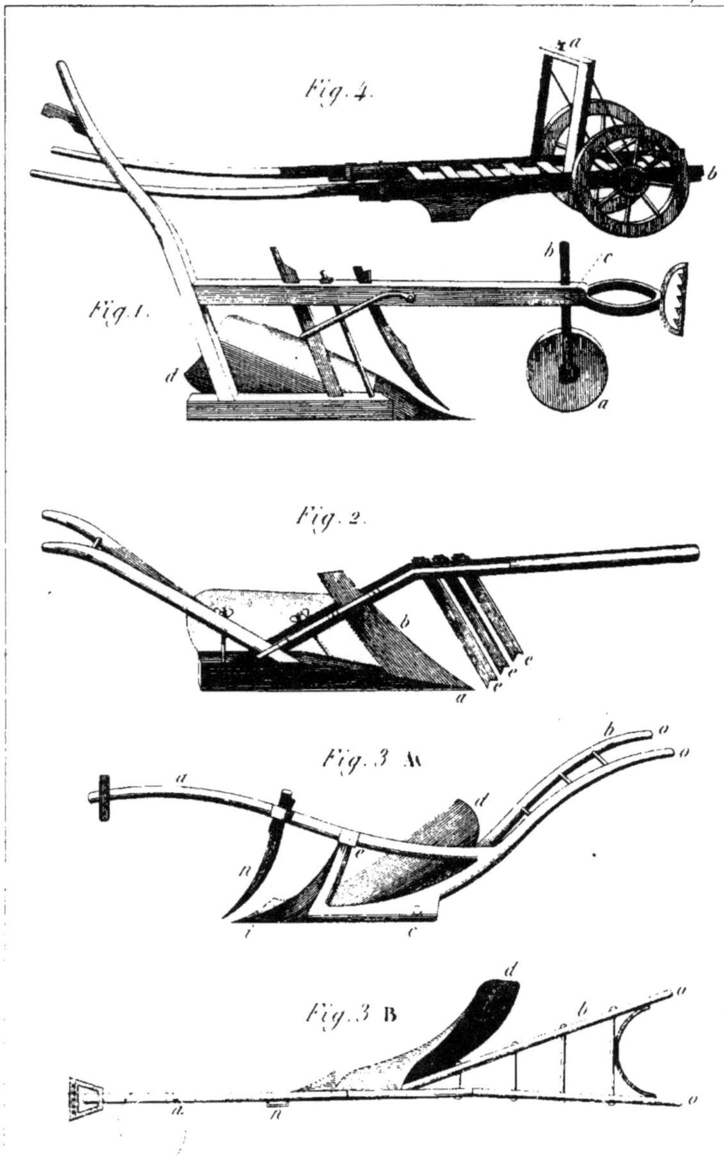
Fig. 4.
Fig. 1.
Fig. 2.
Fig. 3 A
Fig. 3 B

montre , en *i* , *i* , les ensochures qui le retiennent sur le moignon du sep ,
à l'aide d'une clavette.

Le corps , *a* , de la charrue est entaillé à sa partie supérieure par plusieurs crans , *o* , *o* , *o* , qui servent à fixer la chaîne du tirage , *f*; par leur
moyen on peut approcher ou reculer le point de tirage , le hausser un peu
ou le baisser , selon que l'on veut faire un labour plus ou moins profond.

La flèche , *g*, porte à sa partie antérieure une roue *j* , et un régulateur
k , dont nous donnons les détails en C. La roue *j* tourne sur un axe coudé
l , qui l'écarte de la ligne de tirage de manière à ce qu'elle puisse toujours marcher sur le bord du sillon. Pour régler les degrés d'entrure que
l'on veut donner au soc , on élève ou on abaisse plus ou moins la roue
à l'aide de la vis à écrou *m*. Enfin, tout-à-fait à l'extrémité de la flèche,
en *n* , est un régulateur horizontal , destiné à recevoir le crochet du tirage.

PLANCHE 27 — 3.

Charrues.

Fig. 1. *La petite charrue Brabant* commence à se répandre beaucoup
dans le département de l'Aisne , où elle a été introduite il y a peu d'années. Elle ne peut pas faire un labour de plus de 16 centimètres (6 pouces) de
profondeur , et elle ne marche même avec tous ses avantages qu'en creusant son sillon à 10 à 12 centimètres (4 à 5 pouces) de profondeur, sur 16 à 21
centimètres (6 à 8 pouces) de largeur. Elle ne convient donc parfaitement
que dans les contrées où les propriétés sont très-divisées, et où l'on fait de la
petite culture. Aussi est-elle très en usage dans la Flandre. Sa légèreté, qui
permet de s'en servir avec un seul cheval, ou même avec deux vaches,
sa simplicité et la modicité de son prix, sont autant d'avantages précieux
qui la recommandent aux petits propriétaires cultivateurs.

Nous avons donné, *pl*. 15 , *fig*. 3 , la figure de la charrue brabançonne.
On voit que celle-ci en diffère particulièrement par la plus grande légèreté de sa construction. Longtemps on s'en est servi en plaçant, au lieu
de la roue *a*, un support composé d'une tige et d'un sabot, comme on le
voit dans la *fig*. 3 de la *pl*. 15, en *b*, *c*, *d*. Mais comme ce sabot, en glissant sur le sol, augmentait considérablement le frottement, et par conséquent le tirage, on a eu l'ingénieuse idée de le remplacer par une roue,
que l'on hausse et baisse à volonté au moyen du régulateur que l'on maintient dans la position voulue par une cheville *c*, qui traverse à la fois la
flèche et la tige *b*. Enfin, dans la petite charrue brabançonne, le versoir
d est beaucoup plus long, moins large et par conséquent moins élevé.

Fig. 2. *Charrue de M. Trachu.* Cet instrument est extrêmement utile
pour les défrichements des vieilles luzernes, et de toutes les terres em-
barrassées par des racines offrant de la résistance aux charrues ordinaires. Il lui faut un avant-train, et l'on pourra fort bien lui appliquer celui
de la charrue tourne-oreille de la page 51 , dessiné *pl*. 24, *fig*. 2, ou tout
autre à deux roues.

Le soc, *a*, est en demi-langue de carpe, plat, bien acéré, tranchant sur son côté oblique ; il est forgé d'une seule pièce avec un coutre large *b*, un peu circulaire, qui se prolonge en pointe de 10 centimètres (4 pouces) au-delà de l'extrémité du soc. Trois autres coutres, *c, e, e*, tiennent à la flèche et sont d'une longueur inégale, mais progressive, de manière à ce que celui qui est du côté du soc soit le plus long, le second un peu moins, et le troisième le plus court ; tous trois sont dentés à leurs extrémités, d'où il résulte que la ligne oblique formée par les trois extrémités fait à peu près l'effet d'une lame de scie, et voici comment elle opère :

Le coutre le plus court ne s'enfonce guère dans le sol que de 54 millimètres (2 pouces) : s'il rencontre une racine, sa première dent l'entame, puis la seconde dent vient ensuite augmenter la profondeur de l'entaille ; le second coutre le remplace et entaille la racine de la même manière, avec ses dents, mais plus profondément ; le troisième succède au second et agit de même. Si la racine n'est pas coupée, elle est aussitôt saisie en dessous par la pointe du grand coutre *b*, soulevée et coupée totalement, ou arrachée si elle offre encore quelque résistance.

Cette charrue est facile à mouvoir, et cependant très-solide. M. Trochu a fait atteler dessus jusqu'à dix chevaux pour défricher de vieilles landes d'ajonc, et il en a obtenu les meilleurs résultats.

Fig. 3. L'*araire de Wilkie* est une des charrues les plus simples dont on fasse usage en Écosse, et elle serait la meilleure de toutes si l'on s'en rapportait à M. Loudon. Ce qu'il y a de certain, c'est qu'elle est extrêmement solide. La flèche *a*, le corps *e*, la semelle *c*, et les mancherons *b* sont entièrement en fer forgé et d'une seule pièce, si ce n'est le bout des mancherons *o, o*, qui sont en bois et forment la poignée. Le soc *i* et le coutre *n* sont les seules parties mobiles, ainsi que le régulateur, quel que soit le système que l'on juge à propos de lui appliquer. Quant à sa confection, elle est tellement simple que nos deux figures suffiront pour la faire parfaitement comprendre. La *fig.* 3-A est vue de profil, et la *fig.* 3-B est vue en dessus.

Cet instrument, outre sa simplicité, est encore remarquable par la grandeur et la courbure de son versoir *d*, disposé de manière à retourner complètement la bande de terre soulevée par le soc, dans les terrains légers et peu consistants. M. Loudon, dans l'*Encyclopédie of agriculture*, en a donné une figure incomplète, qui a été reproduite dans la *Maison rustique* du XIXᵉ siècle.

Fig. 4. La *brouette normande* est très-employée à Rouen. Elle diffère assez essentiellement de toutes les brouettes que nous avons figurées depuis la *planche* 46 jusqu'à la *planche* 53, par ses deux roues et par la grande longueur de ses brancards. Nous n'en ferons pas la description, parce que notre figure suffira pour la faire parfaitement comprendre. Nous dirons cependant que souvent la traverse des bras, *a*, manque, ce qui permet de faire porter une grande partie de la charge sur l'essieu, et d'avancer les ballots, gerbes, etc., jusqu'en *b*, ce qui fait gagner une grande force. On sait, en mécanique, que plus un levier est long plus il a de force, et c'est pour cette raison qu'on a beaucoup allongé les bran-

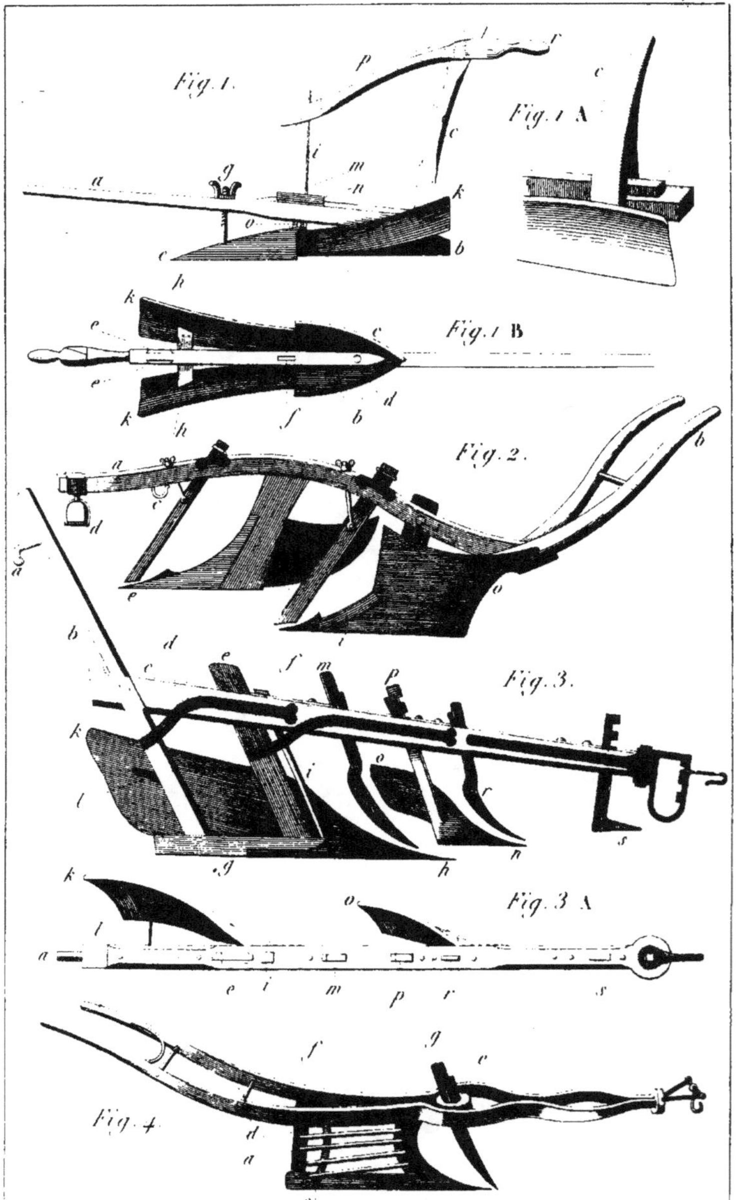

Fig. 1.
Fig. 1 A.
Fig. 1 B.
Fig. 2.
Fig. 3.
Fig. 3 A.
Fig. 4.

cards. J'ai vu, sur le port, à Rouen, de ces brouettes qui, avec une largeur ordinaire, avaient jusqu'à 4 mètres 873 millim. (15 pieds) de longueur. Un homme ordinaire, ayant sur les épaules une brassière ou bricole qui soutient les brancards, peut ainsi transporter des fardeaux énormes. Dans un grand nombre de circonstances cette brouette peut donc devenir très-utile à l'agriculture. Néanmoins nous devons faire observer qu'ayant deux roues, on ne peut passer dans les chemins très-rabotteux ni dans les sentiers étroits ; qu'on ne peut lui imprimer le mouvement de bascule ni la renverser aussi aisément sur le côté pour le déchargement, et qu'elle a encore quelques autres petits inconvénients ; mais il n'en est pas moins vrai qu'elle l'emporte sur toutes les autres brouettes quand il s'agit de transporter de lourds fardeaux à une assez grande distance, sur un chemin uni, où sa puissance a été reconnue quatre fois plus grande que celle des brouettes ordinaires. Les fermiers en font principalement usage pour transporter des pailles, litières, fumiers, etc.

PLANCHE 27 — 4.

Charrues.

Fig. 1. *Charrue suédoise.* En France nous avons le défaut, relativement aux charrues comme en beaucoup d'autres choses, d'inventer peu, de modifier constamment ce que les autres ont inventé, sans grand perfectionnement, et de tourner continuellement autour d'un type que nous connaissons, pour ne guère en sortir ; c'est ainsi que le corps de nos charrues est constamment construit sur les mêmes principes. Si nous avions la bonne foi de nous reconnaitre ce défaut, nous irions chercher chez d'autres peuples les types qui nous manquent, et notre agriculture ne pourrait que gagner à cela. Voici, par exemple, une charrue qui est aussi employée qu'estimée en Suède, et faite sur un modèle absolument inconnu en France. Nous en avons emprunté le dessin et la description aux *Mémoires de l'Académie de Stokholm*, vol. 39, pag. 120 (*Kongl. vetenskaps academiens handlinger*, etc.)

La flèche, *a*, s'applique à son extrémité postérieure sur la semelle *b ;* elle est maintenue sur cette semelle au moyen du montant *c*, dont l'extrémité inférieure est à cheval sur la flèche, comme nous le montrons dans la *fig.* A. Les deux bras ou tenons du montant sont solidement fixés dans la semelle, ainsi qu'on peut le voir en *e, e, e* de la *fig.* B, où la charrue est vue en dessous.

La semelle, *b*, s'étend depuis la pointe du soc (*fig.* B), jusqu'au bout des versoirs ; elle est percée en *d* pour recevoir la vis de rappel destinée à lever ou baisser le soc, et en *f* pour loger le tenon du montant de devant.

Le soc, *c*, est en pyramide triangulaire, concave comme une tuile creuse. Au moyen de la vis de rappel *g*, on le hausse et le baisse, ainsi que la semelle, à volonté, et cela parce que la flèche peut jouer dans son assemblage à cheval avec le montant *c* (*fig.* A).

Les versoirs, *k, k*, sont au nombre de deux, solidement fixés au soc, soit qu'ils y aient été soudés à la forge, soit que le soc et les versoirs aient été fondus et coulés ensemble. Quand ils sont simplement en bois, ils sont fixés au montant de devant *i*. Une planchette de bois ou une lame de fer *h, h*, passant à travers la flèche, les maintient dans un écartement convenable. Le montant *i* passe à travers la flèche au moyen d'une mortaise, d'où il résulte qu'on peut lever et baisser cette dernière sans déranger le montant; quand on a trouvé la hauteur convenable, en raison de l'entrure que l'on veut donner au soc, on la fixe au moyen d'une cheville en fer *o*, que l'on passe dans un trou du montant, et sur laquelle s'appuie la flèche, et, pour maintenir celle-ci solidement, on traverse le montant d'une seconde cheville, en *m*, et entre elle et la flèche on met une cale ou un coin *n*, que l'on fait entrer de force d'avant en arrière.

Les deux montants *i* et *c* sont consolidés dans le haut par une traverse *p*, assemblée à tenons et mortaise, et cette traverse, terminée par une manette *r*, sert de mancheron pour gouverner la charrue, ce qui est beaucoup plus aisé et exige moins de force qu'avec le mancheron ordinaire.

Comme on le voit, cette charrue est d'une très-grande simplicité, et cependant elle fonctionne parfaitement. Peut-être serait-ce un perfectionnement que d'y ajouter un coutre, et c'est ce dont on jugera plus tard, si un cultivateur ou un mécanicien français est tenté de la faire construire et d'en enrichir l'agriculture pratique de notre belle patrie. Le prix de sa confection n'atteindrait certainement pas celui de nos charrues les plus simples.

L'inventeur de cette charrue, M. Peher Wastrom, dit qu'on peut avec le même avantage lui faire un attelage de bœufs ou de chevaux; qu'elle est particulièrement destinée aux labours des terres argileuses, compactes et très-dures; qu'on peut donner au soc jusqu'à 135 et 162 millimètres (5 et 6 pouces) d'entrure; enfin, qu'il n'est pas de charrue avec laquelle il soit plus facile d'ameublir les terres fortes.

Nous terminerons par une observation de M. Peher Wastrom; c'est que pour fabriquer des charrues très-solides et durables, le meilleur bois que l'on puisse employer est celui qui a été écorcé sur place, un an avant d'avoir été coupé. Du reste, Buffon avait déjà fait connaître ce fait, et l'on ne peut s'en prendre qu'à l'insouciance des mécaniciens si on ne le met pas plus souvent en pratique.

Fig. 2. *Charrue anglaise à deux socs.* Dans de certaines circonstances il est nécessaire de faire des labours très-profonds, pour éviter les frais d'un défoncement à la houe. Dans ce cas aucune des charrues employées en France ne peut atteindre le but qu'on se propose, et il serait peut-être utile d'avoir recours à la charrue à deux socs des Anglais. En Irlande, en Écosse, comme en Angleterre, on voit plusieurs sortes d'instruments de ce genre, mais celui qui nous a paru offrir le moins d'inconvénient est celui dont nous donnons ici la figure. Dans l'article suivant nous décrivons une autre charrue à deux socs, et c'est là que nous donnons notre opinion sur ces instruments compliqués.

La flèche, *a*, est très-forte, avec une courbure très-grande, afin que le premier soc puisse se trouver de 135 ou 162 millimètres (5 ou 6 pouces) plus élevé que le second ; sa longueur est calculée en raison de la force et de la grandeur que l'on veut donner à la charrue. Dans sa partie antérieure est un étrier *d*, servant à contenir une chaîne au bout de laquelle est un crochet que l'on attache à l'anneau *c*, et à l'autre extrémité de laquelle est fixé le palonnier. On peut, si l'on veut, placer à l'extrémité de la flèche, au lieu d'un étrier, une bride de fer par le moyen de laquelle la ligne de tirage peut, à volonté, être baissée, levée, portée à droite ou à gauche.

La queue, *b*, se compose de deux mancherons inclinés de manière à se trouver élevés de 975 millimètres (3 pieds) au-dessus de la surface du sol: le mancheron principal est en ligne droite avec la flèche; il est plus fort que l'autre et a 1 mètre 19 centim. à 1 mètre 30 centim. (3 pieds 8 pouces à 4 pieds) de longueur. Tous deux sont maintenus par deux et quelquefois trois traverses.

A l'exception du premier soc, *c*, et de toutes ses dépendances, coutre, versoir, etc., toute la charrue peut être faite sur le modèle de la *charrue écossaise perfectionnée* par Small, dont nous donnons la description page 44 et *fig.* 1, *pl.* 21. Cependant, il est indispensable d'y ajouter, le long de son versoir, un plan incliné, de *i* en *o*, s'étendant depuis la partie postérieure du soc, *i*, jusqu'à la partie postérieure du versoir *o*, où elle se termine à 162 millimètres (6 pouces) environ au-dessus du niveau du sep.

Le premier soc, *c*, ainsi que son sep, son versoir et son coutre, peut être construit selon les mêmes principes que celui de toute autre charrue ordinaire, et maintenu solidement en place par les mêmes procédés. Ce premier soc doit être fixé à 135 ou 162 millimètres (5 ou 6 pouces) au-dessus du soc *i*. Il résulte de cet arrangement, que le premier soc s'enfonce dans la terre à 135 ou 162 millimètres (5 ou 6 pouces) et la soulève ; le second s'enfonce à 271 ou 325 millimètres (10 ou 12 pouces), et même à 406 millimètres (15 pouces) si on le dispose pour cela: la terre soulevée par lui glisse obliquement de bas en haut sur le plan incliné, le long du versoir, et se trouve renversée sur le sommet de la bande formée par le premier soc.

Du reste, la seule inspection de notre gravure donnera une idée suffisante du mécanisme fort simple de cette charrue, quoique nous n'ayons pas pu montrer le plan incliné qui se trouve du côté du versoir. On peut se faire une idée nette de la position de ce plan en tirant une ligne du point *i* au point *o*.

Fig. 3. *Charrue à double soc et à pied.* M. Dewal de Barouville a introduit cette charrue en Flandre, ce qui lui a valu la grande médaille d'or de la Société centrale d'agriculture de Paris. Il existe plusieurs charrues à deux et même trois ou quatre socs; mais si elles ont eu quelque succès en théorie, il faut avouer qu'il n'en a pas été de même dans la pratique.

En effet, il est facile de concevoir que ces machines lourdes et dispendieuses, ne faisant éviter qu'une très-petite dépense de temps, ne peuvent faire un ouvrage aussi parfait qu'une charrue légère et facile à conduire. Notre intention étant de n'en figurer que peu, nous citerons, à la suite de celle-ci, celles qui ont eu un moment de réputation. Venons maintenant à la description de la charrue de M. de Barouville.

Le mancheron, *a*, consiste en une simple cheville; la queue, *b*, est attachée au sep au moyen d'un assemblage à tenon, et à la flèche par un semblable assemblage.

La flèche, *c*, porte deux socs et deux coutres : aussi doit-elle être très-forte. On la consolide encore au moyen de plusieurs bandes de fer dont une, *d*, va s'attacher par son extrémité sur la queue, et une autre, *f*, sur l'étançon *e*; cet étançon ou montant est assemblé à tenon et mortaise sur le sep et dans la flèche.

Le sep, *g*, est revêtu d'une semelle de fer.

Le grand soc, *h*, est en fer forgé, comme le grand versoir *k*. Ce soc reçoit le sep qui est retenu par une cheville *i* implantée de bas en haut devant une traverse qui réunit toutes ces pièces. Le versoir est maintenu dans son écartement par la cheville *l*, implantée dans la queue. Devant ce premier soc *h*, est un grand coutre *m*, traversant la flèche et maintenu par un coin selon la méthode ordinaire.

Le petit soc, *n*, est également en fer forgé, mais d'une seule pièce avec son versoir *o*, qui n'en est qu'un prolongement. Il est plus petit que le premier, mais il a les mêmes formes. Il est maintenu en position par la branche de fer *p*, qui traverse la flèche, et il a devant lui un petit coutre *r*, qui ne diffère du grand que par ses dimensions.

A l'extrémité de la flèche est le pied *s* qui a donné son nom à la charrue. A sa partie inférieure il est courbé, et cette courbure, pour glisser plus facilement sur la terre, s'élargit d'environ 81 millimètres (3 pouces), ce qui l'empêche de s'enfoncer en glissant.

Pour donner une idée complète de cette charrue, nous l'avons représentée (*fig.* 3-A) vue en dessus, et nous avons marqué les mêmes parties des mêmes lettres.

Les autres charrues à plusieurs socs les plus remarquables, sont : 1º la *charrue Guillaume à double soc*, nommée aussi bissoc ou à double raie; 2º le *bissoc de lord Sommerville*; 3º le *bissoc horizontal de Plaideux*; 4º le *trisoc de Bedfort*; 5º la *charrue à quatre socs* de M. Amos; 6º la *charrue anglaise à deux socs*, faisant le sujet de l'article précédent (*fig.* 2 de cette planche). Nous remarquerons ici que nous ne parlons pas des charrues *dos-à-dos*, qui ont deux socs, mais ne travaillant pas à la fois, comme, par exemple, celle de M. Valcourt, dont nous donnons ailleurs la figure et la description.

1º La *charrue Guillaume à double soc* est montée sur un avant-train absolument semblable à celui de la charrue Guillaume (*pl.* 27-5, *fig.* 2). Elle se compose de deux corps qui ne diffèrent pas non plus de cette charrue. Il y a deux flèches, ou plutôt, la flèche se compose de deux parties : celle de l'arrière-corps est coudée obliquement à droite, d'environ **271** millimètres (**10** pouces), afin de rejeter à droite le corps de devant à une distance égale à celle d'un sillon, car cette charrue doit faire deux sillons à la fois, parallèles; nous n'avons pas besoin de dire que cette courbure doit commencer immédiatement devant le coutre de l'arrière-corps.

La flèche de l'arrière-corps vient se fixer solidement, au moyen de boulons, d'abord à l'étançon de derrière de l'avant-corps, puis à la partie de la flèche d'avant, à peu près à la partie relevée que nous indiquons par *e*, dans la figure de la charrue Guillaume (*pl.* 27-5). Les deux socs, les deux versoirs, en un mot, les deux corps sont absolument semblables.

On conçoit donc que cette machine ne consiste qu'en deux charrues Guillaume soudées l'une devant l'autre, de manière à ce que celle de devant soit rejetée à droite de l'autre, à une distance égale à la largeur d'un sillon.

2° Le *bissoc de lord Sommerville* est également à flèche coudée, afin que les deux socs ne marchent pas sur la même ligne et tracent deux sillons à la fois; sous ce rapport cette charrue diffère fort peu de celle de Guillaume. Mais ce qui la distingue de toutes, ce sont ses versoirs brisés au milieu dans leur largeur, et dont la moitié postérieure est assemblée sur l'autre au moyen de gonds, comme une porte. Il en résulte que cette partie est mobile, et que, au moyen d'une cheville à vis et à écrou, on peut lui donner plus ou moins d'écartement. Lord Sommerville prétend que cette disposition est très-avantageuse pour augmenter à volonté la largeur des sillons, ce qui peut être dans les terres très-légères et sablonneuses; mais il me semble que l'angle brusque formé à la charnière doit beaucoup augmenter le tirage.

3° Le *bissoc horizontal de Plaideux* n'est rien autre chose que deux charrues de Brie réunies sur une seule flèche coudée, avec avant-train. « A la place du double manche, dit M. Molard, on a substitué deux mentonnets ou bras latéraux, l'un sur la queue, et l'autre dans la tête de l'étançon. Ces deux mentonnets portent chacun un étrier ou collet de fer à vis et à écrous. C'est dans ces étriers que passe l'age du soc; enfin ces deux étriers ont chacun une vis de pression pour serrer l'age et le fixer solidement sur les deux mentonnets. »

4° Le *trissoc de Bedfort* est une machine bien autrement compliquée que les précédentes. Elle se compose de trois flèches d'une grandeur progressive, fixées à côté les unes des autres sur la sellette de l'avant-train, au moyen d'entailles et d'écrous, et maintenues à distance par une traverse. Les deux mancherons sont fixés l'un à l'extrémité de la flèche de droite, l'autre à l'extrémité de la flèche de gauche. Nous n'avons pas besoin de dire que chaque flèche porte son soc et son versoir. Les roues sont de grandeur inégale.

5° La *charrue à quatre socs*, de **M.** Amos, est construite dans les mêmes principes que la précédente.

Fig. 4. La *charrue squelette de Finlayson* a été vantée en Angleterre, et a été éprouvée avec succès, dit-on, dans le comté de Kent. M. Finlayson, son inventeur, s'est proposé deux buts : celui d'éviter un frottement aussi grand que dans les autres charrues, et celui de former un dégorgeoir au moyen duquel les chaumes, bruyères, ononis et autres herbes, arrachés par le soc et ramassés sur le coutre, fussent expulsés hors de la charrue. Je ne pense pas que cet instrument ait tous les avantages qu'on lui attribue, mais il est certain qu'il doit avoir moins de tirage qu'un autre à versoirs ordinaires, et ceci peut devenir une grande recommandation dans les terres argileuses et très-fortes.

Le versoir, *a*, se compose de trois ou quatre verges de fer, fixées à leur partie antérieure sous la gorge, derrière le soc, et, à leur partie postérieure, sur une tringle *o*, attachée en bas à la semelle, et ayant la courbe d'un versoir ordinaire. Comme le sommet de cette tringle se trouve éloigné du corps de la charrue, il est fixé au mancheron *d*, par une tige boulonnée sur ce manche. On conçoit que ces verges, remplaçant le versoir et en ayant la courbure, éprouvent beaucoup moins de frottement par la raison qu'elles offrent moins de surface.

La flèche, comme on le voit, a une forme extrêmement singulière, et se compose de deux lames de fer épaisses, qui sont un prolongement de la base des mancherons. En *e* est un prolongement du corps de la charrue *f*, qui est percé pour recevoir le coutre *g*. Devant ce prolongement est un vide, entre les deux lames de la flèche, servant de dégorgeoir ; et, comme on le voit, un peu plus en avant, est un second dégorgeoir un peu plus petit que le premier. Il est permis de douter de l'utilité réelle de ces deux ouvertures, mais cependant il paraît que dans les expériences qui ont été faites en Angleterre, on les a jugées nécessaires.

PLANCHE 27 — 5.

Charrues.

Fig. 1. L'*araire de Finlayson* est considérée, par M. Loudon (*Encyclopedie of agriculture*), comme une des meilleures charrues écossaises. Elle a beaucoup d'analogie avec la petite charrue anglaise dont nous avons donné la figure (*pl.* 19, *fig.* 1), mais son soc n'est pas fait de même, et son versoir, *a*, est un peu plus long. Elle a de remarquable qu'elle est entièrement de fer forgé d'une seule pièce, si ce n'est l'extrémité des mancherons, *b*, *c*, qui est en bois.

Le soc *d*, la semelle *e*, et le versoir *a*, sont quelquefois en fonte, mais plus ordinairement en fer.

L'age, *f*, est extraordinairement courbé, et la courbure a été calculée de manière à éviter tout engorgement dans les terres encombrées de chardons, bruyères et autres plantes, et c'est là le principal caractère qui la différencie de plusieurs autres charrues anglaises.

Fig. 2. La *charrue Guillaume* ne doit pas être confondue avec l'*araire de Guillaume* que nous avons figurée *pl.* 26. Elle en diffère particulièrement par un avant-train que l'araire n'a pas, et par quelques

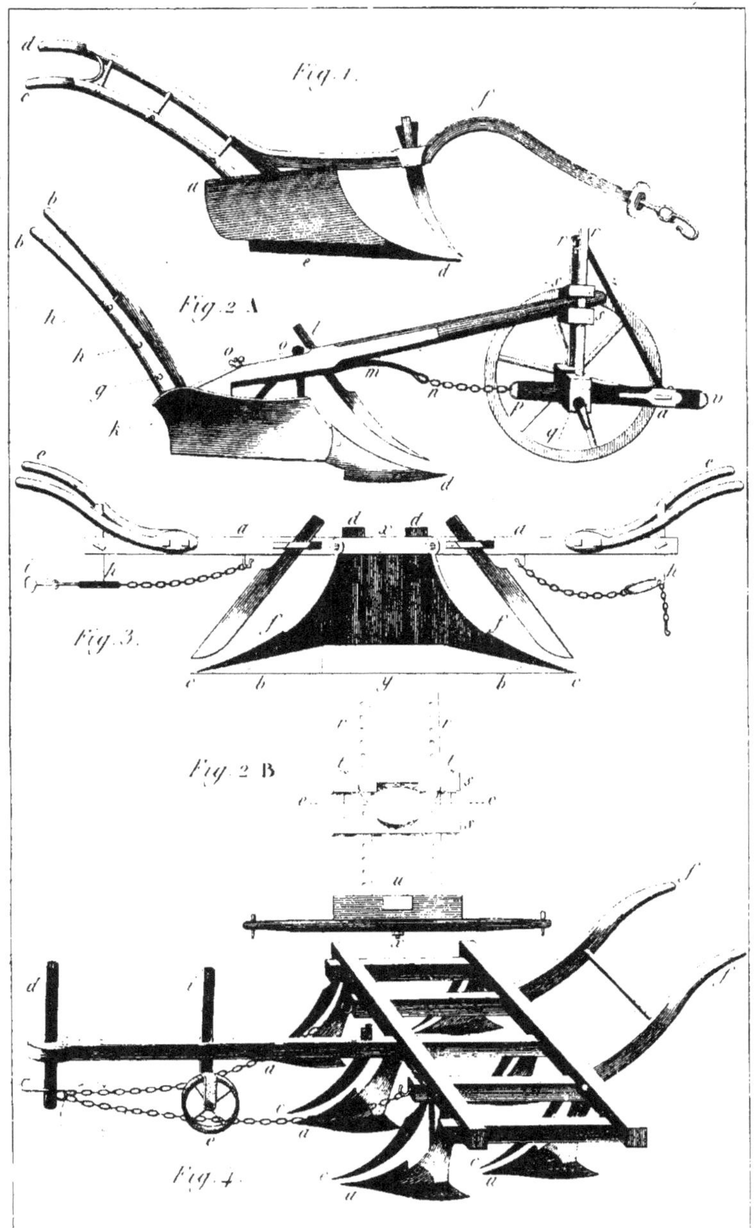
Fig. 1.
Fig. 2 A
Fig. 3.
Fig. 2 B
Fig. 4.

autres détails. Nous l'avons figurée avec une roue enlevée, afin de la rendre plus facile à comprendre dans ses détails. Elle se distingue principalement des autres charrues par la manière dont est dirigée la ligne de tirage. Si on s'en rapporte à la commission de la Société centrale de Paris, elle l'emporterait sur toutes les anciennes charrues, par sa construction simp'e, solide ; par la facilité que l'on trouve à la conduire : parce qu'elle tient bien dans le sol ; que le soc coupe toute la terre retournée par le versoir ; qu'on peut labourer à volonté à grandes ou petites raies, plus ou moins profondément, et enfin, parce qu'elle exige, pour son tirage, beaucoup moins de force que les autres. Il y a peut-être un peu d'exagération dans tout cela, mais il n'en est pas moins vrai que c'est une excellente charrue qui, dans beaucoup de circonstances, peut être préférée à l'*araire de Guillaume.*

La queue, ou les mancherons *b, b*, sont fixés à l'étançon de derrière à l'aide de boulons à écrou, en *g*, et consolidés par les deux traverses *h, h.*

Le soc *d* emboite le sep et la gorge sur lesquels il est boulonné.

Le versoir *c* est écarté convenablement du corps au moyen d'une traverse fixée à l'étançon de derrière et en *k.*

En *o, o*, sont attachés et boulonnés les étançons et la barre qui unissent le sep à la flèche.

Le coutre *l* est maintenu au moyen d'une coutelière.

Le chignon *m* est une pièce de fer, solidement forgée, attachée, au moyen de boulons, le plus près possible du point de résistance. Il porte à son autre extrémité la chaîne de tirage *n* qui vient s'attacher au timon *p.*

En *q*, est l'essieu portant la sellette qui sert à supporter la flèche. Nous en avons donné les détails, *fig.* 2-B. Ce régulateur consiste en deux montants *r, r*, percés de trous dans toute leur longueur. La sellette est composée de deux pièces *s, s*, échancrées dans leur milieu, en *i*, pour donner passage à la flèche, et pouvant s'écarter ou se rapprocher l'une de l'autre au moyen de deux tiges de fer boulonnées *t, t.* On lève ou baisse la sellette à volonté en la faisant glisser le long des deux montants *r, r*, et on la fixe en enfonçant dans les trous *c,c*, de chaque côté, une cheville de fer qui est attachée à la partie supérieure de la sellette par une petite chaîne de fer, pour qu'elle ne puisse pas se perdre. Dans la même figure on voit très-bien, en *u*, comment le timon se place dans une échancrure du corps de l'essieu, et le boulon *x* qui le maintient.

Les montants de la sellette sont maintenus fermement en position par un arc-boutant *z.* En *a* est l'emplacement d'un palonnier, et en *r* le point d'attache des traits.

Fig. 3. *L'araire dos-à-dos de Valcourt.* Cet instrument est d'une invention fort simple et cependant fort heureuse. M. Bella, qui a eu l'occasion d'en faire l'essai, et qui, depuis, l'a employé dans son établissement agricole, en parle ainsi : « la charrue double que M. L. de Valcourt a fait exécuter à Grignon, a parfaitement rempli l'objet que l'auteur avait en vue ; elle remplace très-bien la charrue tourne-oreille et opère plus efficacement ; elle a aussi l'avantage et la force de défoncer le terrain le plus dur à une profondeur de 271 millimètres (10 pouces). Deux forts chevaux la traînent bien dans des labours ordinaires , quatre bœufs suffisent pour les défoncements les plus difficiles. Cet instrument a été très-utile pour labourer dans les pentes où il n'est pas possible de faire des billons, pour niveler la terre et la pousser dans les fonds ; il a l'avantage de pouvoir suivre les sinuosités , et opère avec promptitude et facilité. Il faut moins de temps pour décrocher la volée , faire tourner les chevaux et replacer la volée, que pour tourner la charrue et les chevaux ensemble. » Ce dernier avantage me parait incontestable , mais les autres sont peut-être un peu exagérés ; je regarde même comme certain que dans les terres fortes et rocailleuses de l'ancien Charollais, par exemple , quatre bœufs seraient tout-à-fait impuissants à faire mouvoir cette machine qui a le défaut d'être un peu lourde , quoi qu'on en dise.

Quand on se sert de cette charrue, on n'a donc jamais besoin de la retourner , parce qu'elle marche comme la navette d'un tisserand. Parvenu au bout du sillon , on arrête les chevaux, on tire la clavette , et la volée *i* quitte le régulateur *h* ; on fait retourner les chevaux vers l'autre extrémité de la charrue , et on fixe la volée *i* au second régulateur. Nous allons emprunter la description de cet instrument, que nous n'avons pas vu, à MM. Molard et Leclerc-Thouin.

« Si on ôte les quatre mancherons *e*, on verra que cette charrue est exactement l'avant de deux charrues Dombasle (mais dont l'une jette la terre à droite, et l'autre à gauche), qui sont mises dos-à-dos sur une ligne *x*, *y*.

Le versoir, en fonte, n'est pas aussi long que dans la charrue Dombasle : il ressemble davantage au versoir américain ou à celui de l'araire du Brabant. On lui avait primitivement donné 406 millimètres (15 pouces) de hauteur ; mais M. Bella a labouré si profondément, quelquefois à plus de 325 millimètres (1 pied), que la terre passait par dessus les versoirs et retombait entre les deux socs. Il a fait alors clouer sur les deux versoirs une plaque triangulaire en tôle, qui a obvié à cet inconvénient. On aurait pu également ajouter une rehausse.

La haye , *a* , a 54 millimètres (2 pouces) de moins que celle de la charrue de Roville ; on lui a donné 2 mètres 760 millimètres (8 pieds 6 pouces) de longueur et 108 sur 81 millimètres (4 sur 3 pouces) d'équarrissage.

Le sep , *b*, a 128 millimètres (4 pouces ³/₄) de largeur , sur 95 millimètres (3 pouces ¹/₂) de haut.

Les socs, *c*, *c*, ont 271 millimètres (10 pouces) de leur origine à leur pointe. D'une pointe d'un soc à l'autre on trouve 1 mètre 570 millim. (4 pieds 10 pouces). Du côté de terre on a mis une planche *j*, qui remplit tout l'intervalle entre la haye *a*, le sep *b*, et les deux gendarmes *ff*.

Les étançons, *d*, *d*, de 108 sur 81 millimètres (4 sur 3 pouces) sont fixés à 271 millimètres (10 pouces) d'intervalle.

Les quatre mancherons, *e*, *e*, ont 650 millimètres (2 pieds) d'ouverture ; à 866 millimètres (2 pieds 8 pouces) de terre, ils dépassent la haye de 406 millimètres (15 pouces).

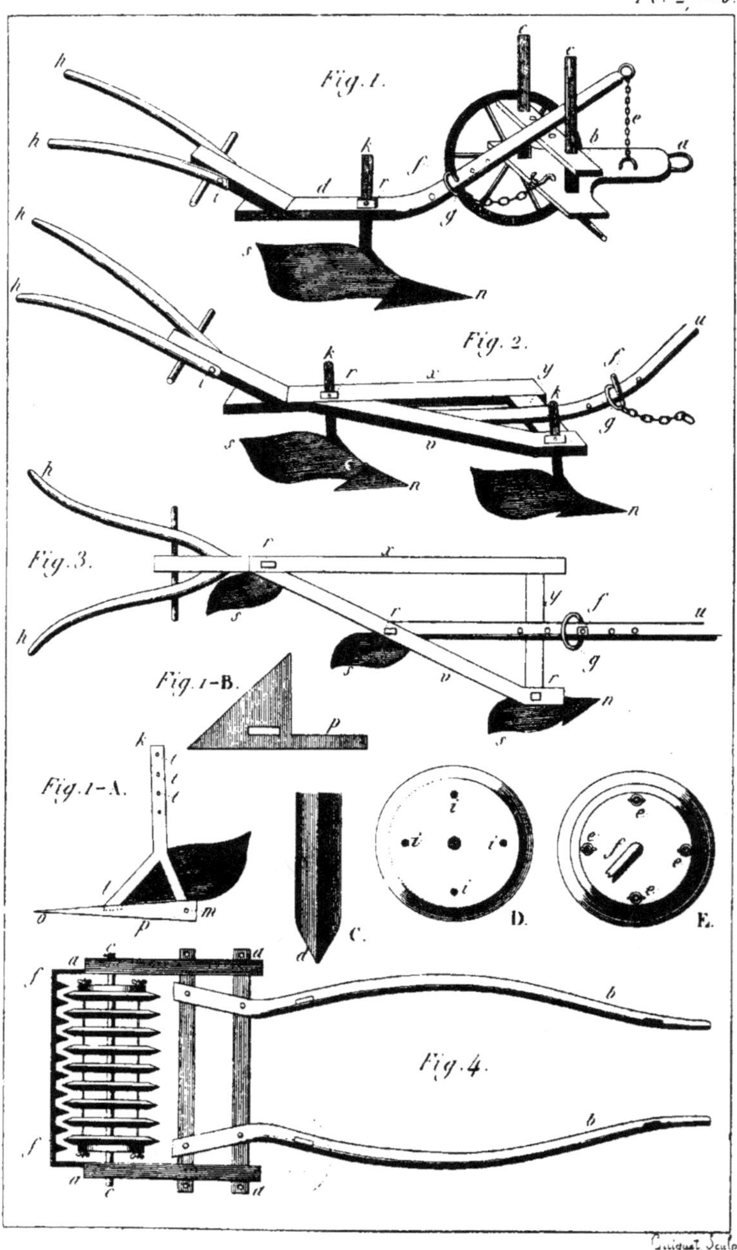

Fig. 1.
Fig. 2.
Fig. 3.
Fig. 1-B.
Fig. 1-A.
Fig. 4.
C.
D.
E.
P.
Guiguet. Sculp

Les régulateurs, *h*, *h*, sont à la Dombasle.

Fig. 4. *L'extirpateur Bella*. On a donné à cet instrument le nom du directeur de l'Institut agricole de Grignon, parce que c'est lui qui a eu l'ingénieuse idée d'ajouter en avant de chaque soc des coutres remplissant le double but de trancher les racines et d'arquebouter les socs avec le bâti en bois. La figure que nous donnons de cet instrument le ferait suffisamment comprendre ; cependant nous allons en donner une courte explication.

Les socs, *a*, *a*, *a*, etc., en fer, acérés, sont emmanchés sur une jambe de force en fonte au moyen d'un boulon et d'une clavette placés en dessous. Cette monture est très-solide, et le soc peut se défaire très-facilement. Les coutres, *c*, *c*, *c*, touchent par leur pointe à la pointe du soc lorsque la charrue marche ; ils sont acérés, forment arc-boutant et consolident les jambes de force avec le bâti en bois.

Le régulateur, *d*, sert à fixer le point de tirage, selon la profondeur à laquelle on veut pénétrer.

La roue, *e*, s'élève et s'abaisse à volonté au moyen du second régulateur *i*, et sert principalement de point d'appui quand on veut tourner la machine.

Les mancherons, *f*, *f*, servent, comme dans une charrue ordinaire, à soulever l'instrument quand on a besoin de le tourner.

Enfin, le bâti est assemblé à petites entailles et retenu par des boulons, afin de ne pas trancher les bois et de leur conserver le plus de solidité possible.

PLANCHE 27 — 6.

Charrues et Rouleau.

Fig. 1. La *charrue Blot*. Les instruments les plus simples me paraissent être toujours préférables aux autres, surtout quand ils réunissent à ce premier avantage ceux d'être solides, légers et expéditifs. Je crois que les charrues inventées par M. Fromental Blot réunissent tous ces avantages, et je m'empresse de les faire connaître aux agriculteurs. Dans les terrains meubles, légers ou sablonneux, ces instruments rendront certainement de grands services : «adopter les moyens d'accélérer les travaux du labourage, tout en diminuant les frais, dit M. Blot, c'est entrer dans une des voies de l'amélioration que réclame l'art agricole. Je ne suis pas le premier, ajoute-t-il, qui ait imaginé des charrues expéditives : il y en a eu à deux, à trois, et même à cinq socs, mais la difficulté de régulariser l'entrage des socs a dû nuire à leur adoption. C'est en rendant les mouvements des porte-socs indépendants les uns des autres, que je suis parvenu à vaincre cet inconvénient. » Nous allons décrire à la fois les pièces des trois charrues composant le système de M. Blot.

L'avant-train, *fig.* 1, *a*, n'a rien de bien particulier, et la seule inspection de notre dessin le fera suffisamment comprendre ; nous l'avons représenté avec une roue enlevée. D'ailleurs, au moyen de quelques légères modifications que les circonstances indiqueront, tous les avant-trains des autres charrues pourront s'adapter à celle-ci. La sellette, *b*, s'élève et se baisse à volonté pour donner plus ou moins d'entrure au soc, et se maintient en position au moyen de chevilles que l'on enfonce dans les trous des tiges *c*, *c*, sous la sellette.

La sellette, *b*, est percée de trous, ce qui permet de fixer la flèche à droite ou à gauche.

La flèche est quarrée dans la partie postérieure qui porte le soc, puis elle est ensuite cylindrique, et assez coudée pour que son extrémité antérieure puisse aisément porter plus haut que la sellette. En *c* est une chaîne qui la fixe solidement à l'avant-train. A partir du coude et allant vers l'extrémité antérieure, la flèche est percée de plusieurs trous servant tour-à-tour à recevoir une cheville en fer, *f*, qui maintient l'anneau de tirage *g*. Cet anneau est ovale-allongé, et porte la chaîne de tirage qui va s'attacher à l'avant-train. On conçoit qu'en faisant glisser l'anneau en avant ou en arrière, on diminue ou augmente l'obliquité de la flèche, et, par conséquent, on règle l'entrure à volonté.

Les mancherons, *h*, *h*, sont fixés au moyen de boulons, *i*.

Les porte-socs, *k*, sont les pièces qui exigent le plus de précision, et ils doivent être forgés en bon fer. Ils ont 5 centimètres ¼ (2 pouces 3 lignes) de largeur au-dessus de la fourche, *fig.* 1, A, sur 28 millimètres (1 pouce) d'épaisseur. La branche de devant, *l*, qui est la plus inclinée et qui reçoit le soc et l'oreille, doit avoir une entaille en avant pour entrer et s'agrafer dans la mortaise faite sur le soc. Cette branche aura 35 millimètres (1 pouce 3 lignes) carrés, afin qu'elle conserve toute sa force quoique percée de deux petits trous servant à passer les boulons qui fixent l'oreille ou versoir. La seconde branche du porte-soc peut être un peu moins forte. Elle est percée dans le bas d'un petit trou, et reçoit la queue du soc qui est également percée, en *m*. Un boulon à écrou passe par ces deux trous, traverse également la patte de l'arc-boutant de l'oreille et fixe le tout d'une manière inébranlable. Il suffit de dévisser le boulon *m*, pour ôter et mettre le soc à volonté.

Le soc, *n*, est représenté isolé et vu en plan *fig.* 1, B. Il est fabriqué avec les mêmes plaques de fer dont on se sert pour faire les socs des autres charrues, et il doit peser de 2 à 2 kilogrammes ½ (4 à 5 livres). On voit le soc de profil, en *o*, dans la *fig.* 1, A. En ajustant la queue *p* du soc sur la branche de derrière du porte-soc, on doit la faire descendre un peu plus, pour qu'elle frotte seule sur la terre, et lui donner même 14 millimètres (6 lignes) d'épaisseur.

Les oreilles, *s*, sont en tôle et ont également 4 millimètres (2 lignes) d'épaisseur ; elles sont larges de 33 centimètres (1 pied 2 lignes) et longues de 50 centimètres (1 pied 6 pouces 6 lignes). La flexibilité de la tôle permet de leur donner la cambrure que l'on juge convenable. L'arc-boutant, dont nous avons déjà parlé, est fixé à l'extrémité inférieure de l'oreille au moyen de rivets.

Tout l'appareil du soc se fixe à la flèche par le seul moyen du porte-soc qui passe à travers une mortaise *r*, creusée dans l'age. Les porte-socs se haussent et se baissent à volonté, et on les fixe à la hauteur convenable, au moyen des trous *t, t, t, fig.* 1, A, dans lesquels on passe une cheville en fer qui traverse également les deux côtés de la boîte dont la mortaise est munie. Cette boîte est en fonte et garnit tout l'intérieur de la mortaise; elle a en dessous un rebord qui s'incruste dans l'épaisseur du bois de la flèche, et, en dessus, ses côtés font une saillie de 28 millimètres (1 pouce) sur le fût; c'est dans cette saillie que sont percés les deux petits trous dont nous venons de parler, comme on le voit en *r*, de la *fig.* 1. Ces boîtes peuvent être remplacées par une forte platine en fer, ayant un crampon de chaque côté pour fixer les chevilles.

Quoiqu'on ne voie pas de coutre dans nos dessins, M. Blot dit que dans ses charrues à plusieurs socs, un seul est adapté au soc de derrière.

Fig. 2 et 3. Ces deux figures représentent, la première une charrue à deux socs, l'autre un charrue à trois socs, toujours construites par M. Blot et dans le principe dont il est l'ingénieux inventeur. « Avec les charrues que je propose, dit-il, on peut grandement supprimer le tiers des chevaux qui sont employés dans l'agriculture. Le bénéfice que je signale peut s'obtenir sans qu'il en résulte de préjudice pour personne, pas même pour les herbagers, puisque, avec quelques modifications dans leurs habitudes, ils pourraient, à la place de l'excédant, élever des chevaux propres au service de l'armée. » M. Blot ajoute ensuite, et avec beaucoup de raison, ce me semble, que l'on pourrait substituer les bœufs aux chevaux. Il dit : « il est facile de démontrer aux fermiers amateurs de ces énormes chevaux qu'ils nourrissent à grands frais, que ce n'est que du luxe mal entendu, et qu'il y aurait intérêt pour eux de les remplacer par des bœufs. En effet, ces derniers animaux, tout en travaillant, acquièrent de la valeur en raison de l'abondance de la nourriture qui leur est donnée. Les chevaux, au contraire, dès qu'ils sont employés à l'agriculture, diminuent de valeur d'année en année. » Mais revenons à la description des charrues.

La haie, *u*, est fixée au corps de la charrue par des boulons. Elle doit être carrée à partir de la traverse jusqu'à 33 centimètres (1 pouce 2 lignes) plus loin, pour se terminer en cylindre.

La pièce de bois coudée, ou de droite, *v*, doit avoir 12 centimètres (4 pouces 5 lignes) de largeur, sur 9 centimètres (3 pouces 4 lignes) d'épaisseur; la pièce longitudinale, *x*, excepté dans la partie où s'adaptent les mancherons et où elle reçoit le dernier porte-soc, peut n'avoir que 7 centimètres (2 pouces 7 lignes).

La pièce transversale, *y*, n'a pas besoin d'être plus forte que la précédente. Du reste, au nombre des socs près, tout le reste est absolument construit dans les mêmes principes que la *fig.* 1, et les avant-trains sont semblables. M. Blot a publié, sur ses charrues, une petite notice très-intéressante, *Considérations soumises à l'examen des propriétaires et des agronomes*, etc. ; mais il est à regretter que cet imprimé ne se trouve pas dans le commerce de la librairie. Quoi qu'il en soit, M. Blot reçoit avec empressement les personnes qui, pour ce sujet, vont lui demander des éclaircissements, cour Batave, n° 17, à Paris, et il se charge même de faire construire des corps de charrues-Blot pour les cultivateurs qui désireraient se servir de ces machines.

Fig. 4. Le *rouleau squelette* de M. de Dombasle est une excellente machine, d'une grande puissance, et qui a l'avantage de n'être pas excessivement chère, quoiqu'elle soit en fonte et qu'elle pèse 250 kilogrammes (510 livres). Le châssis, *a, a, a, a*, est en bois, et porte la limonière *b, b*, fixée sur ses deux traverses au moyen de boulons. En *c, c*, sont deux coussinets en fonte servant d'appui à un axe ou essieu en fer formant l'arbre du rouleau. Celui-ci se compose de neuf disques en fonte, plus ou moins, dont un est figuré en *d*. On voit que ce disque est percé d'un trou au milieu pour donner passage à l'essieu; en outre, ses bords sont taillés en biseau et tranchants, comme on le voit en *d* de la *fig.* C, où nous représentons ce biseau vu de face et plus grand que dans les autres figures.

Pour fixer ces disques en place sur leur axe, on en a d'autres plus petits, également en fonte, mais que l'on pourrait, à la rigueur, faire en bois. Dans la *fig.* E, nous représentons en *f*, un petit disque (également marqué *f* dans la *fig.* 4) appliqué et boulonné sur un grand. Ces petits disques se placent entre les grands, pour les maintenir solidement dans un écartement convenable. Dans la figure du rouleau nous n'avons indiqué que deux de ces petits disques, en *f, f*, et nous avons laissé vide entre les grands la place où les autres doivent être intercalés , afin de laisser voir l'axe du rouleau, et deux des quatre boulons qui les traversent tous et qu'ils ne doivent que très-peu dépasser dans leur largeur. En *i, i, i, i*, *fig.* D, nous faisons voir, sur un grand disque, les trous où passent les quatre tringles de fer ; et en *e, e, e, e*, *fig.* E, nous montrons comment ces tringles sont boulonnées sur un des deux petits disques qui soutiennent tout l'assemblage.

On conçoit que le rouleau doit être d'autant plus lourd, et les disques d'autant plus grands, que le terrain où il doit servir est plus fort , plus argileux, et forme des mottes plus difficiles à briser. Un des graves inconvénients de cette machine, est que les intervalles entre les bords tranchants des grands disques, se remplissent de terre pour peu que le sol soit gras ou humide. On a pensé que l'on pourrait parer à ce vice de la machine en fixant derrière le rouleau un demi-cadre en fer *m*, muni de dents du même métal, et servant à nettoyer les intervalles et à faire tomber, à mesure que le rouleau tourne, la terre qui s'y est attachée.

Nous terminerons ce chapitre par la description de quelques charrues que nous avons fait graver sur bois , afin de ne pas trop multiplier les planches sur acier dans cet ouvrage , et nous pensons que nos lecteurs nous sauront gré de cette économie.

Araire tourne-oreille, de James Wilkie.

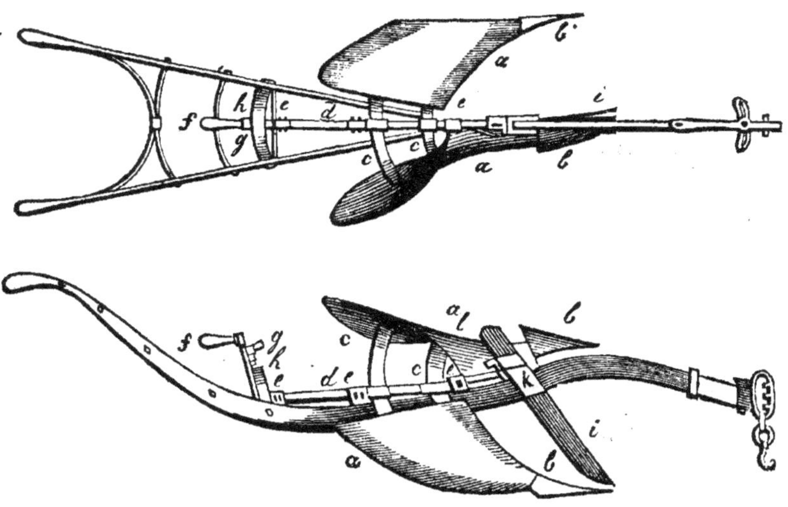

L'inventeur de cet instrument prétend que son araire tourne-oreille
peut fort bien remplir à la fois les fonctions d'une charrue ordinaire et
celles d'une charrue à sous-sol. Dans l'araire Wilkie, la flèche et les mancherons sont établis comme dans les charrues ordinaires à double soc,
c'est-à-dire que cette flèche, au lieu de former la continuation du mancheron du côté du guéret, est placée dans une position moyenne entre les
deux mancherons, ainsi qu'on le voit dans les deux figures ci-jointes; la
première est vue en plan, et celle de dessous en élévation et du côté droit
de l'instrument.

Le corps de la charrue consiste en une construction légère réunie à la
flèche comme dans l'araire ordinaire de Wilkie. Ce corps se termine en
avant en une espèce de museau destiné à former en partie le soc : ici cette
pièce n'a pas, à proprement parler, d'ailes fixes ni d'un côté ni de l'autre ;
elle se termine comme un ciseau qui aurait environ 40 millimètres (1 pouce
6 lignes) de largeur.

Les deux faces, derrière le soc et par-dessous, sont garnies de plaques
de fer qui constituent ce qu'on nomme le sep dans les charrues ordinaires, et forment, par conséquent, le sep droit et gauche de la charrue.
Le corps, ainsi établi, est légèrement conique et a 40 à 45 millimètres
(1 pouce 6 lignes à 1 pouce 8 lignes) d'épaisseur en avant, et 55 à 60
millimètres (2 pouces à 2 pouces 3 lignes) en arrière.

Le coutre, *i*, est placé dans la position qu'il occupe dans la charrue
ordinaire ; mais ici, comme il y a deux faces du sep ou deux côtés par
lesquels la charrue doit toucher le guéret, il est disposé de manière à
prendre la position exacte qui convient des deux côtés du soc, ce qui

s'exécute au moyen d'une disposition particulière. La mortaise qui reçoit le coutre a ses deux côtés transverses parallèles entre eux dans toute la hauteur, mais ses côtés longitudinaux divergent en allant de bas en haut. Le collet du coutre est taillé de manière à s'adapter aux côtés transversaux en avant et en arrière de la mortaise, ainsi qu'avec les côtés longitudinaux, mais par le bas par conséquent, par suite de la divergence de ces derniers côtés dans la mortaise. A mesure qu'on s'élève, le coutre a la liberté de jouer d'un côté à l'autre dans toute l'étendue de ses faces, étendue réglée de telle façon que la pointe du coutre ne s'éloigne seulement, de part et d'autre, qu'un peu plus de l'étendue de la pointe du soc, c'est-à-dire de 40 millimètres (1 pouce 6 lignes) environ.

Quant aux versoirs a, a, le gauche seulement diffère de celui de l'araire ordinaire de Wilkie, et simplement par sa position. Il a les mêmes dimensions, la même courbure, mais il est établi dans une position inverse, afin de rejeter la terre à gauche au lieu de la verser à droite. Pour manœuvrer ces deux versoirs, on fait usage d'une tige de fer d, qui tourne dans des boîtes ou gorges e fixées sur la flèche. Cette tige porte deux couples de bras c, ployés d'équerre à leurs extrémités et à des longueurs convenables, suivant la forme des versoirs, pour y fixer ceux-ci au moyen de boulons à écrou. Par cette disposition, lorsque l'un des versoirs est dans la position où il doit travailler, l'autre est relevé et ne peut plus toucher au sillon ; les bras étant placés sur la tige dans des positions distantes entre elles de 180 degrés, on voit que cet effet est facile à réaliser ; mais on y parvient encore plus complètement, et la charrue en est mieux équilibrée, quand l'arc inférieur ou la distance des versoirs est de 200 à 220 degrés.

A chaque versoir on a boulonné une lame b, b, formant aile pour le soc, qu'on peut enlever à volonté pour l'aiguiser ou la redresser. Lorsque l'un des deux versoirs est ramené dans la position où il doit fonctionner, la portion de droite ou de gauche de la lame vient s'appliquer exactement sur l'arête immobile du soc, et forme ainsi avec lui un soc entier, semblable à très-peu près à celui des charrues ordinaires.

Le changement de position des versoirs s'effectue en tournant la manivelle f, de la tige d, d'un côté du guide circulaire h à l'autre, où cette manivelle est respectivement fixée par un petit verrou g, jusqu'à ce qu'il faille de nouveau changer de versoirs. Lorsqu'on veut que l'araire se meuve sans que ni l'un ni l'autre des deux versoirs travaille, le verrou g est poussé dans une petite ouverture intermédiaire qui permet de les tenir l'un et l'autre en l'air à une hauteur égale au-dessus du sol. C'est dans cette position que l'instrument pourrait servir, ainsi que l'a proposé l'auteur, de charrue à sous-sol, en traçant alternativement un sillon dans cette dernière position, et puis un autre avec un versoir.

Quant au coutre, on le fait passer à volonté d'un côté à l'autre. La tige, d, est prolongée en avant jusqu'à ce qu'elle pénètre dans la boîte k attachée à la tête du coutre. A l'extrémité de cette tige se trouve une détente qui, agissant dans une cavité correspondant dans l'intérieur de cette boîte k, rejette alternativement le coutre d'un côté ou d'un autre, en le maintenant avec fermeté par la pression contre les parois de la mortaise ; la pointe du coutre étant toujours rejetée sur le côté opposé à celui sur lequel le versoir en activité a été abaissé, ce coutre est amené ainsi dans le plan du sep, comme dans les charrues ordinaires.

Charrue Reverchon.

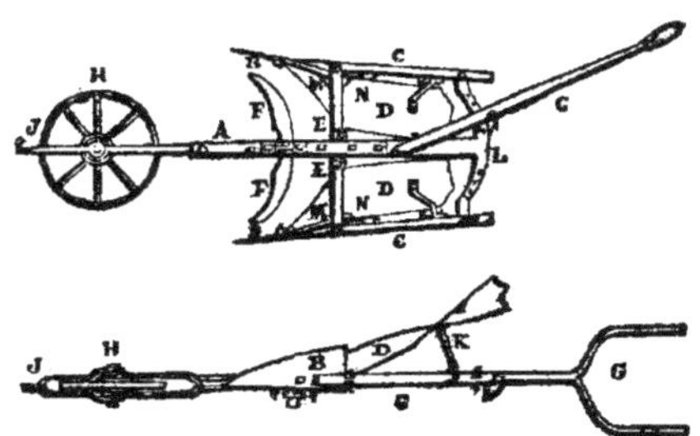

M. Reverchon, propriétaire-manufacturier à St-Genis-Laval, est l'inventeur de cette charrue dont s'est beaucoup préoccupée la Société d'agriculture de Lyon. Nous extrairons du rapport de la Commission de cette société, les passages suivants :

« Pour les médiocres et petites propriétés qui n'ont que des pièces de terre peu larges et peu étendues, il faut une charrue qui puisse, sans perte de temps, revenir labourer à côté du sillon pour son aller et son retour, et non passer, comme les autres charrues connues à versoirs fixes, d'une sole dans l'autre ; il faut qu'elle soit construite de manière à gagner du temps, et à éviter la manœuvre pénible du versoir, comme cela se pratique avec toutes les charrues et araires à oreilles mobiles ou fixes. » Pour atteindre ce but, il fallait nécessairement une charrue du même genre que celle de M. Valcour, et c'est aussi l'idée qu'a eue M. Reverchon. Mais si on en juge par le rapport avantageux de la Société d'agriculture de Lyon, il paraîtrait que l'instrument de M. Reverchon l'emporte sur l'autre en ce qu'il retourne mieux la terre, exige moins de force motrice, et, en un mot, obvie à tous les inconvénients signalés dans le premier.

« Cette charrue consiste, dit le rapport cité, en deux charrues superposées l'une sur l'autre en sens inverse, liées ensemble, dont les mancherons seulement sont communs ; chacune d'elles a son versoir à la Montélimart, fixe ; mais l'un est pour la droite et l'autre pour la gauche, c'est-à-dire que lorsque l'une des charrues fonctionne, l'autre se trouve entièrement dessus et tournée le soc et le sep en l'air ; son bâti est des plus simples et des plus ingénieux. Toutes les pièces qui composent cette charrue jumelle sont de fer et dans les proportions voulues. Un sep léger, auquel vient s'adapter un soc en demi-lance, et deux étançons servent à réunir le sep à la flèche : l'étançon antérieur, qui est perforé et qui se divise en deux pièces jointes l'une à l'autre, gradue l'entrure, et, par conséquent, sert de régulateur par le moyen d'une vis-écrou ; l'étançon postérieur, qui est un quart de cercle fixé à chacun des deux seps, sert également de point d'appui aux mancherons lors du mouvement du va-et-vient pour tourner la charrue. Les mancherons, qui sont mobiles, se trouvent fixés par un écrou à la flèche qui est commune aux deux charrues, de manière à laisser mouvoir ces mancherons comme leviers autour du quart de cercle formant l'étançon postérieur, d'où il résulte que le laboureur, arrivant au bout du sillon, n'a simplement qu'à lever une cheville de fer qui fixe les mancherons au quart de cercle, et les abaisse sur le côté opposé où se trouvent également une mortaise ronde à jour et une cheville de fer pour les fixer de nouveau, ce qui se fait sans perte de temps, pendant que les chevaux font leur conversion, en dirigeant en même temps et de suite sa charrue sur la ligne de la tranche de terre à renverser; ainsi, de suite l'instrument reprend aisément son entrure et fonctionne très-horizontalement. Cette manœuvre s'opère avec facilité et sans peine pour l'aller et le revenir, toujours à côté du sillon.

« La flèche, qui est commune aux deux charrues, porte deux coutres qui sont assujettis par une vis de pression ; elle est armée en outre d'une roue de 54 centimètres (1 pied 8 pouces) de hauteur, qui lui donne à la fois un point d'appui et de la fixité dans sa marche.

« Sur un sol garni d'herbes, argilo-siliceux, de première classe, cette charrue jumelle, attelée de deux chevaux, a fonctionné avec aisance; elle a constamment labouré de 18 à 20 centimètres (6 pouces 8 lignes à 7 pouces 5 lignes) de profondeur, en prenant une tranchée de terre de 16 centimètres (5 pouces 11 lignes), elle a donné au dynamomètre une force de traction qui s'est élevée à 25 kilogrammes (51 livres), qui est le terme moyen des charrues ou araires ordinaires allant à cette profondeur, et ne prenant qu'une tranche de terre de 16 à 17 centimètres (5 pouces 11 lignes à 6 pouces 4 lignes) de largeur. Le labour a été bon, régulier, et la raie bien nettoyée. »

Après ce rapport détaillé, il ne nous reste plus qu'à donner l'explication de la figure. Cette charrue est en fer forgé, très-solide, et pesant 75 kilogrammes (153 livres); elle durera, dit-on, autant que deux charrues ordinaires, puisque les parties sujettes à s'user le plus par le frottement, sont doubles, ne travaillent qu'alternativement, et éprouvent par conséquent moitié moins de frottement.

A, la flèche ou age.

BB, les socs. Ils sont en fer, avec la pointe et le tranchant en acier.

CC, les seps.

DD, les versoirs, construits en forte tôle.

EE, les étançons intérieurs avec des trous gradués pour régler la profondeur des labours.

FF, les coutres tenus par une vis de pression dans une coulisse.

G, les mancherons.

H, la roue.

J, la chappe avec son crochet pour recevoir la volée.

KK, tige en fer pour maintenir l'écartement des versoirs.

L, étançon postérieur en demi-cercle, sur lequel glissent les mancherons pour se fixer au moyen d'une cheville à l'une ou à l'autre de ses extrémités, selon le côté de la charrue qui doit travailler : en les fixant dans le milieu, ils servent à conduire la charrue aux champs comme une brouette.

MM, coins en bois pour fixer les socs.

NN, goussets dans lesquels entre l'extrémité postérieure du soc. Il doit avoir assez de jeu pour que, au moyen de petits coins en bois, on puisse faire varier la pointe du soc à droite ou à gauche pour régler la largeur de la bande de terre.

La Charrue Maule.

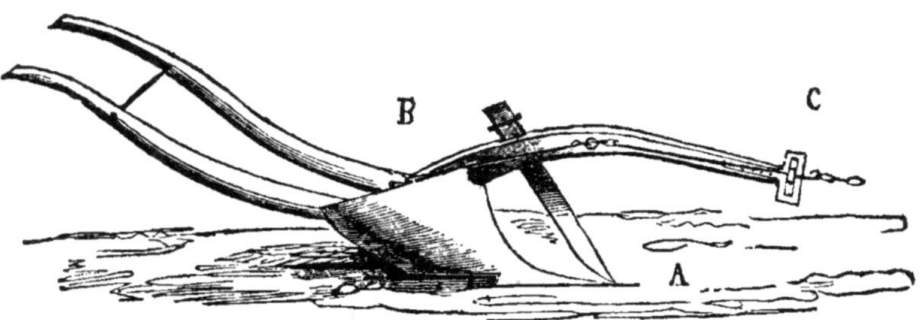

La *charrue Maule* ne diffère de l'araire écossais de Small, que par un perfectionnement que M. W. Maule a porté dans la chaîne de tirage. Ce perfectionnement a été présenté à la Société d'horticulture d'Édimbourg, avec la notice dont nous allons donner ici un extrait.

« Dans la charrue dont nous donnons ici la figure, A est le point de résistance, B le point de tirage sur lequel porte tout l'effet de la puissance quand on fait usage de la chaîne, C le point de tirage quand on se sert du régulateur ordinaire. Lorsque le point de tirage est placé en B, tout l'effort porte donc sur la chaîne et en décharge par conséquent l'age de la charrue. Ceci paraît évident à la simple inspection, et sans qu'il soit nécessaire de faire des essais, ou sans avoir une connaissance pratique de l'instrument. Quand on fait usage du régulateur ordinaire, le point de tirage se trouve placé en C de l'age, et il est clair que tout l'effort doit porter sur cet age, qui peut se briser s'il est en bois, ou fléchir s'il est en fer. C'est ce qui arrive fréquemment quand on laboure des terrains pierreux ou ceux où l'on n'a pas enlevé les obstacles, et surtout lorsqu'on rompt des terres en friche. La chaîne que je propose est un remède certain contre un pareil accident. On peut la fixer à une charrue écossaise perfectionnée en bois ou en fer, avec très-peu de frais, ou l'enlever instantanément et n'employer que le régulateur ordinaire, suivant qu'on le désire ou que les circonstances l'exigent. La simplicité de ce mécanisme n'est pas son moindre avantage ; l'instrument a une stabilité plus grande, et résiste mieux à la fatigue avec la nouvelle chaîne qu'avec le régulateur ordinaire, et il est facile de voir que les bons effets que procure cette disposition sont dus à ce que, au moyen de la chaîne, le point de tirage B se trouve placé derrière la résistance A, tandis qu'avec le régulateur employé aujourd'hui, le point de tirage C est à l'extrémité antérieure de l'age et par conséquent en avant de la résistance. Je pense qu'une disposition semblable à celle que je propose, peut très-aisément être justifiée par les principes de la mécanique.

« Sans entrer dans plus de détails, nous ajouterons néanmoins que la chaîne est attachée en B à un crochet sur le côté de l'age où est placé le versoir ; qu'elle passe ensuite dans l'œil d'un piton fixé sur cet age, un peu en avant de la mortaise du coutre, puis traverse un des trous de la bride du régulateur, bride qui peut être élevée ou abaissée, ou glisser à droite ou à gauche, pour régler la charrue comme dans les cas ordinaires. La volée est fixée à l'extrémité de la chaîne qui, pour cet objet, est recourbée en crochet. »

Il paraît que ce perfectionnement dans la chaîne de tirage a eu du succès en Angleterre. En effet, la charrue ainsi disposée offre non-seulement beaucoup plus de force, de résistance contre les chances de rupture ou de torsion, mais encore elle exige moins de force pour les faire marcher, et elle est plus facile à manœuvrer.

Charrue à coutre en disque, ou Skiff.

Sous le nom de *Skiff*, la Société d'agriculture de la Haute-Écosse a mentionné une charrue à coutre circulaire, connue déjà en Angleterre depuis plus de quarante ans, mais qui, jusque là, n'avait été employée que pour e labour des terres marécageuses et tourbeuses. M. Brooke, cultivateur à Rotherham, dans le comté d'York, vient d'en faire l'application à la culture des terres ordinaires et en a obtenu de bons effets. D'une autre part, la Société de la Haute-Écosse a chargé un cultivateur distingué, M. Stenart, de faire des expériences avec cet instrument, et il a déclaré à la Société que cette charrue a parfaitement réussi entre ses mains et qu'il en a obtenu de très-bons résultats.

Du reste, on peut faire l'application du disque circulaire à tous les araires, comme nous l'avons fait, dans la figure ci-dessus, à celui de Small. Ce disque a environ 30 centimètres (11 pouces 1 ligne) de diamètre ; il est formé d'une plaque de fer dont les bords sont tranchants et en acier. Il tourne sur un axe porté par les branches d'une barre de fer fixée dans l'age, de la même manière que le coutre ordinaire. Voici ce que dit M. Brooke :

« On a essayé dans mon voisinage de labourer avec des charrues à coutre circulaire, il y a déjà plus de trente ans ; mais, soit le peu d'habileté des laboureurs pour ajuster celui-ci convenablement, soit que les fermiers n'eussent pas bien aperçu son utilité, le disque céda de nouveau la place au coutre ordinaire, jusqu'au moment où le bas prix des grains força nos agriculteurs d'essayer tous les moyens en leur pouvoir pour suppléer à cette dépression dans des denrées par la quantité et la qualité supérieure des produits, époque à laquelle le *Skiff* reprit faveur et se répandit avec une telle rapidité, que non-seulement les fermiers des terres fortes, mais même ceux des terres légères, l'ont adopté et y ont trouvé leur profit, quoiqu'en faisant usage de cet instrument ils ne parviennent pas à labourer une surface aussi étendue qu'avec l'ancien, les petites pierres qui couvrent leurs terres suspendant sa révolution en s'insérant comme des coins entre lui et la pointe du soc. Les avantages de ce coutre frappent immédiatement les yeux. Lorsqu'on veut retourner avec le coutre ordinaire une pièce de terre couverte d'un vieux gazon dont les herbes sont dures et grossières, une portion de ce gazon n'est pas enterrée ; elle végète et porte préjudice à la récolte ; mais avec le *Skiff*, ce gazon est proprement retourné et enterré dans le sillon, et, au lieu de nuire, profite aux moissons. Le *Skiff* laisse la' surface du terrain retournée plus égale qu'avec le coutre, et infiniment moins raboteuse, surtout lorsque le sol à labourer est endurci. Quand on en fait usage, la terre exige aussi beaucoup moins de hersages. Sur des sols exempts de pierres, une paire de chevaux laboure presque dix ares de plus par jour. Le produit est de plusieurs hectolitres par hectare, surtout lorsqu'on laboure de bonne heure à l'automne. Le *Skiff* est placé dans une direction oblique relativement à l'âge, et inséré sur celui-ci à 10 centimètres (3 pouces 9 lignes) environ plus avant que le coutre, de manière à permettre à la pointe du soc de le dépasser environ de 5 centimètres (1 pouce 10 lignes) en avant de son centre ; il est incliné sur le côté gauche du soc, ou distant de celui-ci d'environ un centimètre (5 lignes). Mes *Skiffs* ont 50 à 55 centimètres (1 pied 6 pouces 6 lignes à 1 pied 8 pouces 4 lignes) mesurés du sommet de la barre terminée en fourchette, qui les porte, jusqu'à la partie inférieure de la lame. »

Charrue à sous-sol, de Pusey.

Tous les cultivateurs savent que l'on nomme charrue à sous-sol un instrument destiné à passer après la charrue ordinaire, dans le même sillon, pour attaquer à une profondeur déterminée le sous-sol (couche de terre placée immédiatement au-dessous de la terre végétale) sans le ramener en dessus. Cette opération a pour but de faire écouler les eaux de la surface de la terre par une multitude de canaux découpés sur le sous-sol, de remuer et ameublir ce sous-sol pour le préparer à porter des récoltes. Nous n'avons pas à discuter l'importance de cette opération dans cet ouvrage, et nous nous bornerons à une courte description de l'instrument que notre figure fera parfaitement comprendre.

En réfléchissant aux frais que nécessite la charrue à sous-sol de Smith, M. Pusey, membre du Parlement britannique, et l'un des présidents de la Société royale d'agriculture de Londres, a pensé qu'un instrument de cette nature deviendrait beaucoup plus usuel si on parvenait à diminuer le frottement qu'il éprouve en ouvrant un sous-sol compacte; si on lui enlevait, indépendamment du versoir, encore d'autres pièces accessoires, et en combinant en une seule les deux charrues dont on fait usage dans la méthode de M. Smith; qu'on pourrait ainsi se passer de sep dans l'instrument à sous-sol, en laissant au sep de la charrue ordinaire le soin de maintenir l'équilibre et la régularité, et enfin en réduisant l'instrument qui pénètre sous le sillon, et là où le frottement et la résistance sont le plus grands, à n'être qu'un outil pour ouvrir et soulever la terre.

M. Pusey a donc fait construire, entièrement en fer, une charrue ordinaire pour ouvrir le sillon, mais à flèche beaucoup plus solide. A cette charrue il a ajouté, en arrière, l'outil constituant la charrue à sous-sol, et destiné à ouvrir le sous-sol quand le premier soc a ouvert le sillon. Cet outil est une sorte de pied semblable à celui de certains scarificateurs, quoique beaucoup plus robuste; il peut être élevé et abaissé dans sa mortaise, à volonté, selon que l'on veut attaquer le sous-sol plus ou moins profondément. Il est placé sur le côté intérieur de la flèche, afin qu'il puisse fonctionner au milieu du sillon qui vient d'être tracé, et agir ainsi plus librement que s'il était placé immédiatement sur le flanc tourné du côté du guéret.

M. Pusey a fait des expériences comparatives relativement au tirage de sa charrue et à celui de celle de Smith; il a trouvé qu'avec cette dernière le tirage, en pénétrant à 40 centimètres (1 pied 2 pouces 9 lignes), a été de 700 kilogrammes (1429 livres), tandis qu'il n'a été que de 350 à 400 kilogrammes (715 livres à 817 livres) avec la sienne. Nous pensons que cet instrument peut devenir utile principalement pour la culture de la carotte et autres racines pivotantes, dans les terrains où une couche végétale très-mince repose sur un sous-sol graveleux ou du moins susceptible de se fertiliser. Dans toute autre circonstance, je ne comprends guère l'utilité de cette charrue.

Charrue à sous-sol, de Smith.

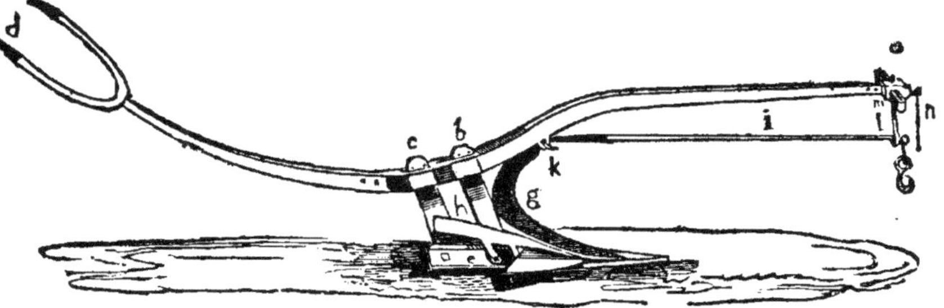

Dans beaucoup de champs stériles, ou à peu près, cette stérilité vient de ce que la couche inférieure du sol sur laquelle repose la terre végétale est d'une nature tenace, compacte, ne se laissant pas pénétrer par les eaux de pluie, et maintenant, par conséquent, à la surface du terrain une humidité stagnante qui ne permet pas aux bonnes graines d'y croître. On sait aussi que cette couche inférieure, nommée fort improprement sous-sol, ne peut être ramenée à la surface, parce que, étant absolument infertile, elle frappe de stérilité la terre végétale avec laquelle on la met en mélange, selon qu'on y en mêle plus ou moins, ainsi que nous l'avons dit dans l'article précédent. Un riche propriétaire écossais, M. J.-B. Smith, possédant beaucoup de terres qui se trouvaient dans ce cas, imagina la charrue dont nous donnons ici la figure, dans un double but : 1° celui d'établir un instrument à l'aide duquel on pût ouvrir d'une manière efficace le sous-sol, sans ramener des portions de celui-ci à la surface, ou sans le mélanger avec la terre fertile ; 2° celui d'obtenir un instrument qui opposât le moins de résistance possible aux animaux d'attelage, en même temps une force et un poids suffisants pour pénétrer dans le terrain le plus compacte, à une profondeur variable de 40 à 50 centimètres (1 pied 2 pouces 9 lignes à 1 pied 6 pouces 6 lignes), et résister aux chocs ou aux efforts qu'il pourrait éprouver par la rencontre de grosses pierres.

Cette charrue a donc été établie dans de très-grandes proportions. Sa longueur totale est de 4 mètres 60 centimètres (14 pieds 1 pouce 11 lignes). Depuis le régulateur *a*, qu'on voit à l'extrémité antérieure de l'age, jusqu'au premier étançon *b*, elle a 2 mètres (6 pieds 1 pouce 10 lignes) ; de ce point jusqu'à la partie postérieure du deuxième étançon *c*, 50 centimètres (1 pied 6 pouces 6 lignes) ; et de là jusqu'à l'extrémité *d* des mancherons, 2 mètres 10 centimètres (6 pieds 5 pouces 6 lignes). Sa hauteur, depuis la face inférieure du sep *e*, jusqu'à la partie inférieure et convexe de la flèche, au point d'insertion des étançons, est de 50 millimètres (1 pied 6 pouces 6 lignes) ; la longueur du sep est de 762 millimètres (2 pieds 4 pouces 2 lignes), et la distance de l'extrémité du talon de celui-ci à la pointe du soc, 1 mètre 17 centimètres (3 pieds 7 pouces 3 lignes). L'aile, ou la partie la plus élargie de ce soc, a 20 centimètres (7 pouces 5 lignes).

Le coutre, *g*, est très-recourbé, et pour s'opposer à ce que la pointe soit rompue ou dérangée de sa position normale par les pierres, celle-ci s'insère jusqu'à la profondeur de 25 centimètres (9 pouces 3 lignes) dans une rainure creusée sur le fer du soc.

Le sep a, en hauteur et en largeur, 25 centimètres (9 pouces 3 lignes); il est chaussé, à ses faces latérales et inférieures, d'un sabot en fonte de fer, pour empêcher une trop prompte usure du talon.

Le soc se prolonge en avant comme dans les charrues ordinaires, mais sur son aile, et au lieu de versoir, on place un éperon *h*, pièce qui a pour but de rompre, désagréer et déplacer une certaine bande ou masse du sous-sol qui a été tranchée.

La barre de tirage, *i*, est ronde et a 3 centimètres (1 pouce 2 lignes) de diamètre ; par une de ses extrémités elle est accrochée à l'age dans un œil très-fort *k*, qui fait corps avec cette dernière pièce ; par l'autre, elle passe à travers la tête percée à jour de la tige verticale *l*, du régulateur, où elle peut être ajustée à une hauteur ou suivant une direction latérale convenable, au moyen de la boîte *m*, où cette tige peut monter ou descendre à volonté, et où on la fixe au point déterminé avec une vis de pression qu'on manœuvre avec un levier *n*. En disposant convenablement cette barre de tirage, on peut diriger les animaux d'attelage de manière à faire la largeur de bande et la profondeur du sillon comme on le désire.

La flèche a 127 millimètres (4 pouces 8 lignes) d'épaisseur verticale au milieu de sa longueur, et, dans le même endroit, une largeur de 3 centimètres (1 pouce 2 lignes); elle diminue insensiblement vers l'extrémité antérieure, où elle n'a plus que 76 millimètres (2 pouces 10 lignes) de hauteur et 25 millimètres (11 lignes) de largeur. A l'extrémité postérieure et à l'endroit où les manches se séparent, elle a 50 millimètres (1 pouce 10 lignes) de hauteur, sur 25 millimètres (11 lignes) d'épaisseur.

Cet instrument est entièrement en fer, et pèse 200 kilogrammes (408 livres 9 onces). Cependant, malgré ce poids énorme, quatre chevaux ordinaires de labour suffisent le plus souvent pour le mettre en marche; mais dans les argiles très-compactes et sur des tufs très-résistants, il est quelquefois nécessaire de mettre six chevaux. Nous devons dire que sa manœuvre est fort difficile quand on n'y est pas habitué, et qu'elle est toujours très-fatigante pour les hommes et les animaux. Comme toutes les charrues à sous-sol, elle ne passe dans le champ qu'après une charrue ordinaire qui a ouvert le sillon. Nous devons encore faire observer que les sillons doivent être dirigés perpendiculairement aux rigoles, coulisses ou fossés d'égouttage et d'assainissement, afin d'ouvrir aux eaux un écoulement facile.

Nous ne jugerons pas plus de l'utilité réelle de cet instrument, que nous n'avons fait pour la charrue Pusey ; nous attendrons pour cela que l'expérience en ait été faite en France. Cependant, les témoignages nombreux qui ont été recueillis par les agriculteurs qui ont visité la superbe propriété de M. Smith, à Deaston, dans le Stirlingshire, sont tous en sa faveur. Tous s'accordent à la regarder comme l'amélioration la plus importante qui ait été faite depuis longtemps dans la culture des terrain compactes et argileux, et assurent qu'elle a produit des effets merveilleux pour assécher, ameublir et approfondir le sol de ces sortes de terrains. Ils ajoutent que son emploi avantageux ne se borne pas seulement à ces terrains, mais qu'on a obtenu également des effets remarquables sur des fonds graveleux et sableux, surtout quand on rompt de vieux pâturages. Tout cela serait trop beau s'il n'y avait pas un peu à se défier de l'engouement que prennent trop souvent les hommes pour les choses nouvelles.

Charrue hongroise de Bacser.

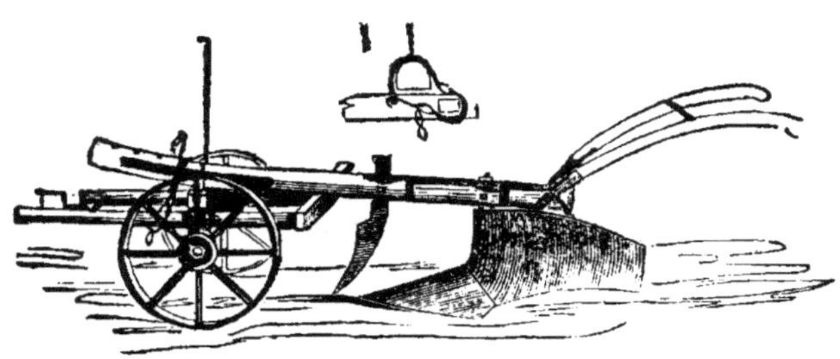

Lorsque la charrue Grangé apparut pour la première fois, tout le monde se récria sur l'importance d'une charrue qui marchait, ou devait marcher seule, sans être guidée. Les mécaniciens, les agronomes, les sociétés savantes proclamèrent à l'unisson la chose comme une découverte absolument neuve, et tout le monde le crut, le répéta, sans néanmoins que la charrue Grangé se soit beaucoup répandue.

Or, voilà ce qu'il y a de curieux là-dedans : c'est que depuis plus de *huit cents ans*, on se sert dans le sud de la Hongrie, particulièrement dans le comitat de Bacser, d'une charrue qui marche seule, comme celle de Grangé, et, tranchons le mot, mieux que celle de Grangé. Autre chose encore, tout le monde, ainsi que Grangé lui-même, crut que c'était au levier de puissance introduit dans sa charrue qu'était uniquement due la faculté qu'elle avait de marcher seule, et voilà que la charrue de Bacser a cette même faculté, sans avoir ce levier de puissance. Ce n'est qu'au commencement de l'année 1842, que la Société d'agriculture de Vienne, en Autriche, eut connaissance du trésor qu'elle possédait de temps immémorial et sans le savoir. En conséquence, la Société nomma une commission pour examiner cet instrument, le soumettre à l'expérience, et lui en rendre compte.

Pendant tout le temps des essais, qui ont duré plusieurs heures, la charrue Bacser, à l'exception des tournées, a marché entièrement seule, sans l'intervention de la main du laboureur, si ce n'est dans des cas très-rares, et seulement lorsque les animaux de trait s'écartaient trop du sillon ; encore ce secours n'a-t-il pas été toujours nécessaire, la charrue rentrant ordinairement d'elle-même dans la voie, et reprenant sa marche en ligne droite aussitôt que les animaux y rentraient eux-mêmes. L'instrument a donné de très-bons résultats, tant dans les labours légers que dans ceux qui étaient profonds, et les profondeurs auxquelles on a labouré ont varié de 67 à 190 millimètres (2 pouces 6 lignes à 7 pouces). La force du tirage a été évaluée à 150 kilogrammes (306 livres) au plus pour un labour de 135 millimètres (5 pouces) en terre forte.

La charrue est à avant-train, et entièrement construite en bois, à l'exception du soc, du coutre et d'un guide ou montant de sellette.

L'age, ou la haie, diffère à sa partie antérieure de celui des autres charrues. Comme dans ces dernières, il est rond par-dessus, mais par-dessous ou à sa face inférieure, il est aplati et large de 108 millimètres (4 pouces) environ. (Voyez *le détail* I, où l'on a représenté la coupe de l'age reposant sur la sellette.) Cette dernière disposition, que possèdent aussi la charrue Grangé et quelques autres charrues modernes, s'oppose en effet à ce que cet age puisse rouler à droite ou à gauche sur la sellette, et à ce que le corps de la charrue verse de l'un ou de l'autre côté. L'age est, comme à l'ordinaire, posé sur la sellette et chevillé sur le montant gauche qui est en fer. Deux coins de bois, l'un supérieur, l'autre inférieur, servent à l'élever et à l'abaisser, suivant le besoin.

Le corps de la charrue est uni à l'avant-train par une chaîne et des étriers qui embrassent l'age par-devant, et passent sous l'armon gauche de cet avant-train. Cette chaîne est extrêmement courte et fortement serrée, de façon que cette brièveté, ainsi que cette forte tension, jointes à à la surface plate que l'age présente par-dessous, contribuent à la stabilité de celui-ci sur la sellette, où il est ainsi arrêté invariablement. La charrue ne peut donc, comme dans celles où l'age est rond et la chaîne fort longue et lâche, se déverser à gauche lorsqu'on soulève la charrue ou lorsqu'on veut ouvrir un nouveau sillon, et doit, par conséquent, rester d'aplomb, mordre en terre et pénétrer à la profondeur pour laquelle elle a été réglée.

Voici quelques-uns des avantages que la Commission de Vienne a signalés dans cet instrument. Tout individu, homme, femme ou enfant pourra être employé au labour, pourvu qu'il ait assez de force pour enlever la charrue au bout du sillon et la porter jusqu'à celui qu'on veut ouvrir, parce que l'emploi de cet instrument ne demande ni pratique, ni attention, ni habitude préalable, et n'exige que de savoir diriger les animaux de trait. Avec des attelages bien dressés, un seul charretier peut diriger deux charrues marchant l'une après l'autre, etc., etc.

On pourrait aisément, chez nous, répéter les expériences faites à Vienne, sans de grands frais. Il ne s'agirait que de prendre le premier corps de charrue qui tomberait sous la main, et de l'assembler à un avant-train de la même manière que nous avons dit pour la charrue Baeser.

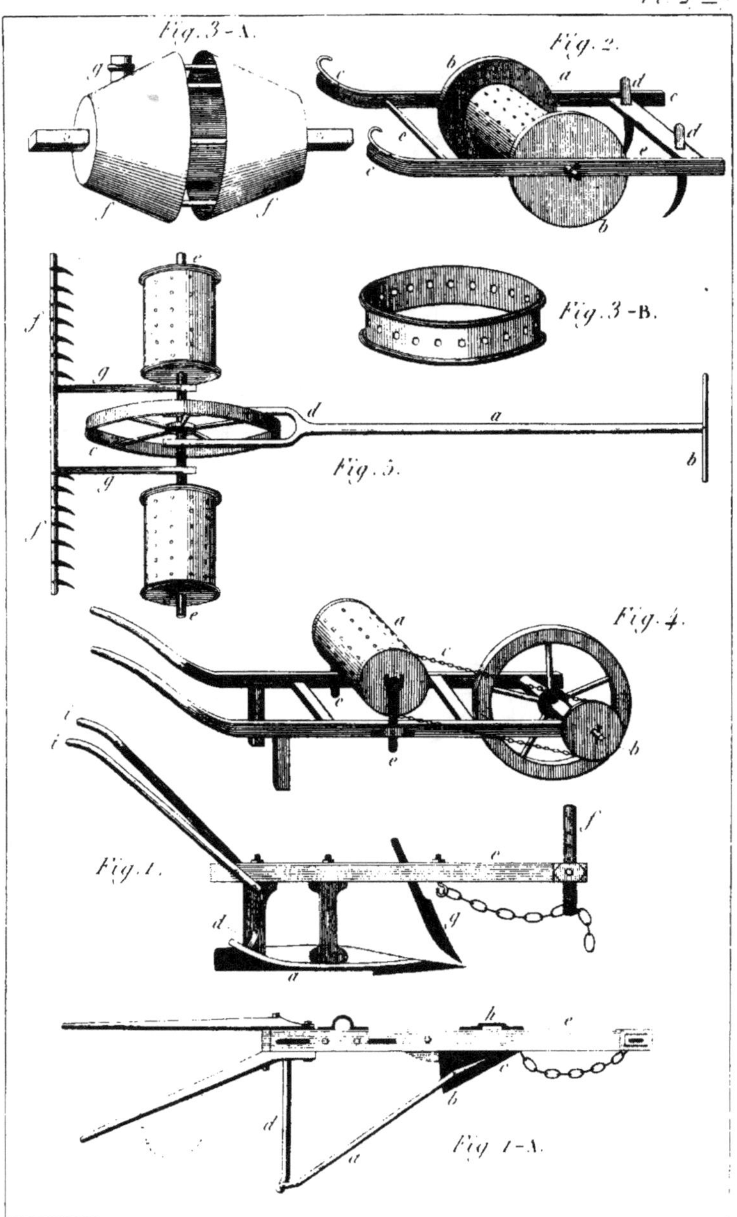

Fig. 3 - A.
Fig. 2.
Fig. 3 - B.
Fig. 5.
Fig. 4.
Fig. 1.
Fig. 1 - A.

PLANCHE 27 — 7.

Rite et Semoirs.

Fig. 1. *Rite Lorraine*. Voici un instrument d'une grande utilité et qui est cependant resté presque inconnu à la plus grande partie des cultivateurs. Son usage n'est guère répandu que dans quelques cantons de l'ancienne Lorraine, où on s'en sert en remplacement de l'extirpateur toutes les fois que le sol est trop humide pour permettre l'emploi de ce dernier instrument.

La rite est excellente pour les semences qui demandent à être enterrées à une certaine profondeur, et dans ce cas elle est de beaucoup préférable à la herse à dents de fer.

A la seule inspection de notre dessin, on verra que la rite n'est rien autre chose qu'une charrue ordinaire, dont on a enlevé le versoir. On y a ajouté une longue tige en fer *a*, dirigée horizontalement dans le plan du soc dont elle continue la courbe latérale, comme on le voit en *b c* de la *fig.* 1 — A, où nous représentons la rite vue en dessus. Cette tige, qui frotte sur la terre et unit le sol, est maintenue dans un écartement convenable au moyen d'une seconde tige *d*, au bout de laquelle elle s'accroche, et cette seconde tige est boulonnée dans l'étançon postérieur de la charrue, au-dessous des mancherons. Du reste, tout est semblable à une charrue ordinaire, et nous ne ferons qu'en énumérer les parties.

La flèche *e* porte un régulateur *f* à sa partie antérieure. La chaine de tirage s'attache à un crochet *g* placé près du coutre, et celui-ci se place dans une coutelière *h*.

Les mancherons *i i* sont solidement boulonnés sur la flèche et sur l'étançon de derrière.

Fig. 2. Le *semoir Arbuthnot* est un instrument aussi bon que peut être un semoir ; mais, je dois le dire, je ne suis nullement partisan de ces instruments, qui tous offrent de graves inconvénients, et je suis persuadé que le meilleur de tous les semoirs est la main d'un laboureur exercé.

Quoi qu'il en soit, celui-ci se compose d'un baril mobile *a*, soutenu par deux roulettes *b b*, et tournant avec elles. Les semences contenues dans le baril trouvent une issue et tombent sur le sol par les trous que l'on a percés sur toute la circonférence du baril.

Ce petit appareil est placé dans un cadre en bois *c, c, c*, assemblé au moyen des deux traverses *e, e*. La traverse postérieure est munie de deux dents *d d*, qui font, tant bien que mal, l'office de herse ou de râteau pour recouvrir les graines.

On prétend que M. Arbuthnot se sert avec succès de cet instrument, surtout pour les semis de turneps ou autres graines fines ; mais il me semble que les deux roues, en faisant sans cesse sautiller le baril à droite ou à gauche, ne sont pas des éléments de succès. C'est ce qu'ont très-bien compris les inventeurs des deux semoirs, *fig.* 4 et 5, dont nous allons nous occuper tout-à-l'heure.

Quelques agronomes ont cru perfectionner cet instrument en remplaçant le baril par une *capsule* ou *lanterne* en fer-blanc, *fig.* 3—**A**. Cette capsule est formée de deux cônes tronqués *ff*, assemblés par leur base à l'anneau de la *fig.* 3—**B**. Cet anneau, ou cette bande formant le ventre de la lanterne, est percé d'une série de trous dont les diamètres sont proportionnés à la grosseur des semences qui doivent passer à travers.

Cet anneau peut s'enlever et se remettre à volonté, d'où il résulte qu'on en a plusieurs percés de trous de différentes grandeurs, mais chacun avec ses trous d'une grandeur uniforme. Si l'on a des graines très-fines à semer, on ajuste à la lanterne un anneau à trous très-fins ; si, au contraire, les graines sont très-grosses, comme fèves, haricots, on ajuste un autre anneau percé en conséquence. On jette les semences dans la lanterne, par le goulot *g*, que l'on bouche ensuite avec un bouchon de liège.

Dans l'origine, l'anneau de la lanterne était immobile et soudé à la base des deux cônes, et on ne pouvait pas, par conséquent, en avoir de rechange. Alors, quand il s'agissait de semer des graines fines, on se bornait à boucher la plupart des trous avec des morceaux de liège, et on n'en laissait ouverts que deux ou trois petits. Mais ce moyen était sujet à plusieurs inconvénients, et on essaya d'y parer d'une autre manière. Le ventre de la lanterne, remplacé aujourd'hui par l'anneau, avait deux rebords à charnières dans lesquelles glissaient autant d'oreillettes qu'il y avait de trous, et ces oreillettes étaient échancrées dans la partie destinée à s'aboucher avec les ouvertures. Par ce moyen, quand on voulait semer des graines fines, on pouvait rétrécir les trous en faisant glisser les oreillettes, ou les laisser grands et ouverts à volonté.

Fig. 4. Le *semoir de Roville* ou *semoir-brouette*, ne marchant que sur une seule roue, n'a pas le même inconvénient que le précédent. Il offre encore l'avantage d'être conduit par un homme, et non par un cheval, ce qui fait qu'il est beaucoup plus facile de diriger convenablement la chute des graines. Aussi en fait-on un emploi fréquent dans l'établissement de Roville. On conçoit que cet instrument ne peut servir à l'ensemencement des céréales, parce que, ne répandant la graine que sur une seule ligne, il faudrait trop de temps pour exécuter cette opération sur une grande étendue de terrain. Mais on s'en sert avec succès pour les plantes qui doivent être semées par rangées, et qui exigent des binages plus fréquents. Un seul ouvrier peut ainsi ensemencer en une journée deux hectares de terrain si les lignes sont à la distance de 75 centimètres (2 pieds 3 pouces 8 lignes), et un hectare et demi si elles sont à la distance de 50 centimètres (1 pied 6 pouces 6 lignes).

Ce semoir consiste en un baril de fer-blanc *a*, percé de petits trous, et tournant sur un axe porté par deux bras *e e*. En dehors de cette brouette, et attachée à l'essieu de sa roue, est une roue en poulie *b*, qui tourne avec la grande roue. Une chaîne *c*, passée autour de cette petite roue, communique le même mouvement de rotation à une autre petite roue en poulie qui fait corps avec le baril et le fait tourner avec elle. Il en résulte que lorsque la brouette s'arrête, le semoir cesse de tourner et de répandre ses graines, et que l'on peut augmenter la vitesse de rotation du baril en proportion de ce qu'on augmente la vitesse de la marche de la brouette.

Fig. 5. Le *semoir anglais à turneps* a beaucoup d'analogie avec le précédent, mais il me paraît d'un emploi plus avantageux, parce qu'il sème deux lignes à la fois , et qu'un double râteau recouvre suffisamment les semences quand elles sont fines, comme , par exemple , celles du turneps. Du reste, en Angleterre où on s'en sert beaucoup, ce n'est jamais que pour le semis de ces dernières plantes ou autres analogues par leurs graines et leur culture.

Cet instrument se compose d'un timon *a*, long de 2 mètres 27 cent. à 2 mètres 60 cent. (7 à 8 pieds), portant d'un côté une petite traverse *b*, au moyen de laquelle un ou deux hommes trainent le semoir; son autre extrémité est bifurquée en *d*, et se prolonge en deux bras parallèles au milieu desquels est la roue *c*, dont l'essieu tournant passe dans les bras.

Cet essieu porte à chacune de ses extrémités un baril en fer-blanc, quelquefois simplement en bois *e e*, ayant la faculté de glisser librement sur l'essieu, afin de pouvoir être rapproché ou éloigné de la roue à volonté. Par ce moyen, on peut mettre la distance que l'on désire entre les deux lignes du semis. Nous n'avons pas besoin de dire que les deux barils sont percés de trous pour laisser échapper les graines , et que la roue *c* leur communique son mouvement de rotation.

L'essieu passe encore au travers de deux bras *g g* portant le râteau, et les trous des bras sont assez grands pour que l'essieu joue dedans en tournant. Il en résulte que le râteau *f f* est mobile et peut sauter par-dessus les pierres et autres corps durs qu'il ne peut ni briser ni entraîner. Les dents sont en fer et légèrement arquées.

En Allemagne, on remplace ce râteau par un rouleau que l'on adapte derrière toutes les sortes de semoirs , dans le but de serrer contre la terre les semences qui viennent d'être répandues. Mais , nous devons le dire , toutes ces innovations et ces modifications d'un instrument qui , par lui-même, n'opère pas avec une grande régularité, ne me paraissent pas très-heureuses, quoiqu'elles puissent plaire à certains amateurs et surtout à leurs inventeurs. Leur moindre défaut est de rendre l'usage des instruments beaucoup plus embarrassant, et de nuire à leur solidité.

Comme je l'ai dit, les semoirs n'ont jamais pu arriver et n'arriveront probablement jamais à faire un passable ensemencement de céréales; ils ne peuvent non plus suppléer à la main pour les semis à la volée. Tout leur mérite se borne donc aux semis en lignes des graines fines. Or, j'ai vu , dans quelques départements de la France , faire ces semis en rangées avec une précision et une régularité que n'atteindront jamais les semoirs les plus vantés , et pour cela on se servait tout simplement d'une bouteille de verre ordinaire, ayant la capacité d'un litre. Cette capacité connue, le cultivateur, avec un peu d'expérience acquise, savait parfaitement combien sa bouteille pleine devait lui semer d'espace, et, par ce moyen, les semences se trouvaient toujours également dispersées sur toutes les lignes, c'est-à-dire jamais trop clair-semées ni trop *dru*, pour me servir de l'expression consacrée. Les graines passaient par un, deux ou trois petits trous pratiqués dans une petite planchette taillée en bouchon et remplaçant celui-ci pour boucher la bouteille.

PLANCHE 28 — *bis.*

Herses.

Fig. 1. *Herse provençale.* De toutes les herses, celle-ci est peut-être la plus commode, la moins dispendieuse : aussi est-elle extrêmement répandue dans le midi de la France, et il serait à désirer qu'elle le fût de même dans tout le royaume. Elle est excellente sur tous les sols, et particulièrement sur ceux qui sont forts et secs. Cet instrument fait très-bien le passage du scarificateur à la herse, et dans les exploitations d'une petite étendue, il peut très-avantageusement les remplacer tous les deux.

La herse provençale se compose d'une flèche *a a* faite en bois épais, très-solide. Au milieu de sa longueur est un plateau circulaire *b*, fait avec deux pièces rapportées contre la flèche, l'une d'un côté, l'autre de l'autre, chevillées ou boulonnées très-solidement.

Le plateau porte cinq dents *c c c*, etc., disposées de manière à tracer sur le sol cinq lignes également espacées entre elles, et ceci est une règle générale pour la construction de toutes les herses, quel que soit le nombre de leurs dents. Il n'est que trop commun de voir ces dernières implantées au hasard, et cependant, selon le vrai principe, il faut non-seulement que chacune fasse sa raie particulière et que cette raie ne soit parcourue par aucune autre dent, mais encore que toutes les raies soient à une distance égale les unes des autres.

Celles de la herse provençale sont en fer, d'une longueur calculée sur le travail qu'on veut en obtenir, et sur les qualités du sol. Ordinairement elles sont quadrangulaires ou triangulaires, mais les progrès de l'agriculture les ont remplacées par de véritables coutres, offrant l'avantage de faire le hersage plus ou moins profond, selon la volonté de celui qui dirige l'instrument.

La queue ou les mancherons *d, d,* sont ordinairement faits d'une seule pièce de bois fourchue, et la flèche s'assemble à la base de cette pièce simplement par une mortaise qu'elle traverse. Il faut que cet assemblage soit solide, car on conduit l'instrument dans les champs en le renversant sens dessus dessous, et les mancherons portent alors la machine en glissant sur le sol.

L'extrémité antérieure de la flèche est munie d'une tige à crochet *e*, ou de toute autre bride, pour fixer la chaîne du tirage.

Fig. 2. La *herse Baldwin* est d'une si grande simplicité, que la seule inspection de notre gravure la fera suffisamment comprendre. Il en est de cet instrument comme de tous les autres, ses proportions générales varient en raison des travaux qu'on en exige.

Les mancherons *a a* servent à la diriger. Les deux traverses obliques *b b* sont indispensables pour donner toute la solidité nécessaire au râteau *c c*.

Les dents sont en fer, un peu arquées en avant, et assez rapprochées les unes des autres pour que les raies qu'elles tracent ne soient guère plus

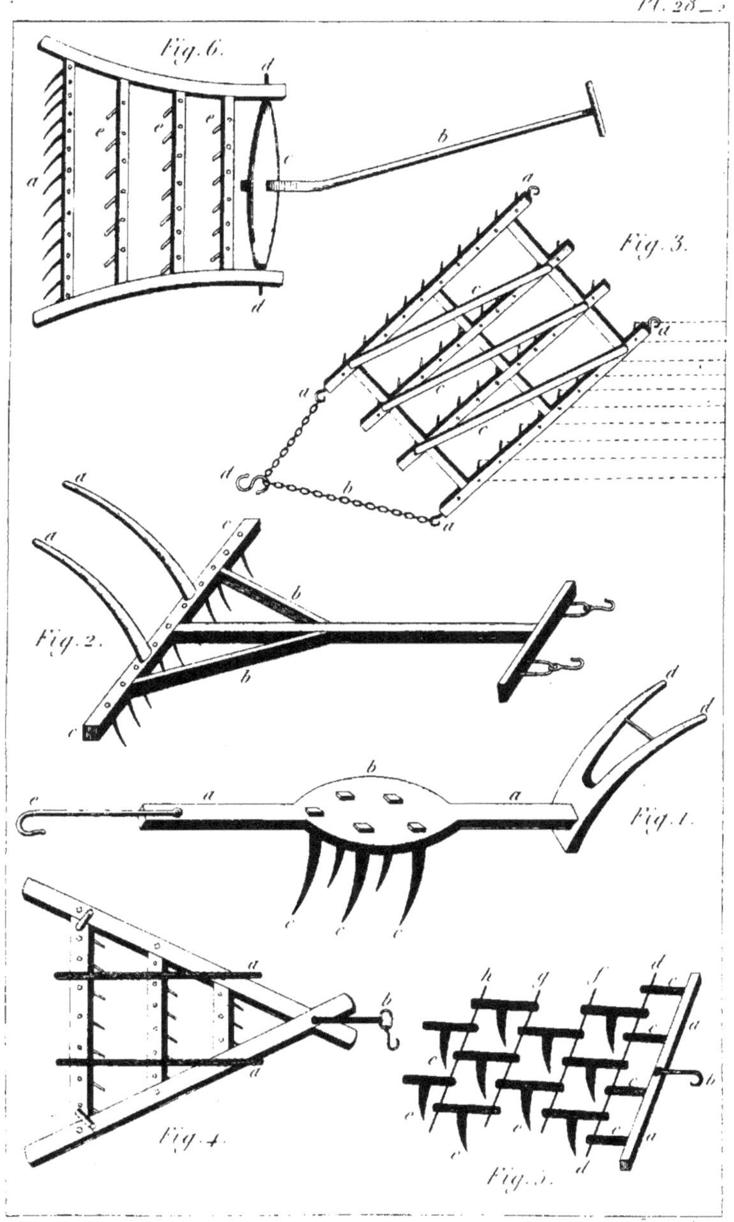

Fig. 6.
Fig. 3.
Fig. 2.
Fig. 1.
Fig. 4.
Fig. 5.

éloignées les unes des autres que les raies tracées par une herse à deux
ou trois rangs de dents. Ce rapprochement des dents a néanmoins un inconvénient que voici : les mottes de terre trop grosses pour passer entre
deux, ou trop dures pour se briser, sont entraînées par l'instrument,
l'engorgent, et obligent le conducteur à le soulever pour passer par-dessus et laisser ainsi des défauts dans le hersage.

En avant de la flèche est une traverse *d* munie de deux crochets servant
à fixer les traits du cheval.

Fig. 3. La *Herse quadrangulaire* de M. Valcourt a été adoptée à Roville comme une des meilleures dont on puisse faire usage. On peut l'employer seule, ou l'accoupler à d'autres herses de la même forme. Elle se
compose d'un châssis *a a a a* formé par quatre montants portant les dents,
par trois traverses et par trois autres traverses obliques *c c c* ajustées
dessus les autres et vulgairement nommées *chapeaux*. Notre dessin fera
suffisamment connaître cet instrument, mais nous devons parler ici de la
manière dont on doit y atteler les chevaux.

On ne doit pas faire le tirage de cette herse au moyen d'une chaîne
simple, car, dans ce cas, elle est sujette à une marche irrégulière et sau-
tillante qui la fait passer par-dessus les mottes sans les briser. A deux des
crochets *a a*, on attachera donc les deux extrémités d'une chaîne à larges
anneaux *b*, puis un crochet *d* se fixe à l'un des anneaux, non pas au milieu de la chaîne, mais à droite, comme on le voit dans notre gravure.
Il n'y a que par le tâtonnement que l'on peut trouver l'anneau auquel il est
convenable d'accrocher le crochet *d*, pour que la herse marche bien et
dans une obliquité convenable. On reconnaît que l'obliquité convient au
travail, quand toutes les raies tracées par les dents sont parallèles entre
elles, et quand les *chapeaux c c c* cheminent parallèlement à ces raies,
ce qui n'est pas dans notre dessin. « On conçoit, disent les Annales de
Roville, que *le point de tirage doit varier* selon l'inclinaison du sol, à
droite ou à gauche, et aussi selon le plus ou le moins de résistance qu'é-
prouve l'instrument; car, dans ces divers cas, la partie postérieure de la
herse tend à se jeter d'un côté ou de l'autre. En changeant le point de
tirage, c'est-à-dire en accrochant la volée d'un ou deux chaînons plus à
droite ou plus à gauche, on force la herse à suivre une direction uniforme. — J'ai parfaitement réussi à faire varier avec une grande latitude
les effets de la même herse par le moyen de quatre pitons percés chacun
de trois ou quatre trous qui sont placés à chaque angle de l'instrument. Pour
obtenir le plus fort degré d'entrure, on tourne la herse de manière que les
dents marchent la pointe en avant, et l'on attache les deux extrémités de la
chaîne aux trous supérieurs des pitons..... Si au contraire on attache la
chaîne à la partie inférieure des pitons, la herse pénètre moins dans la
terre. »

Il résulte de cette citation que, dans la herse employée à Roville, on a
remplacé les quatre crochets *a a a a* par quatre gros pitons enfoncés verticalement sur les traverses. Nous n'avons pas besoin de dire que les dents
de la herse doivent être en fer et légèrement arquées.

Fig. 4. La *Herse triangulaire*. Cet instrument extrêmement utile est

d'un usage si répandu, que nous n'avons pas besoin de faire ici son apo-
logie. Sa construction est fort simple et n'a pas besoin d'autre explication
que notre figure. Seulement, nous ferons remarquer que les deux tringles de fer *a a* servent non-seulement à donner de la solidité à l'assemblage du châssis, mais encore à retenir les pierres ou autres corps lourds
dont on charge quelquefois la herse pour lui donner de la pesanteur quand
cela paraît nécessaire.

Les dents sont en fer, assez fortement inclinées en avant, et placées de
manière à ce que jamais la trace de l'une ne passe dans la trace de l'autre ; au moyen du régulateur *b*, on peut augmenter ou diminuer le degré
d'entrure des dents.

Fig. 5. La *Herse de Laponie* ne m'est connue que par une figure et une
description insérées dans l'excellent *Cours d'agriculture* de Déterville,
cours si souvent pillé, contrefait et défiguré par la cupidité, et qui n'en
reste pas moins le meilleur ouvrage publié sur l'agriculture pratique.

Cette herse, malgré son nom étrange et très-probablement apocryphe,
puisqu'on ne laboure pas en Laponie, doit être un excellent instrument
qui, aujourd'hui que l'on moule si facilement la fonte de fer, peut s'exécuter à fort bon marché. Il est évident que toutes ses parties étant mobiles en tous sens, elle doit embrasser mieux qu'une autre un terrain
couvert de pierres, de taupinières, de mottes, etc., et par conséquent
arracher beaucoup mieux la mousse des prairies, les mauvaises herbes des
champs, et briser plus facilement les mottes sur lesquelles ses dents passent successivement. Il est vrai que quelques auteurs en agronomie lui
ont disputé ce dernier avantage sans en avoir fait l'expérience : « Quant
à la propriété qu'on lui suppose, disent-ils, et qui serait en définitive une
des plus importantes, de mieux briser les mottes, on aura sans doute
quelque peine à y croire, si on fait attention que, dans une herse assemblée fixement, chaque dent reçoit quelque chose du poids de la machine
entière, tandis que dans celle-ci il doit arriver, par suite de la mobilité
des verges d'assemblage, que ce poids est disséminé de manière à produire un moindre effet. »

Quoi qu'il en soit, cette herse est entièrement en fer, et se compose :

D'un palonnier *a a* portant le crochet de tirage *b*, et quatre boulons *c c c c*
de fer forgé, percés de trous à leur extrémité pour livrer passage à la
verge *d d* ;

De dix morceaux de barres de fer, longs chacun de 217 à 244 millimètres (8 à 9 pouces), fort gros et fort pesants, percés d'un trou à chacune
de leurs extrémités, et armés en dessous d'une forte dent recourbée,
comme on le voit en *e e e*, etc. Cette dent est un peu arquée et de la
longueur de celles d'une herse ordinaire. Ces morceaux de barres de fer
pourraient être fort avantageusement remplacés, comme nous l'avons dit,
par des pièces coulées en fonte.

Ces pièces dentées sont assemblées en quatre rangs, le premier en portant trois, le second deux, le troisième trois, et le dernier deux. Elles
sont maintenues par les verges de fer *d f g h* qui passent par les trous pratiqués pour cet usage aux extrémités de chaque pièce.

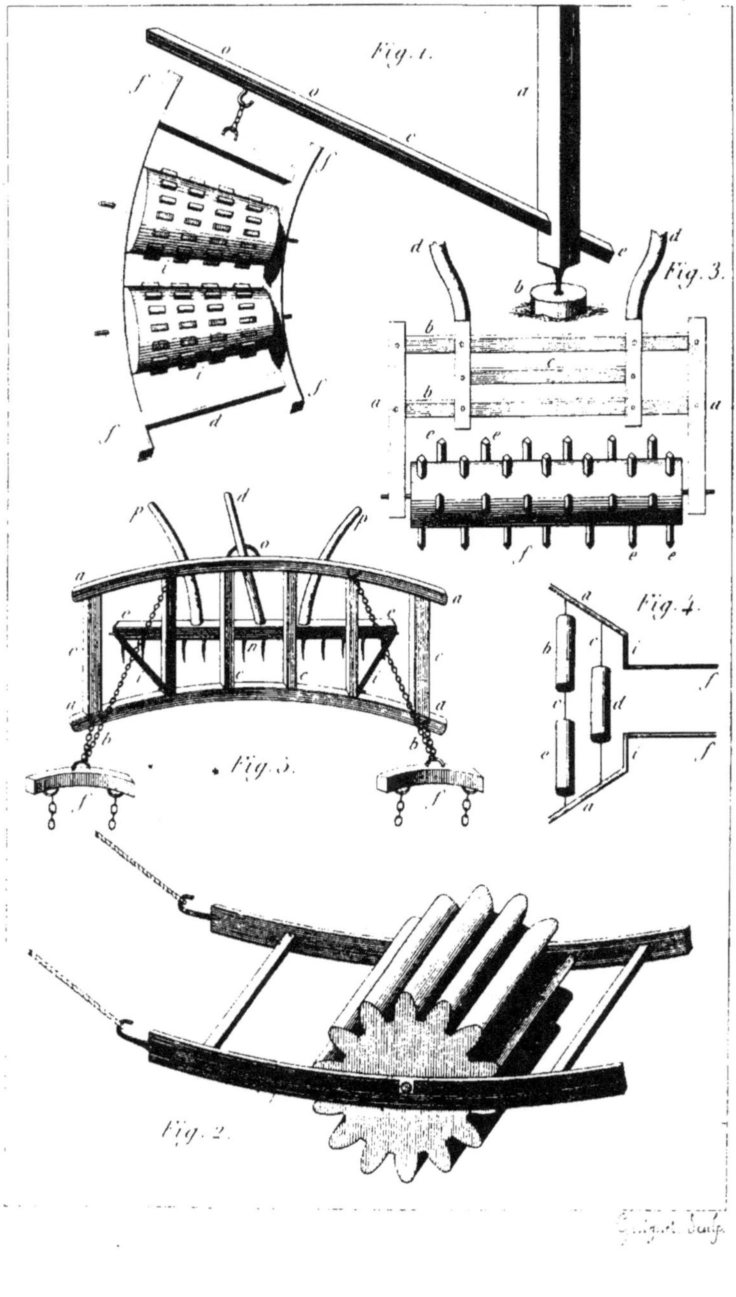

Fig. 1.
Fig. 3.
Fig. 4.
Fig. 5.
Fig. 2.

Fig. 6. La *Herse Delorme* ne s'emploie que dans la petite culture, et seulement pour ratisser les allées d'un jardin, après que la charrue-ratissoire y a passé. En enlevant le râteau *a*, elle peut également servir à herser les grandes planches d'ognons. On conçoit que ses dimensions peuvent varier en raison de la largeur des allées d'un jardin; mais celles qui paraissent les plus convenables dans toutes les circonstances, sont de 1 mètre carré (3 pieds).

Le timon, *b*, a 2 mètres 33 centim. (7 pieds) de longueur. Il est fixé à un axe *c*, tournant autour d'un essieu qui consiste en une simple broche de fer, *d*, *d*. Les trois traverses *e*, *e*, *e*, sont à 3 décimètres (11 pouces 1 ligne) de distance l'une de l'autre, et munies de dents en bois à 1 décimètre (3 pouces 9 lignes) les unes des autres, et ayant 2 décimètres (7 pouces 5 lignes) de longueur.

Le râteau *a* est garni de dents de fer de la même longueur que celles de bois, mais beaucoup plus rapprochées; il est mobile, attaché aux deux côtés du châssis par le moyen de deux taquets et de deux chevilles de fer, ou par tout autre procédé; l'essentiel est qu'il puisse s'enlever ou se remettre à volonté.

PLANCHE 29 — *bis.*

Rouleaux et Rafleur.

Fig. 1. *Rouleau suédois à dépiquer.* Cet instrument est regardé, en Suède, comme le meilleur que l'on puisse employer pour dépiquer le grain, et M. de Lasteyrie paraissait partager cette opinion. Ce qu'il y a de certain, c'est que cette machine est fort simple, peu dispendieuse, et assez expéditive.

Elle consiste en un arbre *a*, retenu dans une poutre de grange à son extrémité supérieure, et tournant sur un pivot *b*. Un levier, *c*, traverse l'arbre, et se prolonge des deux côtés pour traîner deux appareils de rouleaux. Pour gagner de la place, nous n'avons figuré qu'un de ces appareils en *d*, et le lecteur s'en figurera très-facilement un autre semblable qui serait attaché à une prolongation *e* du levier *c*.

L'appareil *d* est composé de deux cylindres ou rouleaux *i*, *i*, en forme de cônes tronqués, fixés dans un châssis courbe *f*, *f*, *f*, *f*. Il s'attache, par le moyen d'une chaîne ou d'une corde, au levier qui est agrafé à l'arbre vertical autour duquel se fait le mouvement circulaire. On attèle les chevaux à des chevilles implantées sur le levier en *o*, *o*, et on les force à marcher toujours dans la même direction, en leur attachant un bâton devant le poitrail.

Les rouleaux ont treize rangs longitudinaux de dents, chaque rang en ayant cinq, quoique, par inadvertance, on n'en ait figuré que quatre sur notre dessin. Les dents sont espacées entre elles de 54 millimètres (2 pouces) et ont aussi 54 millimètres (2 pouces) de longueur. Le grand diamètre des cylindres est de 7 décimètres (2 pieds 2 pouces), et le plus petit de 5 décimètres (1 pied ½). Leur longueur est de 12 décimètres (3 pieds 8 pouces).

Fig. 2. *Rouleau cannelé à dépiquer.* Depuis la plus haute antiquité, on se sert de rouleaux pour battre le blé, et le *charriot phénicien*, dont parle Varron, était déjà employé en Espagne 50 ans avant la naissance de Jésus-Christ : ce n'était rien autre chose qu'un châssis en bois dans lequel tournaient cinq ou six rouleaux absolument semblables à ceux de la *fig. 1* de cette planche. Plus tard, en France, on se servit, entre autres machines, d'un rouleau unique et non denté, et il n'y a pas plus de vingt ans qu'on en faisait encore usage dans le département de Lot-et-Garonne. Depuis cette époque, l'unique amélioration qu'on y a faite, a été de creuser des cannelures sur toute sa surface, comme on le voit dans notre figure. Cet instrument est en bois et d'une exécution si facile et si simple, qu'il serait tout-à-fait inutile d'en donner ici la description. On le fait ordinairement avec un tronçon de bois lourd, tel que l'orme, le frêne, etc., et l'on rapporte dessus les cannelures faites du même bois et solidement chevillées ou clouées.

Pour se servir de ce rouleau, on doit disposer les gerbes en spirale sur l'aire, les mettre à plat et de la même épaisseur que si l'on voulait battre aux fléaux. Quand la paille a été bien séchée et échauffée par le soleil, on fait passer dessus le rouleau, en commençant par la circonférence de l'aire et se rapprochant du centre, puis s'en éloignant, et ainsi successivement jusqu'à ce qu'on juge convenable de remuer et retourner la paille. Un seul cheval suffit pour trainer le rouleau, et un conducteur, un autre ouvrier et quatre femmes, peuvent aisément battre 20 hectolitres de blé par jour.

Le repiquage des blés au rouleau ne peut certes pas se comparer au battage au fléau, car il y a nécessairement une plus forte perte de grains, et la paille est toujours un peu plus cassée. Mais, dans les grandes exploitations, le bénéfice que l'on fait sur les bras et sur le temps, compense, et bien au-delà, ces petites pertes. Aussi, partout où le rouleau a été introduit, est-il resté d'un usage général. Pour s'en servir avec tout le succès possible, il est indispensable que le grain soit dans une parfaite maturité, et la paille très-sèche ; c'est probablement pour ces raisons qu'il est plus répandu dans le midi de l'Europe que dans le nord.

Cette machine à dépiquer a été modifiée et perfectionnée successivement par plusieurs agronomes, et entre autres, par MM. de Lajous, de Puymaurin, Dupac-Bellegarde, etc., mais avec une augmentation dans son prix, que nous ne croyons pas suffisamment compensée. Par exemple, celle du dernier agronome que nous venons de citer, est armée de huit battants contenus dans un cadre, et ce cadre est précédé d'un avant-train avec un siège pour le conducteur.

Fig. 3. Le *Brise-mottes* de Guillaume est d'un excellent usage dans les terres fortes et argileuses, pour briser les mottes les plus dures sans les enfoncer dans le sol, et préparer le terrain à recevoir un bon hersage.

Le cadre *a*, *a*, est en bois ainsi que toute la machine ; il se compose de deux bras ou tirants, soutenus par deux traverses *b*, *b*, sur lesquelles est boulonnée la limonière *d*, *d*, dont l'écartement est maintenu par la traverse *c*.

Le rouleau *f* est en bois lourd et dur, en frêne, par exemple, et il porte un grand nombre de dents, six ou sept rangs longitudinaux, plus ou moins, selon sa grosseur. Ces dents *e, e, e,* etc., sont également en bois, carrées, longues de 135 millimètres (5 pouces) environ, et larges de 54 millimètres (2 pouces) sur chaque face.

Fig. 4. *Rouleau triple à demi-cadre.* Ce rouleau sert, comme les autres, soit à briser les mottes dans les terrains forts et argileux, soit pour consolider et rafermir ceux qui, trop légers, laissent évaporer trop facilement l'humidité de la terre nécessaire à la végétation, soit enfin pour rouler les gazons. Il est fort employé en Angleterre, et c'est à M. Loudon que nous en devons la connaissance.

Deux bras de fer, *a, a,* constituent son cadre, et ils ne sont maintenus en position que par les tiges de fer *c, c,* qui servent en même temps d'axes aux trois rouleaux *b, d, e.* Ces derniers sont en bois fort lourd quand cette machine, que nous avons dessinée dans de très-petites proportions, doit servir à la grande culture, et dans ce cas on conçoit qu'ils doivent être proportionnellement beaucoup plus gros que dans notre dessin. Si, au contraire, ils ne doivent servir que pour rouler sur des semences en terre légère, ou sur un gazon, les rouleaux sont en fonte.

Nous n'avons pas besoin de dire que les portions de bras *i, i,* doivent s'élever obliquement sur les parties *a, a,* afin d'amener la limonière *f, f,* à la hauteur du cheval qui doit traîner la machine.

Rouleau à trois cylindres.

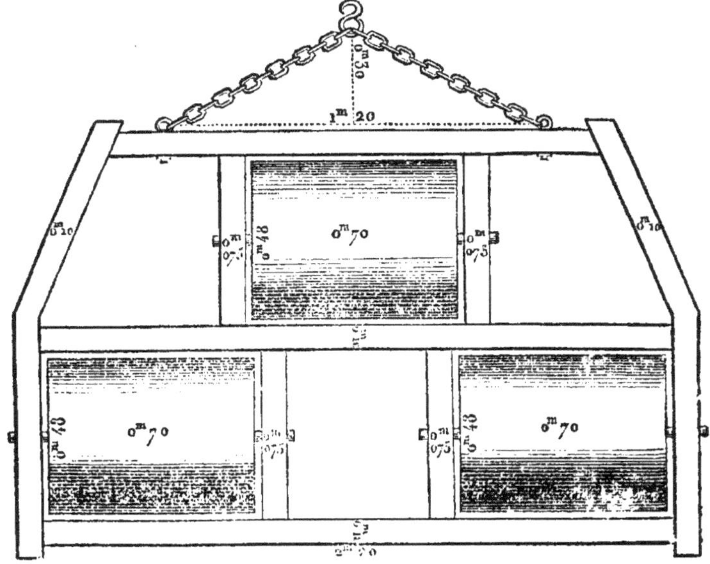

Le rouleau dont nous donnons ici la figure et les dimensions a été inventé par M. Schulzen-Unkrich de Strickershagen, près Stolp, en Basse-Poméranie, il y a déjà plusieurs années, et il commence à se répandre en France, où on le fait remplacer le rouleau ordinaire. Cependant, nous devons faire observer qu'il n'exerce pas une pression aussi forte qu'un rouleau simple du même diamètre et de la même longueur ; que, par conséquent, le rouleau simple mérite la préférence sur les terres argileuses, relevées en larges billons, et où il s'agit principalement de briser et pulvériser les mottes dures et compactes. Mais le rouleau à trois cylindres est de beaucoup préférable dans les localités où un sous-sol imperméable ou un fond bas obligent de labourer les champs en billons. Dans ce cas, le rouleau simple présente plusieurs inconvénients : il faut le passer en travers des billons, ce qui fatigue extraordinairement les animaux de trait ; il est très-difficile de tourner au bout du champ ; et enfin, lorsqu'on le passe sur la semence déjà germée, comme on doit le faire dans les terrains argileux, on bouleverse et détruit sans retour la semence sur les points où l'on tourne.

Au moyen du rouleau ici figuré, on diminue de beaucoup la fatigue que donne le rouleau ordinaire, parce que tout le poids de l'instrument ne tombe pas à la fois dans l'intervalle des billons, mais partiellement ; et comme, quand on tourne, chaque portion du rouleau marche seule, il en résulte que la pression n'est pas aussi forte sur un seul point qu'elle l'est en faisant usage du rouleau ordinaire. On évite donc ainsi naturellement les inconvénients que nous avons signalés plus haut.

Décrire cet instrument en détail serait une chose tout-à-fait inutile. Nous nous bornerons à dire qu'on peut l'établir en partageant le premier rouleau venu, et conservant les pivots ordinaires. On n'a besoin que du châssis et de ses autres pivots, ce qu'il est aisé de se procurer partout. Les trous de ces pivots n'ont même pas besoin de boîte. Dans les terrains montueux on ajoutera un timon ; dans ceux qui sont légers, on pourra diminuer le diamètre des rouleaux.

Fig. 5. Le *Rafleur* est un instrument très-employé en Angleterre pour la récolte des foins ; il avance considérablement l'ouvrage, mais il ne peut être employé que dans les prairies parfaitement nivelées, et encore est-il fort difficile de s'en servir.

Il consistait d'abord en un cadre cintré, comme un dossier de chaise, et ce n'est que plus tard qu'on s'est imaginé d'y ajouter un râteau, comme on le voit dans notre figure. Le cadre *a, a, a, a,* est formé de deux traverses horizontales, maintenues entre elles, à la hauteur d'un mètre (3 pieds 1 pouce) environ, par des traverses verticales *c, c,* etc.; deux chaînes, *b, b,* sont attachées de manière à ce que deux chevaux attelés aux palonniers *f, f,* puissent tirer la machine en lui conservant sa position verticale. Le foin coupé s'amasse devant le cadre à mesure que le rafleur avance, et quand il y en a une certaine quantité, un homme, avec une fourche de bois, le pousse à côté de la machine et le met en tas. Tel était autrefois cet instrument, tel il est encore dans plusieurs comtés d'Angleterre. Mais voici le perfectionnement qu'on y a apporté.

Derrière le rafleur est un râteau *e,* aussi large que lui. Il est fixé à la traverse d'en bas du rafleur par deux tringles de fer i, i. Ces tringles sont ajustées à gonds, de manière à conserver leur mobilité et à pouvoir laisser au râteau un mouvement facile de hausser et baisser. p, p, sont deux mancherons tenus par un homme qui marche derrière la machine, dirige le râteau, le hausse et le baisse à volonté, et l'empêche d'accrocher à des pierres ou des taupinières. Une pièce de bois d, attachée par le bas au râteau, et ayant l'extrémité passée dans un anneau de fer o, dans lequel elle peut glisser, donne à la machine une solidité suffisante. Les dents du râteau sont en fer, et ont 3 décimètres (11 pouces) de longueur. Quand les mancherons sont tenus par un homme habitué à cela, les dents ramassent la plus grande partie du foin laissé par le rafleur, et il reste bien peu de chose à faire aux râteleurs qui viennent par derrière. Nous observerons que l'ajoutage d'un râteau ne nécessite pas un homme de plus, quand les chevaux sont conduits par un enfant, car c'est le même qui suivait la machine pour en enlever le foin quand il s'y était entassé.

Ce perfectionnement du rafleur avait cependant un inconvénient assez grave, celui de fatiguer beaucoup l'homme qui tenait les mancherons du râteau, parce qu'il était presque continuellement obligé de le tenir soulevé, afin que les dents ne s'enfonçassent pas dans le sol. **M.** John Hutchinson'a remédié à cette difficulté en ajustant en n, au milieu du râteau, une petite roue de fer, qui permet au râteau d'effleurer la surface de la prairie avec ses dents, sans que celles-ci puissent s'enfoncer dans la terre.

Le Rafleur ancien.

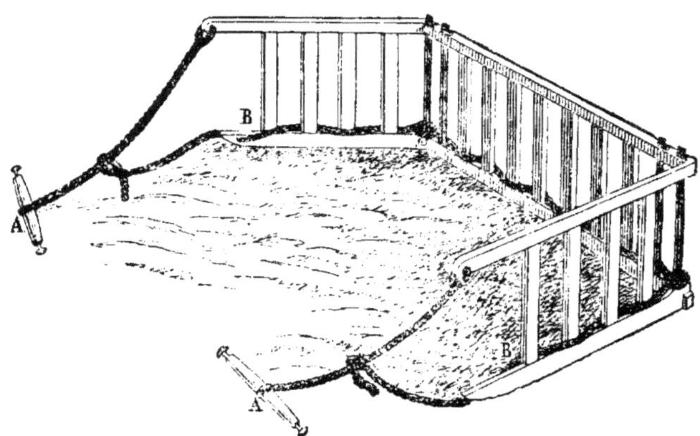

Avant que le *rafleur* eût été perfectionné comme nous l'avons montré dans la *fig.* 5, on se servait, et même on se sert encore, dans le nord de l'Angleterre, d'un instrument analogue dont nous donnons ici la gravure. Il est construit en entier de bois, excepté quatre boulons qui sont en fer et à sabots noyés dans le bois, de façon que la barre inférieure présente une surface parfaitement plane et unie. Ces boulons sont filetés par le haut, et serrés par des écrous taraudés.

Les barres supérieures et inférieures ont 10 centimètres (4 pouces) de largeur sur 8 centimètres (3 pouces) de hauteur ; la longueur du fond du rafleur ou du râteau est de 2 mètres $\frac{1}{2}$ (7 pieds 8 pouces) ; celle de chacune de ses ailes en retour de 1 mètre 40 centim. (4 pieds 3 pouces), et sa hauteur, dans toute son étendue, de 1 mètre (3 pieds 11 lignes). Ces deux ailes sont ajustées de façon à pouvoir tourner sur le râteau, et à cet effet elles pivotent sur les boulons extérieurs qui sont ronds. Cette disposition a pour but de faciliter le ramassage, qui deviendrait souvent difficile si l'instrument s'avançait bien carrément lorsque le foin bourre, ou lorsque les chevaux tirent inégalement, et, en outre, à rendre plus commode le transport aux champs et le remisage de ce rafleur qu'on replie pour qu'il occupe moins de place. Une forte corde est entrelacée dans tous les montants, ainsi qu'on le voit dans la figure ci-contre ; elle est liée avec un autre bout de corde qui s'attache à la barre supérieure, et, à chacune de ses extrémités, elle porte un palonnier pour atteler un cheval.

Ces deux rafleurs expédient beaucoup de besogne en peu de temps lorsqu'il s'agit de ramasser les foins, pourvu, comme nous l'avons dit, que ce soit sur des prairies parfaitement nivelées ; mais ils peuvent aussi rendre des services utiles sur celles qui ne présentent pas des ondulations trop brusques ou des inégalités de niveau très-prononcées. Le dernier ne coûte pas cher à établir et peut être construit par le moindre charron de village ; il est traîné par deux chevaux que conduisent deux enfants, et pourrait même être dirigé par un seul individu en mettant une gaule ou barre d'un cheval à l'autre, pour forcer ces animaux à conserver leur distance. C'est principalement lorsque le foin a acquis son degré convenable de dessiccation pour être mis en meulons, et que le temps presse ou menace, qu'on se trouve heureux d'avoir ces instruments à sa disposition, car un d'eux fait en une heure plus d'ouvrage que plusieurs hommes n'en pourraient exécuter pendant toute une journée. Il est vrai qu'il se perdrait un peu de foin si des femmes n'avaient pas le soin de repasser derrière avec des râteaux à main ; mais dans les pays où la main-d'œuvre est chère et les fourrages abondants, la perte, même sans rateleuses, se trouverait compensée et au-delà. Lorsqu'on réunit par fois en meules sur un seul point, tout le foin de diverses prairies, ou d'un pré d'une très-grande étendue, on économise aussi le chargement et le transport par voitures, car le rafleur peut très-bien amener les foins en grandes masses dans les endroits où on monte ces meules, et pour cela il n'est besoin que de deux chevaux qui sont constamment en action sans cependant fatiguer beaucoup.

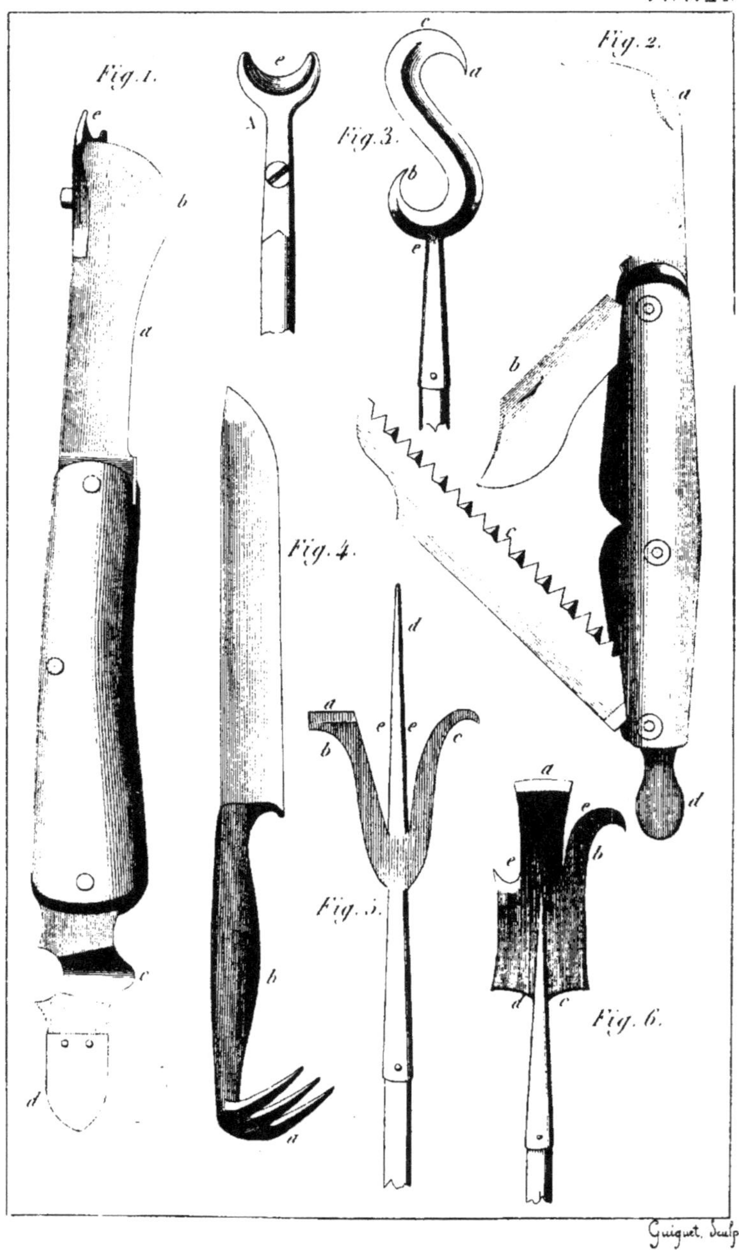

Fig. 1.
Fig. 2.
Fig. 3.
Fig. 4.
Fig. 5.
Fig. 6.
Guiguet. Sculp

PLANCHE 61 — *bis.*

Instruments tranchants.

Fig. 1. *Greffoir à croissant.* Pour pratiquer la greffe en écusson, la plus utile et la plus commune de toutes, on a imaginé une foule de greffoirs d'une forme plus ou moins heureuse ; nous en avons figuré plusieurs, *pl.* 60, 61, 63, mais aucun ne remplit toutes les conditions de commodité comme celui qui nous a été présenté par M. Arnheiter, et que nous avons figuré ici. Il a les mêmes proportions que les autres greffoirs, et sa lame, *a*, affecte la même courbure *b*, à son sommet ; mais elle porte à son extrémité, sur le dos, un croissant *e*, que nous avons représenté vu de face dans le détail A.

Ce croissant est extrêmement coupant dans son échancrure *e*. Il sert à couper transversalement l'écorce du sujet qui doit recevoir la greffe, et à faire d'un seul coup la barre du T de l'incision. Comme l'échancrure du croissant embrasse la tige, la coupure est toujours nette et d'une grandeur rigoureusement déterminée par la largeur de cette échancrure. Il ne reste plus à faire au sujet que l'incision verticale formant le jambage du T, et elle se pratique, comme à l'ordinaire, avec le tranchant *b* de la lame.

Il reste maintenant à lever l'écusson. Pour cela on se sert d'abord de la lame en gouge *c*, placée près du greffoir d'ivoire *d*, et on coupe la lanière d'écorce jusqu'au-dessus de l'œil. Alors on reprend le croissant *e*, on l'applique au-dessus de l'œil, et l'écusson se trouve séparé du rameau.

Ce que ce greffoir offre particulièrement d'avantageux, c'est que la grandeur du croissant *e* et de la gouge *c* est calculée de manière à ce que l'écusson se trouve exactement dans la même proportion de largeur que l'incision faite pour le recevoir : d'où il résulte que la greffe s'applique au sujet avec la plus grande justesse ; que les deux écorces coïncident parfaitement des deux côtés de la plaie ; que l'opération est plus facile, plus expéditive, et la reprise beaucoup mieux assurée. Ce greffoir, comme tous les instruments de la même planche, est fabriqué chez M. Arnheiter.

Fig. 2. *Nécessaire de l'horticulteur.* Généralement les jardiniers de profession se servent peu de ces instruments à plusieurs lames, dont une est représentée par notre figure. La raison en est que l'on est forcé de donner à chacun de ces instruments des proportions trop petites pour qu'on puisse en faire un usage journalier, et que le grand nombre de pièces réunies à un seul manche nuisent un peu à la solidité du tout. M. Arnheiter me semble avoir évité autant que possible ces deux écueils, en donnant au *nécessaire* des proportions assez grandes sans être trop gênantes, et au tout une solidité très-convenable. Pour les amateurs, et surtout pour les cultivateurs en voyage, je pense qu'il n'est pas d'instrument plus commode. Comme on le voit, le manche porte quatre lames : *a*, une serpette ; *b*, un greffoir ; *c*, une scie ; *d*, la lame d'ivoire du greffoir.

Fig. 3. *Émondoir en croissant.* Nous avons déjà figuré, *pl.* 83, *fig.* 2, un émondoir dont celui-ci n'est qu'un perfectionnement. Il en diffère par sa lame qui est tranchante de tous les côtés, et dont les pointes *a*, *b*, sont beaucoup plus recourbées, d'où il résulte qu'elles accrochent plus aisément la branche ou le rameau à couper, soit en tirant, soit en poussant. On peut aussi se servir de l'instrument en frappant à droite ou à gauche, comme on fait avec un volant.

La douille a 217 millimètres (8 pouces) de longueur, et la lame 189 millimètres (7 pouces), mesurée de *c* en *e*. Le manche est plus ou moins long, selon la hauteur où l'on veut atteindre.

Fig. 4. *Couteau à rempoter.* Cet instrument a été inventé par **M. Verdier**, habile cultivateur de roses. Il est extrêmement commode pour toutes sortes d'usage, dans les jardins, mais particulièrement pour le dépotage des plantes de serre. Avec sa lame *a*, on glisse contre les parois du pot pour en détacher les racines, et quand la motte est dehors, on coupe les mauvaises racines qui se sont tortillées autour du pot, et on raccourcit les autres en enlevant autour de la motte des tranches de terre d'une épaisseur convenable. Le crochet, *a*, sert à donner des râtissages et même de petits sarclages sur la terre des pots et des caisses.

L'instrument a ordinairement 406 millimètres (15 pouces) de longueur totale ainsi divisée : la lame 230 millimètres (8 pouces ¹/₂); le manche *b*, qui est en fer, 117 millimètres (4 pouces 4 lignes); le crochet *a*, jusqu'à son coude, 54 millimètres (2 pouces) : sa largeur est de 34 millimètres (1 pouce ¹/₄). Du reste, ces proportions peuvent varier en raison du travail que l'on veut faire.

Fig. 5. *Émondoir à pointe.* Cet instrument nous a été communiqué par M. Arnheiter; il sert à la fois d'émondoir et de cueilloir. La lame *a* est tranchante en *a* et en *b*, d'où il résulte qu'elle peut remplir toutes les fonctions d'un émondoir ordinaire, et que l'on peut couper une branche, soit en poussant, soit en tirant. En *c*, est une petite lame terminée par un crochet qui n'est pas tout-à-fait assez courbé à la pointe dans notre dessin. Ce crochet est utile pour saisir une branche ou un rameau et l'approcher à la portée de la main, soit pour enlever un nid de chenille, soit pour toute autre chose. On sait que rien n'est plus difficile que de conduire avec précision un instrument emmanché au bout d'une longue perche, comme celui-ci; M. Arnheiter a pourvu à cette difficulté par la pointe *d*, servant de point d'appui contre les branches voisines de celle que l'on veut couper. Enfin, en faisant glisser le pédoncule d'un fruit dans les enfourchures *e*, *e*, on utilise l'instrument comme un cueilloir.

La lame entière, compris la douille et la pointe, a ordinairement de 325 à 406 millimètres (12 à 15 pouces) de longueur. Le manche peut avoir de 1 mètre 95 cent. à 3 mètres 25 cent. (6 à 10 pieds).

Fig. 6. *L'Émondoir d'Arnheiter* est encore un instrument du même genre que le précédent, et qui peut rendre d'utiles services dans les vergers. Il est tranchant en *a*, *b*, *c*, *d*, *e*, ce qui permet de s'en servir en poussant, en tirant et en frappant. La petite lame échancrée, *e*, est surtout extrêmement commode pour faire sauter une branche. L'enfourchure, *e*, peut, au besoin, servir de cueilloir.

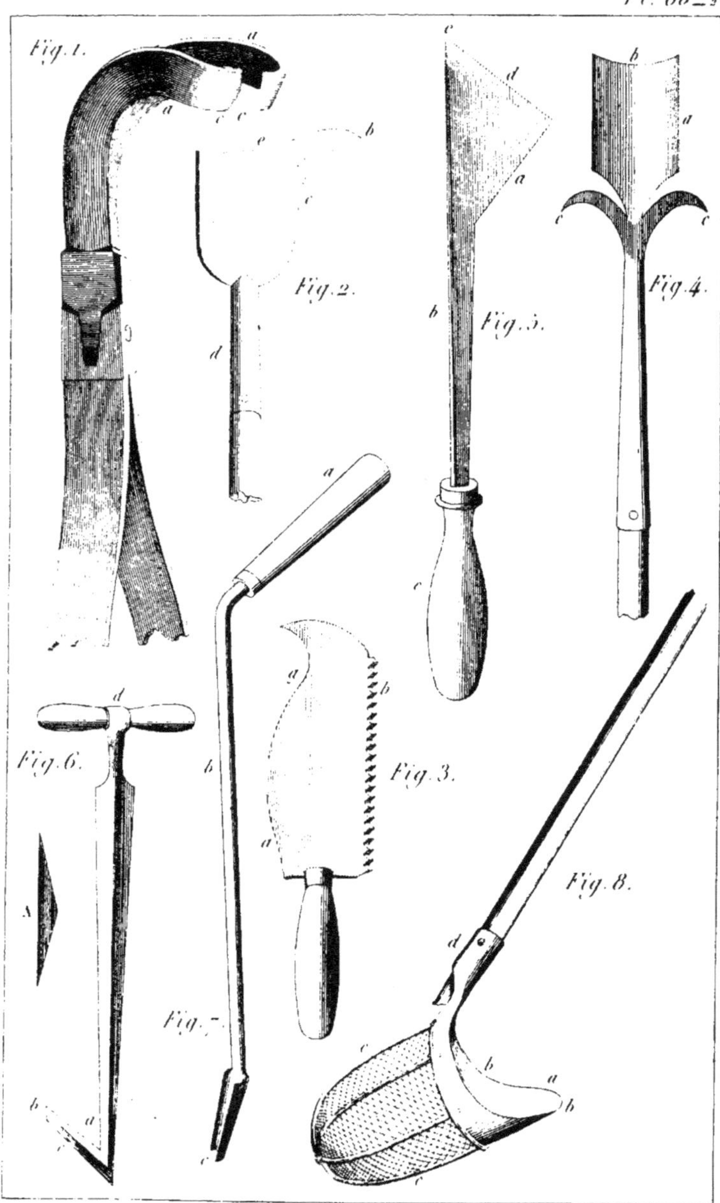

Pl. 68.
Fig.1.
Fig.2.
Fig.3.
Fig.4.
Fig.5.
Fig.6.
Fig.7.
Fig.8.

PLANCHE 68 — *bis.*

Instruments tranchants et cure-fossé.

Fig. 1. *Pince à chicot.* Il arrive souvent qu'un arbre fruitier, ayant été mal dirigé dans sa jeunesse, forme des chicots désagréables à l'œil, nuisibles à sa végétation, et qu'il faut absolument enlever. Le meilleur instrument pour cela est la serpette, quand on peut s'en servir ; mais il arrive très-souvent que le chicot est placé dans l'enfourchure de deux branches, et qu'on ne peut l'enlever ni avec la serpette, ni avec le sécateur. Dans ce cas la pince dont nous donnons la figure devient très-précieuse.

La courbure donnée à ses mords *a*, *a*, et la légère obliquité de ses taillants, *c*, *c*, permettent d'aller chercher le chicot et de le couper jusque dans les enfourchures les plus étroites, ne laissant pas de passage à un autre instrument. Cette pince peut varier de grandeur, selon la nature des arbres soumis à la taille. On conçoit que pour des rosiers et autres arbrisseaux d'ornement, il la faut beaucoup moins forte que pour des arbres fruitiers. Cet instrument est aussi très-commode pour couper un chicot d'églantier, entre deux greffes ou deux rameaux.

Fig. 2. *Élagueur à serpe.* La lame, *a*, porte 135 millimètres (5 pouces) de longueur, sur 108 millimètres (4 pouces) de largeur, non compris le bec *b*, qui est fait à peu près comme celui d'une serpe. Elle est tranchante au sommet *e*, et sur le côté *c*. Au moyen de sa douille, *d*, la lame est adaptée au bout d'un manche, ou plutôt d'une perche, dont la longueur est calculée sur la hauteur moyenne des arbres à tailler, c'est-à-dire qu'il peut avoir de 1 mètre 95 centim. à 4 mètres 87 centim. (6 à 15 pieds). A l'extrémité inférieure du manche est une forte virole en fer.

Quand on veut se servir de l'outil pour couper une branche un peu forte, on place le taillant *e* sous l'aisselle de cette branche, et, avec un petit maillet en bois, on frappe sous l'extrémité du manche. Si la branche est petite, on place dessus le taillant *c*, et en retirant brusquement à soi, on la fait sauter d'un seul coup. Enfin, lorsqu'il s'agit d'un simple élagage, on peut se borner à frapper les rameaux avec le taillant *c*, comme on ferait avec une serpe ou un volant. Cet instrument, ainsi que les suivants, sortent des ateliers de M. Arnheiter.

Fig. 3. La *Scie-Serpe* de M. Arnheiter est encore un outil dont un bon cultivateur ne peut guère se passer pour soigner ses arbres fruitiers. La lame est épaisse, solide et pesante, ce qui donne la facilité d'abattre d'assez grosses branches au moyen du tranchant *a a* ; lorsqu'une branche est morte ou très-grosse, on retourne l'outil et on la coupe aisément au moyen de la scie *b*. Cette scie marche d'autant plus aisément que les dents sont la partie la plus épaisse de toute la lame, et que, par conséquent, elles se fraient un chemin large et facile.

Fig. 4. *Houlette à taillant.* Cet instrument, muni d'un manche de 1 mètre 624 millim. ou 1 mètre 949 millim. (5 ou 6 pieds), peut servir à plusieurs usages. Sa lame, *a*, est concave d'un côté, convexe de l'autre, et coupante en dessus, en *b*. Elle porte à sa base deux oreillettes en croissant, *c*, *c*, tranchantes en dessous.

On peut se servir de cette houlette pour détruire les ronces dans les haies, et après avoir coupé leurs tiges soit avec le tranchant *b*, en poussant, soit avec les croissants *c*, *c*, en tirant, on peut, avec ce même croissant, retirer les tiges coupées du milieu des buissons. C'est encore un excellent échardonnoir pour débarrasser les champs des chardons, et les prairies des grandes plantes nuisibles. Enfin, au moyen d'un long manche, cet instrument peut, jusqu'à un certain point, remplacer l'élagueur de la *fig.* 2, pour la taille des arbres.

Fig. 5. Le *Coupe-dahlia*. Voici un instrument dont on ne comprend pas très-facilement l'indispensable nécessité, et qui est de l'invention d'un jardinier cultivateur de dahlia, M. Chardon fils. Si nous le donnons dans notre collection d'instruments, c'est absolument pour faire plaisir à quelques amateurs qui se livrent spécialement à la culture d'une de nos plus belles plantes.

La lame, *a*, du coupe-dahlia, y compris sa tige *b* et le manche *c*, varie de proportions depuis 217 jusqu'à 352 millimètres (8 jusqu'à 13 pouces) de longueur. La lame proprement dite, *a*, est triangulaire et tranchante seulement sur le côté *d*. La pointe, *e*, doit être un peu plus aiguë qu'elle ne l'est dans notre dessin. Pour se servir de cet outil, on renverse une touffe de tubercules sur une table, et l'on glisse la pointe *e* de l'instrument entre le tubercule que l'on veut détacher et les autres, dans une telle position que le taillant *d* soit tourné du côté de la tige dont il doit détacher un morceau avec le tubercule; car on sait que tout tubercule qui n'est pas muni d'un morceau de la tige ou du collet, est *borgne* et ne pousse pas si on le plante. On pousse donc l'outil en faisant remonter le tranchant vers la tige, de manière à laisser à chaque tubercule séparé, le morceau de collet qui doit donner naissance aux gemmes et aux nouveaux bourgeons. Je ne sais trop si d'autres jardiniers que M. Chardon emploient cet instrument, et cependant ils arrivent aux mêmes résultats.

Fig. 6. *Couteau à décaisser*. Cet outil est, je crois, de l'invention de M. Audot, ou de son collaborateur M. Poiteau. Quoi qu'il en soit, il est fort bien imaginé pour les jardiniers négligents qui laissent pourrir les caisses dans lesquelles ils cultivent des orangers, ou autres arbres et arbustes précieux. On sait que lorsque les parois intérieures d'une caisse sont pourries, l'arbre glisse ses racines jusque dans le cœur du bois décomposé; celles-ci s'y attachent au point qu'il devient impossible de les en détacher sans briser ou la caisse, ou la motte de terre qui nourrit les racines et assure la reprise de l'arbre. Dans ce cas, on enfonce le couteau entre les parois de la caisse et la motte, on le fait glisser autour, et l'on coupe ainsi les fibrilles inutiles qui attachaient l'arbre à la caisse. Rien n'est plus facile ensuite que de retirer l'arbre et le remettre soit dans une autre caisse, soit dans la même quand on lui a donné une nouvelle terre.

La lame de ce couteau est tranchante des deux côtés, et triangulaire

comme on le voit dans sa coupe transversale A. Elle se termine, à l'extrémité, par une courbure à angle brusque et aigu, également coupante sur
ses bords *a*, *b*, *c*, et destinée à aller couper les petites racines dans les
angles de la caisse. M. Audot dit qu'on en peut construire dans plusieurs
proportions, et il indique celles-ci : le manche *d* a 244 millimètres (9 pouces) de longueur, pour pouvoir être saisi à deux mains ; la lame a 34
millimètres (15 lignes) de largeur, et 7 millimètres (3 lignes) d'épaisseur au milieu ; enfin, la longueur de la lame est calculée sur la profondeur des caisses et doit toujours avoir 81 ou 108 millimètres (3 ou 4
pouces) de plus.

Fig. 7. *Couteau à couper les asperges.* L'inconvénient de tous les cou-
teaux dont on se sert pour couper les asperges entre deux terres quand
on veut les cueillir, est que, en coupant celle que l'on veut avoir, très-
souvent on en coupe aussi une ou plusieurs autres qu'on ne peut voir
parce qu'elles ne sont pas encore sorties de terre. On nuit beaucoup ainsi
à l'aspergière, outre que l'on diminue la récolte de la saison.

Il paraît que le couteau en gouge, ici figuré, a beaucoup moins d'inconvénients que les autres, quoiqu'il ne soit pas encore parfait. Il se
compose d'un manche oblique *a*, d'une tige plate, *b*, ayant 5 millimètres
(2 lignes) d'épaisseur, 14 millimètres (6 lignes) de largeur, et 217 millimètres (8 pouces) de longueur. Elle se termine en *c*, par une gouge un
peu oblique, tranchante seulement à son extrémité *c*, et d'une largeur
suffisante pour embrasser la moitié de la tige d'une asperge des plus
grosses. Pour se servir de cet instrument, on l'enfonce dans la terre en
faisant glisser la gouge le long de l'asperge à couper, puis, quand on est
arrivé à la profondeur convenable, on tranche la tige. Cette opération est
aisée quand la tige est droite ; mais si elle est oblique ou tordue, il est
très-difficile de la suivre avec la gouge, et souvent on la manque.

Fig. 8. Le *Cure-fossé* est un excellent instrument pour nettoyer les bas-
sins des jardins et des parcs, les fossés, les rivières artificielles, en un
mot toutes les pièces d'eau d'une petite largeur. Il consiste en une espèce
de houe en fer, *a*, ayant la forme d'une visière de casque, et tranchante
sur son pourtour *b*, *b*. En arrière, elle porte une sorte de panier *c*, *c*,
en treillage de fil de fer, soutenu par une carcasse de baguettes du même
métal. Notre figure montre suffisamment la forme que l'on doit donner à
cet instrument. Au moyen de la douille *d*, on le fixe à un manche ou plutôt à une perche dont la longueur est calculée sur la pièce d'eau à nettoyer.

Rien de plus facile que de se servir de ce cure-fossé : au moyen de son
long manche on le traîne sur le fond de la pièce d'eau ; la lame *b* en
racle la vase, coupe les tiges des plantes aquatiques, ramasse les pierres,
les immondices qui peuvent s'y trouver, et le tout va s'accumuler dans le
panier *c*, *c*. Quand le panier est plein, on retire l'instrument, on le
vide, puis on recommence à le traîner au fond de l'eau, pour le vider à
chaque instant, jusqu'à ce que le bassin soit parfaitement nettoyé et que
l'eau s'y conserve pure et limpide.

Si une pièce d'eau était peuplée de poisson, nous n'avons pas besoin de dire qu'il ne faudrait pas faire cette opération dans le temps du frai , sous peine de détruire le fretin. Mais si , au contraire , le bassin était empesté de têtards , de salamandres aquatiques et autres animaux nuisibles ou au moins fort dégoûtants , le cure-fossé est un excellent moyen pour les détruire.

PLANCHE 98 — *bis.*

Instruments divers d'horticulture.

Fig 1. *Cueilloir à réseau.* Cet instrument n'est rien autre chose que le *cueille-fruit* de notre planche 98, *fig.* 2 , mais qui a reçu de nouveaux et utiles perfectionnements par M. Arnheiter. Le vase b , b , au lieu d'être en fer - blanc , est fait, avec un treillage délicat en fil de fer, soutenu par une carcasse en fil de fer très-gros et très-solide. Au fond du vase est une sorte de godet c , c , qui reçoit le fruit, l'empêche de balotter et de se meurtrir. Les dents , a , a , a , etc., sont en forme de feuilles et peintes en vert : enfin, un manche léger d , long de 1 mètre 95 centim. à 4 mètres 87 centim. (6 à 15 pieds) , permet d'élever le cueilloir à la hauteur où se trouvent placés les fruits. Le vase b , b a 135 à 162 millimètres (5 à 6 pouces) de largeur et 162 à 189 millimètres (6 à 7 pouces) de profondeur.

Pour se servir de cet instrument on fait passer le pédoncule du fruit entre les dents a , a ; au moyen d'une légère secousse on le détache, et il tombe dans le godet.

Fig. 2. *Cueilloir pour les fruits à coques dures.* Pour récolter les amandes et les noix, la plupart des cultivateurs ont la malheureuse habitude de *gauler* les arbres , c'est-à-dire de frapper sur les branches avec de longues perches jusqu'à ce qu'ils aient fait tomber les fruits. Par ce procédé détestable, on brise et jette par terre la plus grande partie des gemmes et lambourdes destinés à donner le fruit de l'année suivante, et l'on compromet au moins la moitié de la récolte à venir. Mille écrivains ont dit ce que je viens de répéter, mais un jardinier, M. Delorma, a mieux fait : il a inventé un instrument pour remplacer les perches, et c'est cet instrument que nous avons ici figuré.

Il consiste en une pointe a , et un crochet b , portés par une longue douille c , emmanchée au bout d'une perche assez longue pour atteindre, soit de terre, soit de dessus l'arbre sur lequel on monte , les fruits les plus haut placés. Le fruit est tantôt abattu avec le crochet en saisissant son court pédoncule et tirant à soi, tantôt en l'engageant entre la pointe et le crochet. Cette manière de récolter les noix semble au premier coup-d'œil bien moins expéditive que le gaulage , et cependant des expériences comparatives ont prouvé qu'il y a bien peu de différence, sous ce rapport, entre les deux méthodes.

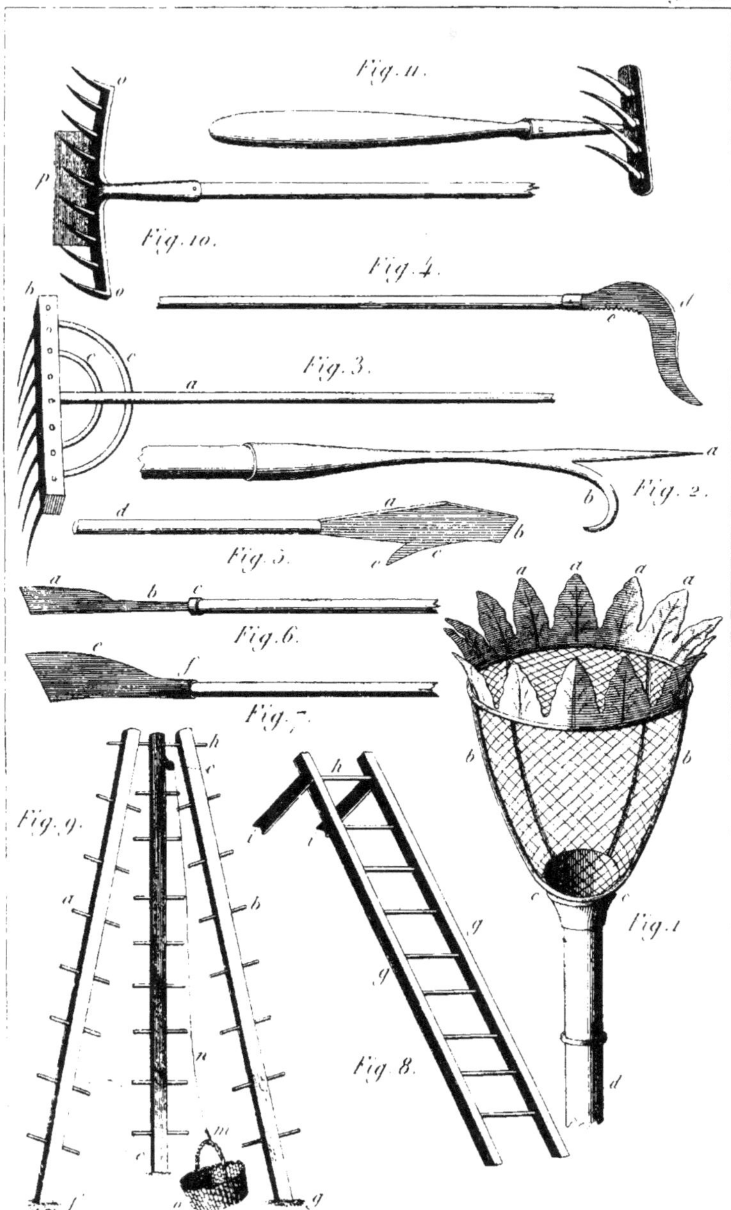

Pl. 98.
Fig. 11.
Fig. 10.
Fig. 4.
Fig. 3.
Fig. 2.
Fig. 5.
Fig. 6.
Fig. 7.
Fig. 9.
Fig. 8.
Fig. 1.

Fig. 3. Le *Râteau hollandais*, et fig. 4, le *Daya*. Nous traitons de ces deux instruments réunis, parce qu'il n'est pas possible de se servir de l'un sans l'autre. Dans le nord de l'Europe on néglige quelquefois de dessécher des marais, parce qu'on y récolte chaque année une immense quantité de plantes aquatiques excellentes pour fournir de la litière au bétail; d'autres fois, pour empêcher l'envasement des canaux de desséchement, on est obligé de les débarrasser des herbes qui croissent au fond de l'eau et retiennent la vase; enfin, dans un grand nombre de circonstances, les agriculteurs sont obligés de faucher sous l'eau. Voici les deux instruments qui sont indispensables pour faire cet esherbage le plus rapidement possible, et par conséquent avec peu de frais.

Le râteau, *fig.* 3, a un peigne *b*, de 596 millimètres (22 pouces) de longueur, et même un peu plus. Il est muni de dents en fer, longues de 162 millimètres (6 pouces), et implantées à 81 millimètres (3 pouces) les unes des autres. Le peigne est solidement fixé, et soutenu par deux demi-cercles en bois *c, c*, qui servent non-seulement à augmenter la solidité de l'instrument, mais encore à maintenir le faisceau d'herbes arrachées, et empêcher qu'elles ne glissent par-dessus le peigne, soulevées qu'elles sont par les eaux. Le manche *a* doit être d'une longueur calculée sur la largeur et la profondeur du canal à nettoyer, et si celui-ci a 4 mètres 87 centim. ou 6 mètres 50 centim. (15 ou 20 pieds) de largeur, on concevra aisément que pour atteindre au milieu avec le râteau, il faudra que le manche soit de plus de moitié plus long que cette largeur, et qu'il ait, par conséquent, 2 mètres 92 centimètres à 3 mètres 90 centimètres (9 à 12 pieds) de longueur.

Quelques plantes flottantes, comme les mâcres, les renoncules, par exemple, ont les racines peu profondément implantées dans la vase; le râteau seul suffit pour les arracher et les retirer de l'eau. Mais il n'en est pas de même de la plupart des autres, comme les nénuphars, les iris, les joncs, les massettes, les grandes graminées, et une foule d'autres. Pour retirer celles-ci il est indispensable de les faucher préalablement. Pour cela on se sert du *daya*.

Ce *daya*, *fig.* 4, consiste en une sorte de faulx, ou plutôt de faucille, fixée à un manche ou une perche qui doit avoir 975 millimètres (3 pieds) de plus, en longueur, que le manche du râteau. La lame, *d*, mesurée en ligne droite du talon à la pointe, a 541 millimètres (20 pouces) de longueur. Sa base intérieure, *e*, doit être dentée en scie comme une faucille, jusqu'au tiers de la longueur totale de la lame. Ces dents sont particulièrement destinées à couper les grosses tiges ou racines (rizomes) des nymphea, iris faux-acore, etc. Le reste de la lame doit être tranchant comme une faulx ordinaire. La courbure est calculée de manière à couper les herbes par un mouvement de droite à gauche, à scier les grosses tiges par un mouvement de va-et-vient en poussant et tirant alternativement, et enfin à les trancher en tirant à soi. Notre figure donne suffisamment l'idée de cette courbure.

Fig. 5. L'*Echardonnette* est un instrument employé dans quelques-unes de nos provinces pour débarrasser les champs des chardons, patiences, et autres grandes plantes nuisibles qui les encombreraient bientôt si on les négligeait. Sa lame, *a*, est tranchante à l'extrémité *b*, et sur le côté *c*. Le tranchant *b* a 23 millimètres (10 lignes) de largeur et le tranchant *c* 50 millimètres (22 lignes). En *e* est un crochet destiné à enlever les chardons coupés et embarrassés dans les céréales. Le manche *d* doit avoir de 1 mètre 30 centim. à 1 mètre 62 centim. (4 à 5 pieds de longueur).

Fig. 6. *Échardonnoir-sarcloir*. Cet instrument est un des plus simples que l'on ait imaginés, aussi est-il un des plus répandus. Comme les autres instruments de son genre, il sert à couper les racines des chardons entre deux terres, et, de plus, à donner un léger binage en même temps. Aussi convient-il particulièrement dans les terres fortes et difficiles à ameublir.

Sa construction est on ne peut pas plus facile. La lame, *a*, consiste en un morceau d'une vieille lame de faulx, qui se termine par une longue pointe *b*. Cette pointe s'enfonce dans l'extrémité du manche et se maintient solide au moyen d'une virole de fer *c*. Le manche de cet outil a de 1 mètre 299 millim. à 1 mètre 624 millim. (4 à 5 pieds) de longueur.

Fig. 7. *Echardonnoir-sarcloir à douille*. Celui-ci ne diffère pas du précédent quant à l'usage que l'on en fait. Seulement, sa lame, *e*, est en fer ordinaire aciéré à son tranchant, et elle se termine inférieurement par une douille *f*, dans laquelle on adapte le manche. Celui-ci doit avoir la même longueur que dans le précédent.

Fig. 8. *Echelle à bras mobiles*. Elle est extrêmement utile dans les serres rayonnées, pour arroser les pots des rangs élevés, ou les déplacer, sans risquer de déranger ou de froisser les plantes voisines. On conçoit que ses dimensions sont calculées sur la hauteur des rayons de la serre où l'on doit s'en servir.

Les montants, *g*, *g*, sont carrés, au moins à leur extrémité supérieure.

A cette extrémité, ils portent deux bras *i*, *i*, maintenus par le boulon *h*, et mobiles autour de cet axe de manière à pouvoir être élevés ou abaissés à volonté. Lorsqu'on les a mis dans la position que l'on désire, on les y maintient solidement au moyen d'un écrou que l'on visse sur le boulon, et qui, en serrant et comprimant les bras contre les montants, leur donne toute la solidité nécessaire. Ceci fait, il ne reste plus qu'à poser les bras contre une tablette ; comme ils sont échancrés à leur extrémité *i i*, ils s'y établissent solidement, et l'échelle se trouve éloignée des plantes de cette tablette et de celles qui sont au-dessous.

Fig. 9. *Echelle triple*. Elle convient particulièrement pour la cueillette des feuilles de mûrier, mais les jardiniers peuvent également l'employer avec avantage pour récolter les fruits, tailler et palissader les arbres et la vigne. Elle se soutient elle-même comme l'échelle double, et elle est aussi portative, quoique plus lourde. Avec elle, trois hommes peuvent travailler à la fois. On lui donne la longueur qu'exige l'emploi que l'on veut en faire.

Si on s'en sert pour palissader, on replie le montant *e* entre les deux autres, et on l'appuie contre le mur comme une échelle ordinaire. **Dans** ce cas, qui est le moins avantageux, elle permet encore à deux hommes à la fois de palisser un espalier de vigne ou d'arbres fruitiers.

Les trois montants *e*, *f*, *g*, sont réunis au sommet au moyen de la traverse en fer, boulonnée, *h*. Le montant du milieu, *e*, porte à son sommet une poulie *c*, dans laquelle est passée une corde *n*, qui porte le panier *o*. Les hommes placés en haut de l'échelle peuvent élever le panier, ou le descendre, à volonté, ce qui permet d'enlever les fruits à mesure qu'ils les cueillent, sans qu'ils soient obligés de descendre de l'échelle. Ils peuvent maintenir le panier à la hauteur qui leur convient en entortillant la corde à une des chevilles servant d'échelon; mais ils peuvent aussi, si cela leur est plus commode, poser sur les chevilles, en travers, une planche d'une longueur suffisante, large de 30 centimètres (11 pouces 1 ligne), comme par exemple sur les chevilles *a*, *b*. Sur cette planche chacun pose son panier, puis, quand il est rempli, il le suspend à la corde au moyen du crochet *m* et le descend à la portée de la personne qui l'attend en bas.

Fig. 10. Le *Râteau-ratissoir d'Arnheiter* est encore un instrument d'horticulture très-commode, perfectionné par l'habile mécanicien dont il porte le nom. A l'exception du manche, il est entièrement en fer, et ses proportions varient en raison de la force de la personne qui doit en faire usage. Le peigne, *o*, *o*, porte, outre les dents, une lame de ratissoire à pousser, *p*; de manière que lorsqu'on veut ratisser une allée de jardin, on se sert de l'instrument en tournant la ratissoire vers la terre; puis, lorsqu'on veut repasser dessus ce travail pour l'unir et enlever les pierrailles ou les herbes coupées, il ne s'agit plus que de retourner l'outil dans ses mains, et le travail ne se trouve pas interrompu.

Fig. 11. Le *Râteau à caisse* est un petit instrument qui tire un peu sur le joujou, et que nous n'aurions pas donné dans un ouvrage sérieux comme celui-ci, si cette miniature de râteau ne pouvait devenir très-utile et surtout très-commode, quand il s'agit de sarcler des orangers ou autres arbres cultivés dans de très-grandes caisses. Dans ce cas les dents peuvent être à 27 millimètres (1 pouce) ou plus les unes des autres, et le manche doit avoir au moins 488 millimètres (18 pouces).

Râteau à faire les gerbes.

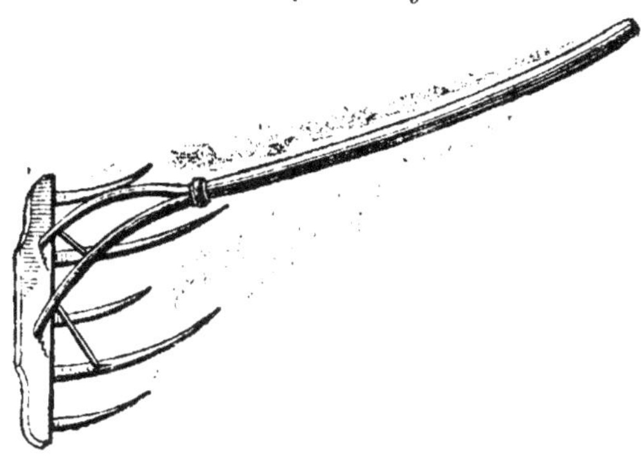

Un cultivateur distingué, M. Boys, est l'inventeur de ce râteau, d'une utilité généralement reconnue. C'est lorsque les récoltes de céréales sont suffisamment restées sur le terrain, qu'on emploie cet instrument pour les mettre en gerbes. Les liens sont d'abord faits par des femmes, des enfants ou des vieillards, ou par les moissonneurs eux-mêmes quand le temps est humide, ou le matin avant que le grain soit sec. Ces liens sont généralement en paille d'avoine ou d'orge, qu'on arrache, pour profiter de toute sa longueur, avant qu'elle soit parfaitement mûre, et qu'on bat au fléau sur-le-champ pour en détacher la terre, puis qu'on porte ensuite à la ferme quand elle est sèche, pour en retirer le grain par un battage léger, avant d'en faire des liens. Le moissonneur saisit son râteau avec les deux mains, le traîne sur les andains en marchant en arrière, ou mieux, de côté, la face tournée du côté de la tête du râteau, et le pied droit près de ses dents. Il enlève la paille et le grain à mesure qu'il recule, et ramasse successivement sur la partie intacte de ces andains tout ce qu'il a râtelé, jusqu'à ce qu'il en ait une quantité suffisante pour en former une gerbe ; alors il renverse et lâche le manche du râteau, qui tombe à terre les dents en dessus et rempli de la quantité nécessaire pour une gerbe, que le moissonneur lie aussitôt en pressant du genou sur le milieu pour serrer fermement. Pendant ce temps-là un enfant dépose sur le manche du râteau un nouveau lien que le moissonneur saisit en le relevant avec la main droite ou la main gauche, suivant que le grain qu'il veut engerber se trouve placé à sa droite ou à sa gauche, ou suivant ses habitudes. Un enfant suffit pour sept engerbeurs. Avec ce râteau, dont la figure nous dispense de donner la description, le travail est si expéditif et si régulier, qu'à peine laisse-t-il quelque chose à faire aux glaneurs qui viennent après.

PLANCHE 101 — *bis.*

Instruments divers d'horticulture.

Fig. 1. *Arrosoir anglais.* Lorsqu'on arrose dans les serres, surtout les plantes qui sont sur des tablettes élevées, il arrive, si on se sert d'arrosoirs ordinaires, que l'eau s'épanche par la grande ouverture d'en haut, quand l'arrosoir se trouve dans une position un peu oblique. Il en résulte que l'on mouille malgré soi les plantes qui se trouvent dessous, et auxquelles l'humidité est quelquefois très-préjudiciable, si ce n'est mortelle.

Pour parer à cet inconvénient, les jardiniers anglais ont inventé l'arrosoir dont nous donnons ici la figure. Il peut être en cuivre ou en fer-blanc, et affecter différentes formes ; mais ce qui le distingue est la fermeture du haut. Une soupape, *i*, couvre l'ouverture de l'arrosoir et la ferme hermétiquement. Elle est ajustée à charnière, en *a*, et se prolonge en *b* en une longue queue formant une bascule dont la charnière est le pivot. Sous cette queue est un ressort *c* qui la repousse en haut et, par conséquent, maintient la soupape fermée et empêche tout passage à l'eau

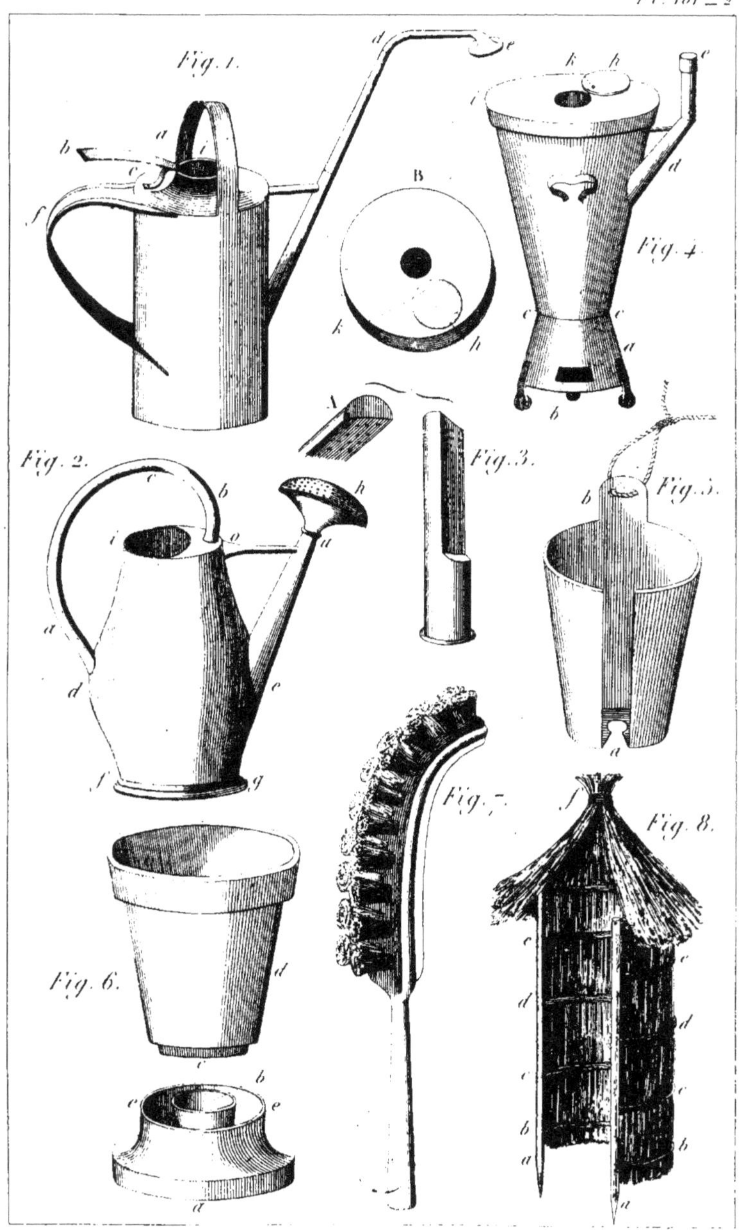

Fig. 1.
Fig. 2.
Fig. 3.
Fig. 4.
Fig. 5.
Fig. 6.
Fig. 7.
Fig. 8.

contenue dans l'arrosoir, quand même celui-ci serait entièrement plein et dans une position inclinée.

Quand on veut ouvrir l'arrosoir pour le remplir d'eau, on le saisit par son anse f, et l'on porte le pouce de la même main sur le levier b. Le ressort cède, la bascule s'abaisse, et la soupape i, en s'ouvrant, permet à l'eau d'entrer dans l'arrosoir. Quand celui-ci est plein, on ôte le pouce de dessus la bascule, et la soupape se referme.

Pour arroser les plantes éloignées, on ajoute à l'arrosoir un long bec d, finissant quelquefois par une petite pomme e, quand on veut faire tomber l'eau en forme de pluie fine sur le feuillage des plantes. Dans tous les cas, pour que l'eau ne se précipite pas avec trop de force sur les pots dont elle battrait la terre, on fait faire au bec un coude plus ou moins aigu qui en arrête la force. Ce coude sert encore à diriger l'eau plus facilement dans le vase que l'on veut arroser.

Fig. 2. *Arrosoir à anse.* Il nous a été communiqué par M. Arnheiter, et, par sa commodité, il nous a paru mériter la préférence sur tous les autres arrosoirs maintenant en usage à Paris. La figure seule fera comprendre que son anse a, b donne une grande facilité pour le porter sans efforts du poignet dans une position verticale, en le saisissant en c, ce qui le met en équilibre. Par son moyen, on évitera la perte d'eau qui est d'autant plus désagréable dans les arrosoirs ordinaires, que cette eau tombe souvent sur les pieds de celui qui arrose.

Comme il est important qu'un arrosoir soit fait dans les proportions les plus commodes, nous allons donner celles de l'arrosoir qui nous a servi de modèle. Son plus grand diamètre, de d en c, est de 271 millimètres (10 pouces); plus large, l'arrosoir deviendrait gênant pour la personne qui l'emploie. Son diamètre au sommet, de i en o, est de 162 millimètres (6 pouces); enfin le diamètre du bas, de f en g, est de 217 millimètres (8 pouces).

Sa pomme h a 162 millimètres (6 pouces) de largeur, et sa partie bombée s'élève de 27 millimètres (1 pouce). Cette pomme a sept rangées de trous, et le diamètre des trous est de 1 millimètre ½ (²⁄₃ de ligne). La première rangée, c'est-à-dire celle qui est au bord de la pomme, se compose de 80 trous, et les autres rangées diminuent de trous à mesure qu'elles se rapprochent du centre. Il faut remarquer que les deux premiers rangs ne doivent point avoir de trous vers le bas de la pomme, dans le quart environ de leur circonférence, car, sans cette précaution essentielle, la gerbe d'eau a moins de force, et l'arrosoir *bave*, pour me servir d'un terme de jardinier.

Le cou de la pomme u et du goulot est un peu trop étroit dans notre dessin. Il doit avoir 54 millimètres (2 pouces) de diamètre, afin de transmettre à la pomme une suffisante quantité d'eau.

Fig. 3. *Tête cylindrique d'arrosoir.* A la pomme que nous venons de décrire on substitue quelquefois cette tête, quand on veut produire une pluie fine, pour arroser les nouveaux semis sans battre la terre. Notre figure et son détail A donnent une idée suffisante de cette tête, dont les trous très-fins sont percés sur le côté. Selon la grosseur du cylindre, on fait trois ou quatre rangs de trous, quelquefois cinq quand ils sont extrêmement petits.

Pour peu que l'eau des arrosements ne soit pas très-limpide et contienne des ordures, ces cylindres, de même que les pommes ordinaires, s'engorgent facilement : les ordures bouchent une grande partie des trous, et l'arrosoir bave. Rien n'est plus facile que de parer à cet inconvénient; il ne s'agit, pour cela, que de faire souder intérieurement, à l'embouchure du cou de l'arrosoir, en *c*, *fig.* 2, un morceau de toile métallique en cuivre, qui arrête au passage les feuilles et autres corps étrangers qui peuvent se trouver dans l'eau.

Fig. 4. Poêle mobile pour le chauffage des serres. Dans les grands froids, lorsque les poêles ordinaires ne suffisent plus pour donner un degré de température assez élevé dans certaines parties des longues serres, ce calorifère devient extrêmement précieux, parce qu'on peut le changer de place à volonté et le porter en un instant partout où il est nécessaire. Comme il maintient parfaitement sa chaleur, il peut suffire dans les petites serres d'amateur, et, dans ce cas, il devient un moyen de chauffage très-économique.

Il est construit en forte tôle, et porté sur trois pieds munis de roulettes, ce qui donne la facilité de le changer de place, même quand il est chaud. La partie *a* est le cendrier, auquel on a ménagé une petite porte *b*, pour donner de l'air au fourneau. Intérieurement, à l'étranglement *c*, *c*, est une grille de fer sur laquelle se pose le combustible, ordinairement du charbon de bois et du poussier du même charbon. *d* est un tuyau de 27 à 54 millimètres (1 à 2 pouces) de diamètre, servant à livrer passage au gaz acide carbonique, jusqu'à ce que le charbon soit, en totalité, en pleine incandescence. L'extrémité de ce petit cornet, que l'on ajuste et allonge ou raccourcit selon le besoin, passe dans un trou fait à la vitre d'un panneau de châssis, pour déboucher le gaz en dehors de la serre. Le trou de la vitre est garni d'une petite feuille de fer-blanc dans laquelle s'ajuste parfaitement le cornet du poêle, afin de ne pas laisser pénétrer dans la serre le moindre courant d'air extérieur. On conçoit que plusieurs panneaux doivent avoir des trous semblables, afin de pouvoir changer le poêle de place sans trop allonger le tuyau. Les trous qui ne servent pas sont bouchés hermétiquement avec un bouchon de liège enveloppé d'un petit chiffon.

Pendant tout le temps que le charbon brûle, il ne cesse pas d'exhaler de l'acide carbonique; mais lorsqu'il est totalement embrasé, l'expérience a prouvé qu'il en exhale beaucoup moins, et pas assez pour devenir nuisible à la végétation. Il en résulte que quand le fourneau est bien allumé, et que le charbon est réduit à l'état de braise, on ferme le tuyau *d*, au moyen du petit couvercle *e*, afin d'éviter une perte de chaleur.

Alors on ouvre la petite porte *h* du couvercle *i*, pour laisser échapper la chaleur dans la serre. Ce couvercle tourne à plat autour d'un clou *k*, qui lui sert d'axe et de charnière, ce qui permet de fermer plus ou moins le trou et d'établir le courant d'air que l'on désire. Lorsque le charbon est entièrement réduit à l'état de braise ardente, et qu'il commence à se couvrir de cendre, on ferme entièrement le trou du couvercle, pour empêcher que le combustible se brûle trop vite et pour conserver le plus longtemps possible de la chaleur au poêle. Il est inutile de dire que l'on introduit le combustible dans le poêle par-dessus, en enlevant le couvercle *i*. La *fig*. B représente ce couvercle enlevé.

Quelques jardiniers ne prennent pas tant de précaution dans la confection de ce poêle, et ils suppriment le tuyau *d*, et le grand trou du couvercle. Il en résulte que le poêle devient un simple fourneau portatif, que l'on remplit avec la braise ardente d'un foyer de cheminée, ou que l'on est obligé d'allumer dehors si on veut le charger avec du charbon neuf.

Fig. 5. *Pot à marcotter*. Les amateurs d'horticulture et les jardiniers savent combien il est difficile de marcotter une plante dont les branches à marcottes ne peuvent atteindre la terre à cause de leur position élevée. On a proposé pour cela des cornets de plomb, etc., etc., mais tous les moyens employés jusqu'à ce jour offrent plus ou moins de difficultés. Un amateur belge a eu l'ingénieuse idée de faire fabriquer le pot à oreilles dont nous donnons ici la figure, et, grâce à cette invention, il n'est pas plus difficile aujourd'hui de marcotter à quelques pieds d'élévation que sur la terre.

Le pot est fait comme à l'ordinaire, c'est-à-dire qu'il a une fente longitudinale, *a*, par laquelle on fait passer le rameau de la marcotte avant de remplir le pot de terre. Ce qui le distingue, c'est l'oreille *b*, percée de deux trous dans lesquels on passe une ficelle ou un fil de fer, et, par ce moyen, on suspend le pot à la tige, à une branche, ou à un tuteur.

Fig. 6. *Pot à socle et à godet*. Ce pot offre l'avantage d'avoir une forme plus élégante que les autres, et de préserver les plantes que l'on cultive dedans de l'attaque des vers de terre, des fourmis, des limaces et autres petits animaux nuisibles qui s'introduisent par les trous ménagés au fond des pots.

Le socle, *a*, se compose d'un vase dont le fond ne touche pas la terre et est percé de plusieurs trous sur son pourtour pour laisser échapper l'eau des arrosements. Au milieu de ce vase, se trouve un godet *b*, plus étroit, non percé au fond, et faisant corps avec le socle. La hauteur de ce godet est calculée de manière à ne pas tout-à-fait toucher le fond *c* du pot, quand celui-ci est posé sur son socle. Il est entendu que le pot *d* n'est percé que d'un trou au milieu de son fond.

Or, voici ce qu'il arrive : quand on arrose, l'eau qui s'échappe par le fond du pot, tombe dans le godet *b*, qui se remplit. Quand le godet est plein, l'eau surabondante déborde par-dessus ses bords et s'écoule par le fond percé du socle ; mais le godet reste toujours plein, et, comme il se trouve couvert par le fond du pot *c*, l'eau s'y conserve longtemps, faute d'évaporation ; et d'ailleurs elle se renouvelle à chaque arrosement. Si un insecte parvient à s'introduire dans le vase vide du socle par les trous de son fond, il ne peut aller plus loin, parce qu'il faut, pour trouver le trou du pot, qu'il pénètre dans le godet, et s'il y parvient, il s'y noie.

En Italie, il paraît que l'on fait des pots à peu près dans le même principe. Mais les bords *e*, *e* du socle débordent tout le tour du pot, et c'est l'espace entre eux et le pot qui est rempli d'eau. Le godet *b* est de la largeur du pot, percé à son fond, et devient le véritable socle, car lui seul porte le pot de fleur. Cette méthode est bonne en ce qu'elle empêche les fourmis de grimper contre le pot, mais elle ne les empêche pas d'y entrer par-dessous. Ensuite, l'eau présentant une large surface à l'air s'évapore très-promptement, et n'est pas renouvelée par les arrosements ordinaires.

Fig. 7. *Brosse à émousser.* Pour l'entretien des arbres fruitiers qui commencent à vieillir, cette brosse, qui nous a été communiquée par M. Arnheiter, est un instrument très-utile, dont on se sert particulièrement pour émousser dans les aisselles des branches, où une brosse plus large ne pourrait pénétrer. Elle est fort étroite et n'a que deux rangs de faisceaux de soies, mais celles-ci sont extrêmement rudes.

Fig. 8. *Abris-paillasson* pour les plantes délicates de pleine-terre, que l'on veut garantir de certains vents nuisibles, de la pluie, de l'exposition du nord, ou enfin de celle du midi. Il consiste simplement en une cage composée de deux piquets, *a, a,* de quatre ou cinq cerceaux, *b, c, d, e,* supportant un paillasson qui est attaché sur eux au moyen d'une simple ficelle. Une coiffe en paille, *f,* couvre la cage. Il n'est pas d'abri à la fois meilleur et plus simple que celui-ci.

PLANCHE 106 — *bis.*

Machines économiques.

Fig. 1. *Concasseur à la française, de M. Quentin-Durand.* Nous devons la figure et la description de cette machine, ainsi que toutes celles de cette planche, à M. Quentin-Durand, directeur de la fabrique centrale d'instruments d'agriculture, rue du faubourg St.-Denis, n° 189, à Paris. Le concasseur à la française l'emporte de beaucoup sur les instruments de même genre inventés en Angleterre pour concasser l'avoine dont on nourrit les chevaux, ainsi que les petits blés ou criblures, l'orge, la féverolle, etc., et il importe de le démontrer ici.

Les concasseurs anglais se composent d'un ou deux cylindres en fonte, cannelés à leur circonférence, et posés horizontalement. Ces cylindres ne sont point trempés, attendu que leur forme ne le permet pas, d'où il résulte que leurs cannelures, d'abord à arêtes très-vives, s'émoussent et s'arrondissent fort vite sur leur tranchant; agissant à la manière d'un laminoir, le grain s'y engage en manière de coin, et ne s'y écrase qu'après avoir opposé une vigoureuse résistance au moteur. Dans le concasseur anglais à deux cylindres, lorsque l'on écarte ou rapproche l'un de l'autre les cylindres, au moyen de deux vis de pression, il faut qu'ils soient rigoureusement parallèles pour faire un travail uniforme, et il est fort difficile qu'un simple ouvrier de ferme puisse leur donner exactement cette position. Si, par maladresse ou autrement, il les rapproche de manière à ce qu'ils viennent à se toucher en quelque partie, à l'instant les cannelures seront détruites par le frottement des unes sur les autres.

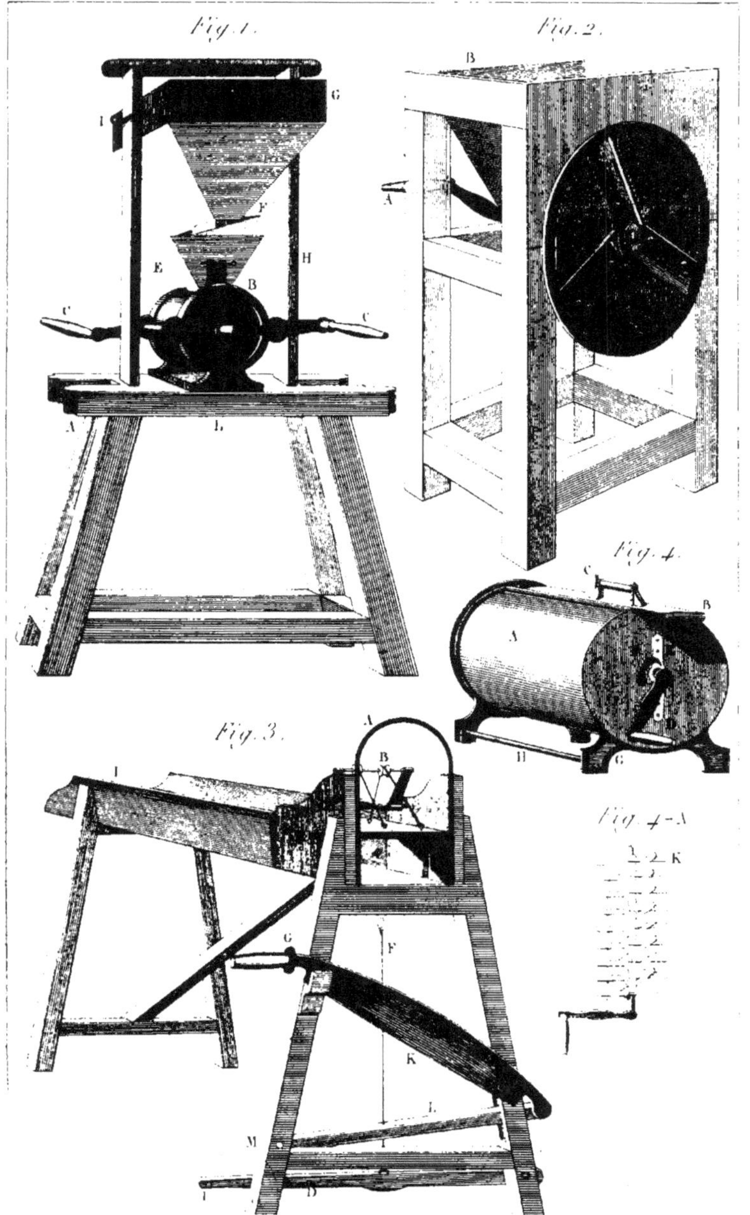

Fig. 1.
Fig. 2.
Fig. 3.
Fig. 4.
Fig. 4-A.

Le concasseur français n'offre aucun de ces graves inconvénients. Il est d'un prix plus modéré (de 75 à 300 fr. selon ses dimensions) ; il est facile à gouverner, car un seul écrou règle l'écartement des meules ; il présente moins de résistance que les cylindres anglais, puisque le grain s'y trouve déchiré par une contre-torsion ; enfin, il a l'avantage d'être trempé, en sorte que les dents ou rayons ne s'émoussent qu'après un long usage, et qu'elles peuvent se raviver au moyen d'un tiers-point, comme les scies trempées.

Notre figure représente le concasseur monté sur son pied en bois, A, consistant en un fort tréteau double. B, moulin conique en fer et en fonte trempée ; C C, les deux manivelles diamétralement opposées, et, si l'on voulait adapter ce moulin à un manège ou autre moteur, ces manivelles pourraient être remplacées par une poulie à courroies. E, première trémie en zinc ; F, trémion ou baille-grain que l'on élève ou abaisse à volonté, à l'aide d'une vis de pression qui ne peut être représentée ici. G, deuxième trémie en bois et en zinc, suspendue par des étriers en fer, aux deux poinçons ou jumelles H H, de façon à ce qu'elle peut s'élever ou s'abaisser à volonté sur le trémion F, au moyen de deux vis de pression I qui traversent les étriers.

On règle la grosseur de la mouture à l'aide d'un grand écrou à six pans situé derrière le moulin en J. Cet écrou se tourne avec les doigts ; il pousse deux petits guides qui font mouvoir une lunette placée intérieurement, laquelle fait avancer ou reculer la noix conique avec une telle précision que l'on peut varier la mouture à volonté, mettre le grain en gruau ou le casser en deux ou trois fragments, soit que l'on opère sur l'avoine la plus fine ou sur les plus grosses féverolles. La mouture sort par un conduit ménagé dans le pied en fonte, en k, et dans la traverse en bois L.

Cette machine sert également bien à faire le gruau de maïs pour la polenta ; on peut y concasser la drèche ou orge germée des brasseurs ; et il n'y a pas de meilleur instrument pour décortiquer les pois et autres graines sèches dont on prépare les purées dans nos cuisines.

Fig. 2. *Coupe-légume à 3 lames, et disque en fonte.* Les premiers coupe-légumes faits dans le même système que celui-ci, ont, je crois, été inventés en Suisse. Il est inutile de dire que ces instruments servent à couper, à réduire en fragments, les pommes de terre, turneps, carottes, betteraves, et autres racines que l'on prépare pour la nourriture du bétail.

En Suisse, les plateaux circulaires porte-lames de ces machines sont en bois, garnis à leur circonférence d'un cercle en fer ; mais, comme le bois gauchit promptement, il devient bientôt défectueux et hors de service. C'est pour cette raison que M. Quentin-Durand, en 1819, avait imaginé de remplacer le bois par un volant en fonte, garni de tôle forte entre les rayons porte-lames. Dès-lors cette excellente machine s'est répandue dans toutes les grandes exploitations rurales. Mais son prix très-élevé la mettait hors de la portée des petits propriétaires, lorsque M. Durand eut l'heureuse idée de simplifier son mécanisme sans diminuer son utilité. Ce mécanicien habile a trouvé le moyen de diminuer son diamètre en rapprochant les lames près du centre, ce qui fait aussi qu'elle offre moins de résistance. Il a remplacé les cloisons si dispendieuses par d'autres cloisons en fonte, ce qui lui a permis de livrer l'instrument à un prix moitié moindre (65 fr. quand il a 3 lames, et 100 fr. avec 4 lames.)

La manivelle, A, est mieux proportionnée que dans les anciennes machines, ainsi que la trémie B. Les tranchants des lames, c, c, c, par leur disposition, scient obliquement les légumes, opposent le moins de résistance possible, quoiqu'ils ne soient pas courbes. Les lames sont fixées par des boulons à vis et à tète carrée, que l'on peut toujours démonter avec une clef ou des tenailles quand on veut les repasser.

Avec ce coupe-légume à trois lames, et malgré ses petites dimensions, on peut couper en une heure de 250 à 300 kilog. (510 à 612 livres) de racines, et même des plus grosses betteraves. Le coupe-légume à quatre lames fait le double d'ouvrage. Or, comme on sait que chaque vache peut consommer de 15 à 20 kilog. (30 à 40 livres) de légumes par jour, il est facile de calculer la grandeur de l'instrument dont on a besoin.

Fig. 3. Hache-paille à ressorts et à une seule lame. Il paraît que cette machine fut inventée en Lorraine il y a environ une soixantaine d'années, et qu'elle fut transportée en Allemagne où elle s'est beaucoup répandue. Dans ce dernier pays, il n'est pas rare de voir des coupeurs de paille aller de village en village et de ferme en ferme, hacher de la paille, et transportant la machine sur leurs épaules. Dans son état premier, ce hache-paille imparfait laissait beaucoup à désirer. M. Quentin-Durand l'a perfectionné de la manière suivante : il place le cadre en fer A dans l'intérieur du coffre; ce mécanicien a imaginé un jeu de ressorts B, qui fait remonter la planchette de pression C, et la pédale D, au moyen d'un étrier de fer E, et d'une tringle de tirage F. Ce mécanisme diminue de moitié la fatigue du coupeur de paille, puisqu'il n'a plus qu'à soulever la lame dont est armé le manche d'une virole à manchon G, empêchant que la main ne se blesse sur l'angle H en abaissant cette lame.

Voici comment se manœuvre la machine : on remplit l'auge I, soit de paille, de foin, ou de fanes séchées de légumes. Si c'est de la paille, on a soin de présenter le côté des racines du côté de la lame. On pousse légèrement le fourrage de la main gauche, de manière à ce qu'il dépasse le cadre en fer. On pose le pied gauche sur le bout J de la pédale D, que l'on force ainsi à s'abaisser jusqu'à terre en comprimant la paille et diminuant son épaisseur de moitié. Puis, sans cesser d'appuyer le pied gauche, on soulève la lame K, en en saisissant de la main droite le manche G, et continuant de s'appuyer de la main gauche sur la machine. On abaisse brusquement la main droite en faisant glisser obliquement le tranchant de la lame sur le cadre en fer A, comme si on voulait y aiguiser le tranchant.

Si cette manœuvre a été bien exécutée, toute la paille aura été coupée d'un seul coup, et obliquement. Il arrive quelquefois que le couteau porte-lame L peut se gauchir, et alors il finit par ne plus jouer librement dans sa coulisse. Dans ce cas il faut le démonter en dévissant le boulon à écrou N, puis racler ou limer en arrondissant les angles et en diminuant l'épaisseur à l'endroit du frottement dans la coulisse, jusqu'à ce qu'il y glisse librement.

L'ouvrier, quand il sera un peu familiarisé avec la manœuvre très-facile de cet instrument, coupera 25 à 30 kilog. (50 à 60 livres) de paille par heure. Ce hache-paille est aussi excellent pour couper des orties et autres plantes herbacées, et les fanes fraîches de légumes, que l'on hache quelquefois pour donner aux volailles ou aux bestiaux. A la ferme des Bergeries-Royales, on l'emploie également pour couper les feuilles de mûriers destinées à la nourriture des vers-à-soie ; mais quand il est destiné à cet usage, M. Durand y apporte une légère modification ; il construit l'auge I de manière à ce qu'elle soit évasée en sorte de corbeille.

Fig. 4. Nouvelle baratte rotative. Cette baratte, dont le corps ou cylindre A est en fer-blanc ou en zinc, au lieu d'être en bois, peut se plonger dans un bain d'eau chaude pendant les froids rigoureux, ou dans l'eau froide pendant la chaleur, disposition qui permet de faire le beurre très-promptement (de 15 à 30 minutes), même dans les pays méridionaux.

Un couvercle à coulisse B évite l'emploi du chiffon (il est représenté ici ouvert à moitié), et ferme une grande ouverture permettant de plonger les mains dans l'intérieur de la baratte, soit pour pétrir ou sortir le beurre, soit pour nettoyer. Ce couvercle porte un petit cylindre nommé cheminée, par où s'échappe le gaz qui se dégage de la crème pendant le battage. L'arbre en fer portant la manivelle D est tourné à ses deux extrémités, de plus, rôdé avec soin à l'endroit de son passage à travers le coussinet E, afin d'empêcher la crème de s'échapper. Cependant les dimensions de la baratte sont calculées de façon que la moitié supérieure du cylindre puisse rester vide de crème pour donner place à la mousse qui se forme pendant le battage : chaque demi-kilogramme (1 livre) de beurre est représenté par deux litres de crème et deux litres de vide, minimum des crèmes les moins généreuses, puisqu'il y en a qui donnent un demi-kilogramme (1 livre) par litre et demi.

Les ailes en bois, *fig.* 4-A, au lieu d'être en planches trouées, se composent de deux petits ailerons K, assemblés à queue d'aronde à un arbre en bois percé carrément dans toute sa longueur pour le passage de la partie carrée de l'arbre en fer. Les ailes se composent de deux volants diamétralement opposés l'un à l'autre, et non pas de quatre comme dans les anciennes barattes.

Pour ôter le volant de la baratte, on soulève la virgule en fer, **F**, *fig.* 4, et l'on retire la manivelle D. Cette baratte repose sur de jolis pieds en fer, réunis par des traverses H, garantissant le corps de la baratte de tout choc et lui donnant beaucoup de solidité. M. Durand fabrique de ces instruments depuis la capacité d'un demi-kilogramme (1 livre) jusqu'à 50 kilogrammes (100 livres.

On se sert de la baratte non-seulement pour faire du beurre, mais encore pour battre des fromages à la crème, et dans ce dernier cas il faut que l'instrument soit plongé dans un bain de glace, ou au moins dans de l'eau dont on augmente la fraîcheur en y jetant une poignée de sel-marin. On peut également l'employer à battre des œufs à la neige, ou ceux destinés à faire les biscuits de Reims et de Savoie.

Machine à briser les tourteaux.

Les marcs de graines oléagineuses sont précieux, comme on le sait,
pour la nourriture du bétail, mais il est important, pour en tirer tout le
parti possible, de réduire les tourteaux en poussière ou au moins en fragments très-petits, et cette opération est à la fois fort longue et fort difficile. M. Walls, fermier, frappé de cet inconvénient et sachant cependant
combien une sorte de pulvérisation facilite la mastication dans le gros bétail, a inventé la machine dont nous donnons ici la figure et la description, elle réussit parfaitement à exécuter ce travail avec autant d'économie
que de promptitude.

Elle consiste en une paire de rouleaux en fonte, a, a, pourvus, sur le
contour des zônes, de dents en forme de pyramides triangulaires, et disposées de telle façon que les zônes de dents d'un rouleau alternent avec
celles de l'autre. Ces rouleaux sont établis pour tourner réciproquement
dans une direction contraire, avec faculté de se rapprocher ou de s'éloi-
gner l'un de l'autre, saivant qu'on veut broyer le tourteau plus ou moins
finement. Ce changement dans la grosseur du produit de la machine s'effectue au moyen de vis b, b, qui font marcher ou reculer les coussinets
sur lesquels portent les tourillons des rouleaux. Le premier de ces rouleaux est mis en mouvement par la roue dentée c et le pignon d, sur l'axe

duquel sont placés, d'un côté la manivelle *e*, et de l'autre le volant *f*. Le deuxième rouleau tourne par l'entremise du premier, et au moyen d'une paire de roues dentées montées sur l'arbre de chaque rouleau. On voit en *g*, celle que porte le deuxième rouleau.

La machine ainsi établie, est montée sur un bâti en bois, *h*, *h*, et surmontée d'une trémie ou boite à tourteaux *i*. On n'a représenté que la moitié de cette boite, dans la figure ci-dessus, afin qu'on puisse voir sa disposition relative et celle des rouleaux.

Pour briser les tourteaux avec cette machine, il faut un homme pour tourner la manivelle et un enfant pour jeter les tourteaux dans la trémie, ce qu'il exécute en les déposant par une de leurs extrémités sur les rouleaux, qui les saisissent, et qui, en les attirant successivement, les réduisent promptement, au moyen de leurs dents, en fragments de la grosseur voulue.

Manège de campagne pour les machines à battre le grain.

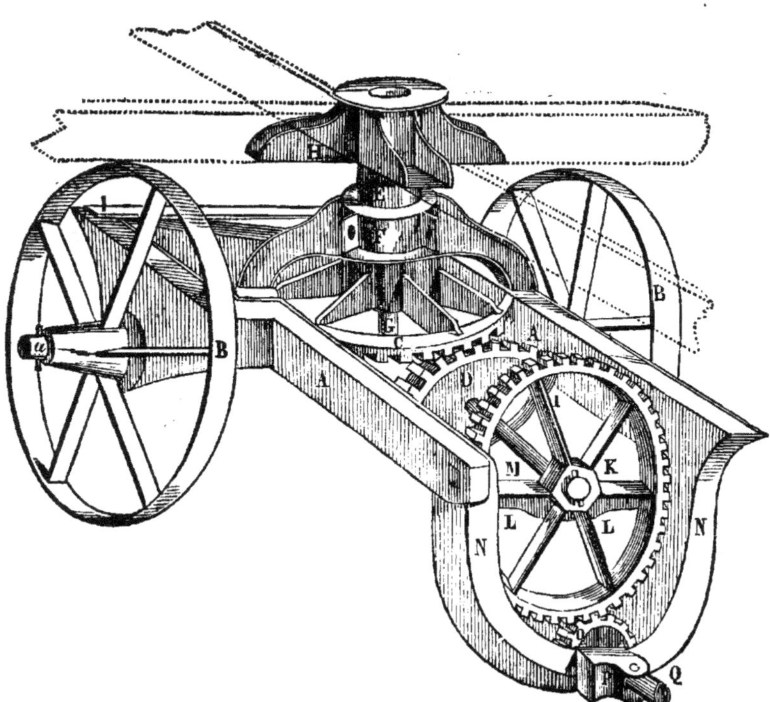

Les machines à battre le grain, malgré l'économie de temps et de bras qu'elles procurent, ne se sont pas encore beaucoup répandues en France, et cela par plusieurs raisons qu'il serait inutile de rappeler toutes ici. Les principales sont : qu'il faut beaucoup d'emplacement pour loger non-seulement la machine elle-même, mais encore le manège qui doit lui procurer le mouvement, ce qui devient d'autant plus onéreux qu'un grand local est occupé pendant toute l'année par des machines qui ne fonctionnent que quelques jours ou seulement quelques semaines.

Les Anglais, pour obvier à ce grave inconvénient, ont imaginé des machines à battre portatives, que des individus portent de ferme en ferme pour entreprendre à façon le battage des grains. D'autres fois, le mécanisme à battre est établi à demeure, et c'est seulement le manège qui est portatif et qui peut s'établir en dehors et dans la cour voisine pour communiquer le mouvement à la machine à battre, qui seule est à couvert. Il en résulte qu'il n'est pas nécessaire d'avoir un local spacieux pour loger le manège. Quelques grands propriétaires français ayant senti toute l'utilité de cette méthode, ont imité les Anglais.

Mais bientôt ils se sont aperçus d'un nouvel inconvénient : il faut plusieurs heures pour monter et démonter ces manèges portatifs ; ils sont assez difficiles à ajuster pour qu'il soit nécessaire d'avoir chaque fois un homme spécial, ordinairement un charpentier ; enfin, si une des pièces de bois, pourrie par les pluies ou l'humidité, vient à manquer au moment même où le manège fonctionne, il faut cesser entièrement le travail, car il est impossible, ou du moins fort difficile de réparer de suite la machine.

MM. J. et Ed. Plenty, fondeurs à Neuwbury, dans le comté de Berks, frappés, comme tous les cultivateurs, de la gravité de ces inconvénients, ont apporté dans la construction du manège un perfectionnement fort heureux. Ils ont inventé un manège de campagne entièrement en fonte, qui, non-seulement peut rester, sans éprouver d'avaries sensibles, aux influences extérieures de l'air, mais qui, de plus, est installé et enlevé avec une extrême facilité, et enfin se transporte de la manière la plus simple et la plus commode. C'est celui dont nous donnons ici la figure.

A A indique le bâti ou cadre de la machine ; c'est une espèce de train qui est porté sur un essieu a, et sur deux roues B B. C est le rouet ou couronne qui commande le pignon D ; E est l'axe du manège ; F est un collier destiné à maintenir dans une position verticale cet axe, lequel appuie, par son extrémité inférieure G, dans une crapaudine que porte l'essieu même des roues. A sa partie supérieure, cet axe est surmonté d'un chapeau H à quatre boîtes, dans lesquelles sont fixés autant de leviers figurés par des points, et auxquels les chevaux sont attelés. I est la traverse qui porte le coussinet du pignon D. K est la roue dentée de travail, dont l'arbre M repose sur une seconde traverse très-forte L ; cette roue tourne dans le cadre N N, en conduisant le pignon O, dont l'axe est uni par un joint universel P, avec l'arbre de couche Q, lequel passe sous terre et transmet le mouvement à la machine à battre.

Il paraîtrait, d'après quelques essais qui ont été faits, que, par l'adoption de ce manège, on réduit les frais de battage d'un tiers : qu'il est on ne peut pas plus facile à caler, à enlever et transporter d'une ferme à l'autre ; qu'on économise ainsi beaucoup de temps, et que, tandis que les manèges ordinaires exigent cinq à six hommes, pendant plusieurs heures, pour les monter et les démonter, un seul homme peut, dit-on, aisément établir et caler celui-ci en cinq minutes, et le mettre en état de fonctionner. Enfin, la simplicité, la durée et la force de cette nouvelle machine diminuent beaucoup les chances de la voir se déranger, et assurent, par conséquent, un travail économique et toujours prêt, au moyen de réparations annuelles presque insignifiantes.

Machine à récolter la graine de trèfle, ou *Cueille-Trèfle.*

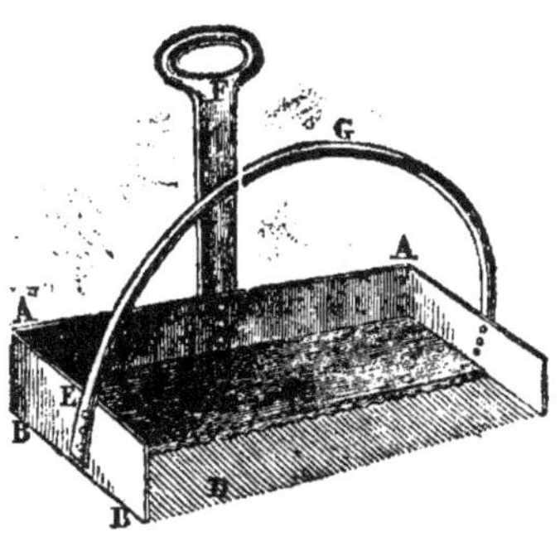

La culture du trèfle, pour la nourriture du bétail, n'offrait qu'une difficulté, celle de recueillir ses graines. M. Victor Rey, membre de la Société d'agriculture d'Autun (Saône-et-Loire), après avoir essayé toutes les méthodes enseignées pour cette précieuse et difficile récolte, a fini par inventer l'instrument dont nous donnons ici la figure. Nous citerons textuellement le rapport qu'il en fait lui-même dans le compte rendu à la Société, à la fin de l'année 1842.

« J'ai fini par imaginer, dit-il, un petit instrument dont l'emploi m'a fait renoncer à tout autre moyen, probablement pour toujours. Cet instrument, que je nommerai *cueille-trèfle* à défaut d'autre nom, est si simple qu'il me parait impossible que d'autres ne l'aient pas imaginé aussi bien que moi. Voici en quoi il consiste :

» J'ai confectionné moi-même une boîte sans couvercle, ouverte d'un côté et garnie sur le bord d'un peigne horizontal en fil de fer ; je lui ai adapté une anse et une poignée.

» Le cueille-trèfle, qu'un homme saisit par l'anse de la main gauche, par la poignée de la droite, comme il ferait d'une faulx, récolte aisément un demi-hectare de graines par jour. Un enfant suit, reçoit dans un tablier le contenu de la boîte et va le déposer sur une toile étendue à terre. Pendant le trajet de l'enfant, l'homme continue son travail et se trouve prêt à verser de nouveau quand l'enfant est de retour. On ne recueille que les têtes du trèfle qu'on a laissé se dessécher entièrement, et il ne faut pas opérer sur une plante mouillée, mais attendre qu'elle soit parfaitement sèche.

» Le cueille-trèfle a les dimensions suivantes :

A A, longueur totale, 51 centimètres (1 pied 6 pouces 6 lignes).

B B, largeur, 30 centimètres (11 pouces 1 ligne).

C C, largeur du fond, 17 centimètres (6 pouces 4 lignes).

D, longueur des dents, 14 centimètres (5 pouces 2 lignes).

E, hauteur des planchettes de rebord, 9 centimètres (3 pouces 4 lignes).

F, hauteur du manche, 44 centimètres (1 pied 4 pouces 3 lignes).

G, hauteur de l'anse un peu inclinée en avant, 31 centimètres (11 pouces 6 lignes).

» La distance entre les dents est de 3 millimètres (1 ligne $\frac{1}{2}$); elles ont également un diamètre de 3 millimètres (1 ligne $\frac{1}{2}$) : après les avoir aiguisées aux deux bouts, on les enfonce de 4 centimètres (1 pouce 6 lig.) dans l'épaisseur du fond. Pour ne pas fendre la planche en y plaçant un aussi grand nombre de dents, on en raffermit les bords par quatre à cinq petites vis en fer, et les dents sont mises dans le sens des fibres du bois.

» Quoique bien enfoncées dans des trous faits à l'avance, les dents vacilleraient et se tordraient en cueillant la graine. On prévient cela en tressant quatre à cinq fois un fil de laiton dans les dents, près de la planche.

» Il est à désirer que ce petit instrument, qui m'a parfaitement réussi, ou tout autre analogue, facilite la récolte de la graine du trèfle ; outre la question d'économie, tout cultivateur sera sûr de celle qu'il sèmera. Un bien grand avantage encore de cette méthode, est de pouvoir, après l'enlèvement de la graine, ou récolter le trèfle comme fourrage, ou l'enfouir comme engrais : tandis que fauché avec la graine et laissé sur place pendant un grand nombre de jours, il ne peut plus servir avantageusement à aucun de ces usages. »

Tonneau à transporter les engrais.

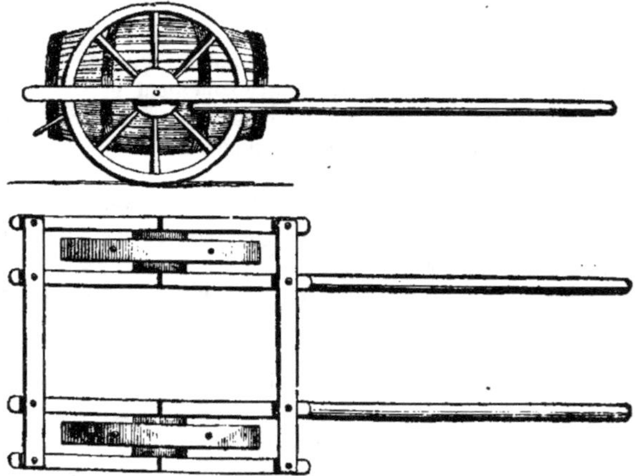

En France, on commence à faire un utile emploi des engrais liquides,

mais, dans ce genre d'amélioration de nos terres, nous sommes beaucoup
en arrière des Indiens. Ceux-ci transportent leurs engrais liquides sur
des petites voitures très-commodes et faites spécialement pour cela. Nous
en donnons ici la figure, vue en profil et en dessus.

Dans cette voiture il n'y a pas d'essieu de fer, et chaque roue tourne
séparément sur un simple boulon d'un faible diamètre, ou sur un cylindre
de bois. Cette absence d'essieu permet de placer le tonneau dans son cadre, à telle hauteur que l'on veut pour la commodité; en outre, on peut
monter ainsi un tonneau d'une très-grande capacité, car, quoique le
boulon des roues n'ait que 20 millimètres (9 lignes) de diamètre, la brièveté de sa portée lui permet de supporter des charges considérables. Il y
a donc ici légèreté et économie ainsi que facilité dans le service.

Le traîneau de Hinz.

Dans certains pays et certaines années, un petit insecte sauteur, connu
sous les noms vulgaires de puce de terre, altise bleue, altise potagère,
(*altica oleracea* et *cœrulea*, Latr.), s'attache aux jeunes plantes, s'y
multiplie prodigieusement, les dévore, et finit quelquefois par détruire
des récoltes entières. Ce sont surtout les plantes de la famille des cruci-
fères qui ont le plus à souffrir de ce petit coléoptère. Un cultivateur,
M. Hinz, après avoir essayé, sans aucun succès, pour les détruire, tous
les moyens indiqués par les auteurs, est cependant parvenu à en débarrasser ses champs de colza, turneps, lin, pastel, trèfle, etc., au moyen de la
machine que nous figurons ici.

« Elle consiste, dit l'inventeur, en un cadre de bois léger, d'environ 4
mètres (12 pieds 3 pouces 9 lignes) de longueur et 1 mètre (3 pieds 11 lignes)
de largeur, et dont le vide est rempli de voliges en bois blanc, assemblées
avec soin et jointives. A ses quatre coins on a pratiqué des trous dans lesquels entrent à coulisse quatre pieds pourvus à l'extrémité de rouleaux.
Ces pieds portent des trous destinés à recevoir des chevilles pour pouvoir
élever le cadre plus ou moins haut, ou lui donner l'inclinaison convenable.
A la partie antérieure du cadre, il y a deux baguettes qu'on peut écarter
ou rapprocher par des vis, et qui font l'office de mâchoires, elles servent

à pincer de petites branches flexibles de saule ou d'osier qu'on dirige en avant, et qui ont pour objet de déloger et chasser les insectes, ce qui a lieu par le frottement de ces rameaux sur les plantes et par leur extrémité qui touche la terre aussitôt qu'on met l'instrument en action. Sur la face inférieure du cadre, tant au milieu que sur le derrière, on a cloué, sur toute la longueur, de grosses toiles pendantes qui, lorsque l'instrument fonctionne, traînent légèrement sur le terrain, afin de faire sauter les insectes qui auraient échappé à l'action des petites branches de saule placées à l'avant. Voici, maintenant la manière dont on dispose de cet instrument :

» 1º Les surfaces supérieure et inférieure des planches du cadre sont enduites de vieux oing ou de toute autre substance englutinante et collante, ce qui s'opère au mieux avec une brosse ou un pinceau. — 2º Les branches de saule et les toiles ne sont jamais enduites de cette substance, et il faut même veiller, quand on dispose ou fait fonctionner l'instrument, · à ce que ces parties ne viennent jamais en contact avec celles enduites. — 3º On ajuste les pieds de façon que ceux de devant aient 20 à 25 centimètres (7 pouces 5 lig. à 9 pouces 3 lig.) d'élévation de plus que ceux de derrière, lesquels ne doivent être élevés au plus que de 4 à 5 centimètres (1 pouce 6 lig. à 1 pouce 10 lig.) au-dessus des plantes. Quand ces plantes ont une certaine élévation, on enroule la toile du milieu et on l'assujettit aux deux bouts du cadre, et dans ce cas elle est sans usage. — 4º Celui qui conduit l'appareil doit marcher avec une certaine lenteur, parce que, autrement, il pourrait arriver que les puces vinssent à sauter après que l'appareil aurait déjà passé. — 5º On exécute l'opération aux heures chaudes du jour, surtout au moment où le soleil luit, parce que c'est à ce moment que les puces sont plus vives et surtout sautent plus volontiers. — 6º S'il arrivait, après avoir fait usage de l'instrument, que les puces vinssent à se montrer de nouveau au bout de quelques jours, alors on renouvellerait l'opération, et cela jusqu'à ce que les jeunes plantes aient formé leurs feuilles permanentes. Rarement il est nécessaire de la répéter plus de deux à trois fois. — 7º Quand les insectes sont accumulés en grand nombre sur les planches du cadre, on nettoie celui-ci et on l'enduit de nouveau avec la substance englutineuse. »

Les essais faits jusqu'à ce jour, à Hohenheim, avec cet instrument, ont appris que les plantes attaquées sont, par son moyen, presque totalement délivrées des insectes, ce dont on s'aperçoit à leur végétation vigoureuse, au bout de quelques jours.

FIN.

TABLE DES MATIÈRES.

TABLE ALPHABÉTIQUE

DES

INSTRUMENTS.

Nota. Le premier numéro indique la planche, et le deuxième la figure, jusqu'à l'Appendice. A partir de là, comme nous avons été obligé de donner plusieurs
figures dans le texte, nous nous bornons à indiquer la page, et, par ce moyen, le
lecteur verra au premier coup-d'œil ce qui appartient à la première édition, et ce
qui a été ajouté dans cette seconde. Tout chiffre isolé indiquera la page, et, quand
il y en aura deux, le premier indiquera la planche, et le second la figure.

FIN DE LA TABLE ALPHABÉTIQUE.

BAR-SUR-SEINE. — IMP. DE SAILLARD.

www.ingramcontent.com/pod-product-compliance
Lightning Source LLC
LaVergne TN
LVHW011211170726
843501LV00002B/201